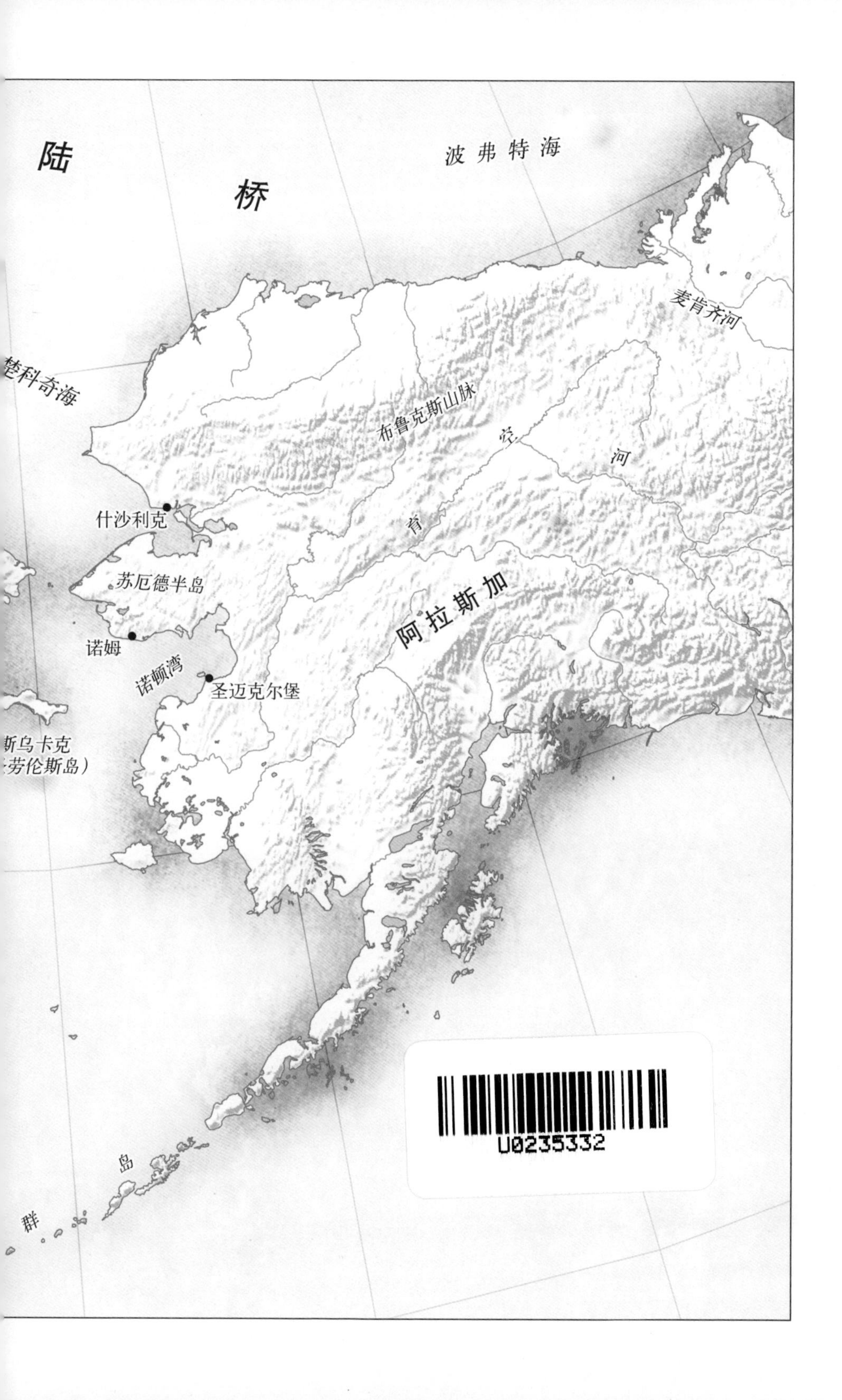
陆
桥
波弗特海
麦肯齐河
楚科奇海
布鲁克斯山脉
什沙利克
苏厄德半岛
诺姆
诺顿湾
圣迈克尔堡
阿拉斯加
斯乌卡克
劳伦斯岛）
岛
群
U0235332

这是一部对现代化进程在海洋、陆地以及地下所造成破坏的诗意沉思。在这部强有力的分析性著作中，捕鲸者和驯鹿牧民、贪婪的资本家和乌托邦规划者、满怀希望的探矿者和渴求原材料的政府官僚悉数出现，这不仅是一座纪念一方人民和他们土地的丰碑，也是一则关于我们所创造的世界的寓言。

——斯文·贝克特，《棉花帝国》作者

芭丝谢芭·德穆思用她优美的文笔、严谨的研究和深邃的地域感，优雅地展现了造就白令陆桥现代史的社会和环境的变革，描写了土著居民和各色外来者、淘金热和古拉格集中营，以及鲸和驯鹿的故事。

——约翰·麦克尼尔，《阳光下的新事物》作者

芭丝谢芭·德穆思所描写的历史，如同北极的河流一样富饶且流畅。《浮动的海岸》讲述了几乎所有物体和观念演变为另一种事物的过程。德穆思在追溯现代主义变革动力和白令海峡生态改造的同时，也在创造一种新的历史叙事形式。

——凯特·布朗，《生存手册》作者

《浮动的海岸》巧妙地包罗了诸多因素……有严谨的研究、仔细的观察和倾听，以及清晰的道德愿景，常常让我想起巴里·洛佩兹的《北极梦》。

——罗伯特·麦克法伦，《地下》作者

在这个时代，人类欲望将其所触及的大部分东西控制于其统御之下，而芭丝谢芭·德穆思的处女作却令我们思考这一倾向的物质极限。

这部作品是我多年来读过最具新意和诗意的自然史之一。

——伊丽莎白·拉什,《崛起》作者

德穆思的作品非常精彩、引人入胜,语言十分优美。她的写作带有那片土地和海洋特有的诗意和智慧,描绘了人类在遥远土地创造的过去,而这个过去与所有人的生活和未来密切相关。

——杰克·E. 戴维斯,《海湾》作者、普利策奖得主

这是第一部关于白令海峡的通俗历史,在全球气候变暖的背景下,它所提出的问题将愈发重要。德穆思对因纽皮亚特人、尤皮克人和楚科奇人的研究不仅体现了人文关怀,也展现了其严谨性;但令评论家和推荐者最为关注的是其诗化的语言。

——希拉·科恩,《美杜莎》杂志

《浮动的海岸》就是历史学家的《白鲸》,是一部跨越几个世纪,将风景、生物和时间的变迁串联在一起的著作,非常值得一读。

——阿米塔夫·高希,《大错乱》作者

FLOATING COAST

AN ENVIRONMENTAL HISTORY OF THE BERING STRAIT

浮动的海岸

一部白令海峡的环境史

[美国] 芭丝谢芭·德穆思 —— 著

刘晓卉 —— 译

译林出版社

图书在版编目（CIP）数据

浮动的海岸：一部白令海峡的环境史 /（美）芭丝谢芭·德穆思（Bathsheba Demuth）著；刘晓卉译．—南京：译林出版社，2024.1
（“天际线”丛书）
书名原文：Floating Coast: An Environmental History of the Bering Strait
ISBN 978-7-5447-8523-5

Ⅰ.①浮… Ⅱ.①芭… ②刘… Ⅲ.①白令海 - 海峡 - 自然环境 - 历史 Ⅳ.①X-091.821

中国版本图书馆 CIP 数据核字（2023）第 241445 号

浮动的海岸：一部白令海峡的环境史 ［美国］芭丝谢芭·德穆思／著 刘晓卉／译

责任编辑 陈 锐
装帧设计 曹沁雪
校 对 孙玉兰
责任印制 董 虎

原文出版 W.W. Norton & Company, 2019
出版发行 译林出版社
地 址 南京市湖南路 1 号 A 楼
邮 箱 yilin@yilin.com
网 址 www.yilin.com
市场热线 025-86633278
排 版 南京展望文化发展有限公司
印 刷 徐州绪权印刷有限公司
开 本 652 毫米 ×960 毫米 1/16
印 张 25.5
插 页 4
版 次 2024 年 1 月第 1 版
印 次 2024 年 1 月第 1 次印刷
书 号 ISBN 978-7-5447-8523-5
定 价 89.00 元

海　峡

杜鹃，格陵兰喇叭茶，萨尤米克花
在有史以来冬天最薄的冰层下
杂乱生长。

在冰之边缘处我停下脚步，
从树枝上折下叶子
放于舌齿之前

直到树叶有了温度，
它芳香的树油
使我将你遗忘。

在迷雾之中
开阔的水面之外，
是以风为羽的山峦——

水流过处,沿岸的道路
永远湿滑。

在山峦之下,我想起了在城市中
人们能够想到的只有体制,
只有一个属于人类的世界。

——琼·纳维尤克·凯恩

目 录

前言

关于地名

白令海峡，亦称白令陆桥，那里的居民用很多称谓来称呼自己。翻译过来的话，大多的称谓都表示他们是真实的民族。在19世纪早期，所有这些真实的民族都生活在很多个小的国家里。用“国家”(nation) 这个词可能不太准确，但它确切表达了他们的政治自治、领地主权和社会差异，这些给予当地人的生活以秩序。这些国家源于三个主要的语言群体，即因纽皮亚特人、尤皮克人和楚科奇人。一般而言，本书用这些术语来指代他们每个民族，而在通称这三个群体时则用白令人的称谓。

除了他们之外，任何人都是外来者。外来者的字眼意蕴深长，并不是所有的外来者都属于白人种族或欧洲族裔。很多人甚至都没有在这里定居过。在阿拉斯加，并不是所有人都是美国公民，这就像在欧亚大陆并不是所有人都是俄罗斯人或是会讲俄语一样。在漫长的20世纪里，挪威人、波兰人、之前作为奴隶的非裔美国人、德国人、乌兹别克人、夏威夷土著等都来到了白令陆桥。他们的共同点是至多几代人在白令陆桥的生活经历。我自己也是外来者，也是作为外来者写就了本书。

白令陆桥各地的地名有很多版本，本书首先介绍土著人为这些地方所取的名字。在后面的章节里，我会逐渐使用印刷地图上出现的那些外来者给这些地方的命名。大的区域命名，如楚科奇、阿拉斯加、苏厄德半岛，以及海洋的命名，如白令海本身，在不同语言中的名字并无差异。对很多人来说，原来的名字听起来都很陌生奇怪，而初来乍到一片新的土地，陌生奇怪也都是正常经历。

下表是一些土著人使用的原地名和殖民者到来后的新地名。

因加里克（因纽皮亚特语）	小代奥米德岛
伊马克里克岛（因纽皮亚特语）	大代奥米德岛，拉特马诺夫岛（俄语）
科尼金（因纽皮亚特语）	威尔士王子角
卢仁（楚科奇语）	洛里诺
齐齐克塔格鲁克（因纽皮亚特语）	科策布
奥姆瓦姆河（楚科奇语）	阿姆古埃马河
斯乌卡克（尤皮克语）	甘贝尔或总称圣劳伦斯岛
乌吉乌瓦克（因纽皮亚特语）	国王岛
翁加齐克（尤皮克语）	梅兹·切布林诺（后称老恰普利诺），印第安角
乌特恰格维克（因纽皮亚特语）	巴罗（现改回乌特恰格维克）
乌维伦（楚科奇语）	乌厄连，东角
奇尼克（因纽皮亚特语）	格洛文
提基格阿克（因纽皮亚特语）	波因特霍普

序曲

北　迁

每个春日的清晨，沙丘鹤成双成对地从它们栖息的田野和沼泽中腾空而起，朝北方飞去。它们展翅啼啭鸣叫，一路前行，声音响彻在北美的上空。到了4月下旬或5月，它们到达太平洋的边缘，在那里，苏厄德半岛和楚科奇半岛隔着白令海峡彼此相望。在两万年前的最后一个冰川时代，这片水域是陆地而非海洋。人们一路追赶捕猎猛犸和北美驯鹿，跨越了这条地球上的走廊。如今，两个半岛被仅仅五十英里宽的海洋隔开，从地质学和生态学上讲都是一个整体，这片区域被北美的麦肯齐河和育空河、俄罗斯的阿纳德尔河和科雷马河、圣劳伦斯岛北面以及弗兰格尔岛南面的海洋所环绕。这片河流和海洋相间的区域被地理学家称为白令陆桥。

我第一次听到这些沙丘鹤的鸣叫是在十八岁的时候，当时我站在一个狗拉雪橇上，在白令陆桥东端、北极圈北边八十英里的地方。我记得我停在湖边看一对沙丘鹤翩翩起舞。冬日的暖阳将橙红色的光影投射在稀疏的雪花上，鸟儿拱起背部、展开羽翼，一起发出低沉沙哑的鸣叫。我和沙丘鹤都是来自大平原的移民。它们北迁是为了能在北极圈短暂而丰饶的夏天里换毛产卵。我的渴望却没有那么实际，我出生在中西部，从小看着杰克·伦敦的书长大，在我的想象中，北极圈是个美丽却又静谧的地方，在这里，自然静静地不被人类惊扰。我的这种想法与我所受过的教育有关，人们将解释自然历史的地质学、生物学及生态学与人类历史相割裂，认为自然的过去与文化、经济、政治等要素毫无瓜葛。自然的过去与人类的过去之间出现了鸿沟，这使人认为人类有着改变一切的力量，而自然只能被改变。

生活在白令陆桥，打破了我将自然与人类相割裂的成见。我曾给一个格维钦的原住民当学徒，学习如何赶狗拉雪橇，但更重要的是学会如何在苔原活下来。刚来的时候，我并不知道受到惊吓的麋鹿是危险的，不知道哪里可以找到蓝莓，不知道三文鱼聚集处会形成旋涡的形状，不知道通过云彩的颜色可以看出风暴将要到来，而这个季节恰好也是熊出没的时节，这就是所谓的“沙丘季节”。这并不是说人们什么也改变不了。北美驯鹿的死去是因为我们的屠杀，狗的出生是因为我们需要它们的劳作。我们住在人类建造的村庄里，从木屋到柴油发电机，再到满载面包、汽水、DVD和其他工具的飞机，无一不是人类的杰作。村落本身就是人们如何改变彼此的印证，居留地是殖民者的发明创造，这些在一个世纪前到来的外国殖民者带来了他们的法律观念、价值观和生活方式。这些观念虽然具有改变的力量，却改变不了这样的事实，即我的犬队所驰骋的世界虽然充满了行动和变化，但其中只有部分是由人类引发的。

我寄宿家庭的爸爸和他的部落文化教会我的两件事情，在后来一直影响着我。第一件就是，如果我们留心就会发现世界并不是完全由我们塑造的，世界反过来也塑造着我们，包括我们的血肉之躯、我们的喜好和希冀。在北极圈生活，这样的留心是必须的，它会让你对生活中出现的动荡和意外心存感念。第二件是一个问题。在北极，我见识到了人类的观念改变地球的力量——人们修建村庄，制定法律来确定与地域和动物之间的关系——然而同时我们生活中所遵循的很多规矩并不都是由人类制定的。我开始思索精神与物质、人类与非人类之间的关系。人类的观念有着怎样的改变周围世界的力量？人们反过来又是如何被我们与世界的惯常关系所形塑的？换句话说，当自然参与创造历史，历史的本质是什么？这个问题会在很多后续的北迁中一直伴随着我。下面的故事将通过追寻白令陆桥的历史来探求一个答案。

在北极，出行前计划好整个行程是个很好的做法，比如你要走哪条路，走多久，以及你的目的地是哪里。坐两天的船沿河而下八十英里找寻北美驯鹿所需要的各种工具和知识，比驾驶一周的狗拉雪橇去检查陷阱的难度还要大。

本书的路线穿越楚科奇半岛和苏厄德半岛，经过三个部落的领地：阿拉斯加的因纽皮亚特人和尤皮克人，俄罗斯的尤皮克人和楚科奇人。[1]在描绘这个辽阔的国度时，本书的撰写沿着这条由太阳造就的生命之路前行。在过去的三百万年里，位于北极和亚北极区的白令陆桥酷寒无比，冰雪一直到夏季才会消融，更有些区域终年积雪。皑皑白雪将三分之二的太阳光反射回太空。[2]这降低了大地生息繁殖的能力。在太阳辐射的作用下，光合细菌、藻类和植物吸收太阳光，借助水、空气和土壤形成了植物组织。植物组织中的能量会进入其他生命体的代谢系统中，从香附子转移到野兔身上，再从野兔转移到狼或是人的身体中。一种生命体死亡后成为另一种生命体的一部分。生态系统就是诸多物种之间相互转化的集合，能量从其根源太阳穿过不同空间，在时间上也要经历多次转变。活着就是在能量转换的链条中占据一席之地。

在白令的陆地区域，由于缺少了阳光的照射，太阳能转化为生物能的链条所生成的能量远低于其他陆地区域，比如温带草原的固碳量是其三倍多，森林则是其八倍多。[3]但是，海洋则不同。在未结冰时，白令海、波弗特海和楚科奇海是地球上最为丰裕的生态系统，是各种生命体的家园，从数十亿的浮游生物到上百吨的弓头鲸。而这种丰饶只有一半是属于海洋的，像海象、海豹、鸟类和一部分鱼类于海中成长，却在岸上栖息。白令区域的地理条件很特别，在这里你会发现海洋真的比陆地丰饶，弓头鲸富含卡路里，体脂率达到40%，海象是30%，北美驯鹿可能是15%。

在白令陆桥，能量经过陆地、穿越海洋的方式，在一定程度上形塑了人类的生活。因纽皮亚特部落的提基格阿格缪特人，需要杀戮足量的鲸鱼来维持整个村落的生计。我的格维钦寄宿家庭是住在东部的努阿塔格缪特人，他们在苔原上生活，没有一处有足够的能量支撑他们定居生活。和内地的楚科奇人一样，他们也是游牧民族。部落间的边界地区不仅有贸易往来，也有决战厮杀，人们将海岸的物产带到内陆，也将陆地山川中的燧石和驯鹿皮等财富带到海上。

1848年，在这片海上，来自新英格兰的商业捕鲸船穿越白令海峡捕杀弓头鲸，就是为了获取弓头鲸鲸脂中的能量。由他们所开启的行程是本书的重心，在这一行程中，由于人类的所作所为，复杂的生态空间沦为商品来源。当这些外来者将鲸鱼几乎捕杀殆尽时，他们将目标转向岸上的海象和狐狸，然后又逐渐转向驯鹿等内陆动物，在美国和俄国矿工挖地三尺找寻金矿和锡矿时，驯鹿成为他们的充饥之物。在白令区域，如果哪片空间能量集中，物种丰裕，那里一定就有逐利而来的外来者。本书沿着外来者追逐能量的路线，共分为五个部分，从大海写到海岸，从海岸写到内陆，从陆地写到陆地之下，最后又返回至大洋。

这一过程的时间跨度大概有一个半世纪，起于19世纪40年代，止

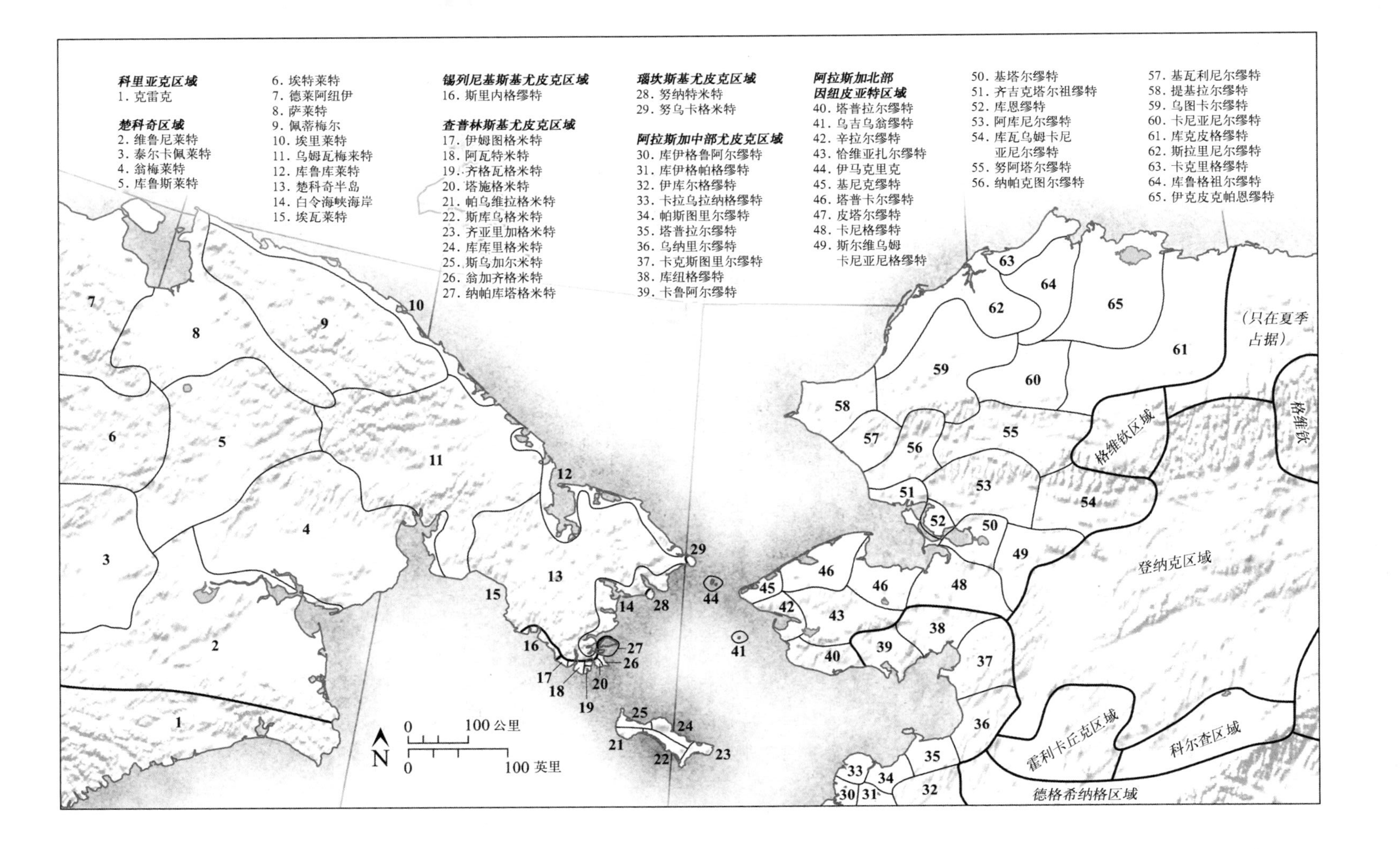
科里亚克区域
1. 克雷克
楚科奇区域
2. 维鲁尼莱特
3. 泰尔卡佩莱特
4. 翁梅莱特
5. 库鲁斯莱特
6. 埃特莱特
7. 德莱阿纽伊
8. 萨莱特
9. 佩蒂梅尔
10. 埃里莱特
11. 乌姆瓦梅莱特
12. 库鲁库莱特
13. 楚科奇半岛
14. 白令海峡海岸
15. 埃瓦莱特
锡列尼基斯基尤皮克区域
16. 斯里内格缪特
查普林斯基尤皮克区域
17. 伊姆图格米特
18. 阿瓦特米特
19. 齐格瓦格米特
20. 塔施格米特
21. 帕乌维拉格米特
22. 斯库乌格米特
23. 齐亚里加格米特
24. 库库里格米特
25. 斯乌加尔米特
26. 翁加齐格米特
27. 纳帕库塔格米特
瑙坎斯基尤皮克区域
28. 努纳特米特
29. 努乌卡格米特
阿拉斯加中部尤皮克区域
30. 库伊格鲁阿尔缪特
31. 库伊格帕格缪特
32. 伊库尔格缪特
33. 卡拉乌拉纳格缪特
34. 帕斯图里尔缪特
35. 塔普拉尔缪特
36. 乌纳里尔缪特
37. 卡克斯图里尔缪特
38. 库纽格缪特
39. 卡鲁阿尔缪特
阿拉斯加北部
因纽皮亚特区域
40. 塔普拉尔缪特
41. 乌吉乌翁缪特
42. 辛拉尔缪特
43. 恰维亚扎尔缪特
44. 伊马克里克
45. 基尼克缪特
46. 塔普卡尔缪特
47. 皮塔尔缪特
48. 卡尼格缪特
49. 斯尔维乌姆
卡尼亚尼格缪特
50. 基塔尔缪特
51. 齐吉克塔尔祖缪特
52. 库恩缪特
53. 阿库尼尔缪特
54. 库瓦乌姆卡尼
亚尼尔缪特
55. 努阿塔尔缪特
56. 纳帕克图尔缪特
57. 基瓦利尼尔缪特
58. 提基拉尔缪特
59. 乌图卡尔缪特
60. 卡尼亚尼尔缪特
61. 库克皮格缪特
62. 斯拉里尼尔缪特
63. 卡克里格缪特
64. 库鲁格祖尔缪特
65. 伊克皮克帕恩缪特
（只在夏季
占据）
格维钦
格维钦区域
登纳克区域
霍利卡丘克区域
科尔查区域
德格希纳格区域
0 100 公里
0 100 英里
N

于现今。在白令陆桥的历史上，这段时间不过是弹指一挥：这里的海洋和山脉形成历经了几百万年，这里的生物如猛犸以及体大如野牛的海狸存在了上千代，然后灭绝于世。人类社会在这里的历史亦有千年，他们创作出的工艺品令人瞩目：小工具，雕刻着诡异尖叫面孔的画像，用鲸鱼肋骨做成的纪念碑。13世纪，一个被称为“图勒”的文明出现了，从白令海峡延伸至格陵兰岛。几百年后，因纽皮亚特人、尤皮克人及楚科奇人继承了图勒人的白令领地，在白令陆桥继续书写新的历史。

到了19世纪，每个民族所记录的白令陆桥的历史都不太一样，每个都有自己认定的文明起源和转折性事件。总体上讲，对过去的叙述有两种：一种被因纽皮亚特人称作“尤尼皮卡克”，也就是久远的、具有时间上的不确定性和周期性的神话和民间传说；另一种被称作“阿卡卢卡塔克”，即在确定的线性时间轴里发生过的战争、萨满式的英雄事迹和大事件。这两种历史中都有着鲜活的生命，有陆地上的、天空中的，还有海洋里的，这些生命与人类互动频繁。一些生灵是动物，或是曾经为人的动物；还有一些生灵是巨人，或是没有躯体的灵魂，或是能讲话的石头。所有这些生命都是能动的，施动和受动的物体没有明确的界限。单纯地讲述故事，将这些生命的过去带到当今世人眼前，使讲述者和听众成为这些生灵之历史的传输者。[4]在这些对过去的叙述中，塑造人类历史的并不单单是人类自身。

19世纪40年代的白令陆桥与以往不同的并不是变化，而是出现了触发转变的新动因，外来者带着他们崭新的理念纷至沓来。从商业捕鲸者到试图在各州间划定边界的官僚们，再到憧憬着乌托邦的年轻的布尔什维克，这些外来者带着远方故土既有的思维习惯来到白令陆桥。和我一样，他们来到这片土地上，他们早已熟悉温带农业的馈赠，以及能够将树木、煤炭和石油等物产中的能量转变为动能的工业生产力。

从这些转变中得到启示，从卡尔·马克思到安德鲁·卡内基等19世纪的作者们写出了关于时间的新理论。在这些理论中，由于客观规律，人类从茹毛饮血的采集捕猎生活走到了食物有盈余的定居农业生活，再向前就到了带给我们增长、自由和丰裕的工业生活。这就是文明的历程，最终目的是用更多静态的自然资源和能量去创造具有文化价值之物。我自己也曾是这些理论的继承者，我也曾认为人之所以为人，是因为我们参与了文明进步的过程，而且只有人类能创造历史。

无论是马克思还是卡内基，或者是他们的各种解读者，在人类引发历史变化这一问题上的看法都是一致的。他们的分歧在其他地方。经历了一段时期对市场的追逐，他们的分歧使得白令陆桥出现了意识形态选择的分裂，一边倒向美国，另一边倒向苏联。楚科奇和苏厄德半岛都不适合农业发展，工业发展也是困难重重，因此成为不同人类愿景——白令本地的、资本主义的和社会主义的——碰撞、杂糅和分割的试验场。

经济是一系列物质关系的组合，也是一切有可能的、可取的、有价值的人类构想。它们是时间如何起作用和变化如何发生的愿景。那些将市场的概念引入白令区域的外来者，将进步看作上升的历史轨迹，得益于高效和创新所促进的经济增长。用以衡量经济增长的是利润，人们习惯计算短期的利润，以季度、年或几年为单位。当苏联的社会主义者来到白令陆桥时，他们深感自己落后于资本主义，并试图超越资本主义，希望可以一跃进入一个极度自由和丰裕的世界。他们加速发展的方式就是进行有组织的集体生产，发展计划量化到下一年或后五年要生产多少台拖拉机、捕杀多少头海象，每一年都要比前一年多。在同一时间段里产出更多就意味着提速，昭示着乌托邦将至。

在白令陆桥，这些人类丈量时间的方式与该地域自身的时间演进，如动物的生命周期、季节的轮转交织在一起。外来者用他们从本国带来的对未来的憧憬和想法来改变这片新的土地：这里建一个集体制的驯鹿养殖场，那里挖一座金矿。在此过程中，人们重新安排土地的使用，在河流上修筑大坝，改变了鲸鱼、海象、鱼、驯鹿等多种生物的生活方式。从海洋到苔原，在漫长的20世纪里，人类不断调整着自己谋取利润或是完成社会主义计划的想法。为了影响和改变世界，人类不能只是凭借主观臆想，而是要融入与其他生命体共存的世界之中。捕鲸者捕猎弓头鲸，可是过了几年，鲸鱼学会了躲避船只。皮毛交易者想要得到狐狸皮，然而差不多每五年之后，狐狸数量就开始骤减，人类也无法从这个行当中获利。十几年之后，狼吃掉了人们本来打算贩卖的驯鹿。动物们施动的方式不尽相同，有的是故意而为之，比如弓头鲸躲避船只，而其他一些如气候的变化并不掺杂主观意愿。但总而言之，它们的存在使人类仅仅成为白令陆桥众多施动因素中的一个。[5]

图1：楚科奇地区的苔原地貌（本书中白令陆桥的照片均由作者提供）

人类给地球所带来的改变通常很明显，比起其他生命体，人类能够更快地将陆地和海洋的资源转化为能量。但是，无论怎样的人类壮举都是人类的理念和周围世界相互作用的结果。人类施动的能力也受到其他因素的影响。

接下来的几章会追溯过去白令陆桥如何受到资本主义和社会主义的影响，以及现代性是如何在没有容易获取热量的农业和工业的条件下运作的？最为重要的事件大多并非战争的爆发和法律的出台，而是气候的变化或海象、狐狸等的生命周期。从我们惯常的历史中抬眼望去，我们发现自己置身于能量转换的链条中，能量转换对所有生命都至关重要。从这一角度来看，资本主义和社会主义并不是将人类与非人类区分开来的历史规律；它们是关于时间和价值的理念，这些塑造着人类与其他物质存在之间的特殊关系，而非人类的存在也影响着人类的雄心。

秋高气爽的季节，红头沙丘鹤展翅高飞，一路向南。下面的山丘上生长着深红色黑莓灌木，点缀其间的是沿河而生的金黄的垂柳。这边的土地正要进入寒冷的冬季。白令陆桥在历史上发生过种种变化，因为美国购买了一块叫阿拉斯加的土地，因为列宁坐火车回国闹革命，因为世界大战的发生和世界市场的引入。这里一直发生着变化，从烦扰着太平洋沿岸的地震到因季节之变而历代迁徙的物种，它们的发生放之历史的长河中虽然有规律可循，但对生命短暂的人类来说却是很突然的。一天早上当你醒来，刚落的一场雪已经将金秋浓妆素裹。无论人类存在与否，陆地和海洋都从未曾以纯粹的、不变的平衡状态存在过。[6]

这片陆地和海洋一直发生着变化，和我们过去所了解的又不一样。

从捕鲸者的航海日志、从冰层中心样本，以及尤皮克猎人在1月份所看到的白令海岸海水融化等证据中，我们很容易了解到白令陆桥在逐渐变暖。就像外来者在早期带来的变化一样，气候变暖也是人们获取能量过程中一个意料之外的结果。当今的外来者是奔着石油和煤炭而来，而不是为了捕猎鲸鱼和驯鹿。这种结果昭示了大写的人类欲望：人们之所以如此行事，是因为他们需要驾车行驶，想把电能输送到更多家庭。所有这些人类行为叠加在一起改变了地球的骨架。但是，即使人类成为一种改变地质的力量，我们对于消失的冰川和永冻层所引发的危险和前景仍毫无掌控。正如1912年出生在斯乌卡克的莱格瑞哈克所说："地球变化的速度越来越快。"[7]如此之快，以至于我在不到二十年前观察沙丘鹤的那片土地变了模样，鸟儿翩翩起舞的湖泊下面的冻土层消失了，取而代之的是在延长了的夏季里长得愈发茂盛的灌木丛。在写作本书的几年光景里，书中所描绘的我对此地的身体上的感受也变成了过去，今天出生的孩子们将永远无法感受到我所经历过的那种持续的严寒。

下面的十章将把快速发展的现在置于变化较为缓慢的过去中来审视。各章探讨了资本主义以及为了避免发展资本主义而采取的社会主义是如何起作用的，这些不仅是人类的事业，还具有生态上的意义。鲸鱼的行为或是山峦的命运告诉我们现代经济将会有怎样的前景？在与其他生命体一同演进的过程中，我们人类的时间观和进步观起到了怎样的作用？与其他历史书写一样，我的书并不是对此地唯一的历史书写，而只是一种历史阐释，其中有很多个故事，就像鲸鱼一样，与静止的山峦不同，它们应对现代性的方式多种多样。我是作为一个外来者写就本书的，我现在也没有居住在白令陆桥，所言也不能代表此地的多数人。但是，如果我撰写的这部历史可以传承精神，则是得益于我曾经居住在这边冰天雪地的时光，以及在这段时光里所学到的种种。我学到的最为重要的便是，我们的道德要关怀到其他物种和它们的栖息地，将它们看作我们的世界中不可或缺的一部分。鉴于此，我们在这里生活就需要留心周围的方方面面，小到观察熊从柳树中突然钻出前的片刻沉寂，大到关注季节性的野火或政策的转变。人类与这片陆地和海洋相互交织、相互影响，历史完整地显现出人类与非人类之间的关系。这段故事不但有结局，而且还有各种可能性。

第一部分

大海，1848—1900

我很少只是聆听一种声音。

——迪格·纳努克·奥克皮克，《还未被逼疯的灵魂》

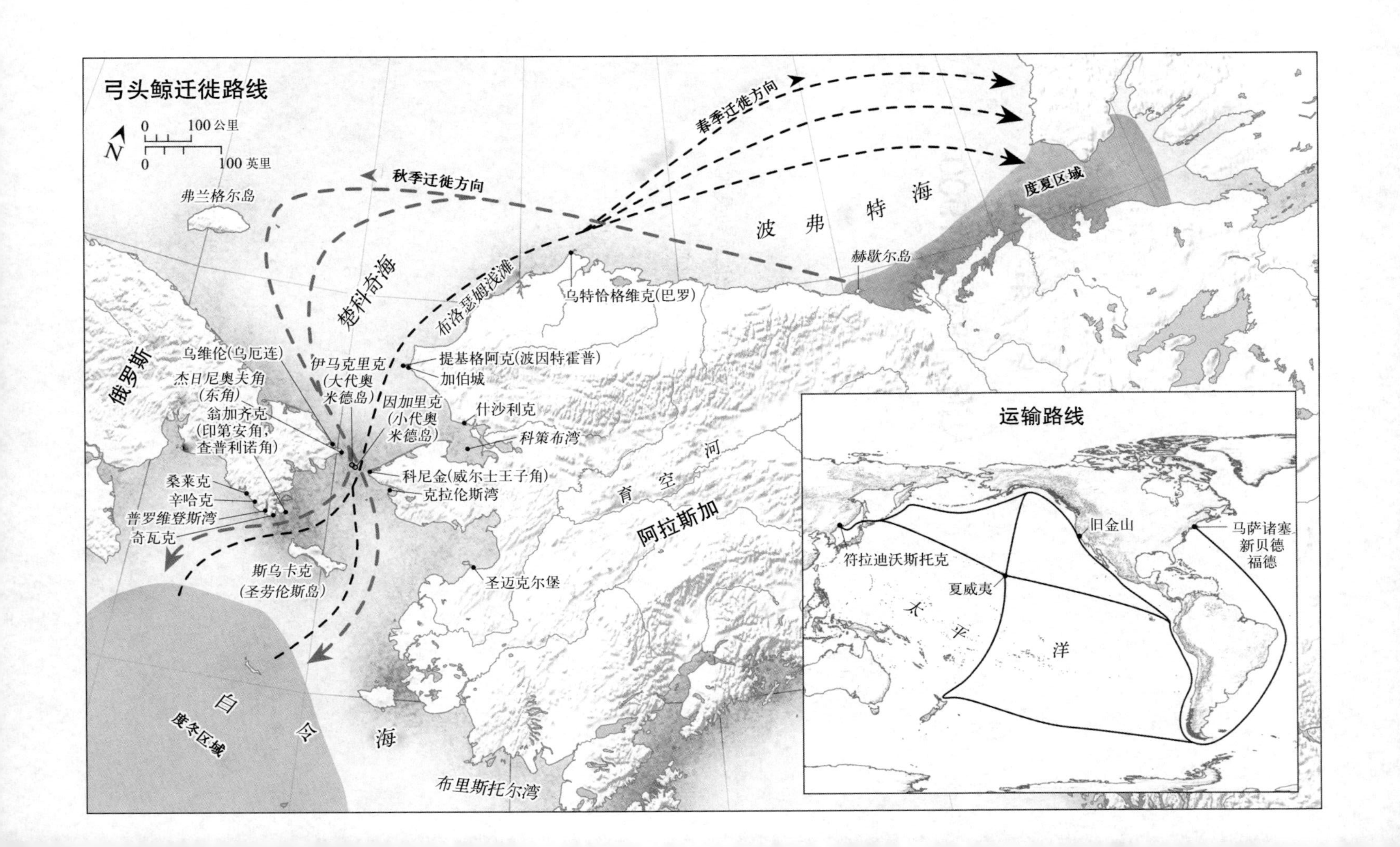
弓头鲸迁徙路线
N
0
100 公里
0
100 英里
秋季迁徙方向
春季迁徙方向
弗兰格尔岛
波弗特海
度夏区域
赫歇尔岛
楚科奇海
布洛瑟姆浅滩
乌特恰格维克(巴罗)
俄罗斯
乌维伦(乌厄连)
杰日尼奥夫角
(东角)
翁加齐克
(印第安角,
查普利诺角)
伊马克里克
(大代奥
米德岛)
因加里克
(小代奥
米德岛)
提基格阿克(波因特霍普)
加伯城
什沙利克
科策布湾
科尼金(威尔士王子角)
克拉伦斯湾
桑莱克
辛哈克
普罗维登斯湾
奇瓦克
斯乌卡克
(圣劳伦斯岛)
圣迈克尔堡
育空河
阿拉斯加
白令海
度冬区域
布里斯托尔湾
运输路线
旧金山
马萨诸塞
新贝德
福德
符拉迪沃斯托克
夏威夷
太平洋

第一章

鲸鱼的国度

18世纪末的某一天，一头弓头鲸宝宝出生了。时值深冬，数月以来太阳低照，温度也很低，使得白令海远至南部的海面也结上了冰。鲸鱼妈妈找到浮冰上一块开阔的空间用以分娩。在倒转的蓝色晶莹的冰层间有一块是空心的，灰白色的宝宝被鲸鱼妈妈放在上面，呼吸了它的第一口空气。沿着这块浮冰薄薄的边缘，其他的弓头鲸妈妈也产下了它们的宝宝。伴随着一股血流，鲸鱼妈妈安静地产下了宝宝，小鲸鱼游入了海中，这片海是两万多头鲸鱼的家园。

在春日暖阳下，白令海表面的冰层向北漂移。鲸群也跟随着冰层向北迁徙，穿过了白令海峡，鲸鱼宝宝一会儿自己游，一会儿趴在妈妈的背上休息。海洋里不时有浮冰融化成水，它们与其他小弓头鲸群相会合，头鲸一路上吐出串串水泡，引领着鲸群。到了6月，鲸鱼妈妈、鲸鱼宝宝和它们的鲸群，一起向阿拉斯加和加拿大北部的波弗特海游去，其穿行的脊背标示着海冰的下缘。在没有夜晚的漫长慵懒的日子里，鲸鱼妈妈给宝宝喂食，宝宝嬉戏玩耍，有时短暂地游散开去，然后成环形向前游。夏日渐去，进入9月和10月，鲸鱼又一次向西游入楚科奇海，鲸鱼宝宝游动时抓紧妈妈的鳍。初冬的寒冷黑暗使浮冰加厚了很多，海洋中的哺乳动物有缺氧而呼吸困难的危险，这时候鲸鱼会游向南方。此时，鲸鱼宝宝已经出生半年多了，它更加勇敢，能够在更深的地方潜水，在水面呼吸的时间也更长了。

从海面上看，白令海显得空旷苍凉——夏季蓝灰色的海面不时会有风暴，不见太阳的冬日里，海上覆盖的是厚厚的冰层。然而，白令海峡是世界深海环流的终点。源于北大西洋的水流在几个世纪后到达白令海，在此汇集了大江大河冲刷而来的营养物质。在海峡处，两个大陆向彼此靠拢，由于风和海底地形，产生了涡流。温暖的海水和冰冷的海水汇流，将铁、氮、磷等元素带到海洋表层。在海洋表面，这些元素遇到了夏日充足的太阳能，遇到了大气中的碳元素，形成了有机生命体。海水接触了空气，加上太阳的照射，二百多种光合浮游生物成形了。这些浮游生物和藻类是白令海最原始的生命形式。亿万的浮游生物和藻类就这样在这片世界上最为丰饶的海洋生态系统安家了。

浮游生物所做的事情是所有生命体都会做的最基本的事情——不断繁殖。它们不断地将太阳光转化为淀粉组织，使海洋充满能量，这些卡路里需要供养三百多种脂肪丰厚、成群成堆的浮游动物，它们形色各异，从小虾、仔稚鱼到神话的缩影——水螅、触角怪以及由体刺、液囊和胶状组织构成的生物。鲸鱼的任务是把这些分散的能量聚集起来，以此供养其上百吨的巨大身体。[1]嘴巴是它们的工具，它们有着和小船一样长的下巴和薄板状的胡须，它们的胡须比牙齿还多，进食时能够帮助它们从水中过滤出来磷虾。在浮游生物密集的地区，鲸鱼能在六周时间吃下去一个季度需要的食物。[2]弓头鲸妈妈也就是这样用十四个月的时间在体内孕育出一个一吨重的宝宝。宝宝出生后，妈妈还要劳累一年多，捕食海洋生物，产出滋养宝宝的奶水。鲸鱼无不如此。在二百多年前,鲸鱼吃掉了白令海里一半的初级生物。[3]

正是因为汲取了海洋中的能量,鲸鱼具有了自己的力量。弓头鲸在海洋世界里能做好多事情,其中之一便是和其他鲸鱼共同生活在一起。即使独自遨游时,它们的歌声也时而轻快、时而婉转、时而低沉,有时刺耳如咯咯吱吱的铰链作声,有时是低沉的轰隆声,有时如鸟鸣一样高昂。当它们发现成群的磷虾时,它们会唱歌示意其他鲸鱼,一小群鲸鱼会像大雁一样形成V字队形,它们一边向前游,一边张开大嘴捕捉成群的桡足类动物。它们的语言只有自己同类能明白,其他物种是无法理解的。

能够跨越物种分野的是能量。弓头鲸也用它们的肉体供养着其他生物。一些小鲸鱼宝宝成为虎鲸的口中之物。[4]一些鲸鱼也成为人类的食材。每磅弓头鲸的肉比任何其他北极陆地或海洋的物种所含的卡路里都要高。连一头一岁的小弓头鲸都够一个村庄吃半年的。尤皮克人、因纽皮亚特人以及沿岸的楚科奇人是最早捕猎小鲸鱼的人。

对鲸鱼的捕猎一直存在着。弓头鲸能活到二百多岁,当这头鲸鱼宝宝出生时,美国还没有购买路易斯安那州,沙皇俄国也未曾拥有阿拉斯加,亚当·斯密的《国富论》刚刚问世几十年,卡尔·马克思的《资本论》将在五十多年后出版。[5]在小鲸鱼的一生中,它将见证人类如何梦想乌托邦的到来,如何发展核能招来灾祸,人类如何利用资本主义和社会主义现代性所带来的意识形态和技术力量来重塑世界。

小鲸鱼能幸存下来是令人惊叹的,并不只是因为二百年对于哺乳动物的生存来讲确实很长。鲸鱼是将工业革命及其意识形态吸引至白令陆桥的重要因素。工业革命的本质就是人类对能量的控制利用。商业捕鲸船就是其中的先锋军,船上所载的未必是革命者,而是意图将鲸鱼的躯体变为商品来获取利益的人们。他们杀戮鲸鱼,获取利润,是基

图2：描绘19世纪中叶商业捕鲸船队的画作

于市场在不断增长的预期。在他们到来之前，这里的鲸鱼不是用来贩卖的，而是被尤皮克人、因纽皮亚特人和楚科奇人看作生灵。这些人也捕猎鲸鱼，但是他们相信这个世界有转世轮回，万物难以久长。在商业捕鲸船出现后的几年中，鲸鱼自己也认识到了美国船只的危险，并学会了一些行为来躲避这些捕鲸船，以对抗商业对它们的渴求。

一

1852年的9月底，两个捕鲸团队在楚科奇东北海岸相遇了。一对白令本地的捕猎者在他们帐篷附近的海边搜寻时，发现了三十三个衣衫褴褛的男人跨过苔原向东南方向缓缓前行。一开始，本地捕猎者并没有接近这些人。他们人数众多，而且语言也不通。然而，北极的绝望境地超越了语言。船员们打捞的物资——饼干、朗姆酒、糖浆、面粉、宠物猪的残粮和临时帐篷——不足以让他们熬过已从群山之中呼啸而来的冬季。本地捕猎者经过观察和思考,选择了怜悯。

本地捕猎者对外来者还是有所了解的,他们在其冬季村庄的海象皮帐篷中分成不同家庭。俄国探险者谢苗·德兹涅夫曾在1648年路过此地。八年后,维图斯·白令率领他的队伍在辛哈克沿岸登陆。詹姆斯·库克和约瑟夫·比林斯在18世纪末带着大英帝国的重托探索了这片海峡。分别由奥托·冯·科策布和米哈伊尔·瓦西列夫率领的两支俄国队伍在19世纪初来到这里。哥萨克商贾在更远的西边的奥斯特罗夫诺聚集点做着生意。在过去的几个夏季里,更多的船只经过这片海岸,他们的出现就好像海市蜃楼一样神奇。但是,这些遭遇了海难的水手面色苍白、行动缓慢,他们既不想与本地人开战,也不想做交易。他们蹲坐在自己的冬季帐篷里,行动古怪。每天清晨,他们都会刮胡子。他们不喜欢本地人有着狂野手势的仪式活动。他们的歌声很滑稽。村里的女人需要帮他们缝皮衣,教他们如何穿皮衣。他们带来的糖浆和饼干很好吃,但是快不够了。村民们给他们提供了住所和衣服,还把村庄里的食物分给他们吃,这食物便是鲸鱼肉。

这些人是遭遇海难的"市民"号的幸存者。"市民"号从马萨诸塞州的新贝德福德出发,赶着第五个商业捕鲸季而来。对招待他们的村民,船员们的感激之情溢于言表。船长托马斯·诺顿后来这样描述村民:"当我们孤立无援、处境艰难时,他们出乎意料地给予我们很多同情和帮助,这让我们始料未及。"[6]但是,感激之情也不能让这些船员喜欢上鲸鱼的味道。美国船员难以忍受滑滑的且嚼不烂的肉,特别是当生吃的时候,"即使时间长了也还是无法适应这讨厌的东西"。[7]就像他不会与村民们分享他对洗浴、性、所有权、衣服和宗教的看法一样,诺顿船长没有告诉村民们他对鲸鱼肉的反感。诺顿和他的船员们在村民的住所度过了冬日幽暗的日子，透过海豹油灯冒出的烟雾，他们相互审视着对方，由此也开始了一段博弈，博弈的中心就是，白令人的生活应受何种价值观的引导。

从新英格兰来的捕鲸者与白令本地的捕鲸者价值观相异，并不是因为他们付出的劳动不同，他们都是靠捕杀鲸鱼为生。他们的差异在于对以下几个基本问题的看法不同：什么是人？什么是鲸鱼？鲸鱼的价值在哪里？未来会怎样？诺顿将鲸鱼看作供养村民们的“食材”，但对其他一无所知。他甚至不知道鲸鱼的语言。

栖身于自己帐篷里的诺顿，也不知道在白令陆桥生活要面对不断的变化。某一年，大雁群没有来到它们经常栖息的湖里。某个冬天，风暴潮将海洋上的冰块卷起，把它们带入几百英尺外的内陆，所经之处一切尽毁。某一时刻，一个蹲在冰面上等海豹上浮喘气的猎人却意外地遇到了北极熊。在这个变化莫测的世界中生活，尤皮克人、因纽皮亚特人和楚科奇人认为，世界是没有固定形态的，鲜有东西能一成不变，但是大多数东西都有灵魂。就像未来可能被突然侵袭陆地的海洋冰块改变一样，灵魂可以改变他们生活的土地。萨满可以变成鲸鱼，再变成人；人最开始可以是一头海象，然后慢慢长成一个男孩；一个强大的咒语可以让人在五天里变为一只北极熊；驯鹿可以有人类的面孔。人和其他事物之间没有严格的界限，土地和海洋是鲜活地存在着的，有感觉和判断力，也会一时兴起做出危险的事情。在这个充满各种意志的世界里，生存依赖于相互合作。

弓头鲸和人类的合作需要经历一种特殊的变化，它们需要奉献出生命。出生于19世纪90年代的因纽皮亚特人阿萨特查克在八十年后说:“鲸鱼从自己的国度观察着人们。鲸鱼会说,‘我们游向照顾穷人和老人的人们,我们把自己的肉身奉献给他们’。”[8]它们会根据捕猎者的道德品行以及在仪式上对鲸鱼的重视来决定是否献身。[9]女人们会通过一些安静的仪式来和鲸鱼对话,仪式上有魔力的萨满的舌头会变成鲸鱼的尾巴。[10]在斯乌卡克,尤皮克人会把肉带到海里,一边喂给一直用身体供养人类的弓头鲸,一边低声歌唱。[11]倘若没有这些仪式,鲸鱼会告诉彼此,人类在道德上和行为上都不足以让它们为之献身。它们不愿为不值得的人而死,它们宁愿留在自己的国度。[12]

如果鲸鱼离开了自己的国度,它们会在春天游弋于阿拉斯加附近,春秋季节活动于楚科奇海滩和岬角附近,一些楚科奇的村民在夏天也会捕猎灰鲸。在鲸鱼出没的季节,船员们准备好能装载六到八个人的海象皮小船,小船漂荡在冰冷的海上。每条船上都有一位船长,这位船长一般和他的妻子一样,能够和鲸鱼进行灵魂上的沟通,同时还具有熟

图3:海象皮小船

练的捕鲸技巧。他还得确保鱼叉、绳子、浮标及鱼枪等都是干净洁白的，那是鲸鱼们最喜欢的颜色。然后，船员们开始在冰的边缘观察鲸鱼。有人需要一直盯着水面，以便发现突然露出水面的黑色脊背。一队人可能会观察几周的时间。他们不但不能点火，也不能多说话。每个船员都穿着崭新的浅色衣服，这样水下面的鲸鱼就会以为看到的是天空和冰面。在斯乌卡克，女人们送丈夫们去海里捕猎时，会祈祷“猎手们就像透明人一般，人过不留影”[13]。

鲸鱼靠近的时候，捕猎者们只有几分甚至几秒的时间做出反应。他们知道弓头鲸的听力很敏锐，所以轻手轻脚、不声不响。有经验的船长可能会等到鲸鱼呼气喷出的水花声掩盖住船和冰面的摩擦声再做出行动。当船只偷偷接近鲸鱼时，尤皮克猎人会观察鲸鱼的肢体动作，人们相信通过它们转身和下潜的方式可以预测出船长的寿命，以及鲸鱼是否愿意献身于人。[14]当鲸鱼将要再一次潜入水中时，捕猎者开始行动了。20世纪30年代，从小就在斯乌卡克以捕鲸为生的保罗・萨鲁克描绘道，船长“呼喊着船员们的名字，让他们到鲸鱼前面拦住鲸鱼”[15]。因纽皮亚特猎手一边放出鱼叉，一边歌唱。

如果他们距离一只大鲸鱼很近，船长会等到它上来水面呼吸，露出侧脊时再行动。猛然一击，每个鱼叉的曲形后钩都在弓头鲸皮肤下面的肉里扎出一个深深的口子。人们把这些鱼叉用粗绳绑在海象皮小船的浮板上，几十个鱼叉一起将鲸鱼挣扎的身体拖出水面，鲸鱼越想挣扎逃脱，钩子陷入其心脏和脊椎的位置越深。杀掉抓到的鲸鱼需要差不多一天的时间，周围是冰冷的水和热血形成的泡沫。这是很危险的工作。大鲸鱼会从船底跃起将船掀翻，把船上所载全部抛入冰冷的水中。楚科奇猎人所捕猎的灰鲸个头很小却很危险。所以猎人们会捕猎一岁的灰鲸，以及弓头鲸和灰鲸的幼崽。只需将鱼叉扎入其心脏，小鲸鱼很快就会死掉。雌性小弓头鲸最受猎人的喜爱，在因纽皮亚特语中它们有自己的名称，叫作“因尤塔克”。[16]有时候，鲸鱼会跑掉。生于18世纪末的那头弓头鲸在其出生后的几十年里，身上被扎下的鱼叉不止一个，在它的整个余生都会带着这种古老的捕鱼工具游走于海洋。

鲸鱼死后，捕鲸者们把鲸鱼的鳍肢绑在其身体上，然后把它拖向冰面或是陆地来进行宰割。每个有劳动能力的人都要来帮忙将鲸鱼从水里拖出。到了陆地以后，鲸鱼的身体成了深蓝的一堆，冰上满是浸入的鲜血，全村一起出动将鲸鱼的皮、鲸脂、肉和骨头相分离，空气中满是血腥之气。光是鲸鱼的舌头就有一吨重。孩子们也在宰杀现场，嚼着小块的鲸脂，脸上泛着油腻腻的光。除了骨头，弓头鲸的每个部位都进了人类的嘴巴，从心脏到肠，再到据说能够预防坏血病的鱼皮。[17]女人们把肉埋入冻土层里以便能够储藏度过夏日。鲸脂也被保存起来，可以

图4：弓头鲸的腭骨

食用，也可用以灯盏的燃烧，为半地下的房子供暖；一些房子的梁架就是用弓头鲸的腭骨做的。

当鲸鱼巨大的身体被肢解开，就要按照社会等级进行分配了：上好的尾鳍上的肉属于最先下鱼叉扎住鲸鱼的船只，鳍肢属于第一只和第二只船，鲸鱼下巴低一点的位置归第四只和第五只船。[18]还有一些人没有分到，比如老人、弱者和寡妇，丰裕的家庭就需要照顾他们了，就像鲸鱼将自己奉献出来一样，他们需要把得到的鲸鱼分给这些需要的人。这样的做法既现实，又能获得别人的尊敬，这样能使捕猎者和他的妻子在群体中获得领导地位，也值得未来更多的鲸鱼为之献身。捕到鲸鱼后的几天中人们大摆宴席，并举行其他仪式活动，每个部落都会唱歌跳舞，供奉祭品。斯乌卡克的尤皮克猎人，将鲸鱼扎破的眼睛流出的液体与木炭混合在一起作为涂料，在他们的捕鲸船上绘出神圣的图案。[19]提基格阿克的提基格阿格缪特人在将弓头鲸的头骨倒入海里之前，会在上面浇上新鲜的水，这样它的灵魂会找到回家的路，并且能转世再次成为鲸鱼。

就在前文所提到的那头小弓头鲸出生那年，大约18世纪末19世纪初的时候，提基格阿格缪特部落差点灭绝。一个夏天，满载提基格阿格缪特人的一艘小船被科尼金的一队人伏击。随后又被从诺塔克河沿岸来的一群内陆人攻击。第二次的攻击更为惨重。一半的提基格阿格缪特人，差不多一百多人，死于弓箭之下，他们出事的地点后来被他们称为“因纽克塔特”，意思就是“很多人殉难之地”。[20]幸存者不得不将他们之前的大量领地拱手让与他人。

像提基格阿格缪特大屠杀这样的事件并不鲜见。不久之后，斯乌卡克岛被海对面不到四十英里楚科奇半岛上的翁加齐克人袭击。谢苗·莉娜说，一个叫奈格帕克依的男人带着一千人坐着皮船过来，“屠杀了所有人，连孩子们都不放过”。[21]政治争夺一直在白令地区上演，无论是争夺领地、贸易、奴隶，还是为了复仇或是因为信仰的差异。当邻近部落一个法力高强的女萨满将戴着手套的手伸进火中把武士的心脏从胸膛中扯出，当楚科奇的牧民为了奴隶洗劫了尤皮克村庄，除了开战还能做什么呢？有些战争是在有着同样语言的部落间爆发的，因纽皮亚特的基塔格缪特部落的老妇人曾被卡内格缪特的男人切成碎条，放在鱼架上晒干。有的战争是在说不同语言的部落间展开的，比如楚科奇、尤皮克和因纽皮亚特三个部落之间也是战火连连。沿着阿拉斯加海岸，大陆对岸五十英里之外说楚科奇语的部落也会过来偷妇女。从19世纪白令陆桥本地流传的历史和外来者的记述中，我们知道这片区域并不是和谐宁静的，而是不断发生着剧烈变化。

因纽克塔特大屠杀的八十年后，提基格阿克地区的居民告诉一个外来捕鲸者，在这场劫难之后他们的生活异常艰辛，因为“所有的领袖、厉害的捕鲸者和有技巧的猎手”都被杀死了。[22]在弓头鲸出没的海岸沿线生活的族群中，各个村庄里的权力分配要基于对鲸鱼的捕猎和再分配。一个人如果可以让鲸鱼为之献身，就会获得道德上的权威和食物充足的实在好处，他的政治影响力就会增加，也就能够占据领地、获得俘虏。因纽克塔特的幸存者需要重新证明自己有这样的能力。

在过去的几十年间，他们做到了。年轻的猎手每到春天都会外出捕猎鲸鱼。捕猎就是“每次带着肉安全归来时也获得了知识。靠着祖先们流传下来的智慧保驾护航，他们一路向前”。[23]捕鲸时，萨满把鲸鱼唤到岸边，拿着鱼叉的丈夫正在那里等待，纵然时光流逝，这一切依然世代相传。他们的一举一动代表了整个民族的过去，他们为了未来的生活而努力。如果托马斯·诺顿在1852年发问什么是鲸鱼，那么这就是白令人可能给出的很长答案的一部分。它使人们在北极的夜晚也能看见光明，使人们能够忍受酷寒、填饱肚囊。它有着鲜活的灵魂，它是自然给人类的馈赠，因为它死后的躯体能够供养人类生存，它能够使一部分人获得权力，它使人类共同劳作；因为它，人类有了诸多期许和仪式，有了关于历史的看法。

二

当弓头鲸不再独居时，它会和体型差不多大小的鲸鱼一起生活。当出生在18世纪末的那头鲸鱼离开妈妈时，它可能和其他年幼的鲸鱼一起，最早一批来到冰原上，随后年老的鲸鱼也来到这里。[24]在那个年代，人对鲸鱼造成的威胁是很有限的。在楚科奇，人们每年杀死的弓头鲸有十到十五头，在阿拉斯加西北部，数量有四十到六十头。[25]数量应该不会更多了。如果弓头鲸从同伴的叫声中或者从它们被鱼叉扎过的记忆中了解到人类是危险的，那么危险也只是发生在岸边。在外海是没有危险的。直到像托马斯·诺顿这样的人来到之后，情况变化了。

对于“市民”号上的船员来讲，鲸鱼是没有灵魂和国度的，它们只有价值。如果弓头鲸被简化为只是运往新英格兰的鲸油、鲸须，那么它们就只是商品，是能够马上换成货币的自然物。这些货币又能变成其他很多东西，比如个人财富、地区权力、铁路投资、奴隶种植园或国家荣耀的某些观念。

弓头鲸的商业价值主要在于它鲸脂中浓缩的能量，还有鲸须。这对于新英格兰和白令地区的鲸鱼购买者来说是一样的。但是，19世纪的美国捕鲸船若捕到鲸鱼，是不会把其当作食物的，鲸鱼的脂肪为这个正走向机械化的国家提供了润滑剂。首先，它可以润滑缝纫机、钟表、轧棉机和织布机。鲸须的“纤维性和富有弹性的结构”是很有用的，在塑料和弹簧钢还没被发明前，鲸须可用于生产“鞭子、阳伞、雨伞……帽子、吊袜带、颈托、手杖、花饰、坐垫、台球桌、钓竿、探矿杖、刮舌板、笔架、文件夹、切纸机、画家用的绘画支架、靴柄、鞋拔、刷子和床垫”。[26]精制鲸脂可以成为上等的肥皂、香水的原料，以及高质量皮鞋的填充物。果园和葡萄园将鲸脂用作杀虫剂，作为涂层“防止绵羊啃咬树苗”，也作为化肥。[27]鲸脂里贮存的能量并不能直接为工业提供动力，动力来自水车以及木头、煤炭和石油中的碳，但是鲸鱼制品对于纺织业来讲却是至关重要的。一家棉纺织工厂一年大约能用将近七千加仑的鲸油——这需要从三头抹香鲸身上提取。绵羊剪毛前需要在其身上涂抹一层鲸脂，机器织布前也需要在纤维上涂一层以使其强韧。

最重要的是，鲸鱼身上贮存的能量可以化身为光。在新英格兰，从17世纪30年代起鲸油就已经用于照明。19世纪早期，随着美国人口的增加，室内照明的需求也在增加，而当时美国还没有将化石燃料进行提炼用于燃烧煤油灯。灯油大多来自动物脂肪或是植物籽油。鲸油，特别是抹香鲸油，能够制造出最为明亮的灯。它还不会像猪油脂一样，燃烧起来有一股培根的味道。鲸油也不像莰烯那么易爆。在波士顿、纽约以及普罗维登斯等其他东部城市里，日落早且冬日漫长，燃烧鲸油的灯盏照亮了家和工厂，点亮了街灯和火车上的照明灯。燃烧鲸油的灯塔指引着船只归家。从远方海洋获取的能量成为人们日常居家、市民生活的一部分，与人们生活关系紧密，而使用它们的人可能从未看见、触摸或是品尝过鲸鱼。

将遥远地方的鲸鱼躯体与需要灯光的人们联结在一起的是上千人的劳动。到了19世纪，大多数劳动力来自大西洋沿岸，比如楠塔基特岛、玛莎葡萄园岛、米斯蒂克，还有马萨诸塞州的新贝德福德，这里有着鹅卵石街道、砖瓦砌成的保险公司大厦，石棉瓦搭成的寄宿所里每年驶出几百艘船只。托马斯·诺顿在楚科奇遭遇海难前，也是由新贝德福德出发的。如同所有离开这个深水港口的船只一样，“市民”号的建造离不开附近农村的资源支持。森林中的树木变成了船板和桅杆，田野中的大麻变成了船帆，铁变成了鱼叉和刀。羊毛变成了毛毡垫，铺在涂有沥青的船体上，船体上刷了一层铜以保护木质船板，防止船蛆啃咬或是腐烂。将原材料变成能够行驶的三桅船、横帆双桅船或是纵帆船（船只的类型根据帆的数量和位置划分）需要很多人的共同努力，包括木匠、捻缝工、制桶工、铁匠、缆索工和织帆工等；将他们这些人组织起来并付给他们酬劳则需要中介、装备店以及财务人员；航行需要船员和船长，加工处理鱼获则需要加工厂、购买者和营销商。在19世纪四五十年代，新贝德福德有两万人的工作是与鲸鱼的捕捞和加工相关的。

所有的鲸脂都是白花花的钞票。新贝德福德每年来自鲸脂初级产品的收入有一千万美元。不管鼓吹者如何向国会宣扬，鲸类资本从来都不是美国国家生产的重要部分，在19世纪50年代只占1%，到60年代就更少了。但是，在马萨诸塞州却是第三大产业，紧随鞋袜业和服装业之后。[28]一些家族从鲸脂交易中获得巨大利润，然后将这笔钱投资到其他工业，如造船业、铁路业和棉纺织业。[29]浓缩的能量变成了巨额财富。赫尔曼·梅尔维尔对于新贝德福德这样写道：“在全美没有一个地方像这里有如此多贵族式的住宅、公园和花园”，这种奢华是“从海底捕捞鲸鱼所得到的”。[30]

19世纪，对鲸鱼的需求使新英格兰的捕鲸者跨越世界各大洋进行捕猎。18世纪中叶，新英格兰的船员无法在陆地附近的海域找到鲸鱼，而当时鲸脂需要在岸上进行加工。造船工程师便改装了船只，使固态的鲸脂在船上就能被加工成液态的油。于是，捕鲸船进入了大西洋，先向北再向南继续航行。在19世纪早期，捕鲸业在合恩角附近发展起来，捕鲸者开始在太平洋中寻找鲸鱼的踪迹。捕鲸船在历时三十个月的航程后在1819年到达了夏威夷。在接下去的二十年中，他们向北航行。在港口，船员们相互传言说日本沿岸的水域富饶多产，并进入布里斯托尔湾，然后靠近堪察加。

紧随捕鲸船而来的是美国海军。就像一位海军军官所说，美国捕鲸船队发现了“巨大的财富来源，这对我们的商业利益和国家利益大有裨益”，国家也应当参与进来，因为“如若没有国家政府的庇佑，利润不可能来得如此顺利”。[31]随着美国捕鲸船驶入陌生的异国海域，有时候是沉入了异国海域，美国海军开始进军太平洋。约翰·昆西·亚当斯总统在1825年告诉国会说，此扩张之举乃是美国鼓励“不断繁荣的商业和渔业”的一部分，通过此举，美国想在“世界文明国度中占据一席之地”。[32]亚当斯希望美国能够与派出库克和白令的欧洲强国一样，作为一个对世界的认识不断增强的帝国进入太平洋。而在太平洋，对世界的认识来自捕鲸者们。1828年，美国海军部长在捕鲸船船长中收集信息，称这些人“对海洋的了解比其他任何人都要多”。[33]1838年，政府对南太平洋进行了官方的调研，目的是为了促进这片区域“科学、知识和文明”的发展，政府之所以这样做是因为新贝德福德船长们的敦促，他们希望得到他们已经涉足海域的更优质的地图。[34]十五年后，马修·佩里准将跟随着领头的捕鲸船到达了日本。

捕鲸业使美国在太平洋地区成为一个帝国，一个认为文明应该有商业潜能，而商业该有文明开化潜能的帝国。捕鲸业展示了这两方面的潜能：一方面是将传教士带到“这边未曾涉足的海上，这片有着实用价值的新天地”；另一方面是将“文明开化世界的贸易”带到这里。[35]美国神圣的事业就是让这个世界变得有实用价值。鲸鱼和它的捕猎者将天定命运论带到了海上。正如海军部长在1836年向国会报告所说："我们国家没有哪一方面的贸易比太平洋上的更重要……这在很大程度上不单是商品的交换，更是从海洋中通过劳动来获取财富。"[36]依照当时人的观点，就像种植庄稼是以劳动来改良土地一样，将鲸鱼变为油也在改良大海，使其变为白花花的钱。美国的海洋和美国的陆地一样，是经济增长的地方。对于马萨诸塞州的金融家和年轻的共和党政客来说，捕鲸业本身是抽象的、不重要的，重要的是，捕鲸业所得到的利润可以用来支持其他更为宏伟的事业，比如商业、国家扩张、工业投资等，这是依照过去要让位于进步的历史理论。如此这般就隐藏了一个基本现实——每一分钱都是从鲸鱼的死亡中赚取的。

鲸鱼和它们的死亡对于像托马斯·诺顿这样的人来说却并不抽象，正是他们的劳动使鲸鱼的身体转化为油灯和浓缩的价值。对于捕鲸者来说，一次航程意味着数年的艰辛和危险。捕鲸的船只会遇难，有时会起火。沿途停靠的港口有着不同的语言，充斥着打斗和奇怪的疾病。有时风停了，捕鲸船会闲置数周。船员们会摔断骨头，伤口会化脓，会有得上坏血病的风险，还会跑肚拉稀，而医生却无处可寻。人们甚至搞不清楚他们的猎物鲸鱼到底是属于鱼类、哺乳动物还是一种巨大的恐怖怪物。[37]

鲸鱼的价值是毋庸置疑的，就像船长爱德华·丹沃在新贝德福德的港口告诉他的船员的，它就相当于"一船油"的货币价值。[38]这些货物主要是由船长负责，运上船的每一桶鲸油都是他来负责，虽然船上他说了算，但是船不是他的。在19世纪中期，大多数捕鲸航行都是由主业在陆地上的投资人提供资金的，他们为了降低金融风险，共同享有船只的所有权并共同分担船上装备的购置费用。船长的选择要根据其过去找寻鲸鱼和管理船员的能力和表现，他们要与投资人签订合同。19世纪中叶，雇用船长的标准就是要熟悉两片海域，了解能够用来炼油的各种鲸鱼的行为，不管是露脊鲸、灰鲸、抹香鲸还是座头鲸。在船长返回新贝德福德后，其航程中所做的每一个决定都要受到评判，评判其对航程收益的贡献。“尼姆罗德”号的船长威利斯·豪斯留着胡子，有着一张饱经海上风霜的脸，他写道，“作为捕鲸船的船长，我的职业声誉取决于我们船只的捕捞结果”，使他压力更大的是，“船长需要对船上每一个人的错误行动和办事不力负责”。[39]

船上有各色人等，一共三十几名船员，他们的社会阶层、地位、种族、宗教和登船目的各不相同。有的来自亚速群岛，有的来自佛得角，还有一些新英格兰土著，有获得自由或是逃跑出来的奴隶，也有新英格兰的水手，以及土著船只在其太平洋航线所经过港口和海岛的船员。[40]在1849年与她的船长丈夫一起乘船去往北太平洋的玛丽·布鲁斯特写道：“船员中有五个白人、五个卡内加人、两个葡萄牙人以及三个有色人种，其中厨师肤色最黑，可以称其为黑人。”[41]她是船上唯一的女性。很多船上都是没有女人的。船员们的经验也各不相同，很多都是新手。沃尔特·伯恩斯是作为前甲板成员登船的，带着对“陌生的土地和国度、传奇故事和新鲜经历”以及“大量钱财”的希冀。[42]或者和以实玛利一样，有些船员干这行是因为囊中羞涩，并对陆上行业没什么兴趣。这些水手的防水服、各种用具、鞋子和寝具都是通过赊账方式由船只投资人购买的，登船时，他们对航行路线、行程长短和路上可能发生的事情一无所知。

他们发现船上的生活单调至极，每天都是重复的。人们用所吃的食物来标记过去的每一天，形成了循环往复的豆子日、鳕鱼日、硬布丁日，然后又是豆子日。[43]管事的让伙计们用烟雾熏老鼠，用碱液刷洗地板，检查索具上面几百码的绳子，修补风帆。如果船员逃避劳动，骂骂咧咧或者酗酒，就会受到惩罚，被“绑到后桅索具上鞭笞”。[44]水手的劳动号子里称海洋“悲伤且阴郁”，鲸鱼“野蛮且丑陋”，当船员没做好事情时船长会破口大骂，“让这些混蛋淹死算了”。[45]海上的风暴使人生病不适，正如一篇日志所描述的，感觉“就像厕所里的大便”。[46]很多人开始想家，在小贝壳上刻上自己的心爱之物。[47]“莉迪娅”号的一名船员记录道：“我的确想赚钱，可是没有想钱想到在这里遭这份罪的程度。”[48]

“莉迪娅”号需要航行数月方能返回港口。除非遇到重大海难，船长们必须载满鲸油后才能回到新贝德福德。捕鲸业的劳动力不是定期发工资的。从船长到大副、铁匠、膳务员再到新来的甲板水手，每个人都是在返航后按照船上所得货物的价值分成。船长能得到净利润的八分之一，船上的技工和舵手能得到8%，厨师和有经验的水手以及其他有技术的船员可能得到1%，而没有经验的水手只能得到0.5%。就像19世纪60年代的一份报告所说的，每个人“不管是为了自己还是为雇主考虑，都急切地想获得最大数量的鲸油”。[49]对于船员来讲，鲸鱼的价值在于其死后带给他们的利润分成。一天没有捕到鲸鱼，就说明一天没有收入。豪斯船长写道：“没有收入的日子就会一直希望捕到更多的鲸鱼，这是我们动力和热望的源泉。”[50]

1848年，世界上五分之一的捕鲸船队都在夏威夷北部，他们对于海洋的抱负已经减退到去填满远方的油灯。[51]托马斯·罗伊斯船长的“优胜者”号就是在此处的一艘捕鲸船。三年前，罗伊斯还在勘察加半岛附近，正在休养被鱼钩弄断的肋骨，这时他听一位俄罗斯的海军军官说北部的鱼获颇丰。于是，罗伊斯北上来到白令海峡。[52]在伊马克里克附近，他的船员捕杀了一种新的鲸鱼，这种黑色的鲸鱼行动缓慢，身体上脂肪特别多，鲸须特别长。“优胜者”号从仅仅十一头鲸鱼身上就获得了一千六百桶鲸油。六周后，罗伊斯向火奴鲁鲁的报刊表露了他所看到的希望，“在大洲之间航行穿梭，在北纬70度的地区，我们所到之处都是鲸鱼”。[53]

三

每一年，弓头鲸都会唱出不同的曲调，使白令海峡附近的水域——南面的白令海，北面的楚科奇海，东北面的波弗特海——荡漾着两三种不同的音乐节奏。弓头鲸大多是在冬日歌唱，由于几十英里外的鲸鱼也能够听到，它们会加入歌唱的行列，海面上逐渐充满了同样的歌声。这样的行为在鲸鱼中世代沿袭，成为其文化的标记。[54]

人类也能够跨越大海快速地传播信息。罗伊斯1838年的记录将五十只船在次年吸引至白令海峡。当“猛虎”号向北行驶，玛丽·布鲁斯特写道：“北极看起来很远，但是从以往的记录中看，那里鲸鱼数量颇丰，值得一去。”[55]她发现罗伊斯所言不虚。她的记录中是这样写的：7月8日，发现“大量鲸鱼”；9日，“数量不少”；10日，“很多鲸鱼”；11日，“海量鲸鱼”；13日，“一些鲸鱼”；14日，“一些鲸鱼穿过海峡向北游去”。[56]7月末，“奥克穆尔吉”号“满载着鲸脂，四面八方都有鲸鱼出没”。[57]这种新的“北极鲸”体型巨大。一头鲸鱼就能产出一百五十桶到二百桶甚至三百桶油，是普通抹香鲸的三倍，有时鲸须能达到三千磅。[58]一位船长的儿子写道：“弓头鲸反应迟缓，它们经常优哉游哉地前行，规律性地喷射水花，平心静气。”[59]

然而，即使面对如此安静的鲸鱼，海上的捕杀工作也是残忍血腥的，而且并不总能成功。首先，你需要爬到高高的索具上观察，把“看到的一切都喊出来”。“一切”就是指鲸鱼的一举一动。看到鲸鱼浮上来呼吸，你要叫“看，她上来呼气了”，“快下鱼叉”，“她的黑皮肤露出来了”，“她挣脱鱼叉跑掉了”。[60]在白令海上，水手们学会了寻找“大虾聚堆的深红色水面”，因为鲸鱼常在这些“油腻的”地方聚集。[61]一些水手说他们能够在风中闻到鲸鱼的味道。[62]

一旦发现了鲸鱼，船员们就会将甲板上的小木船放入海里。每艘小船上都有鱼叉，有的小船上还有像巨大的步枪一样的炸弹枪。就如骨头或是石头制成的鱼叉一样，金属的鱼叉也可能会滑脱，使鲸鱼在“喷了一阵血”后逃走。[63]鲸鱼可能下潜到水中，也可能拖着小船跑。船长弗兰克·霍尔曼下令道，“要小心绳子不能系得太紧，否则鱼叉容易拉掉”，但是，“如果鲸鱼能够跟着船走，那就紧紧系住”。[64]“弗朗西斯”号的一次捕鲸从早上七点开始，船员首先给了鲸鱼一击，然后鲸鱼就拖着小船逃走了，速度很快，其他的船根本追不上，直到晚上六点也没能将其杀掉，鲸鱼最后不见了，逃到上风向的十四到十五英里之外。[65]如果鲸鱼没有流血，那就必须足够近地“在其心脏区域放一枪炸弹”将其杀死。[66]

火药使捕鲸工作更加危险。詹姆斯·芒格写道：“鲸鱼曾将船桨从我的手中拖出，小船裂了个缝，开始漏水，但我逃出来了。”[67]奥森·沙特克认为，“每次我们追赶鲸鱼时都命悬一线，杀死这种冷酷无情的生物需要很高超的技巧和判断力”，“即使技术最好的捕鲸者有时还是会失手遇难”。[68]“罗马Ⅱ”号的日志记录者西法斯·托马斯就遭遇了这样的不测，“鲸鱼的尾鳍拍击到他的船侧，他当场丧命，鲸鱼在水中再次攻击了他，这次他沉了下去”。[69]

尽管人会有危险，但死的往往都是鲸鱼。当船员把鲸鱼的尸体拖到船上，并用绞盘把一半尸体拉出水面时，他们就开始估算鲸鱼的尸体值多少钱了：一头巨大的"一等"棕皮弓头鲸可以产出二百桶油，而一头"三等"的黑皮弓头鲸只能产出七十五桶油。[70]为了得到鲸鱼，必须先将鲸鱼的皮剥掉。船员们用长柄的铁锹切入，将鲸脂从肌肉中剥离出来。埃尔斯沃斯·韦斯特回忆道："当滑轮将鱼钩升起时，绞盘发出长而尖的声音，船侧倾了好几度……鲸脂从鲸鱼尸体上被剥落下来，就像剥桦树皮一样，直到最后所有鲸脂都被剥出来。"[71]一英尺多厚的脂肪像床单一样挂在深色的鲸鱼皮上。捕鲸者称这些为"毛毯片"。船员们站在油乎乎的横幅旁边，浑身油腻腻的，他们剥取了鲸脂，却没有切割鲸肉，除非发现一头小鲸鱼的肉质看起来"像上好的牛肉"才会把它当成晚餐。[72]回到新贝德福德或是波士顿后，美国人是不吃鲸肉的。除了鲸脂，只有鲸鱼头有点价值，因为"房间一样大"的嘴巴里有很多鲸须。[73]一旦被砍下头，剥取完鲸脂，鲸鱼剩下的几吨肌肉、内脏和骨头就都会被"扔进海里，成为海燕、信天翁以及鲨鱼的口粮"。[74]

船抛下鲸鱼的残骸后继续行驶，接下去的日子船员们将有更多的工作，他们需要把鲸脂房中齐腰深的脂肪以及甲板上堆的鲸须变为商品。他们将鲸须切成小薄片，用沙子把鲸须上残留的黏糊糊的肉洗下去，因为没有女人喜欢她们的紧身衣上留有腐烂海兽的味道。船上的鲸油提炼厂大致是这样的：把砖灶放置在甲板上来提取鲸脂，男人用刀将厚厚的脂肪切成薄片，他们称其为"圣经书页"，然后把它们扔进冒着泡的铁锅中。捕鲸者对于鲸鱼脂肪有自己的分类："干皮"产出的油质量不高，微红色和黄色的油没有透明白色油的价值高。[75]年轻"稚嫩"的鲸鱼在下锅前需要"在鲸脂房放置一到两天待其成熟"。[76]没有立即剥皮，或是发现时就已经死掉的鲸鱼处理起来臭气熏天，产出的是低等的黑色的油。[77]

通过煮的方式将油中的水分去除，还须将鲸鱼皮的碎渣过滤出来，这需要两到三天的时间。船员们边工作边唱歌，他们会唱《迪克西》，唱《约翰·布朗的遗体》，也会唱关于威士忌和夏威夷女人的歌曲。他们会把炸鲸鱼皮当作小点心吃，“虽然口感像腌渍的橡胶，但它的味道还不错”。[78]从白天到晚上，有人一直用小块的鲸脂来烧火，用鲸鱼自己的肉身来熔化自己。船员们期待风平浪静的天气，因为一个大浪打过来，鲸脂提炼锅中正煮着的东西就会洒到甲板上，就如韦斯特所写的，甲板上“满是鲜血和鱼杂碎”。[79]“鱼杂碎”是指水手们干完活剩下的鲸鱼内脏、油脂等残留物，它使船板又油又滑。船员们在北极夜晚的低阳下，通宵劳作，或是在秋日里借助燃烧鲸脂来照明。随着航程时间的推移，人们对于熬煮的鲸脂和腐臭的肉开始厌倦，一位水手说：“它的味道令人生厌，但是当我想到鲸脂的数量越来越多，到能堆满我们的船只时，我们就可以回家了，我也能够忍受。”[80]

衣锦还乡是各色船员共同的愿望。“弗朗西斯”号的航海日志记载道，“我们出来已经九个月了，炼出了八百桶油，开伙也有几百次了”，这就意味着距离返回安全的港口和拿到收入不远了。[81]捕鲸者们在航海日志上表达了自己的期待：他们每天都会记录距离家的经纬度距离；如果某天捕到鲸鱼，得到了鲸油和鲸须，他们就会在日志页面的边上用墨水印上一个鲸鱼的标记。最后，行业报刊和联邦渔业报告会公布每艘捕鲸船总共获得了几千桶油。投资者依据这些数据来判断捕鲸业是否有前途，是否值得他们继续投资一年。

因此，从投资人到民族主义的宣扬者再到船上的侍者，纪念弓头鲸的仪式就是计算它们数量的减少。这一仪式同时也使捕鲸者的经验和知识简单化了。船员们在捕鲸过程中不仅自己感到恐惧和痛苦，也看到了鲸鱼的哀痛。追逐鲸鱼的过程虽然惊险刺激，但是船员们也描绘了他们捕杀掉的“受伤鲸鱼”“圆睁的眼睛”，不忍看其“极度痛苦地”死去。[82]其他的水手描述道，当遭到重击时，“鲸鱼发出低沉痛苦的呻吟，很像痛苦的人发出的声音”。[83]捕鲸者说，当他们发现鲸鱼也有感情时，心里便会更难过。他们看到当鲸鱼宝宝在玩耍时，妈妈会爱意满满地看着。鲸鱼会流露对彼此的同情，在同伴遭遇鱼叉攻击时，它们会选择“陪它们濒死的同伴待一会儿”。[84]对鲸鱼的情感世界的了解，和捕鲸者自己的所想所感，都只会留在捕鲸船上。新贝德福德的鲸油买家不会为捕鲸者和鲸鱼的感情买单，就像他们不会对船员的伤亡负责一样。他们将鲸油制成灯具燃料卖给人们，那些人不会知道鲸鱼所受的痛苦。一个捕鲸者写道：“鲸鱼的价值不能受到人类同情心的影响。”[85]只有作为商品时，鲸鱼对于水手来说才有价值，只有捕到鲸鱼，个人才有未来，才有能力去负担明年的食宿。这就是弓头鲸之于托马斯·诺顿的价值，就是他对“什么是鲸鱼”给出的答案。这就是刻在很多贝雕上的格言：“对于鲸鱼来说是死亡，对于杀戮者来说是长存，对于水手的妻子是成功，对于捕鲸者来说是油腻腻的运气。”[86]这油腻腻的运气会使手掌也油腻腻的，这句话在捕鲸者这里就是拿到钱的意思。

在新贝德福德的船只前来寻找鲸鱼之前，来自阿拉斯加提基格阿克村一个名叫米格阿利克的男人被楚科奇人所俘虏，被带到海峡对岸。俘虏他的人并没有杀他，而是囚禁了他一段时间，这期间他看到了楚科奇人的鱼叉箭头是用铜做的。因为阿拉斯加那时并没有铜，米格阿利克看到了很惊讶。据说，他告诉楚科奇人，提基格阿克旁边悬崖的板岩比铜更适合用来做工具。那年冬天，在他跨越冰面走回家之前，他邀请了楚科奇人来看一看。第二年夏天，楚科奇人来了，并用他们的珍稀的铜来换取板岩。这让提基格阿克人占了大便宜，坊间流传了好久这件事，不过流传过程中事情的细枝末节丢失了。[87]

没有丢失的是米格阿利克的故事更加广阔的意义：交换的重要性。白令陆桥的部落在其领地内部无法满足自己的生活需要。弓头鲸的鲸皮固然美味，但是不能用来做外套、靴子、绳子、帐篷或是小船。海象多的地方没有树。驯鹿的皮很棒，但是没有什么脂肪。交易使来自海上的鲸脂变为可以雕刻的皂石，使木头成为鱼叉的手柄，驯鹿皮成为衣服。如果当地人举行仪式的目的是召唤猎物归来，交易就是做到如果它们不回来也没关系，用海岸鱼获颇丰的时节来帮助供养苔原上歉收的秋天。战争使白令陆桥充满了暴力和危险，而交易使各个部落结盟并休战。交易是有特定的时间和地点的。在阿拉斯加的谢夏里克，几百号人会带着他们的犬队和船只前来，他们举行盛宴，讲述故事，联姻婚嫁，以你之余补我所需。楚科奇和伊马克里克岛也有相似的聚会。在聚会期间战争都中止了，袭击带着雪橇和船只而来的人是令人不齿的。

米格阿利克的故事中的铜，就是通过这些交易路线和集会来到提基格阿克的：这些铜由俄国人所制，可能是从距海洋几百英里的楚科奇领地西面的交易点奥斯特罗夫诺传过来的。18世纪末，来自奥斯特罗夫诺的商品遍布了白令陆桥；楚科奇人可能用皮毛来换在莫斯科城外制作的刀子，然后把它带到东部来换在阿拉斯加伊马克里克岛捕杀到的狐狸，然后把狐狸皮再卖给俄国人换取更多的金属。刀子可能会卖给因纽皮亚特各部落，俄国人可能把狐狸皮卖给中国。在19世纪，一些别的地区也成为外来物品交易之所：诺顿湾南部边界的尤皮克人在俄国的要塞圣迈克尔堡进行交易，一些来自英国内陆哨所的步枪顺着麦肯齐河，传到了因纽皮亚特人领地的东部边界。[88]

1848年后，美国人的船队驶入了这片区域，他们想象着暴力冲突是在所难免的。捕鲸业的报纸上充斥着南太平洋食人族的故事，他们想着北边情况也差不多。一些人读到了弗雷德里克·比奇在19世纪

20年代对“威胁着我们”的因纽皮亚特人的描写,《夏威夷日报》也转载了这篇文章。[89]所以,在1849年,当玛丽·布鲁斯特被水手那句“该死的印第安人来了”的叫喊声惊醒,她爬到甲板上,看到一些海象皮小船从楚科奇海岸划向他们的“猛虎”号。船员们也各自抄起了家伙,“几把铁铲”和“四支火枪”。[90]

其实根本没必要如此紧张。布鲁斯特写道:“他们想要的是烟草,他们喜欢吸烟或是嚼烟草,就连小孩子们也特别喜欢。”[91]穿着海豹皮裤子、驯鹿皮上衣的男男女女,想要的是交易而不是战争。在商业捕鲸开始的头几年,很多船只都遇到了“猛虎”号遇到的这种情况。白令人小心翼翼却又饶有兴致地接近这些外来者,而外来捕鲸者通过赠送给当地人针头线脑这样的小东西来换取和平相处。《捕鲸者货运单》将其称为“保险”,因为他们这样做,船只“如果不幸遇到海难,流落在他们岸上,他们也能好心地帮助船员们”。[92]交易使得白令人和外来者能够通过交换得到对各自有价值的物品。但是在早期,双方并不知晓对方的需求:楚科奇人摸着“猛虎”号甲板上的印花棉布,可他们并不知道棉布来自一间对鲸脂有着大量需求的制衣厂,织布机的踏板需要鲸脂来润滑,而这种动物也是楚科奇人赖以生存的食材。玛丽·布鲁斯特没有看到,在对烟草需求的背后,白令人在琢磨这些外来的船只是否能持续为他们带来他们的所需之物,以获得二者间的贸易平衡。1849年6月的那天,“猛虎”号甲板上白令人和外来者之间所发生的事情就像“一大块撞击来的浮冰”。船只需要“起锚”以避免撞击。[93]

四

弓头鲸是冰雪世界的动物。世界上的弓头鲸主要有两大种类:一类生活在北大西洋，另一类就是在白令陆桥；两类都习惯穿梭于冰间湖和冰间水道之中，在这些空间里冰层裂开，露出面向天空的漆黑海水。弓头鲸在这些地方游走，寻找出气口。它们高声歌唱，然后通过聆听它们自己的回声来判断上面冰层的厚度，小心着陷阱。当它们的上方有薄薄的冰层时，它们盘旋地向上冲击，开出一条道路。如果上面的冰层太厚无法击破时，它们就放弃了。就是依赖着这些方法，它们生活在缺乏氧气的固态和液态水之间。

楚科奇、因纽皮亚特和尤皮克的捕鲸者知道如何穿过白令陆桥的冰原，他们需要的和鲸鱼相反，他们需要足以承载人类重量的厚冰层，而不是薄薄一层适合为鲸鱼提供换气口的冰面。而对于一艘镀铜的木制帆船来说，只看冰的厚薄却是不可靠的。一夜之间，海上会长满了霜晶，方向舵便会失灵。白天，在风和水流的作用下固态冰会向船只撞击过来。玛丽·布鲁斯特写道，“一大清早，我们仿佛听到陆地上的叫喊声，但是很快我们就知道这只是浮冰的声音”，她提到在几周后，“令人不安的一天，凌晨一点钟浮冰就向我们袭来”。[94]水手们当心着4月的雾气中藏匿的浮冰，以及被夏末的大风中吹过来的冰山，这些都有可能穿破薄薄的船体，而船承载着船员们的一切，是家，是工作地，是他们全部财富的所在。捕鲸季节是受冰川影响的，从冰川后退的4月、5月、6月开始，一直延续到9月，9月时白令海峡的北部开始刮起了大风，夏季结束。当伊莱扎·布洛克的船穿过稀疏的冰山时，她写道：“冰山在阳光的照射下美丽至极，像雪花石膏和白雪一样洁白，形状各异。我们通过后感到非常庆幸。”[95]

1849年就是在这些浮冰间，五十艘捕鲸船捕杀了五百头鲸鱼。次年，大约一百五十艘船将两千头弓头鲸制成了鲸油。对于船长和船员来讲，这些数字代表着希望：《捕鲸者货运单》称这些数字可疑，因为“在同一时期同样数量的船制成如此多的鲸油，伤亡人数还如此之少”。[96] 对于像美国国务卿威廉·苏厄德这样的捕鲸支持者和官员来说，北极地带证明了捕鲸产业是“国家财富的一个来源，也是体现国家实力的一个方面”。[97] 每年不断增长的产油量证明了这一未来发展趋势。

在1851年，越来越多的美国船队驶向了白令海峡。他们发现的海却与以往不同。这里的冰层更厚了，在寒冷的夏天融化得更加缓慢。一位船长写道，“冰更多了”。但是，更引人注目的还是弓头鲸的变化。根据“海伯尼亚”号在6月10日和11日的行船记录所描述，每当他们把小船放入水中准备捕鲸时，“鲸鱼就会躲进冰里面”。然后，在22日，三头鲸鱼为了躲避捕鲸者，游入冰中。29日，又有一头鲸鱼逃掉了。这样的情况一直有。[98] 弓头鲸现在认得出捕鲸船，如一位记录者在追逐鲸鱼失败后所言：“鲸鱼一看到船只，就溜走了。”[99]《捕鲸者货运单》总结道，在这个时节，鲸鱼突然变得“稀少且狂野”。[100]

第二年也是一样的，只是弓头鲸变得更加狂野了。船桨的轰隆声“足以使鲸鱼陷入恐慌之中”。一旦被围追堵截，鲸鱼会马上潜入水底，或者向后游躲在鱼叉手的小船下面。一旦被鱼叉击中，“弓头鲸会用被鱼叉扎住的那部分身体摩擦冰面”。[101] 躲过人类攻击的鲸鱼尤其狡猾，一头有着汽船鸣笛般叫声的鲸鱼在几年间能一直躲开捕鲸者，因为“只要船一靠近，它立马就知道”，然后就潜入水底，无影无踪。[102] 根据“萨拉托加”号的记载，一些鲸鱼还会嘲笑捕鲸者：“十六只小船一起追一头可怜的弓头鲸，却眼睁睁看着它跑掉了，它向人们摇摇尾巴，好像在说‘你们抓不到我’。”[103] 美国船队编了一首新的关于弓头鲸的船歌，这样唱道：“曾经慢如蜗牛，现在来无影去无踪如魂灵 / 我真的开始相信弓头鲸着了魔。”[104]

面对美国船只的抓捕，弓头鲸已经学会躲进冰里。1851年只有九百头鲸鱼被捕杀，这个数量是上一个捕鲸季的一半。一年后，诺顿船长并没有把鲸鱼会躲避船只这类的报道当一回事，但是他的船员却发现鲸鱼“开始向北游走”，溜出鱼叉所及的范围，游入并很快消失在“松散的浮冰中”。[105]“市民”号就是二百多艘为了捕弓头鲸被迫驶入冰山附近的船只之一。这些船队当年捕杀了二百多头鲸鱼，但是有四艘船在浮冰中沉没了。诺顿船长的船就是其中一只。9月在楚科奇的北部，他们在暴风刚来之时捕杀了最后一头鲸鱼，随后他们的船就在暴风中沉没了。

九个月后，在诺顿船长和其他的“市民”号船员在楚科奇人的棚屋里度过了一个冬天后，“尼日尔”号和“约瑟夫·海登”号搭救了他们。一名船员激动得跪下来祈祷。船是他们的救星，有船就代表着他们可以回家了，可以摆脱那些错误预期弓头鲸能量的人。漫长的冬季并没有消解诺顿与救助他的本地人之间的差异。在他眼中，文明人是不会吃鲸鱼的，只会为了赚钱杀掉它们，燃烧鲸脂照明房屋。楚科奇和尤皮克人对着一英寸厚的黑鱼皮大快朵颐，他们没有创收的头脑，因为没有“工业习性”诱导他们“超越现有所需去劳作”。他们每天的生活都“寡淡无聊、无利可谋”，他们只是“忍耐度日”。[106]诺顿通过这些鲸脂和污垢看到了本地人一成不变的艰辛生活，他们是被时间遗忘的人。鲸鱼和捕鲸的历史充满了战争、仪式和贸易合作，这些都与文化相关。

1853年，诺顿船长返航回家的同一年，一些驶向白令陆桥的船只因为距离浮冰太近而沉没了。一年后，只有四十五艘船驶入白令海峡，其中三分之一的船在捕鲸季一无所获。于是，美国人的船队向南撤退了。一万多头弓头鲸留在了白令海、楚科奇海和波弗特海，由因纽皮亚特人、尤皮克人和楚科奇人捕杀。至少口述史中并没有关于鲸鱼躲避皮艇的记录，而如果有这样的变化，是应该有相关记录的。[107]但在接下去的两年里，没有弓头鲸被炼成油卖到商品市场上。眼见三个夏天同类被大规模捕杀，弓头鲸看到了浮冰的用处：它们以浮冰作为藏身之处，躲避屠杀。在商业捕鲸者看来，鲸鱼达成了共识，它们不会为市场而献身。这可能是一个无意识的政治主张。尽管外来者用烟草就能换得本地人的友好相待，但双方对“鲸鱼是什么”这一问题无法达成一致。关于鲸鱼价值的问题是政治问题，它包含关于现今如何看待和分配地球资源以及未来将会如何的讨论，这是人类需要解决的问题。但是，在19世纪中叶的几年间，弓头鲸用行动回答了这一问题，它们拒绝为那些只看重鲸脂市场价值的人献身。

第二章

鲸落的消逝

世界上没有哪一个生态系统有着完美的平衡,所有的物种都需要学习一些技巧来抵御变化,避免消亡。硅藻和小虾通过快速地繁衍来实现,它们繁衍出数十亿只能存活数周或者数月的生命体。相对于它们,弓头鲸在繁衍后代上小心翼翼且速度缓慢,它们生育数量很少,抚育幼崽要几年时间。它们身体内储存的脂肪可用来抵御风险和变化,当物产丰裕时,它们疯狂进食,当年头不好时,它们吃得很少,并改变它们的迁移路线。鲸鱼可以通过时空的变化来调整它们消耗的能量,这样就使海洋里能量的随机循环变得更加平稳,所以有鲸鱼的地方比没有它们的地方更加稳定。[1]

到了1853年,18世纪末出生的那头弓头鲸正在努力茁壮成长。它生活的时间跨越了历届美国总统的任期和六位沙皇的统治时期,而海洋却因商业捕鲸者的到来变得凶险。在商业捕鲸者出现的前六年里,七千头弓头鲸变为了鲸油出现在市场上。[2]无论是弓头鲸还是各色捕鲸者,在这些冰封的夏天里不曾知晓的是,接下去会发生更为巨大的变化,变革引起的大风浪从海底一直席卷至冰雪屋的屋顶。在接下来的六十年里,由于工业捕鲸的发展,弓头鲸的数量减少到了仅仅三千多头。弓头鲸消失了，空缺出现了：人们没有了可以食用的卡路里，虎鲸没有了弓头鲸幼崽可食，海中没了弓头鲸来维护其能量稳定。取而代之的，至少在人类世界取而代之的，是国家。随着美国第一支官方巡逻队跟随捕鲸船北上来到白令海峡，来管理这个已被人类改变了的世界，鲸鱼在海中创造的稳定状态没有了，外来的人类势力统御了这里。自然的国度被人类的国家取而代之。

一

1854年，美国捕鲸者离开了这片“雾气蒙蒙、冰天雪地且使人希望破碎”的白令海，一个捕鲸者如此写道，留下了弓头鲸在这里生活，它们偶尔也为尤皮克人、楚科奇人和因纽皮亚特人献上自己的生命。[3]商业捕鲸船转战鄂霍次克海去捕捞那里的露脊鲸，在那里也有俄国新近派出的船只。在风平浪静的日子里，船长们会将船驶去参加集会。根据他们的行船记录记载，他们会谈论很多事情，从美国政治到礼拜日捕杀鲸鱼的道德问题。在19世纪50年代，他们也会讨论鲸鱼的未来，或是鲸鱼到底有没有未来。

根据他们的仔细观察，商业捕鲸者认为鲸鱼是有感情的社会动物，它们有足够的才智和能力使自己的种群存活。捕鲸者的航行路线从大西洋到太平洋，他们见识了鲸鱼不断学习的过程。露脊鲸“几乎很难捕到”，因为“船只要一碰水面，它们就会听到”。[4]1821年，在一头抹香鲸激烈地撞击了“埃塞克斯”号之后，船只就下沉了，从此抹香鲸被认作是阴险狡猾的动物。弓头鲸也一样，它们先是“越来越谨慎”，然后变得“狂野、急躁且多疑”，最后“躲在了极地海洋的盆地中”。[5]正因如此，威利斯·豪斯才在道德上心安理得，认为“露脊鲸只是躲在了我们

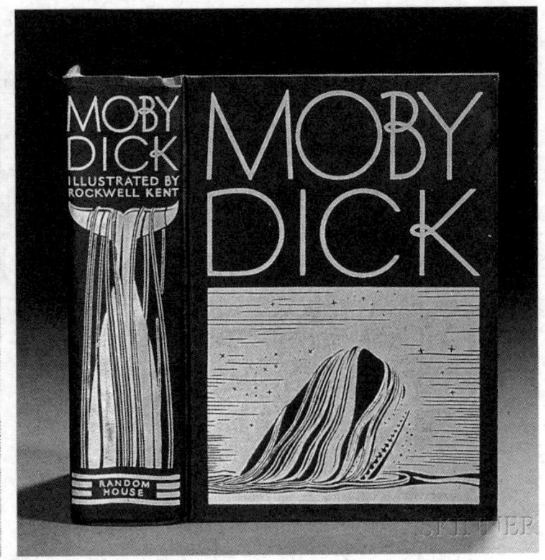

图5:《白鲸》作者赫尔曼·梅尔维尔及书影

北边的冰里”,而不是数量减少了。[6]在如此浩渺的海洋里,面对着如此狡猾的猎物,很多商业捕鲸者认为鲸鱼并没有被赶尽杀绝,而是寻找到了自保的方式。毕竟《白鲸》里面的大鲸鱼逃脱了亚哈船长的追捕。

但是到了19世纪50年代,捕鲸者从他们的桅杆瞭望台和捕鲸船上看到了令他们并不舒服的现象。他们知道了鲸鱼的繁衍能力不强且生长速度很慢。他们知道了如果很多鲸鱼在幼年时就被杀掉,那么这片区域对巡航的捕鲸船来说,就会“毫无价值”。[7]就在罗伊斯船长驶入白令海峡不长时间之前,一位同行船长提醒说,“可怜的鲸鱼”注定将被商业捕鲸者“捕杀殆尽,至少所剩数量极少,不足以引起人类的捕捞欲望”。[8]查尔斯·斯卡蒙之前是捕鲸者,后来成为自然主义者,他这样说道,捕鲸船的巡航区域“很久之前就被摒弃了,因为猎物真的已经被鱼叉和长矛捕杀殆尽了”。[9]1850年的一篇文稿以弓头鲸的视角向捕鲸者这样恳求道:“我们生活在极地的鲸鱼是安静随和的物种,我们只想要平静的生活……我代表我被捕杀、濒临死亡的同伴发声。我向所有鲸鱼的朋友们发出恳请。我们必须被冷血地杀掉吗？我们必须灭绝吗？”[10]自然主义者和水手们曾经见证过人类所导致的物种灭绝，从17世纪的渡渡鸟到18世纪的斯特勒海牛。[11]《白鲸》中的一章提出这样的问题：“鲸鱼的数量减少了吗？它会不会消失？”在19世纪50年代，聚集在一起的捕鲸者可能会给出肯定的回答。

然而，并没有人提到要停止捕杀鲸鱼。尽管捕鲸者也看到了鲸鱼的遭遇和痛苦，但这并没有在财务计划上体现出来，19世纪的法律和商业思想并不认为鲸鱼的属性是野生的。有关鲸鱼的名词——“公鲸”“母鲸”和“幼崽”——在英语世界的水手听来，都是常用来指代家畜的词。但是，鲸鱼不是家畜，没办法在它们活着时将其据为己有，没法喂养它们，让它们产下幼崽。只有当鲸鱼的器官成为商品时，人们才能称其为财产，卖掉它们换取利润。这让捕杀小鲸鱼成为一项合情合理的投资，鲸鱼宝宝甚至“成为船员们练手的工具”。[12]因此，虽然人们的交谈中充斥着“灭绝”“杀尽”这样的词汇，也对鲸鱼的存亡显示出忧心，但对于人而言，鲸鱼只有死掉才对人类有价值。会计分类账只关心捕鲸带来的利润，而不会管鲸鱼是否能够在未来存活。

但是，捕鲸者们还是宁愿相信，他们找不到鲸鱼是因为鲸鱼变聪明了，学会了躲避捕鲸船。这样来看，船长可以将鲸鱼的减少理解为它们躲掉了，如果是躲掉了，就说明还会再出现，如果看到了某处有几头鲸鱼就意味着其他地方还有更多。在这种理论里，人们相信鲸鱼还是有未来的，这样，捕鲸者也有利润可获。更多的鲸鱼意味着更多人从事捕鲸业。人们只需要学习一些技巧就能找到它们，人们需要穿透梅尔维尔所言的“北极圈那悠长且迷人的12月里……最后的光滑壁垒和高墙”。[13]

在1858年，为了商业利润而捕杀弓头鲸的人们又回到了白令陆桥。一个水手这样写道，那一年白令陆桥特别“寒冷、惨淡且被浓雾笼罩”，冰层并没有向白令海峡北部退去。[14]但是，越来越多的船只还是驶入这里，这些船有着更轻的帆和更好的绞车，更容易操控。就是凭着这些更好的装备，船长们开始学习如何在浮冰中航行。

19世纪60年代，温暖的风将船队引领进来：几十艘船先驶入波弗特海，然后向西靠近楚科奇北部的弗兰格尔岛。这次也都是来自美国的船只。俄国的捕鲸者没有离开过鄂霍次克海，因为他们没有合适的船只。1863年后因为那里露脊鲸数量稀少，他们便不再捕鲸了。[15]赫伯特·奥尔德里奇写道，美国的船队学着“尽可能绕开大块的浮冰”。人们悬挂索具，“时刻准备着行或者停。当我们慢慢前进，在浮冰中进退时，一直有人在发出号令，如‘向右’‘停住’‘向左’‘停住’‘向前一点’‘停住’”。[16]当冰层太厚时，小捕鲸船扬起它们的小风帆，用船桨在“仅能容下小船的冰缝中”划行，或是穿过软糯黏稠的冰。[17]

在19世纪60年代初，这样的一次次航行将四千多头弓头鲸变成了桶装鲸油。但是，学习如何在浮冰中行进也是需要付出代价的。1871年的9月，秋天来得特别早，让阿拉斯加北部海岸附近的大部分美国船队措手不及。“艾米丽·摩根”号的大副描述道：“寒冰直逼陆地，冰已经冻了九英尺厚，我们所有的出口都被切断了，无论是北面还是南面的。”其他三十二艘船被困在“厚厚的地下冰和陆地之间”。[18]其中一艘“罗马”号被临近的两块浮冰撞击并被碾碎，沉入海中，水手们只穿了靴子就逃生了。三十三位船长面临着这样的困境：“船上的供给只能维持船员们存活不到三个月，放眼望去，四野空空，既没有食物也没有燃料”，他们只能抛弃大船了。一千二百人沿着冰冻的海岸拖着他们的捕鲸小船向着开阔的水域走去。[19]所有人都活下来了，他们被其他船只带回了家。而在他们身后沉入海底的是船上价值一百六十万美元的鲸鱼和索具。到19世纪70年代末，已经有二十四艘船在浮冰中沉没。

每年秋天幸存下来的船只都会驶回南方，满载而归。这好像证明了，依靠技术、绝境中产生的创造力和男子气魄就能产出更多的鲸油。或许正如哈斯顿·博德菲什船长所写："捕鲸业的成功完全取决于人。"[20]弓头鲸知道了人类是危险的，学会了躲入冰中；而欲望满满的美国船队想要的正好与鲸鱼相反。1871年，《捕鲸者货运单》报道说，北极"其实有很多鲸鱼。就算用几百艘船只装满鲸鱼之后，也没有感觉它们的数量有明显减少"。[21]那时，白令海峡一半的弓头鲸都沦为商人的利润、捕鲸者的薪水，以及海底的一排排白骨。

确实有弓头鲸，但是有没有愿意买鲸脂的人呢？1860年，一个烟雾迷茫、鲜有鲸鱼出没的季节里，威利斯·豪斯船长和洛尔船长晚上在"辛西娅"号碰了个面。两位船长谈到了"人们以每天九十桶的速度开采煤油的状况，而开采煤炭和它的后续者石油是当时炙手可热的话题"。[22]早在几年前，捕鲸者就看不起作为灯油的莰烯和猪油了。从大西洋中部的石油矿藏中提炼出来的煤油能燃烧出明亮而稳定的火焰，并且没有味道。以往燃烧鲸脂的灯盏中也可放入煤油。煤油比鲸油价格低很多，并且价格逐年降低。[23]1871年，纽约市一加仑煤油是25美分，是鲸脂价格的四分之一到三分之一。

对于住在新贝德福德刚刚装了煤油灯的大街上的居民，以及住在被工业化浪潮席卷的东海岸的人来说，有了新的产品替代鲸油更加坚定了他们对市场的进一步能力的信念，任何自然产出的不足和价格高昂，比如鲸鱼的稀缺和灯油的高价，都可以通过技术和商业上的创新来解决。正如新贝德福德的支持者西帕尼亚·皮斯和乔治·霍夫所写，

“捕鲸业不可避免地衰落了……需要寻找新的投资领域，资本马上就要进入磨坊、工厂和铸造厂”，这明确地“证明了……企业和发展的重要性”。[24]“人口的增长”会引发能源消耗的增加，捕鲸业无法为其提供所需的能源，而石油“可以作为照明的原料，量大、便宜、好用”，能够满足经济增长的需要。[25]鲸鱼长时间以来一直是被制成桶装商品油来换钱的。现在它们可以被其他类型的能源所代替。19世纪70年代，石油使得鲸油的价格比罗伊斯船长北上捕鲸的时候降低了一半。[26]当时《名利场》杂志上有一幅漫画，画中鲸鱼穿着晚礼服庆祝“在宾夕法尼亚州发现石油”。[27]《捕鲸者货运单》报道说，石油对于新贝德福德的主要产业有着“极具毁灭性的影响”，但是“鲸鱼却无疑感激石油的发现，因为它们因此可以被代替，得以幸免”。[28]

对于18世纪出生的那头弓头鲸和它的存活下来的同伴而言，说感激未免为时过早了。在19世纪的后几十年里，化石燃料取代了不少市场上对鲸脂的需求，但是并没有完全取代。一些市场还是存在的，《捕鲸者货运单》在1879年就报道说，“在对鲸油的消耗上没有巨大的变化”。[29]最重要的是，还有鲸须。一段记录这样说：“人们努力寻找可以代替鲸须的材料，但是都没有成功。”[30]鲸须最主要的用途就是做紧身衣。工业革命使衣服的制作不再依赖于手工操作的织布机，人们也开始追求时尚的穿着。在内战后的美国和欧洲，女性想要时尚离不开拥有一件束腰。一件便宜的束腰用金属和粗线就够了，但是就像广告商所说，鲸须能够提供“优雅的剪裁、款式和形态”。[31]越来越多的女性跟风，想要拥有中产阶级风尚流行的十八寸腰，于是弓头鲸“腮须”的价值突显。在19世纪70年代晚期到80年代初期，一套鲸鱼嘴巴的价值将近五千美元，“是目前捕鲸船货物中最值钱的”。[32]弓头鲸还是逃不过远方市场需求的魔爪。

二

在商业捕鲸最初的几十年里，美国船队对于白令陆桥的部落而言用处不大，威胁较小。有时，水手们会将烟草和针头线脑送给本地人；有时，他们会用金属制品换取当地的皮毛和新鲜鹿肉；有时，他们遇到沉船需要本地人的救援；而大多数的时候，他们还是忙着捕杀弓头鲸，停留在陆地上的时间很少。即使他们对本地人形成了威胁，本地人也认为能够对付得了这些外来者的攻击。

这样的事情曾经发生过。哥萨克人是受沙皇俄国册封的武装民族，他们于1652年在阿纳德尔河上建造了一座堡垒，并在1708年和1711年向北突袭。“当他们刚来时，我们的人非常害怕他们”，一个楚科奇人在一个世纪后告诉民族志学者弗拉基米尔·博戈拉兹，因为他们的“胡子跟海象一样是翘起来的”，“他们的衣服都是铁做的”。[33]哥萨克人很凶残，当楚科奇人和尤皮克人拒绝遵守沙俄的法律和税收规定时，他们会折磨俘虏，烧毁帐篷。在楚科奇语中，“和哥萨克人一样”意味着凶残。[34]楚科奇的战士和尤皮克人，以及来自伊马克里克岛和因阿里克岛的因纽皮亚特人结成联盟，试图赶走侵略者。在18世纪30年代，他们有上百人在战争中丧生，而持有步枪，穿着金属盔甲的哥萨克人却损失不到十人。[35]然而，在1742年，两千多名白令人，有些人带着从俄国人那里偷来的枪支，挫败了哥萨克人。因保护阿纳德尔的堡垒太耗费人力和财力，叶卡捷琳娜大帝关闭了该堡垒，并授予楚科奇人和尤皮克人“不完全受制于沙皇俄国法律的当地人”之地位，允许他们“按照自己古老的风俗去生活和管治”。[36]

楚科奇人和尤皮克人实际上是自治的。在阿拉斯加，他们也是如此。俄国和美国的公司很少挺进诺顿湾以北的土地，进入因纽皮亚特人的国度，奥托·冯·科策布曾经提醒说这里是有危险的地方。[37]交易都是按照白令人的方式来做的。奥斯特罗夫诺的交易点是在打败哥萨克人之后设立的，渴望购买金属和威士忌的楚科奇人促成了交易点的设立。1819年，一艘美国的船只试图在伊马克里克进行交易，结果被楚科奇人和因纽皮亚特人赶走了，他们并不希望外来者参与他们之间的交易。[38]直到罗伊斯船长捕杀了他的第一头弓头鲸时，白令人已经花了两个世纪的时间迫使各个帝国认识到白令人的价值观，并按照他们开出的条件交换货物。这些"腮须船"和之前的为什么会有所不同呢？"腮须船"是楚科奇人给这些捕鲸船起的名字，因船只腮须状的索具和脸部多毛的船员而得名。[39]

每年4月，在斯乌卡克，猎人们都会告诉彼此，"我睡觉时会睁着一只眼睛"。他们睁着眼睛是为了留意鲸鱼。当地每个捕鲸家庭都会为举行仪式准备好鳕鱼、玫瑰根和海象脂肪等，他们会大摆筵席，吃去年留下的鲸鱼，鲸鱼之前是装在"海豹皮做成的储藏袋里"，放在岸边的船架子上。它的味道"特别棒"，林肯·巴拉西回忆说。[40]不管新英格兰那边的变化如何，弓头鲸的价值在白令陆桥并没有变化。鲸须是这种价值的一部分。楚科奇人、尤皮克人和因纽皮亚特人用它来做雪橇板、篮子纤维、捕狼陷阱、捕鸭子和松鸡的罗网、鱼网、雪地鞋和弓箭的一部分。有一部分鲸须在内陆就交易了，但是大多数捕鲸村庄每年都会把一堆堆的鲸须拿到海边交易。19世纪60年代，由于鲸须价格的上涨以及鲸油价格的不稳定，原本倚靠在海象皮房屋旁用来晾晒鲸须的架子突然被放到了海岸边。[41]"腮须船"上长着胡须的那些人现在想要购买剩余的鲸须了。

交易需要白令人和外来者持续地面对面接触，他们需要足够可以相互理解的词语和手势来了解对方的意图。这么多糖换那么多鲸须，那么多的金属罐子可以换一个海象的象牙或者一张狐狸皮。几十年后，一个斯乌卡克的居民回忆道，我们"需要通过动作来交流"。[42]在楚科奇，人们很长时间之前就在奥斯特罗夫诺的交易点与外来者交易货物，他们带着对工业世界的明确渴望登上外来者的甲板，他们需要的是朗姆酒、枪支、烟草、刀具和其他金属制品。在北美洲的海岸，一开始因纽皮亚特人总是被外来者俘虏而并不能成功交易。在提基格阿克，"当地人来到我们的船上，"B. F. 霍曼写道，"他们非常吵，带来了一些海象牙和很多鲸须和鲸鱼皮来和我们交易。"当意识到他们人多势众后，因纽皮亚特人开始"厚颜无耻地偷走所有他们可以拿到的东西……甚至还想夺走整个船"。在丢掉了口袋中的烟草和衣服上的扣子之后，船员们开始清理甲板，用"大型枪支对着这些人。他们大叫着，飞快地窜出船去"。[43]基日克缪特部落不止一次扫荡了船员稀少的船只，"带走了他们所有想要的东西"。[44]但抢劫并不是长久之计，只有商谈才能保证有持续的货源到来，因为一位船长在这里顺利交易后，并未见发生事端，才有可能再回来，每年夏天都从他的国家带来新的物品。

尤皮克人、因纽皮亚特人和楚科奇人渴望的物品，并不是自然而然地来到白令陆桥的。"约翰・豪兰"号停在克拉伦斯港，旁边就是什沙利克交易市场，"枪支、朗姆酒、火药和刀具，所有这些捕猎需要的东西都很抢手"。[45]枪支是最需要且实用的，威士忌是诱人的新鲜物。但是，大多数船长都不想碰这两种货物。如果运输朗姆酒，水手们有可能会酗酒，如果运输步枪，水手们可能会发生暴动。捕鲸业开始的早期，只有为数不多的船只将酒精带到北部，他们发现了其中存在的风险。《捕鲸者货运单》报道说，1852年商业捕鲸者和楚科奇人之间的第一次暴力争执是"朗姆酒引起的"。[46]在科尼金附近，水手们认为"威廉·艾伦”号上发生的争斗是因为喝酒引发的，最后导致船员流血事件，十五名基日克缪特人死亡。[47]

而且，贩酒并不是完全合法的。在楚科奇，俄国仍旧允许哥萨克的中间商用威士忌换皮毛，但是有传闻讲圣彼得堡已经下令禁止贩酒。[48]到了19世纪70年代，俄国只对白令海峡一半的领土具有领土外管辖权，因为早在1867年亚历山大二世就已经将阿拉斯加卖给了美国。后面的十年里，这片领土归美国军方管制，于是《印第安人交易法案》在这里施行开来。这部法案起草于1843年，它规范了“与印第安部落之间的交易和往来”，包括禁止售卖连发枪和酒精，禁止售卖枪支是为了防止当地人的武装反抗。但是，商业捕鲸者一般不会遇到美国和俄国的巡查。船长们一开始不做这类贸易，是因为他们认为酒精贸易不道德，也不安全。一位水手说：“酒精的引入不会有益于文明的演进。”[49]

但是到了1875年，商业捕鲸者已经捕杀了超过一万三千头弓头鲸。[50]这使得鲸鱼数量稀少且难以捕到，渴望鱼获的捕鲸者们于是在捕捞方法上做出了创新：他们使用形如火箭炮的肩负式炸弹，可是在辽阔的北极海域显得不太好用；他们也讨论要不要使用毒药毒死鲸鱼。[51]《捕鲸者货运单》写道：“在那时一次捕鲸航程的花费极高，捕鲸船需要得到大量的鱼获来保证船主是盈利的。”[52]除非是在堆满了鲸须的村庄，鲸须越来越难获取，鲸油也越来越不好卖。这样看来，文明显得没有利润重要。由于楚科奇人、因纽皮亚特人和尤皮克人不会对他们不喜欢的东西进行交易，船只在夏威夷装满了朗姆酒和威士忌后才向北边出发。

朗姆酒和威士忌都是由热带的植物糖经发酵制成的，而白令陆桥既没有俄国和美国适度饮酒的风俗和道德上的约束，本地人对酒精也缺乏生理上的耐受性。对于白令人来说，醉酒的状态是新奇、令人向往且结果完全未知的。他们在醉酒后，整个村子可以数天数夜连续跳舞唱歌。醉酒还会将小部落之间的矛盾变成部落内部矛盾，一个斯乌卡克的人称其为“酗酒引发的谋杀”。他记得五加仑的酒送到岸上后，人们要整夜不眠地提防着持步枪的人，还要警惕着因饮用“可怕的威士忌”引起的暴力行为。[53]

外来者还用这些可怕的威士忌从白令人那里换取了其他东西。捕鲸者在早期就对“美艳惊人”的当地女性有着这样的描述：“炭黑色且有光泽的头发，明亮的双眸，粉红的两腮，嘴唇如成熟的莓果般诱人。”[54]而外来者对于当地女性来讲却并无吸引力。外来男人们的胡须让他们看起来像是“在咀嚼麝鼠皮”，梅米·玛丽·比弗回忆道，“当地女孩都躲在柳树林中”。[55]一些女人则出于浪漫或者策略目的与外来男性交好。本地有交换丈夫和一夫多妻的风俗，一些当地女性与外来者之间也沿袭了这些风俗，这样就把与外来者之间的友好交往变为亲缘关系。[56]外来者将这种行为称为“换妻”，认为这既令人震惊又很刺激，但是他们并不会强迫当地女性。[57]而且，这也不是有偿的性服务。“有偿性服务”这一观念是由美国人的船队最先引入的，“女性被作为船长或官员的女人带到船上，作为回报会送给她们工具、衣服和饮品”。[58]在楚科奇的海岸上，女性通过手势以显示她们是单身的，她们将双手放在脸颊下，比画出睡觉的手势。[59]一些女性从她们艳遇对象那里带走的不只是棉布和针线。一个叫皮纳涅尔的女人和“克莱恩”号的船长一起度过了一个捕鲸季。第二年，二副描述说，整个船队都“拭目以待，想看看女人生出的孩子像不像他的父亲”。[60]

并不是所有的女性都是自愿和留着长胡子的外来男人在一起的。1913年，J.G.巴林杰遇到了一个因纽皮亚特的女性，她十一岁时就在科尼金附近被绑架了，整个夏天都被船员们以“最令人作呕的残忍方式对待”。[61]绑架她的人可能是E.W.纽斯，他经常引诱女孩子登上他的“珍妮特”号，因此在船员中得名“幼儿园船长”。[62]船长们的老婆对于售卖女性的船只曾提出书面抗议。[63]报纸曾报道，水手们在阿拉斯加受到攻击，是因为“与本地女性过于亲密”。[64]在这样一种委婉说法的背后，也是当地人沉迷酒精、借酒消愁的缘由之一。

即使白令女人和外来捕鲸者之间的关系是两相情愿的，它还是催生了一种隐秘的、悄无声息的暴力，那就是梅毒。梅毒会感染新生儿，会令健康者虚弱无力，令年迈者缓慢痴呆。在楚科奇，一些居住点发现了俄国人患有此病，感染者需要被隔离。在伊马克里克和因阿里克岛上，人们拒绝与捕鲸者发生关系。[65]但并不是所有地方都如此。在北美沿岸，捕鲸者约翰・凯利说，“白人带来了梅毒”，引发了“一场几乎使一些沿岸部落灭绝的灾难”。[66]一位在19世纪80年代来到楚科奇的俄国医生说，“极为严重的梅毒”是很普遍的。[67]楚科奇人把梅毒精灵称为“意特儿”，他们是将红色小帐篷搭在人类皮肤上的红色小人，或者是回来报复捕猎者的红色狐狸。水手们不仅带来了“意特儿”这一恶疾，还使麻疹、猩红热、天花等病毒在白令陆桥大肆蔓延，西方带来传染性病毒和苦痛是从哥伦布开始的。这些疾病是如此凶险，“举行仪式驱赶它们是没用的”，一位楚科奇的萨满说，“免得惹恼它们来报复我们”。[68]

但是，这些疾病还是被惹恼了。在它们肆虐的村庄，鲸鱼很少沿着浮冰露出水面。三十多年的商业捕捞使这种白令海里性情最稳定的生物变得稀缺，诡异莫测。就连灰鲸也在南部被大量捕杀，在19世纪80年代变得稀有。整日食不果腹的村落更加容易被疾病感染，人们如果感染了疾病，漫长而不确定的捕捞过程就会更不容易成功，捕捞不到食物，人们就会更加饥饿。在一些地方，伴随市场而来的饥荒和疾病导致了大灾大难的产生。在楚科奇的齐瓦克村，大多数人都死掉了，在桑莱克也是如此。[69]1881年到1883年间，饥饿和疾病也肆虐着阿拉斯加，基瓦利尼尔缪特部落的人有一大半都死掉了。[70]市场将白令陆桥的鲸脂带走，将空空的金属罐子留给了白令陆桥。

白令陆桥的人们是经历过大灾大难考验的，他们曾度过数年无夏日的饥饿光景。他们只要体力尚可，就会出去寻找海豹、驯鹿和野兔来弥补捕捞不到鲸鱼的亏空。或者，他们会迁徙到其他地方。但市场用它的金属和烟草改变了这里的政治形态。这里已经没有足够的沿岸居民去参战了，不管是本地部落之间还是与外来者的战争。赶走俄国人的那些战争已经成为陈年往事，白令人应对变化的策略也不再有效。现在最大的敌人就是忧伤，巨大的忧伤使得一些人宁愿沉迷于酒精或是寻短见，也不愿意面对没有了船员的空船和没有了弓头鲸的汪洋大海。[71]但是，大多数人做了他们祖先所做的事情，就像一个因纽皮亚特人在几十年后所说，"想尽办法救赎自己"。[72]

外来的捕鲸船只看到"破败的房屋和空无一人的村庄"，这就像是"对带来疾病的白人一种无声的谴责"。[73]一位船长在楚科奇发生了沉船，"当本地人分给我们食物吃时，我愧疚得像一个罪犯。我们从他们嘴中夺走食物，而他们虽然知道我们捕鲸船的所作所为还是愿意和我们分享食物"。[74]如果他们在一个村庄附近杀掉了鲸鱼，捕鲸者们经常会把剥掉皮的鲸鱼拖到陆地上。P. H. 瑞描述说："美国捕鲸船在过去的二十年里几乎将弓头鲸捕杀殆尽，它们很快将成为灭绝了的哺乳动物，同时消失的还有在这片海岸生活着的人们。"[75]但是，即使捕鲸者看到了这场悲剧，他们也会认为是命运使然：鲸鱼的消失和"爱斯基摩人"即将出现的消亡都是历史的过程，即使不能说是无法逃避的，至少肯定是不可逆转的。即便是富有同情心的外来者也认为，这些“石器时代遗留下来的不合潮流的人”的消失，是伟大历史进程的一部分，而外来捕鲸者才是进程中的主角。[76]

主角是高效又勤劳的，捕鲸者依靠劳动从这片冰冻的海域中获得利润，他们的灵活创新使经济增长成为可能。对于捕鲸者和他们的支持者来说，这一点和他们漂洋而来的船只一样显而易见。北极捕鲸业的中心转移到了旧金山，投资者资助的烧煤汽船在春天来到这里捕鲸。一些船员在阿拉斯加和楚科奇沿岸凿下裸露在地表的煤，而大多数船用的煤炭是从阿巴拉契亚或落基山用火车运过来的，他们将一种煤炭带到北极，却将北极的鲸油全部运出去，用来点燃普雷西迪奥灯。1883年，一间小炼油厂在旧金山的多帕奇码头开业了，院子里满是晾晒在阳光下的十英尺高的鲸须，它们将通过州际铁路被运往东部的市场，而煤炭也是通过这条铁路得以到达这里。

到了19世纪80年代，汽船的鱼获是帆船的两倍还多。那时，哈佛大学的动物学家亚历山大·阿加西警告说，商业捕捞会使鲸鱼在半个世纪之内灭绝。[77]但是，和二十年前进入浮冰的帆船一样，汽船捕捞可能并非导致“弓头鲸濒临灭绝”的原因，而是因为“鲸鱼向北迁徙”的再次逃避。[78]汽船跟随着弓头鲸的迁徙，在春天浮冰融化时开始捕捞，整个夏天直到深秋一直追逐捕杀鲸鱼，直到冬天赫舍尔岛附近波弗特海的海面结冰，以便第二年春天他们能捕捞到第一批迁徙的鲸鱼。汽船的使用使捕鲸更加高效，高效就会使捕鲸速度更快，使得利润不断增长，利润会引来更多的投资。像一位船长所观察到的，这就使得捕鲸看起来跟其他生意没什么区别，都遵循一条原则，“只要能赚钱或是存钱就行”。[79]从这种角度来看，煤炭驱动的船只显示了捕鲸业“只是进入了所有产业发展都会经历的第二个阶段，对大形势谨慎对待、系统了解，再加上合适的管理”就会赢得利润。[80]如果像一家旧金山的报纸预测的那样，“鲸须的价格仍旧会上涨”，那么“不同的捕鲸方式就要被使用”。[81]

当捕鲸业沦为用科技手段来满足市场需要，当鲸鱼本身沦为只有在冰层中才能找到的狡猾猎物，捕鲸者在航程中所观察到的一切，如越来越小的鲸鱼，看不到鲸鱼影子的日日夜夜，以及饥饿的村庄就都不重要了，至少对于白令以外的世界来说这些都无足轻重，外面的世界只要鲸须。于是，捕鲸活动仍然继续着。由于弓头鲸数量大幅度减少，在一些捕鲸季，人们抓不到几头鲸鱼，赚不到利润，这些都被认为是捕鲸者的损失。

三

捕鲸者的行为习惯融合了世界各地的特点，大西洋的以实玛利们和太平洋的魁魁格们为了捕鲸这一共同事业汇聚在了一起。由于商业捕鲸都是在冰上进行的，外来者和白令人将对于劳动和贸易的商业观点和本地理念融合在一起。外来的捕鲸者渴望降低航行成本，于是开始雇用本地的捕鲸者。本地捕鲸者很有经验，也不需要在出入北极的整个漫长航程中都养着他们。而饱受饥荒和病患之苦的白令捕鲸者急于寻求生路，为了获得食物和机器制造的工具加入了这一行列。在楚科奇，从外来捕鲸者那里总能轻易地得到朗姆酒、步枪和金属，比在奥斯特罗夫诺容易得多。“这个捕鲸季节船上雇了五个本地人”，威廉姆·贝里斯在1887年的日志中记载道。五年后，这艘船只付给来自楚科奇的几个尤皮克捕鲸者“有着老旧风帆和船桨的旧摇船”作为酬劳。[82]有的是整个家庭被雇用，女性负责缝补和做饭，男性负责捕鲸。有的成为固定的船员，他们跟着船只向南航行，成为第一批到过西雅图、旧金山和火奴鲁鲁的白令人。一位长者回忆说，在阿拉斯加海岸，男人们“为了所需而将自己卖身给捕鲸船的船长”，他们为了买物资欠下了债。“然后4月份他们会回到船上，为债主出力捕鲸。”[83]本地人为了捕杀鲸鱼将自己卖身于雇主，他们的工作成为可以用交易单位和时间单位分割的东西，可以用一包包糖和一发发子弹来衡量。

如果说对于这些作为有偿劳动力来捕杀鲸鱼的人来说，鲸鱼的价值改变了，但本地人围绕鲸鱼所做的一系列仪式并没有终止。提基格阿克有一个叫作阿塔乌拉克的人，据当地人说，在他的孩子夭折后他的精神就不太正常了，他也不再继续执行关于鲸鱼的仪式。但是，阿塔乌拉克与一般人不同，他因作奸犯科而闻名，强奸、谋杀、无恶不作，他为了让别人用鲸须换他的一点点糖而殴打别人。在19世纪七八十年代，他通过向船长售卖他强索来的鲸须来赢得其信任，随后便独揽了提基格阿克弹药和面粉的供应大权。他不是通过成功的捕猎和正常的交易，而是通过暴力手段获得了权力。如一位村民所描述的，阿塔乌拉克的行为使他“更像是个白人”。最终，他因为罪大恶极被杀掉。[84]现在，村民们不能驱赶外来者了，外来者很可能有用处。但是，如果有白令人背叛了所在部落的价值观是要受处罚的。

但是，新的变化悄然而至。人们口中开始充满了奇怪的词语，“hana-hana”指工作，“puti-puti”的意思是性，这些都是夏威夷语；“mek-fast”指固定住，“spose”指如果，这些是英语；“kuni”是丹麦语中的“kone”，意思是妻子。[85]外来者给与他们一同航行的白令人重新起名字，将那些他们不熟悉的音节换成“伦敦佬”“萨姆森”“大麦克”“懒惰的山姆”等他们熟悉的名字，或者直接将他们受雇船只的名字当成他们的名字，比如，“打谷机”“彩虹”“威廉姆·贝里斯”。[86]船员和船只到过的地方被多次命名，如克拉伦斯港、圣劳伦斯岛、威尔士王子角、希什马廖夫湾、科策布湾、布鲁萨姆浅滩、普罗维登斯湾和杰日尼奥夫角等地方，都是由维图斯·白令、奥托·冯·科策布、詹姆斯·库克等人命名的。这些地方在捕鲸者的地图上原本就有名字，船员们将其改成自己的版本，翁加齐克在英语中被叫作“印第安角”，在俄语中被称为“梅兹·切布林诺”。阿拉斯加有一条叫作“胡拉胡拉”的河流，在夏威夷语中是舞蹈的意思。白令的名字也被用作地名，只不过辅音被去掉了：乌厄连这一地名来自楚科奇语中“乌维伦”一词，意思是“黑黑的、融化掉的一大片”；基瓦利纳这一名字的产生，与一位俄国海军军官对因纽皮亚特的部落“基瓦利尼尔缪特”的理解错误有关。在提基格阿克南部，亦称波因特霍普，一个新的地方因鲸鱼的捕杀而命名，它就是加伯城，它的名字来源于当地居民所用的多个语种，如因纽皮亚特方言、英语的变体、德语、葡萄牙语、夏威夷语和塔加拉语。

外来者建立了加伯城这一捕鲸站，使人们在陆地上可以杀戮鲸鱼，这也是商业上的一个创新之举。由于提基格阿格缪特人不让船员从他们的村子里捕鲸，美国船队只好在沿岸十五英里处搭建了草皮木屋，并雇用了来自苏厄德半岛的因纽皮亚特人。加伯城不是唯一的捕鲸站：在北部的乌特恰格维克也有一座捕鲸站，查尔斯·布朗尔就是从这里买到了鲸须和鲸鱼皮。岸上的外来捕鲸者需要人手帮忙。克林顿·斯旺回忆道：“捕鲸者们需要雇用的劳动力，是那些知道何处能捕到鲸鱼并懂得如何将鲸须放在水里浸泡的人。”[87]他们同样也需要女人，需要女人为他们缝制皮外套、手套和帽子，需要女人为他们做饭，跟他们做伴。外来捕鲸者是会滋事的——有时他们拒绝给报酬，有时喝得醉醺醺的，但他们也是本地妇女的婚配对象。[88]乔·塔克菲尔德在加伯城娶了一个因纽皮亚特的萨满，还收养了一个因纽皮亚特的孩子，并取名为尤古拉奇。[89]

一个名叫鲍萨娜的白令人嫁给了外来捕鲸者海因里希·科尼格。布朗尔这一姓氏在乌特恰格维克已经存在了几代。因纽皮亚特各民族之间也通婚,基瓦利尼尔缪特与塔普恰尔缪特、伊马克里特之间的血脉相融合。为了适应白令海峡新的环境,人们用劳动力换取食物,与外来者通婚,老旧的以贸易和结盟为主的生存模式发生了改变。

一部分捕鲸者见识了加伯城以及其他捕鲸站的道德败坏——酗酒、卖淫、异族通婚等。阿塔乌拉克的种种罪行是“彻底的恐怖”。[90]但是,他们也看到了这里的进步。捕鲸者发现,尤皮克人、因纽皮亚特人和楚科奇人缺乏的许多东西,从勤劳到干净再到合理的饮食,可以通过接触市场来弥补。文明人在暖和的屋子里吃着佳肴,穿着新衣,还可以买新肥皂和新书本。他们因商品的到来得到了启蒙。伴随着商品的出现,至少在拥有足够商品的条件下,人们有了一种独立的能力,不再会缺吃少喝,也不会再那么渴望得到鲸鱼肉,有面粉吃不是一样好吗？目睹了自己家乡港口出现一些新的工业奇迹和农业发展上的变化,而且这些为他们带来了稳定生活之后,大多数本地捕鲸者并不认为用鲸鱼交换小麦是什么革命性的变化。摆脱对自然的依赖是文明的必然结果。随着商业的传播,文明也得以传播,通过让更多人参与到商品交易中,会让世界更加美好。这种逻辑具有循环性,而这一概念却是目的论的:这是一条鲜明的通往未来的进步之路。在这样的路线下,就会产生如下的想法:人类和鲸鱼是完全不同的、相互分离的生物,鲸鱼是没有自己的国度的。

对于沙皇俄国来说,鲸鱼没有属于它们自己的国度,而理所应当地属于沙皇领土的一部分。然而,在楚科奇海岸,一位地方官员这样写道:“美国捕鲸船只无视海上的国界线,使得我们沿海地区的鲸鱼所剩无几。”19世纪80年代，美国人捕杀原本属于俄国人的鲸鱼，这使得俄国加强了警惕。俄国授予芬兰船长O.V.林霍尔姆捕鲸特许权，再次尝试振兴捕鲸产业。他的公司在鄂霍次克海建立了一座小型炼油厂，每年捕杀数十只附近的露脊鲸，将它们远销到日本和夏威夷。俄国的捕鲸产业本来可能向北扩张，但是美国人“对海洋生物无情的破坏”可能会永久性地带走俄国捕鲸产业的利润。[91]正如M.文登斯基所写，“俄国必须保护好‘仅有的库存’，否则“谈论俄国在太平洋沿岸开展捕鲸活动就为时已晚”。[92]在过去的一个多世纪里，沙皇俄国在世人眼里一直是白令陆桥的主人，现在则面临丢尽其“在北部地区声望”的风险，一位行政人员的记录中说。[93]俄国已经失去了阿拉斯加州，现今在属于本国的陆地上也落后于美国。

俄国有资格在道德层面谴责美国捕鲸者。美国人捕捞了本属于俄国人的鲸鱼，这使得俄国人——至少在领土上应该并最终属于俄国的子民——陷入了贫困之中。而在俄国并未征服下来的楚科奇，由于“连年的鱼获稀缺，当地饱受饥病交迫之苦”。[94]除饥荒问题以外，楚科奇还存在酗酒以及枪支交易问题，其中枪支交易会使过去本来就对沙皇不甚友好的民族有了武装加持。一位地方官员表示，美国人“带着他们的烈酒和枪支，悄悄地得到了楚科奇人的信任，掠夺当地资源，腐坏人们心灵”。[95]另一名官员哀叹道:“美国人在楚科奇的所作所为给当地带来了大量的烈酒，鲸鱼也被大肆杀戮。”[96]综合来看，美国的船只“彻底耗竭了这片土地和这里的居民”。[97]

革命改变了谁拥有权力，谁制定价值观。捕鲸者的革命削弱了俄国的主权，包括对法律、空间、忠诚、名誉以及能源的控制，这些沙皇统治的意义都被改变了。1881年，一艘俄罗斯炮艇沿着楚科奇海岸航行，留下了用英文写的公告，告知水手们在俄国领土上出售枪支或烈酒是违法行为。几只巡逻船跟在炮艇后面，试图禁止美国人在此捕鲸，不让他们从这片海域中攫取利润。

对于美国政府来说，阿拉斯加的捕鲸者并不陌生。捕鲸者不是传教士、政治家，不是官员和教师，也不是寻找上帝与新领土的探险家，尽管自称是“文明人”，但捕鲸者们声名狼藉，他们打架斗殴、纵情酒色。[98] 他们中的一些人在安息日也不会停止捕猎。船只就是他们的巴别塔。奥森·沙特克是一位典型的有着中产阶级品位的政府官员，当他乘着“伊丽莎·梅森”号出航时，失望地发现船员们“是最无知的一群美国人”，而船长本人“蔑视本国法律”。[99] 捕鲸者是商业经济的化身，什么都用来售卖，随时准备猎杀鲸鱼，他们还与当地女性有着皮肉交易。是什么样的国度引领着这样一群人呢？

对于负责监管阿拉斯加的官员来说，如今这种情况是由于无政府状态所致。卡尔文·莱顿·霍珀参与了早年一次美国政府对白令海峡的巡查，他报告说，饥荒是过度饮酒的结果，如果“政府不采取一些积极的手段来弥补，这种情况还会继续”。[100] 任何主张禁酒的官员都知道醉酒有碍社会进步，政府认为尤皮克人和因纽皮亚特人很幼稚，多数时候“他们的生活和思维方式很原始”，往难听了说，就是“懒惰、肮脏、一钱不值”。[101] 华盛顿的官员对进步和种族的认识受到19世纪社会思想的影响，将因纽皮亚特人和尤皮克人分类为“爱斯基摩人”，爱斯基摩人便是土著人，土著人就像印第安人一样，他们被时间所遗忘，活在荒蛮之中，抗拒文明的到来。联邦政府担心阿拉斯加会追随大平原，参与战争。1880年，G.奥蒂斯向国会报告说，捕鲸者将步枪卖给土著人“迟早会招来麻烦”，“印第安战争就是因相似原因而起……除非派出军队来此助力，否则白人将处于下风，而目前国家并没有军力保护阿拉斯加”。[102]捕鲸船售卖枪支给土著人就是为领土内部潜在的敌人提供武装。因此，在1880年，美国政府派出了自己的海军巡逻队来执行《禁止买卖法》。

捕鲸业给白令海峡的生产力拖了后腿，给美国和俄国都制造了一个不可预测的未来：这里满是饥饿的人，他们拒绝为鲸油上税，这里的贸易得不到规范，对于暴力问题，政府的管制也不确定。这些都挑战了原有的基本信念，即在政治上何为国家，它需要采取哪些具体措施，以及国家作为法律标准制定者和道德进步推动者的价值。但是，美、俄都没有提出制定暂停捕鲸的国际协议。这种国际条约是有先例的：1893年，美国提出保护白令陆桥南部海狗的倡议，1911年俄国加入一项保护海豹栖息地的国际条约。即使在自己的领海上，美国也没有出台法律来规范鲸鱼的捕捞。林霍尔姆在1885年关闭了他的公司不久之后，提出了保护俄国鲸鱼的倡议，但并无成效。[103]

俄国对捕鲸业管理的疏忽，部分原因在于鞭长莫及，部分原因在于缺乏关于此产业财政损失的量化数据，这是因为俄国的捕鲸产业规模微小且分布零散，况且在圣彼得堡附近还有更为紧要的事件发生，如1881年沙皇亚历山大二世被刺杀，19世纪90年代的金融不稳定，以及20世纪初马克思主义思想的传播和工人的纷纷罢工。而对于美国官员来讲，鲸鱼是国家获取利润的一个来源，虽说利润也不太大。对于一些人来说，鲸鱼数量的衰竭甚至灭绝是进步的象征。1898年，美国内政部将鲸鱼与野牛相比，鲸鱼“因身上的脂肪和嘴里的鲸须”而招致“整个种群的大灭亡”。[104]就像野牛臣服于跨越大平原向西部迁徙的殖民者一样，鲸鱼也臣服于跨越海洋向西边航行的捕鲸船。对于无法避免的事情，也就不会有什么防范措施。

几个世纪以来，弓头鲸给白令人带来了稳定的生活，在这个变化无常的世界里，它们巨大的身体成为当地人可靠的食物来源。人们在急于进行商业捕鲸，却忽视了一直以来人们对鲸鱼的依赖。对于美国和俄国来说，捕鲸业的主要问题并不是杀戮了过多的鲸鱼，而是它带来了商业却毁掉了文明。对于美国政府来说，失败在于利润的用途不当，如购买枪支和烈酒；而对俄国政府来说，则是错误的人——美国人——卖了不该卖的东西。解决这些问题的方式就是圈划领地，将那些不规范的市场纳入主权国家的管制中。美、俄都认为这是一个人类的问题，需要通过人类的方式解决。无论是酗酒、疾病还是饥饿问题，都可以通过将白令陆桥纳入自己的统治之下，更好地利用该地区的财富来解决。就像燃烧鲸油照明的人们看不到弓头鲸的死亡一样，外来政府也看不到弓头鲸的生活和对地球的贡献，即使看得到，他们也认为那些都是可以替代的。白令陆桥不需要鲸鱼，他们需要的是进步。

四

无论是寿终正寝还是死于鱼叉之伤，临死前弓头鲸最终都会从海面沉入海底。一次鲸落会将数吨的脂肪和蛋白质带入不见天日、能量稀缺的海底，而不会将鲸鱼身体中的碳元素释放到大气中。多种生物体依次靠近鲸鱼的尸体，首先是鲨鱼和盲鳗，然后是一些小型生物，最后是专门在鲸鱼骨的厌氧空间中觅食的细菌。几百种生物可以靠一具鲸鱼尸体存活几十年，繁衍几千代，创造一个新的生命世界。在19世纪，这些小型生命世界的形成主要依靠商业捕鲸船遗留下来的鲸鱼残骸。然后，便不再有鲸落了。在人类视野无法企及的深海中，商业捕鲸留下的是寂静无声的灭绝。[105]弓头鲸的歌声和文化也跟着一同沉入大海，人类只能想象那一万八千头鲸鱼或更多声音的消失。

在弓头鲸死亡之前，它与白令海中的很多生命体都有过接触，它沉入海底所产生的机械能，它巨大身躯中所蕴含的卡路里，供养了从细菌到人类的生命体。商业捕鲸只是与鲸鱼相关的一种生产形式，其实这种生产形式并不适合十年中只生育几次的动物。虽然有人称冰山之外有更多的鲸鱼，但弓头鲸的成长是缓慢的，将浮游生物吃下去而转化为成吨的肉身需要很多年的光景。因此，在捕鲸业中，创新产生效率，效率提高产量这一简单的经济模式并不奏效。每项技术改进都会增加捕鲸设备的速度、杀伤力和里程，更多的鲸鱼就会被捕杀。越多的鲸鱼死亡就说明未来的鲸鱼数量越少，未来捕鲸业所得的利润就越不确定。效率可以让人们的消耗更多，却不能让人们的生产更多。到19世纪90年代末，一个捕鲸业的好年头也就只能捕到五十头鲸鱼。所剩的鲸鱼可能已经不到五千头了。

虽然市场并不想毁掉鲸鱼整个物种的未来，因为这样也会葬送了自己的前景，然而商业捕鲸却并没有停止。资本的运作有着不同的原则：购买由鲸须制成的紧身胸衣和雨伞的人们并不知道太多关于弓头鲸的事情。消费者并不了解鲸鱼的生命期。他们能看到的只有价格，由于鲸鱼的大量死亡而变得非常稀少，鲸须也变得昂贵。在1905年，一个捕鲸季的所得大概有一万多美元。《旧金山纪事报》称，捕鲸“和北极地区的金矿开采一样，都是一场巨大的赌博。一旦发现鲸鱼，利润就会非常之高”。[106]

然后，突然之间利润就没有了。查尔斯·布朗尔在乌特恰格维克经营着一个岸上捕鲸站，在1908年他来到了旧金山贩卖一担鲸须，却没有找到买家。同年年末，他参观了一家位于新泽西州的工厂，这个工厂生产“一种覆盖着一层硬化和打磨过的橡胶的薄钢”。一年前，该厂生产出弹簧钢，这种更廉价的工业制品替代了鲸须而成为伞骨和胸衣撑子的原材料。就像鲸油被其他材料代替了一样，鲸须也退出了历史的舞台。布朗尔写道，工业制品取代了鲸须纵然是一个“令人沮丧的事实”，然而也让他相信了人类发明创造的能力，“为了获取利润人类会做出重大变革来施行新的方案”。19世纪早期，对能量的市场渴望产生了对鲸鱼的需求，于是鲸鱼不断被捕杀，直到自然繁衍的能力无法挽救它们。当弓头鲸数量减少到一定限度，不再可能增长时，在市场的推动下，人们又发明了“和原物一样好用的”廉价的替代物。[107]

美国期许通过商业的发展来取得国家的进步。对于每个方面的短缺，比如鲸鱼的消失，人们会通过工程技术手段用石油和钢铁等来弥补这个缺口。捕鲸业的衰退却成为美国进步叙事的注脚：更多的人拥有了电灯和伞，在北极的捕鲸途中丧生的人越来越少。一旦经济增长点转向了别处，弓头鲸的前线可能就会空空如也。鲸鱼的消失给白令陆桥的人类生活和海洋变化带来的巨大代价与捕鲸所产生的利润如何不成比例，却是进步叙事从未涉及的。弓头鲸没有灭绝的原因，并不是人类意识到了鲸鱼的存在有其自身的价值，而是由于在海峡外面的世界，它们已没有商业价值了。

查尔斯·布朗尔回到乌特恰格维克后便不再做鲸鱼生意，而开始从事狐狸皮的贸易，他娶了一个叫艾申纳塔克的女人，他最小的儿子亨利·布朗尔出生于1924年。在他的成长过程中，他见证了所在村落的巨大变化：钱物交换取代了物物交换，去征战的人是士兵而不是萨满，联邦国家的边界线取代了众部落的边界，村子里有了教堂、学校和政府机构。亨利·布朗尔长大后也成了捕鲸船船长。1986年，他生病了，乘飞机到位于安克雷奇的医院看病。这里虽然离乌特恰格维克很远，他还是梦到了他与弓头鲸一同游在大海中，鲸鱼告诉他自己是如何被装有炸药的鱼叉击中而随后丧命的。布朗尔醒来后将这件事告诉了他的儿子们。凑巧的是，正好是布朗尔做梦的那个晚上，他的儿子们捕杀了一头鲸鱼。布朗尔解释说："这头鲸鱼愿意献身于你们，如果神意图让你们捕到鲸鱼，他就会让鲸鱼找上你们。"[108]尽管他们的村庄发生了翻天覆地的变化，布朗尔和他的家人仍然生活在鲸鱼的国度。

在20世纪末的乌特恰格维克，那头生于18世纪末的弓头鲸就这样在一次人类捕鲸活动中丧命了。与很多白令人一样，因纽皮亚特人会从他们宰杀鲸鱼的过程和共享鲸鱼肉的仪式中了解弓头鲸，这对他们具有意义和价值。弓头鲸并没有消失，它们的数量在增加。

第二部分

海岸，1870—1960

面对未知的风景，我们的财富观会发生怎样的变化。

——巴里·洛佩兹，《极地之梦》

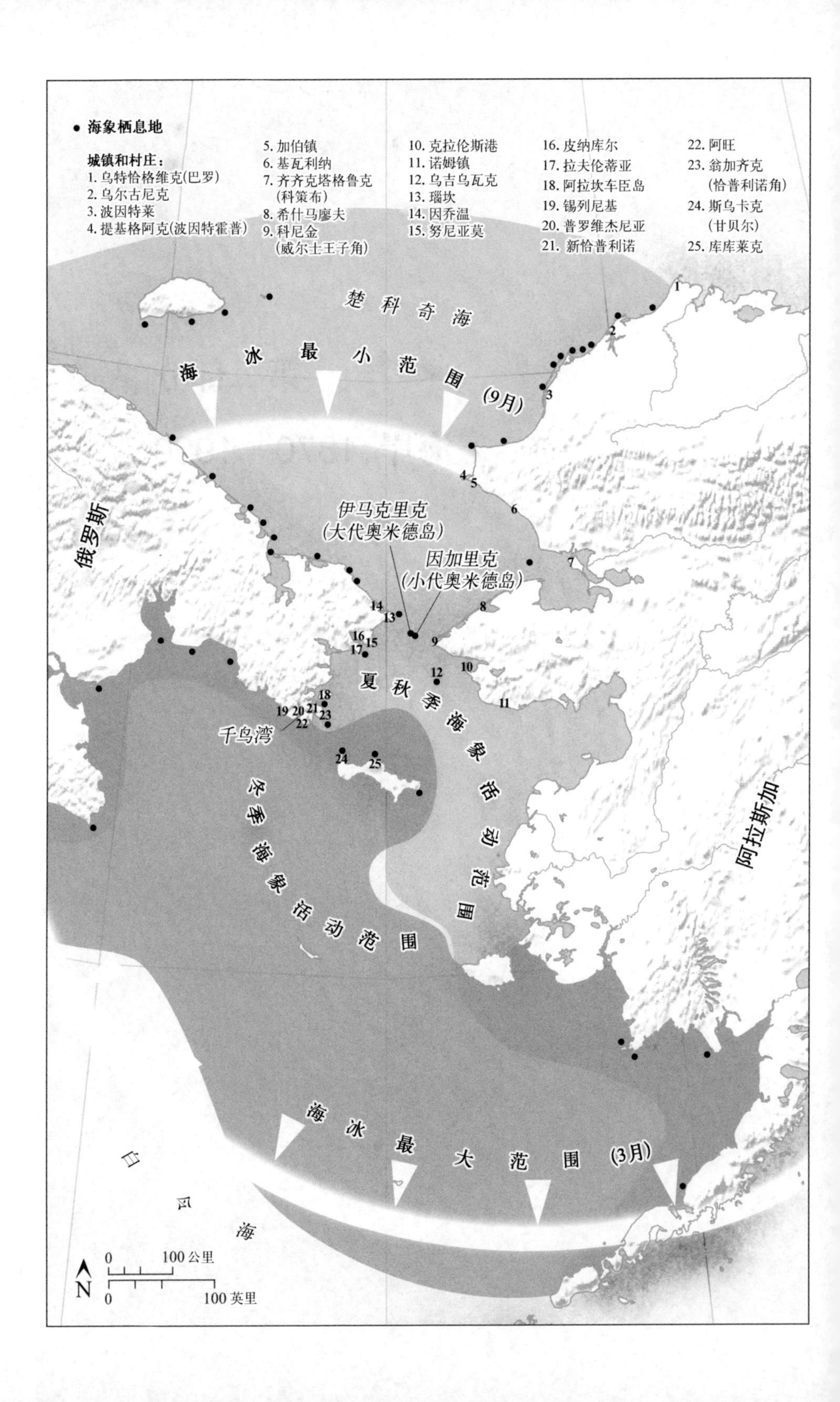

● 海象栖息地
城镇和村庄：
1. 乌特恰格维克(巴罗)
2. 乌尔古尼克
3. 波因特莱
4. 提基格阿克(波因特霍普)
5. 加伯镇
6. 基瓦利纳
7. 齐齐克塔格鲁克
(科策布)
8. 希什马廖夫
9. 科尼金
(威尔士王子角)
10. 克拉伦斯港
11. 诺姆镇
12. 乌吉乌瓦克
13. 瑙坎
14. 因齐温
15. 努尼亚莫
16. 皮纳库尔
17. 拉夫伦蒂亚
18. 阿拉坎车臣岛
19. 锡列尼基
20. 普罗维杰尼亚
21. 新恰普利诺
22. 阿旺
23. 翁加齐克
(恰普利诺角)
24. 斯乌卡克
(甘贝尔)
25. 库库莱克
楚科奇海
海冰最小范围(9月)
俄罗斯
伊马克里克
(大代奥米德岛)
因加里克
(小代奥米德岛)
夏秋季海象活动范围
千鸟湾
冬季海象活动范围
阿拉斯加
海冰最大范围(3月)
白令海
0 100公里
0 100英里
N

第三章

浮动的海岸

白令陆桥还有一种海岸，在这里，脚下坚固的东西并不是陆地。每年冬天气温下降，海水结冰，水分子失去能量，水从液体变成固体。当气温降至28.6华氏度（约为–1.89摄氏度）时，海面就会形成一层冰晶，微风和上升的温暖海水相互作用，把冰晶混合成悬浮液。随着气温不断降低，冰晶互相交织，形成一层光滑的薄膜，越来越厚，最后变成半融化的雪。有时在海浪的拍打下，这些半融化的雪团会变成百合花状的冰花。小冰花像浮油一样滚过海面，盐分充足，富有弹性。一片片冰花在海浪上滑动，彼此粘连凝结，渗出盐分，最后所有冻结的冰花都是不含盐的。浮冰构成的海岸在流动的海面上向外漂浮。这正是美国船长惧怕的事情：冰花围绕在船周围，逐渐变硬，最后变成坚硬的、不透明的板冰。每年新形成的板冰会在10月至次年5月间形成四到六英尺厚的冰层，悬浮的海岸线覆盖了数百英里的海面。

水从液态变成固态，又从固态变成液态，这种形态变化为白令陆桥的海洋开发和沿海生产设定了发展节奏。在浮冰下，藻类植物栖息在盐水洼里，与照射进来的太阳光产生光合作用，生成细胞。磷虾在这些微型海洋牧场里吃浮游植物，甚至在冬天也是如此。春天，冰融化变成淡水，浮动的海岸向陆地的方向后退，磷虾便回归到了浩瀚的大海。藻类在阳光下生长。海浪把这些浮游植物卷入海下，沦为蛤蜊、透明虾（学名樽海鞘）、红臂脆皮海星和颜色暗淡且形状怪异的帝王蟹的食物，这些动物又会成为鳕鱼、大比目鱼、狭鳕和鲭鱼的腹中餐。[1]而这些鱼又被潜鸟捕食，肉质爽滑的鱿鱼则变成髯海豹和海象的猎物。

海象是外来者在白令陆桥收获的第二种能量来源。19世纪末和20世纪初，商业捕鲸者不再捕杀稀有的弓头鲸，转而捕杀海象，以从海洋中获取更多的能量。由于生产危机日益加深，因纽皮亚特人、楚科奇人和尤皮克人开始捕杀狐狸，用狐狸的皮毛换取外来者的面粉，生产革命从海洋不断扩大到内陆，开始是在海洋捕杀鲸鱼，后来是在狐狸洞穴捕捉狐狸。

正是由于这些变化，美国和俄国尝试了他们在鲸鱼问题上没有采取的办法：用国界线来分割能量和民族。他们这样做是因为他们认为如果没有国家的控制，商业会从自然界攫取过多能量，而实际换取的利润却不多，以至于无法缔造一个文明的世界。只依赖市场无法实现价值最大化。白令陆桥的原住民也发现海象的贸易价值不高，因此制定了边界和法律来保护海象免受资本主义的躁动及其快速需求的影响。

一

海象能够反映海岸线的变化。离开大海，海象就无法进食，因为它们要在水下一百多英尺深的地方觅食，它们在泥土里寻找蛤蜊和底栖蠕虫，但必须在岸上繁殖和生育。海象在海洋和陆地间滑行、翻滚，在秋天,它们沿着海冰的边界南下,在夏天则穿过白令海峡北上,有时从冰面直接扑通一声跳到沙地上。和鲸鱼一样,海象的身体也蕴含着丰富的海洋资源——雌性海象体重达一吨多,雄性海象体重达两吨多。海象不如弓头鲸肥硕,它们吃的紫贻贝分走了本属于它们的日光能。海象皱巴巴的皮肤有几英寸厚,脂肪占体重的三分之一。它们能做任何人都做不到的事:把海底的淤泥转化为有用的自身组织,并把它拖到岸上,由此勾画了一条从海洋到陆地的能量线。

在阿拉斯加的乌尔古尼克以及白令群岛的斯乌卡克、乌吉乌瓦克、因加里克和伊马克里克,还有像翁加齐克、因乔温这样的楚科奇村落和它们之间的几十个村落,村民认为吃海象肉有着使人长命不衰的神奇魔力。海象的存在使人们能够生活在岬湾里和堰洲岛上的季节性村庄,这些地方离弓头鲸和灰鲸迁徙的海岸很远。在这些地方,人们的主要食物来源就是海象,即使有些地方的人们以鲸鱼为食,还是需要海象;家家户户都用海象的皮毛御寒,用鲸鱼的骨头做床,依靠海洋对陆地的馈赠,死者对生者的奉献,他们建造了自己的家园。生命降临与欢声笑语、性爱与故事、舞蹈与祈祷、觅食与死亡,这一切在海边居民的聚集区形成了一颗颗跳动的心脏,使骨骼和皮肤重新充满活力。

和鲸鱼的死亡一样,海象的死亡也是在祈祷和欢迎仪式中开始的——尤皮克人称之为"特雷西克",他们通过"赞美海象的话和模仿海象的叫声"来歌颂那些游上岸的海象。[2]沿海的楚科奇人在冬季禁止焚烧浮木,因为海象不喜欢这种气味。[3]举行仪式的同时也要注意观察。在乌尔古尼克,海象向北迁徙的过程中会把海冰弄得脏兮兮的,猎人们会寻找这些痕迹,因为这些褐色标记说明海象群就在不远处。翁加齐克的尤皮克猎人坐皮船出门前会漱口,寓意是向"天上的老太太"借一张干干净净、充满敬畏的嘴。[4]蒂莫菲·潘加维解释说,这样一来,嘴巴清洁了，他就能讲出能够让狩猎成功的咒语："希望我的鱼叉飞得快准狠，百发百中！但愿鸟儿、风和附近的人不敢干扰这次狩猎！"[5]在因乔温的楚科奇定居点附近，人们在卵石滩上用鱼叉捕捉海象。在斯乌卡克附近，冬季人们就在结冰的海面上狩猎，他们徒步穿过冰面，或者把船拖到开阔地。他们趁海象游到水面上换气时，用鱼叉刺伤海象。"当人们带回第一批海象肉时，每个人都很开心，"20世纪80年代时，康拉德·奥兹瓦说，"斯乌卡克每个人都能吃到新鲜的海象肉。那时大家就像一个大家庭一样生活在一起。"[6]

宰杀海象也有特定的规矩。在宰杀之前，猎人奉上淡水和驯鹿脂肪来感恩每一头被捕杀的海象。[7]一个萨满是这么说的，海象颈部和脑袋上的肉回归到大海中又"变成了海象的食物"。[8]人们一旦用船或雪橇把海象的尸体拖回家，就会好好照管它的尸体。海象的鳍肢被放在温暖的地方发酵，散发出浓浓的臭味。内脏被分割开来，每一块都是美味；脂肪储存在永久冻土中的冰窖里，硬邦邦的部分用来喂狗。妇女把海象的肠子切开洗净，缝制成防水外套和帐篷的窗户。海象皮非常厚，大部分海象皮都要被纵向一分为二。[9]贸易往来的船只和雪橇就是用海象皮做底，在水面和冰面来往穿梭，男人穿着海象皮做的盔甲在战场上决战厮杀。

在和平的日子里，人们把海象牙雕刻成扣子、鱼饵、渔具、梳子、玩偶和护身符。有些海象牙上雕刻着海象自己的图像（其中许多是拟人化的形象）。在尤皮克人当中，有一个关于海象老妇人的传说，她名叫梅格西姆·阿格娜，这个妇人掌管着海洋里的所有生灵。有一次，她因为自己断了一颗牙而大发雷霆，命令海象远离人类。楚科奇人称她为"海象之母"。克雷特昆是一位海兽大师，面部黝黑，喜怒无常，统治着楚科奇海岸部分地区。[10]在斯乌卡克岛的传说里，一个叫阿格娜嘉的女人去了海底生活，她住在胖乎乎的海象人的家里，他们住在舒服的海底，脸上并没有象牙。只有在他们游到海面，死在受人尊敬的猎人的长矛下时，他们的牙才会显现出来。[11]海象活在变化之中：在人类与非人类之间变化，在愤怒与牺牲之间转变。这是宇宙的一部分，尼古拉·加尔加维尼在楚科奇解释说："万物都会转化为其他事物，否则就不可能是万物。"[12]

在19世纪70年代初的冰冷夏季，海象变成了另一种东西——金钱。美国人的船队在冰面南边守株待兔，船舱里空空如也，他们盯着浮冰对面数目庞大的海象，"它们看起来就像吃过草在休息的牛群"。[13]有人知道，1859年"克里昂"号曾在船上用海象的脂肪炼油，每头海象的尸体都能炼出大半桶油。抓不到弓头鲸的时候就用海象炼油，这样一天才不算白过，从航海日志统计的利润来看，获得的金钱和付出的时间是相符的。就炼出的油量而言，二百五十头海象才等同于一头弓头鲸。"三叉戟"号的航海日志记录员写道："努力工作，想办法炼更多的油，这是现在唯一能做的事情。"[14]

美国人的船队只花了几年时间就改进了捕捉海象的方法。起初，水手们尝试用棍棒打，但海象"以惊人的速度"扑到海中。[15]后来捕鲸者发明了鱼钩和鱼矛，捕捉海象的成功率大大提高。[16]但在海象意识到人类的危险之后事情就发生了变化。它们会安排"哨兵"站岗，这些"哨兵"时刻保持清醒，不仅随时准备提醒睡梦中的伙伴小心可能出现的北极熊或虎鲸，它们还学会了在发现人的踪迹或闻到人的气味时发出警报。查尔斯·斯卡门写道："曾因人类攻击而受伤的海象学会了向附近的同伴发出警告。它们会大声嘶吼，如果同伴睡着了，就用牙齿啄自己身边的同伴以发出警告。"[17]海象妈妈用自己的身体保护小海象。

一位水手写道，有时“愤怒的海象”用头撞击不断靠近的捕鲸船，就像无数根攻城锤在同时撞击一样，这时“如果往船下看，就能看到船底露出两对海象的獠牙”。[18]

因为海象离不开空气和水，无法逃离冰冷的海岸，所以海象的战术是有限的。当捕鲸者把船涂成白色，并穿着浅色衣服，顺风向睡梦中的海象群缓慢接近时，它们就无处可藏了。[19]当捕鲸者开始用步枪狩猎后，海象更是无处遁形。19世纪70年代中期，船员一下午就能杀死数百头海象，子弹直击海象硕大的脑部，由于不断射击，枪管都直发烫，船员就把枪挂到绳索上，吊入海里“冷却”。[20]砰砰的枪声甚至都惊不到海象“哨兵”。[21]这声音听起来就像海冰断裂的声音。

子弹的硝烟逐渐消散之后，捕鲸者就开始割取海象脂，砍下免费的海象牙，作为大象象牙的廉价替代品售卖，有时还会把海象的胆囊取出来，在旧金山的唐人街叫卖，用来换取丝绸。[22]为了填饱肚子，捕鲸者会把海象的心脏、肝脏、舌头割下来腌制，还可能会把肌肉绞碎灌成香肠。[23]但大部分尸体都被丢弃在血黑色的垃圾堆里，海象肉卖不了什么钱。约翰·缪尔在19世纪80年代观察了猎杀海象的情况，他将海象与野牛相比，人们为了得到野牛的舌头而对其疯狂猎杀，致使它们几近灭绝。[24]甚至在鸟、熊和狐狸对着残余的海象肉大快朵颐之后，冰面上仍然充斥着腐烂的气息。

工业废物不只海象尸体这一种，动物被人射中后会沉入海里。如果海面突然“变得波涛汹涌”，水手们就会丢弃尸体，一位航海日志记录员写道，捕鲸划艇“无法停在冰上剥海象皮”。[25]屠宰时热乎乎的血会大量溅出，海象尸体下面的冰就会融化，海象就会掉到海里。[26]商业贸易扼杀了海象的未来。捕鲸者主要在6月和7月捕杀海象，那时浮冰上满是处于哺乳期的母海象的尸体。一位目击者写道，当一个船员杀死“一整群成年海象”后，冰上只剩“小海象在母亲尸体周围徘徊、呻吟，直到饿死”。[27]但在捕鲸者看来根本没时间让那些母海象活着，因为船员们迫切想要回港口换取报酬，现在需要的是油。截至1886年，美国人的船队杀死的海象仅记录在案的就超过十四万头，而海象总数才不过二十多万头。数万头海象死亡，沉入海底的和饿死的小海象并没有被记录在册，这种计量方法只在乎商业发展而不顾海象的死活。[28]

在远离白令陆桥的地方，人们憧憬繁华、机械化的未来，海象只是其中微不足道的一小部分——它们是动力织机上的风扇皮带，是工厂齿轮用的润滑油，或是从旧金山到纽约的火车上的行李箱，又或是台球杆的皮头。消费者在象牙纽扣中看不到死亡，不知道曾经活生生的海象让海底世界丰富多彩，也不知道海象还可能因为保护自己的孩子而死。这些纽扣不过是物质丰裕的另一个标志，人们可以随心所欲地购置稀罕物。在白令陆桥，海水退潮后，露出光秃秃的海岸线。市场的掠夺使鲸鱼提供给当地人的能量很不稳定，现在海象也是如此，任何天气变化或是动物迁徙都会让沿海的白令居民陷入动荡。工业现代性在白令陆桥的首次体验是一场深深的伤感。

各地都有自己独特的故事，在悲剧的酿成中，当地的气候、空荡荡的海底和居民都起了作用。1878年的冬天温暖如春，斯乌卡克海岸的海水没有结冰。詹姆斯·阿宁加尤在20世纪40年代时说：“当时年景不好，大家都没什么肉吃，家家户户的日子都不好过。”[29]第二年温度低，冰层厚，海象无法游到海岛旁的海面上。经历两年饥荒之后，痢疾暴发了。斯乌卡克共有一千五百名村民，饿死的、病死的或遭受双重苦难的，加起来有一千多人。1879年夏天，在库库莱克村，捕鲸者上岸后发现有村民死在家中的床上，还有人是在去村里的墓地途中倒下的。

斯乌卡克不是唯一暴发饥荒的村庄。白令沿海地区还有一个部落，部落的人们几十年来一直忍饥挨饿。1890年，在乌吉乌瓦克岛，有两百多人依赖海象生存，但因纽皮亚特的猎人只捕杀到两头海象。人们只能吃自己的狗，吃船盖，吃靴底，但仍有三分之二的人没能活过冬天。[30]西格内米特部落存活下来的人不多，所以他们放弃了楚科奇海岸的三个村庄。[31]靠海象为生的村庄和捕鲸村的命运一样，难逃一劫。四十年前，罗伊斯船长驶过白令海峡，在市场上卖出第一头弓头鲸，四十年后，白令陆桥的沿海居民减少了一半还多。[32]

是什么导致了白令陆桥的这种变化？在楚科奇，一个名叫阿勒卡特的人给俄罗斯民族志学者弗拉基米尔·博戈拉兹讲了这么一个故事：多年来，有一头海象给人们引来了很多鲸鱼，但愚蠢的猎人攻击了这头海象，海象就诅咒猎人说："你们如果出海就会淹死，如果待在岸上就会饿死，如果有充足的食物，那掌管疾病的托纳拉克神（萨满的灵魂）就会找上你。"[33]海象攻击猎人，是因为猎人打破了事物的秩序。在斯乌卡克，人们非常清楚违反事物秩序的后果，会将这些传统祖祖辈辈流传下来。在库库莱克村，阿宁加尤说："如果有人打中年轻的公海象，人们就会把它拖到冰面上，在它咽气之前将其剖开，把活生生的海象切成肉片，这有点残忍。"[34]埃斯特尔·奥兹瓦苏克说："他们做这种事一定会遭报应的。"库库莱克村的村民各自穿上最好的衣服，一直走到海岸边，向大海忏悔。然后，他们爬到海象皮做的帐篷里，在睡梦中死去。他们和平投降，以死忏悔，只为将下一代的"厄运转化为好运"，正如一个世纪后，奥兹瓦苏克总结的教训，"永远不要杀死任何不能吃的东西"。[35]

其他部落则有不同的看法。楚科奇人认为外来的捕鲸者太愚蠢了，特别是他们焚烧浮木的习惯将鲸鱼都赶跑了。[36]因纽皮亚特人的父母跟他们的孩子说，以前他们捕猎收获颇丰，"但在白人捕杀鲸鱼和海象后情况就变了”。[37]1901年，一个尤皮克人用蹩脚的英语告诉博戈拉兹有关翁加齐克人在外寻找海象的经历：“他们寻找、捕杀海象，但什么也找不到，因为海象渐渐地都死了。”美国人这么做是因为他们不尊重海象，此外，美国人还贩卖酒。他跟博戈拉兹说：“这么做一点好处都没有，美国人的做法太过分了。”[38]他们捕杀海象的方式完全是赶尽杀绝，一点也不明智。

一些美国猎人赞同这个说法。弗雷德里克·A.巴克是一名船长，当他的船在乌维伦失事后，他被当地人救起，他写道：“这一场对海象的灭绝之战必定会以当地人的灭绝而告终。”他发誓再也不捕杀海象。[39]船员们对鲸鱼的命运争论不休——它们是已经被捕杀殆尽还是善于躲藏？咆哮的、散发芳香的海象灭绝的原因，显然是人们的“滥杀”。[40]埃比尼泽·奈伊把海象比作渡渡鸟，他写道：“我再需要钱也没有到要猎杀海象的地步。”[41]新贝德福德和夏威夷的报纸满是呼吁人们停止猎杀海象的报道。但到了20世纪，捕鲸船要冒着辛苦好几年最后返航时每人就赚一美元的风险出海。[42]人们在道德上的关怀败给了对金钱的渴求。捕鲸者一边在报纸上发文忏悔，一边捕杀海象。与美国各地的渔民和伐木工人一样，他们对现代富足生活的追求是永不停歇的，捕杀的对象从一个有利可图的物种转移到下一个。[43]结果，在白令陆桥，替代从海洋中攫取能量的重任，就落在了市场需求的中间商和幸存者身上。

二

北极狐的毛色随季节而变化。夏天，它们全身的体毛呈暗棕色，肚皮褪为黄白色。它们在海滨的苔原上小跑，时而抢夺鸭蛋来吃，时而抓捕洞中的旅鼠，有时还吃浆果或海草。冬天，它们全身的体毛就变成了亮白色或浅蓝灰色，和海冰的颜色一样。它们跟随着海冰扩张的方向前行，迅速跳过杂乱的冰面，然后停下来，左右闻一闻。北极狐嗅觉灵敏，它们能嗅到几英里外或地下几英尺深被北极熊捕杀啃咬过的猎物的气味。如果因纽皮亚特猎人在冬天迷路了，他们会跟着北极狐的尿渍走，这样就能找到北极狐标记过的地方，在那里会有埋在雪下的驯鹿或海象肉。十几只北极狐会一起找寻一具尸体，凑在一起将其吃得连骨头都不剩。19世纪70年代一定是属于北极狐的辉煌时代。

即使经常吃冰面上剩下的尸体，北极狐也不会因为到处觅食而发胖，大多数北极狐的体重不到二十磅。它们的毛很密，毛皮上还覆盖着柔软的绒毛，耐寒性极强，即使在冰面上睡觉也感到温暖舒服。19世纪末，远在纽约、莫斯科、伦敦和北京的人都渴望得到北极狐的毛皮。长期以来，貂皮斗篷或狐皮披风都是财富的象征，是在寒冬御寒的奢侈品。1838年，巴黎雷维永兄弟的时装商“时装品牌”发布了一系列皮草成衣，将皮草的市场从精英阶层扩大到了欧美中产阶级。十年后，罗伊斯船长说，白令海峡到处都是“昂贵且容易购买到的毛皮”。[44]到了19世纪80年代，海象的数量和鲸鱼一样也在减少，以前，猎人一个夏天能杀死一万五千头，甚至三万头海象，现在一个夏天只能杀一百头，甚至更少。毛皮贸易却是不用提炼油脂就能获取利润的方法。

夸瓦伦负责管理捕鲸船。他是尤皮克人，身材矮小，他出生时翁加齐克还只是一个小村庄，他从小就目睹了外来捕鲸者不断变化的欲望。到他自己有孩子的时候，北极熊和北极狐的毛皮交易取代了炼油（鲸鱼油和海象油）。冬天，他把工业制造出来的枪、捕兽器、斧头、刀、针、面粉和蒸馏酒卖给尤皮克人和楚科奇人，换取他们的象牙、鲸须和毛皮。春天，冰层从翁加齐克卵石状的海角开始消融，他用望远镜观察行驶的捕鲸船，这些船只用工业产品来交换象牙、鲸须和毛皮。有那么几年，他的三个仓库里存的步枪、鲸须、面粉、海象牙、朗姆酒和毛皮总价值数万美元。这些仓库的尖顶木质屋顶和玻璃窗都是从旧金山进口的。卖这些东西赚的钱足够给女儿买一台留声机，给儿子买踝靴和羊毛套装。[45]他可能会把儿子送到美国上学。[46]

通过皮毛交易赚钱是从捕杀北极狐开始的：北极狐白天在冰面上跑很长时间，一听到田鼠的叫声就一头扎进水流中，动作像跳芭蕾般优雅。外来者不知道如何捕杀北极狐，是白令人把活蹦乱跳的北极狐变成了商品。尤皮克人、因纽皮亚特人和楚科奇人在雪地里挖坑，然后把削尖的驯鹿角和诱饵埋在坑里，用薄薄的冰块盖住，或者在地面上设置钢制捕兽器，防止北极狐随冰漂走。宰杀北极狐，把狐皮剥掉、拉展、晾晒，是除捕鲸外获得收入的另一种来源，这总好过一出海就是个把月的颠簸动荡。每家每户的捕猎活动并不影响日常生活：他们依旧可以猎杀海豹，捕鱼，采摘酸模、蔷薇根和浆果。

诱捕是在旧贸易模式下出现的新变化；夸瓦伦也是新型领导者。当他上任时，对一个领导者而言，学会与外来者打交道比打胜仗更重要，毛皮及其所能换取的东西改变了时代。所以，人们不仅在北极狐出没的地方布置陷阱，还在苔原动物如狼獾、貂、紫崖燕、狼、红狐的活动区域设下了圈套。它们的皮毛被楚科奇人用驯鹿雪橇拖回沿海地区，或和其他所捕获的猎物一起被因纽皮亚特人用狗拉雪橇拉到他们生活的海岸，以备过冬。

宰杀北极狐是有规矩的：人必须考虑北极狐临死前的状态，否则它的魂灵可能会杀死猎人的家人。[47]但是，把北极狐的毛皮换成其他有用的东西不算过分，比如换面包、弹药和酒。在加伯城、乌特恰格维克、齐齐克塔格鲁克以及楚科奇沿岸，红北极狐很好地体现了商品交易的等价性：一磅火药值一整张狐皮，一天的劳动值半张皮，一只银北极狐、一对海象牙或一排鲸须值很多张狐皮。一磅糖值四分之一张红狐皮，一加仑糖蜜值一张半红狐皮，一袋二十五磅的面粉值两张红狐皮。[48]象牙雕刻师为外来者雕刻棋盘和小物件，一个做工精细的象牙狗拉雪橇模型的价值相当于许多张红狐皮。交易的东西发生了改变，男人们开始诱捕狐狸进行交易，妇女们把缝制的衣服卖给外来者，孩子也学着用英语砍价，在离海边五十、八十或一百英里外被捕杀的北极狐填补了沿海能源的空缺。沿岸居民的需求开始改变了陆地地区的状况。

这些转变意味着当地村民需要接受外来者的食物。罗伯特-克利夫兰回忆说："我们第一次吃白人的食物时感觉没一个好吃的，我们能闻到他们做饭的味道，一点也不好闻。"[49]在因纽皮亚特，外国食物的名字充满了消极否定的含义：比如豆子是"尼利古阿克"，意思是让你放屁的东西；燕麦片是"思格瑞"，意思是头皮屑；芥末在本地语中是婴儿屎的意思，香蕉是"尤苏纳克"，意思是"像阴茎"。[50]楚科奇语中，芥末的意思是"苦味"，面包是"粉肉"，白兰地为"坏水"。[51]但因为他们在村子里只能做出来这些东西，所以翁加齐克人和其他村子的村民靠用油烤的面饼过活。提基格阿克有位领袖叫阿塔乌拉克，他性情暴戾，从一艘路过的船上雇用了一个日本厨师，为期一周，让这个厨师教因纽皮亚特的妇女烘焙。[52]其他人也学习用面粉、糖蜜和海豹油煲汤。到19世纪末，每年有成千上万磅面粉和食糖一路向北被运到翁加齐克，卡路里像涓涓细流奔向干涸的大海。[53]

1886年，夸瓦伦花费两头鲸鱼的鲸须、一千磅象牙、五百张北极狐皮和三张北极熊皮，从一艘捕鲸船上买了一艘长六十英尺的帆船，将其命名为"汉丽埃塔"号。[54]有了船，他就可以从楚科奇起航，在海上猎杀海象，到阿拉斯加购买毛皮，然后回到翁加齐克卖出，但他的计划还未开始就终止了。当他准备装货首次出海时，俄国人的炮艇“克赖泽”号在海角登陆，发现夸瓦伦没有合法捕捞资格，就扣押了他的船。

“克赖泽”号在楚科奇半岛进行第五次年度巡逻。沙皇俄国因美国捕鲸船的出没而惊慌，要求其离开俄国领海，而美国的毛皮贸易则更加直接地侵犯了俄国国家主权。皮毛贸易在陆地上进行，更糟糕的是，这一贸易所涉及的动物是俄国历史上权力和财富的来源。从11世纪开始，俄国皇家国库的大部分资金都来自向莱比锡和北京的市场出售黑貂皮、紫崖燕、白鼬皮、北极狐皮和其他动物皮毛的收入。这些动物生长在西伯利亚，被西伯利亚原住民捕杀，这些原住民包括坎蒂人、涅涅茨人、埃文斯人和其他“小民族”，这是俄语中的说法。他们大多都是被迫劳动的。在俄国的帝国政策下，哥萨克人和被称为“俄国边疆职业猎手”的商人兼捕猎者，找到了能购买到上好毛皮的部族，并抓走当地的某个重要人物，或是他们的孩子——要求他向沙皇承诺每年进贡作为赎金。军队尾随其后，修建防御工事。“小民族”一边努力猎取他们自己需要的东西，一边缴纳贡品，还要忍受天花、梅毒带来的病痛，若缴不上贡奉还要遭受俄国人的虐待。通过缴纳贡奉把某个地区的毛皮和人民榨干以后，这些称作“俄国边疆职业猎手”的商人就向东进发，到太平洋寻找毛皮。[55]向沙皇进贡就像从白令海捞取利润一样，永无休止。

楚科奇人和尤皮克人在18世纪40年代就拒绝接受俄国这种圈划土地的方式。奥斯特罗夫诺的哨所是一个折中方案：如果俄国人不抓人质，楚科奇人就同意贸易，虽然俄国特工并不在意这种交换如何“对楚科奇人有利”，但指出这是“对俄罗斯帝国的羞辱”。[56]俄国人搭起的寨子是楚科奇唯一一个推进另一个帝国目标实现的地方，那就是，通过让楚科奇人皈依东正教，接受俄罗斯的教育，要求他们遵守法令：禁止过度捕杀毛皮动物，且要缴纳贡奉，以此来教化民众。让楚科奇人这样的“野蛮人”变得“不仅在信仰上，而且在国籍上加入俄国”。[57]俄国精英阶层长期以来一直担心国家落后，因为俄国在欧洲启蒙运动中起步太晚且步履蹒跚。在19世纪，阅读詹姆斯·费尼莫尔·库柏的译作长大的一代人，在俄国东部看到了一个新世界，看到一种不模仿欧洲，在没有资本主义过剩或道德缺失的情况下取得进步、超越欧洲的路径。西伯利亚可以成为俄国的“美国西部”，可以通过圈划荒地和同化像楚科奇人这样“彻头彻尾的野蛮人”来创造帝国的未来，这些野蛮人生活在过去的“无知和堕落”中。[58]虽然奥斯特罗夫诺站点攫取了财富，但它的抱负远不止这一种。

实际上，奥斯特罗夫诺并不完美，一位官员写道，当地人“很无知”，连“宗教的基本知识都不懂”。但这比东边几百英里外的楚科奇海岸要好得多，俄国在那里从未派驻过行政长官。在19世纪80年代，几位乘船来访的帝国官员传来了令人震惊的消息。N. P. 索科利尼科夫说：“许多楚科奇人会讲英语，沿海地区有许多带插图的书、《圣经》和其他源自美国的书籍。”[59]比《圣经》和有新教徒传教的传言更糟糕的消息是，楚科奇人装备了美国加农炮，准备入侵堪察加半岛。[60]到处都有酒。毛皮和象牙“落入那些乘船经过的或是借助他们的楚科奇人同行的美国人手里”，而非流入奥斯特罗夫诺站点。[61]亚历山大·阿列克谢耶维奇·列辛在1884年勘察海岸时发现，“平均每年有三十一艘美国船只停靠，每艘船的贸易收入约三万九千卢布”。[62]与此同时，白令人几乎食不果腹。而让白令人不至于饿死的却是那些偷猎海象和北极狐的“美国强盗”，白令人与他们进行交易而获得食物。楚科奇人告诉尼古拉·冈达蒂：“在我们饥肠辘辘时帮助我们的不是俄国人，而是美国人，是他们用面粉和盐猪肉来换我们的鲸须和海象牙。”[63]

于是,沙皇俄国把目光投向东北部,发现当地人没有完全在沙俄的统治之下,却被其他国家统治,让他国获利。1879年,康斯坦丁·波贝多诺斯特耶夫写信给未来的沙皇——亚历山大三世,要求在这些地区派海军巡逻。这位议员写道:“如果我们不派遣俄国船只在海岸驻守,楚科奇人将完全忘记他们属于俄国。”[64]帝国需要用俄语写的东正教《圣经》和西伯利亚草原的面粉取代英语写的新教《圣经》和美国大平原的面粉。[65]两年后,“克赖泽”号从海参崴向北航行,开始第一次年度巡逻。这次巡逻的目的并非是阻止人们猎杀海象或北极狐,而是要阻止美国人登岸做贸易。[66]俄国并不想阻止商业发展,而是想通过改变商业发展的方向来减缓商业的道德堕落:海象牙和毛皮贸易应该转向内陆为俄国东部边疆服务,而不是为美国西部的发展助力。俄国需要把海象、北极狐和猎杀它们的人都圈划在自己的疆域中。

在晴朗的一天,“克赖泽”号沿着杰日尼奥夫角驶向乌维伦,在船上,船员们可以看到那个新教《圣经》和大平原面粉发源的国度,而科尼金——美国大陆最靠近俄国的地方——就在其东部五十英里处。1890年,两对传教士夫妇罗普和桑顿两家来到这个村庄,他们把它命名为威尔士王子角或威尔士。他们眼前是村庄和皮船,村庄里有半地下的因纽皮亚特房屋,皮船架被放置在低矮的、长满草的海岸上,海岸在大海和高山之间,高山布满碎石,像某种带刺的古生物。哈里森·桑顿写道,之所以住在“广袤、完整、万籁俱寂”的海岸冰层附近,是为了拯救“五百多个不朽的灵魂”,“这些文明的、基督教化的人死后会给这个世界带来益处”。[67]

美国传教士来到阿拉斯加西北部是为了将尤皮克人和因纽皮亚特人从被诅咒的状态中拯救出来。他们的工资部分由联邦政府支付,此举也是为了稳定此处海岸线，这里很少有海象或鲸鱼出没，但经常有酒类交易。国会和传教士希望未成年人“不要被酒精冲昏头脑”，一旦冲昏头脑，他们就会用毛皮和海象牙来交换劣质酒，而不是从事像捕兽器、肥皂和印花布这样勤劳的、文明的贸易。[68]1880年，这一努力得到了美国海岸警卫队缉私局“科温”号和“熊”号船只的支持，这两艘船每年夏天都会在阿拉斯加海岸线巡逻，寻找“进行酒类、后膛武器和弹药交易”的船只，G.W.贝利在给财政部长的信中写道，这些交易“违反了法律规定”。[69]一份国会报告解释说，在阿拉斯加实施联邦政府的禁令是必要的，因为“印第安人拥有了改进的致命武器，加上酒精的刺激，他们就变成了斗士，准备和白人开战”。[70]因此，缉私局只要能找到捕鲸船，就会进行搜查，并将违禁威士忌倒入海里。

在岸上，埃伦·罗普在一座刷着白漆的宣教屋里教导人们抵御朗姆酒的诱惑，因为酒精使人堕落。她要先学习才能教学：她必须会说因纽皮亚特语，煮海象肉，喂自己孩子喝从海豹肠子里挤出来的粥。慢慢地，她的因纽皮亚特语进步了，她教生理学、算术、地理和英语。“我们吃海豹肉，用海豹油做燃料，用海豹皮做衣服。”这句话是她给学生布置的一个阅读练习。接下来是写出“除我之外，别无他神”这句话的语音。[71]

教因纽皮亚特人说英语，只是使其皈依基督教过程中最简单的一部分。罗普在家信中谈到她如何向当地人解释扫罗寓言，她说：“我本可以说他不服从上帝，但我不知道任何因纽皮亚特语中表示不服从的词，他们不怎么用这样的词。他们没有政府可以服从，也没有《圣经》可以信仰。”[72]不只是罗普有这种感受，来自斯乌卡克的传教士威廉·多蒂花了几个星期的时间试图向当地人解释“娶两个女人为妻是有罪的”，结果却发现这里“娶两个妻子的习俗”比他的解释根深蒂固得多。[73]因纽皮亚特人和尤皮克人的妇女在她们温暖的房子里袒胸露背；肥皂和识字对她们来说都是新鲜事；当地人的庆祝活动会持续一整晚，过程中舞者会发出“可怕的尖叫声”。[74]这些习俗让外来者很不舒服，他们用英语里独有的词诋毁他们，称其为巫医、魔鬼、巫师、邪灵。在外来者看来，土著人需要改变的东西还有很多。在启蒙教育时，齐齐克塔格鲁克的卡丽·萨姆斯记录下她所亲历的仪式的消失：妇女分娩的特殊小屋被弃用了；人们为取暖而焚烧了标记着非基督教墓牌的浮木；载歌载舞的人越来越少了。[75]在一本记录道德回报的日志里，一位传教士称之为“灵魂的丰收”。[76]

对美国来说，红利也包括财政方面的。19世纪末，联邦政府对土著人的政策将基督教与文明、文明与进步、进步与生产性增长混为一谈，而生产性增长来源于个人将原始的自然加工成有价值的东西出售牟利。在白令海岸线，市场重视毛皮、鱼和海象牙。阿拉斯加的教育专员写道，当地的白人不太可能在此方面付出劳动。但“当地人”作为捕猎者可以“帮助白人解决利用阿拉斯加这片冰雪世界的问题”。[77]国会认为，要带领尤皮克人和因纽皮亚特人摆脱“赤贫的状态，减轻白人的负担及本地人自身的苦难”，“走向自给自足”需要“耐心的监督、指导和建议”。[78]这是传教士的任务。国会资助他们建立学校的原因，是为了稳定贸易，为了让本地人明白出售北极狐的正当理由。个人的道德救赎会促进国家经济的发展。

缉私局在克拉伦斯港驻扎了许多年，此处岛屿的形状像一个逗号，可以作为避风港。威廉·奥奎卢克说，在世纪之交的一个夏天，一个名叫庞金古克的萨满被缉私局逮捕了，因为局长想把“每个巫医都关进监狱，永生不得释放”。庞金古克知道这件事早晚都会发生，他能预知未来。但他还是心甘情愿地上了船。审判后，庞金古克“拒绝让他的恶灵离开”,所以船长把他关进了监狱。然后,庞金古克逃了出来,他飞檐走壁,躲避掉追袭的刀和子弹,而最终还是被捉回来,当“熊”号带着庞金古克远航时,他呼唤风把船又推回到港口。最后,船长把他释放了。奥奎卢克讲述的故事体现了白人对土著人认可和尊重的姿态。[79]

在这个故事中,庞金古克知道“熊”号想要什么。国家要想成为国家,就必须夺取权力并设定价值观。传教士和巡逻队的出现使当地关于结婚、犯罪、获取财富、成为好人的价值观认定都发生了改变。但对缉私局、沙皇海军和传教士来说——无论是东正教、新教或天主教——庞金古克拥有的权力形式是无法证实、不合逻辑的;在那些守卫“熊”号的外来者的叙述中,没有飞檐走壁的逃脱,也没有看到船只被召唤回港口的场景。他们只看到“一件非常荒谬的事情”,一个对“邪灵”深信不疑的人做了一个逃脱手铐式的表演。[80]传教士相信,他们带来的物质增长和精神救赎必然会取代这种空洞的表演——毕竟,对信徒来说,基督教中的吃苦耐劳品质被世人广泛认同,非常令人向往。谁不希望此生拥有更多的财富和往生拥有更美好的生活呢?

然而,庞金古克并不是唯一拒绝被白人同化的白令人。在阿拉斯加,萨满威胁要杀死其他皈依基督教的因纽皮亚特人。有些白令人不愿意与基督徒分享食物或学习英语。在西北沿海地区,有预言说,所有死于流行病和饥荒的人的灵魂会回来击退外来者。[81]在奥斯特罗夫诺站点附近,许多楚科奇人都躲着牧师和官员。[82]当俄国官员尼古拉·贡达提跟尤皮克人和楚科奇人说他们是朋友时,他们摇头问道:“那为什么俄国船只要从我们这里拿走枪支、火药和铅。”[83]有些传教士的名声很坏,他们把白令妇女灌醉,然后强奸她们。[84]在提基格阿克,人们将缉私局称为“尤亚提”,意为施暴者。

与此同时,错误的商业模式仍在继续。人们买枪,喝酒,有时是和那些管制酒类的人一起喝，比如“熊”号的船长迈克尔·希利。[85]他们喝酒也许是为了挑战外来者的法律，意图以他们自己的方式维持商业往来。由于距离过远和冰层过厚，小型商船可以逃避缉私局的监管，使得这些违禁品得以流通。每年春天，当“克赖泽”号从符拉迪沃斯托克向北航行时，它就会撞上浮冰墙，这些浮冰是洋流沿着海岸线冲刷下来的；同样的洋流为从东边驶出西雅图和旧金山的船只清理了航路，这些船只携带大量非法货物。冰层帮助了那些像夸瓦伦这样的人，他们靠用北极狐和海象牙交换朗姆酒和步枪为生，现在由于缉私局的巡逻，酒和枪变得更加昂贵。[86]秋天，另外四艘尤皮克人和楚科奇人的帆船从俄罗斯海岸的美国人那里购买威士忌，来年春天在阿拉斯加换取毛皮，届时他们可以在美国巡逻队清理冰层之前向东航行。[87]海冰同样是海象和北极狐的家园，这些动物不仅引来了商业和掠夺，还使边界不那么明晰了。

三

北极狐主要以捕食旅鼠为生。毛色灰白的肥硕旅鼠从杂草丛中穿过，窜向地洞，就在这时被北极狐抓住，或被海鸥用爪子擒住身体。春天，北极狐会吃海鸥巢穴里的蛋，由于海鸥也吃旅鼠，下的蛋中也包含了旅鼠的成分。旅鼠由于行动迅速才得以在北极生存——它们总是在不断迁徙，只能活过三四个夏天。它们一整个冬天都在进食、繁殖，数量也在疯狂增长，所以每隔几年它们的数量就会超出北极植被的承受范围。北极狐的数量随旅鼠数量增减。[88]旅鼠数量减少时，北极狐产仔数变少，数量急剧下降；旅鼠数量增多时，每只北极狐在一个夏天就能生十二个幼崽。雌性海象一般寿命是四十岁，可能一生才会生这么多小海象。如果海象没有被快速捕杀，本可以一直膘肥体壮、寿命久长；因为生育次数不频繁，所以更长寿。北极狐是海象不稳定的替代品，它们的数量并没有随着皮毛贸易的发展而稳定下来。

到了19世纪末20世纪初，美国传教士和官僚意识到，虽然毛皮贸易中不再允许夹带贩酒，但还是无法阻挡饥荒的到来。埃伦·罗普感叹说，饥饿周期性地“阻碍我们工作，我们给主日学校的学生上了活生生一堂‘饿但没有饭吃’的课，他们从上个星期天以来还没吃过一顿像样的饭呢”。[89]齐齐克塔格鲁克的一名传教士说：“有很多人请求食物援助。”[90]1899年，村子里的商人和传教士向内政部长请求派送救济物资。当年北极狐短缺，“毛皮动物”或海象也很少，因纽皮亚特人面临着“极度贫困”。[91]

联邦官员反对直接的物质援助。教育专员给请愿者的答复是，“政府救济西部印第安部落的经验”表明，“如果原住民觉得他们可以得到政府的救济，他们就不会靠自救脱困了”。[92]在19世纪末联邦官僚的思想中，依赖要付出不菲的代价，而且抑制了自由。一些国会议员希望尤皮克人和因纽皮亚特人靠自己捕杀猎物来获取卡路里，或通过出售价值昂贵的毛皮和海象牙来购买食物。一位观察员写道，如果“某些地区较大型的狩猎动物”在该过程中消失了，那“不过是文明进步的表现”。[93]对那些远观阿拉斯加的联邦官员来说，这片领土需要的只是一个道德良好、稳定有序的市场状态，然后商业会弥补自身造成的缺陷。北极狐或海象的数量短缺只是市场改变其所交易的物种、寻找新的增长前沿的机会。

但是到了19世纪末，人们对阿拉斯加的看法并不都如华盛顿的官员们一样，纽约认为阿拉斯加是一个新的边疆。许多人认为阿拉斯加是美国过去的写照，因此这个地方可能需要被保护而不是被利用。这至少是布恩和克罗克特俱乐部的观点，这个俱乐部是由西奥多·罗斯福创立的，旨在促进发展“用步枪狩猎动物这种充满男子气概的运动”。[94]这种运动意味着要猎杀大型动物，但很多猎物已经被躁动市场的过往欲望捕杀殆尽。就像俱乐部成员亨利·费尔菲尔德·奥斯本所写的那样，利润驱动下的狩猎使美国的野牛、羚羊、熊和麋鹿等“动物财富”成为“历史”。[95]

在尚有动物活动的区域，俱乐部提倡保护它们：公园、保护区等都应有狩猎限制。作为一位政治家，总体上说，罗斯福是一个功利的进步主义者，是“国家效率”的推动者——他将煤炭、森林和河流用于它们唯一合理的用途，这样做可以带来持续的利润并且增强国家实力。[96]但有些动物不仅是经济资源，还是文化资源。熊、鹿和海象不仅“皮毛和肉大有用处”，而且能引起“真正的热衷户外运动的人和理科学生”强烈的兴趣和喜爱。[97]对俱乐部成员来说，阿拉斯加与他们祖先“最初定居时的原始状态”相仿，这里应是美国边疆的最后一隅，他们认为这些代表着美国的独特性。[98]要保护这一最后的疆域就意味着使其摆脱市场的影响：合理利用不是要创造多高的利润，而是要保留美国人的男子气概，男子气概的保留可以通过野外捕猎来证明，其中包括跟踪、瞄准、杀戮，以及挂在墙上的动物皮毛，这是勇气和技巧的证明。

在白令陆桥，人们用海象充当墙壁的建筑材料，而不是装饰物。布恩和克罗克特俱乐部的成员习惯杀戮，捕杀得来的猎物既不作食用，也不用于建筑，他们认为尤皮克人和因纽皮亚特人的狩猎方式很挥霍，而且不文明。随着捕鲸船队的减少，剩下的少数外来猎人需要得到批准才可以打猎。但外来猎人比“原住民”更理性，麦迪逊·格兰特写道，原住民“整日打猎”，而不“正常劳动”，因此“与普通白人相比，他们对动物生存的威胁更大”。[99]格兰特希望如熊、海象、斑点羊、驼鹿和驯鹿等大型物种受到保护，但获得狩猎运动许可的猎物除外。

艾奥瓦州的国会议员兼俱乐部成员约翰·莱西也担心，“美国其他地区大小猎物被屠戮殆尽的黑暗篇章”会在阿拉斯加重演，同时他也非常忧心“印第安人的饥饿情况”。1902年，莱西向国会提交了《阿拉斯加狩猎法》。[100]这是在不受限的市场狩猎和暂停狩猎之间的折中方案。狩猎动物要受到数量和禁猎期的限制；任何人捕杀海象的数量不能超过两只，而且只能在9月和10月狩猎，严重的饥荒情形除外。出售海象牙、海象皮和鲸脂是违法的。商人若购买任何被划定为“猎物”的动物器官都会被罚款，包括海象在内。美国政府认为，无论是市场还是“原住民”都无法合理判断海象的价值。即使传教士们知道只靠狩猎狐狸无法养活整个村庄，但联邦政府还是规定狐狸是唯一合法的狩猎动物。在官方渠道海象牙不能用来交易。

在斯乌卡克和因加里克、科尼金和乌尔古尼克，猎人则和往常一样外出狩猎，有多少海象皮被做成了船盖，有多少海象肉沦为人们的盘中餐，这些都没有记录。生物调查局负责执行《狩猎法》的官员很少在现场，也就无法记录每一次杀戮。直至几十年后，他们才开始收集正式的调查数据。但该法律确实产生了影响。1902年，一个叫图努克的人带着十根海象牙走了三十五英里到科尼金售卖，但没有找到买家。[101]北极熊皮和海象皮在当时也被列入违禁品行列。1903年，报纸报道说，“全面压制毛皮贸易”使“原住民陷入了饥饿状态”。[102]参议院调查了此事。商人P. C. 里克默斯在听证会上说：“在渔猎开放期，人们都抓不到海象，因为海象随着冰面移动，人们无法触及。”里克默斯说，齐齐克塔格鲁克的人们“目前除了鲑鱼，什么都没得吃”，因为用黑熊皮来交换外来者的面粉是违法的。调查人员得出的结论是，应该允许“原住民”出售猎物。[103]但在华盛顿布恩和克罗克特俱乐部的成员看来，海象价值太高，仅靠市场贸易不可行。1908年出台的一项《狩猎法》修正案规定，当地人只有为解决基本温饱问题时才可以捕杀海象。

《狩猎法》所忽视的问题是，20世纪初要在阿拉斯加生存就需要商品贸易。需求、欲望、传教士的说教，以及猎杀数千只狐狸来弥补数十万头海象的亏空，使得面粉、糖、茶、步枪、子弹、刀、金属锅、针、布和捕兽器，成为大多数因纽皮亚特人和尤皮克人生活中的常见之物。狐狸皮可以用来交易，但只有当狐狸的生命周期和消费者的需求相吻合时才可以实现：在有些年份里，捕猎者因缺乏毛皮而无法满足市场需求；还有些年份里，狐狸毛皮充足，但市场需求不足。因此，数量所剩不多的海象群仍是人们获取食物和赚取金钱的一个更稳定的来源。所以，猎人会在冰面行走，越过国家管辖的三英里界限去打猎，然后在诺姆镇的小巷里非法出售海象牙。[104]没有了牙的海象尸体有时还会被冲到海滩上。[105]联邦政府追求文明开化的稳定状态，却陷入了一个矛盾的状态之中：政府官员北上来到阿拉斯加，让尤皮克人和因纽皮亚特人参与市场交易以求生存，但在20世纪的前几十年时间里，为了海象的生存，政府又试图让他们远离市场。

四

帕维尔·波波夫1889年写道："我住的地方虽然不够舒适，但还算是个安全的避风港，可以抵御极地寒冷的冬天。"[106]他住在阿纳德尔，这里在一个世纪前是被沙皇俄国遗弃的堡垒遗址，现在是波波夫和他为数不多的几个员工的家园。他的愿望是建立"贸易站和一所学校……有一座教堂，一个布教团，能够提供一些医疗服务"。[107]基于"当地楚科奇人对我们的态度”，波波夫充满希望，“如果以后所有必需品都在我这里进行交易，美国的影响自然就会减少”。[108]

俄国在阿纳德尔重新建立的影响力，并没有完全阻止美国人的到来。因为阿纳德尔距多数外国船只登陆的地方有三百五十多英里，所以即使俄国派了一名行政官，甚至最后派了一名传教士去沿海地区，但由于巡逻队实在太少，还是无法封锁边界。然而，波波夫的希望没有完全落空。派来的传教士教尤皮克儿童说俄语。一对来自高加索地区的兄弟亚历山大和费多尔·卡瓦耶夫在阿纳德尔的生意十分红火，其他俄罗斯人也在更偏北的地方从事贸易。那时候，只要有狐狸皮出售，就有人购买。穿戴整只狐狸皮作为披肩的潮流，使毛皮的价值从1912年的十美元或十二美元上升到1916年的二十美元以上，到1920年将近五十美元。[109]

见出售狐狸皮利润如此高昂，当地人开始去往靠近阿纳德尔的海湾和入海口去捕捉狐狸。瓦西里·纳诺克记得小时候搬到楚科奇海岸的一个营地，那里有“许多毛皮动物，狐狸和北极狐”。他们一家是翁加齐克人，但那时夸瓦伦已经死了，美国商人乘船经过阿纳德尔进行贸易。纳诺克一家和许多人一样，把捕兽器放在冰面上，然后爬上溪谷。20世纪初，一连串由捕猎者搭建的营地从翁加齐克延伸到阿纳德尔，绵延一百多英里。[110]许多家庭依旧捕杀海豹，偶尔捕杀海象，用这些物品从内陆地区换取驯鹿肉。但狐狸在他们生活中占据主导地位。

在阿纳德尔哨所，沙俄官员怀着担忧和希望，看着人们带着一捆捆狐狸毛皮从海岸向西、从苔原向东移动。俄国边境的毛皮收入仍在流失——仅1911年一年就至少流失二十万美元。[111]美国商人带着一袋袋当地急需的面粉和国家已不再管制的30–30步枪来到阿纳德尔。[112]但现在莫斯科的新工厂有希望制造出具有竞争力的产品。一名军官报告说:“俄国生产的印花棉布比美国的更受欢迎,可能是因为其颜色鲜艳大胆。”[113]但他们仍然担心尤皮克人和楚科奇人对美国贸易的依赖会使其自身陷入债务危机,债务会引发对诱捕的狂热,而这种诱捕违反了沙皇的规定。一位官员总结说,只有四个守卫驻守在阿纳德尔,“楚科奇应该被归为不限制捕猎的地区”。他认为,在这样一个人口稀少的国家可能没有“毛皮动物灭绝的危险”。[114]

波波夫和他的接班人确实担心海象的灭绝。他们知道,每年都有像查理·马德森这样的美国人在属于俄国的冰上狩猎。[115]春天,马德森会驾船从阿拉斯加向东航行,在乌尔古尼克停留,他称之为“国王岛”,他在那里雇用了因纽皮亚特猎人。海象皮再次受到青睐,被用来制作自行车座椅和手提包,而老公牛粗糙的皮毛则被用来打磨银饰。有几年,马德森和西雅图的一家公司签订合同,向西雅图运送了价值十几万英镑的海象皮。[116]第一次世界大战导致海象的需求激增,因为美国政府购买海象油来制造硝化甘油,还购买海象皮来打磨弹道。[117]马德森的船是寻找海象和毛皮的船只之一,这些船只是捕鲸时代的遗留物。马德森回忆说,根据《狩猎法》,他们的狩猎活动“完全被限制在西伯利亚水域”。[118]漂浮在海面上的冰层是哺乳期海象和小海象惯常的栖身之所。《狩猎法》规定,在美国境内不能交易皮毛动物,却任由商业毁掉美国联邦领土之外的海象的未来。

在马德森从诺姆镇起航的同一年春天,在翁加齐克的小沙堆上,不再有海象活蹦乱跳;正是海象的消失促使瓦西里·纳诺克的父母捕捉狐狸进行交易。[119]不只在翁加齐克有饥荒的情况。1915年,齐洛夫船长驾驶着“雅库特”号一路向北航行,他已经多年没有巡逻了——1905年的日俄战争及其余波使舰队一直在南部忙碌着。齐洛夫船长发现了“沿岸的楚科奇人……他们以猎杀海象为生,他们抱怨说自己可能很快就会饿死”。[120]其他俄国特工报告说，楚科奇人和尤皮克人“吃死狗的肉、海洋动物的皮、皮带、衣服碎片，甚至连人和动物的粪便也吃”。[121]在乌维伦附近，海象群放弃了经常栖息的海滩。齐洛夫写道：“村长要求采取一切措施保护这一重要渔场。”[122]乌维伦人说，美国的蒸汽船是罪魁祸首，它们激怒了海象的灵魂。[123]

齐洛夫什么都做不了。他的船速比不上美国的船，而且他也不是每年都被派到北方巡逻。美俄两国官员都希望缔结一项保护海象群的国际条约，但一直没有实现。[124]在俄国内部，法律没有涉及对白令陆桥动物的保护，对“海象、海豹和北极熊只字未提”。[125]因此，在海上，俄国船长可以强迫美国人购买贸易许可证，或者以贩酒为由驱逐他们，但针对海象等生物，俄国并没有相应的管理办法。

乌维伦的海岸已空空如也的消息，沿着海岸一直传到因乔温。这个村庄靠近一个大型运输站，每年都有成百上千头海象拖着它们光滑的身体在那儿休息几天或几周，下风处几英里外就能闻到海滩的味道，空气中弥漫着发酵的软体动物和粪便的气味。在第一波商业狩猎浪潮到来后，住在因乔温的楚科奇人就看不到海象出没了；那时候，他们的住所只剩下几间小屋。一个名叫特纳斯特兹的人害怕这样的情形重现，便请一个萨满与海象对话。问海象需要什么才能再次庇护居民？特纳斯特兹采纳了海象的答复，并在因乔温制定了规矩。人们猎杀动物的心智是错误的；酒精麻痹过的头脑无法做出正确的决定。人们使用错误的工具打猎，而正确的工具是矛。因乔温每年都会派一个人在海滩上注视着第一批海象的到来。这时没人会杀死它们。海象会呼唤同伴，告诉同伴这片沙滩是安全的。许多海象到来之后，人们就跳到海滩上，杀死他们所需数量的海象——这一切都在特纳斯特兹和萨满的指挥下进行，过程安静且遵循仪式。[126]到了1920年，因乔温的猎人通过打猎能够养活沿海的居民，但他们不会为了贸易去猎杀海象。[127]

因乔温不是楚科奇唯一一个保护海象的村庄。海象从漂浮的海冰上爬上岸，在海象登陆的地方，“当地人非常敌视任何不遵循他们本地捕杀方式的人”，商人詹姆斯·阿什顿写道，“他们拒绝看到有人肆意浪费对他们的生活和繁荣兴旺至关重要的东西”。[128]另一位商人因为收集作为海象祭品的海象牙而激怒了尤皮克人。[129]阿拉坎车臣岛有大片的海象海滩，岛上有自己的领袖，他指导猎人打猎时用长矛，不要用枪。20世纪30年代，一个名叫埃库尔根的人告诉一名学校教师：“整个村子的人要一起打猎。”[130]

风和潮汐的能量利用海水改变了坚硬海岸的形状，于是形成了陆地海岸线。这是一种不断转变的状态。浮动的海岸线也是因变化而形成的，水从液态变成固态，然后又回归液态。从化学意义上看，形状的转变是由能量转移引起的。不受限制的猎杀海象使北方大量的能量被转移出去，改变了在白令陆桥的部族、帝国和商业的状态。这不仅改变了海象的生活，还改变了任何一种其毛皮可以代替海象肉的生物的生活，也改变了人类的生活。虽然毛皮在美元售价上与鲸脂或海象牙的价值差不多，但它们与鲸脂和海象牙产生的节奏却是不同的；市场习惯用一种需求取代另一种需求，却不明白狐狸与海象的生命轨迹不同。这就给白令陆桥的建设带来了两个关联的问题：如何获取能量和如何圈地，以确保人们的行为不会使这里所有的资源枯竭。获取能量和圈地是政治的核心；它需要关于改变、价值和对有用资源分配的决策。在白令陆桥，主权是一种政治工具，是一种盈利目的之外保证海象价值的一种方式，通过这种方式，可以限制躁动的市场的影响。它为海象提供了时间上的庇护，让它们按照自己的生命周期成长。

到了20世纪20年代，这里年幼的海象数量开始增多，此区域满是它们吵闹的身躯。它们幼年时期受到地方和国家法律的保护，加上商业需求疲软，人们的欲望暂时转向了其他方面。新的海象群在冰面上形成了。在接下来的五十年里，它将成为楚科奇海岸建立的一个新国家的中心问题——当时布尔什维克革命已经在遥远的西边建立了一个新的国家。

第四章

行走的海冰

海冰会自言自语，也会向临近者倾诉，有时低声呻吟，有时发出清脆的爆裂声；有时发出的隆隆声能持续好几个小时，有时还会发出击打声和尖叫声，有时是一片静谧，然后是冰雪覆盖下来的咆哮声。曾在冰上过冬的水手将这称为魔鬼的交响曲。海冰下面还有其他生物演奏的声音：弓头鲸、海象和髯海豹都会唱歌。每头雄性海象都有属于自己的歌，一首歌会唱好几天，歌声里有咯吱咯吱声、拨弦声、口哨声、吼叫声，以及有节奏的敲击声。[1]髯海豹的歌声和它八百磅重的体型很不相称，它们的歌声里有诡异的颤音、迷离的哼叫和呻吟声。[2]保罗·蒂乌拉纳形容它们的歌声有"四个音符，听起来像某种来自海洋深处的乐器"。[3]

蒂乌拉纳出生于白令海的乌吉乌瓦克，在20世纪初，他孩提时就学会了在冰上打猎，跟随年长的猎人寻找海象和髯海豹，他们把髯海豹叫作尤格鲁克。他会聆听冰下世界的声音。在抓捕尤格鲁克的冬日里，当傍晚的暮色取代了日光，冰面泛着微白色的光，捕猎活动会一直持续到第二年的春天。猎人会在晚春时节捕捉海象，那时阳光稀薄但光照时间长。猎人可能会独自悄悄跟踪海豹，但宰杀时必须有同伴在场。海豹的肠子必须马上抽出，以免感染败血症变绿，海豹的胸骨、鳍骨、背骨被分别装在海象胃制成的袋子里。蒂乌拉纳还学会了把血淋淋的雪也带回乌吉乌瓦克来煮汤。

在冰上打猎有生命危险，需要持续保持全神贯注。初冬时节，冰面上有盐分，所以冰很有弹性。深冬时节，冰面重峦叠嶂，起伏凌乱。在潮汐和风的作用下，海水相互碰撞，又被蜿蜒的河流分割开，形成了高低起伏的冰山景观。[4]虽然冰层已经冻结，但实则暗流涌动。蒂乌拉纳所打猎的冰层下面就是流淌的海水；他专注于观察浮出水面的海豹，可能会在离家数英里的地方就开始留意。他的老师告诉他，要在心中重复“冰雪不眠，水流不息”这句话来时刻提醒自己。[5]

下面海水的流动使冰层发出悦耳的声音，在风的作用下，冰层的形成、消融和移动使全世界的海洋循环保持稳定，让海洋成为适宜生物生存之所。冰面折射地球的太阳光，并将海洋吸收的部分太阳能封存起来。海水的流动和折射调节了地球的温度，削弱了太阳的强烈光照，在全球范围都发挥了作用。[6]北极狐决定了捕猎者的行进路线，也塑造了这片世界，就像旅鼠对这里的了解——这里处处是危险。捕猎的季节取决于海象的生活习惯，海象也影响了它赖以生存的海洋，它在寻找蛤蜊的过程中也从海面上的很多藻类植物中汲取营养。海冰影响了地球上生存的人类和其他生物。海冰呻吟的表面，就是我们所知的白令人生活的家园。

1917年，沙皇俄国对在其海岸开展的外国商业活动甚为不安。半个多世纪以来，自从第一艘美国船只开始捕杀弓头鲸以来，两国的国界就一直模棱两可。在国界还未划定之处，美国人把市场带到楚科奇，而市场却伤害了这里。美国人拿走了这里的海象牙和兽皮，带给当地人的却是酒精和饥饿。如何在没有非道德掠夺的情况下提供文明的物质产品？沙皇俄国已经没有时间找到解决方法。因为远在三千多英里之外，俄国革命正在建立一个新的国家。

布尔什维克对沙皇俄国遇到的问题有解决之策，那就是马克思的理论：消灭资本主义，去除它的工业手段，并将它们转向物质的解放和道德的改造。马克思主义革命者认为，物质和道德是由劳动联系在一起的。在资本主义制度下，贫困迫使大多数人失去了自己决定未来发展方向的能力——甚至都没有想过自己未来的发展方向——因为他们必须赚取由富人支付的工资。如若生命没有了目标，灵魂就会空虚死寂，于是工人沦为了物品，一个用劳动使他人致富的物品。但如果所有人都根据自己的渴望和能力工作，并根据他们的需要获得报酬，世界上就不会有饥饿，人们也没有理由酗酒。这里将是一个最后受剥削者变为最先受启蒙者的乌托邦。

布尔什维克给楚科奇带来的关于救赎的观点，就是主张消灭私有财产和市场交易，因为私有财产造成了财富不均，而市场加剧了这种不均。因此，俄国革命之后，两种不同的经济发展方式，即道德的和物质的，调解着外来者对白令陆桥的人类与非人类关系的看法。而在海岸上，美国和苏联不谋而合地选择了依靠相同的生物来实现对增长的信仰——它们都将狐狸和海象作为其经济基础，以此分别将白令人改造为美国人或苏联人。两国都养殖狐狸，以使不稳定的人口变得稳定，这样一来，生产也变得可以预测。它们都发现防备松懈、漂浮不定的海岸很难圈划，所以它们把似乎有可能在意识形态上或身体上脱离自己控制的族群全部迁移，将其重新安置。而且两国都认为，海象体内的能量对这些生活在冷战两国边境上的、为数不多的人口至关重要。两国都依赖周围的资源，比如海象，又比如浮游生物、海冰和鲸脂。野生海象生命的迭代，变得跟利润或计划的核算一样有价值。

二

1919年冬天，阿纳德尔到处都是木屋，这些屋子里存放着一捆捆狐狸皮、熊皮和狼獾皮，以备来年夏季的交易，一些美国人和俄国人的毛皮公司和苏俄行政长官的办公室也在这里。这是一个靠榨取动物价值发展起来的村庄，也是建立在"资本主义制度"之上的村庄。米哈伊尔·曼德里科夫说，资本主义制度"永远不会把工人从资本主义的奴役中拯救出来"。曼德里科夫和他的同事阿夫古斯特·别尔津与各地年轻的布尔什维克一样，都认为资本主义的剥削行为已无可救药，它将人分为拥有财富的富人和付出劳动的穷人，这是资本主义存在的基础。沙皇的圈地和改革无法解决这一问题，要靠集体所有制。在楚科奇，俄国人宣扬解放，宣传"每个人……都能平等地分享世界上所有由劳动创造的价值"的未来。[7]当曼德里科夫和别尔津控制了楚科奇政府时，俄国彼得格勒武装起义已经过去两年了。在楚科奇，他们占领了毛皮仓库，并宣布成立第一苏维埃革命委员会，简称革委会。

六周后，革委会大多数成员都死了。布尔什维克发表的针对像查理·马德森这样的美国商人及其实行的信贷政策的演讲——穷人注定会因债务"在饥寒中死去"——让革委会四面树敌。[8]但阿纳德尔的商人阶级只是暂时装备了更好的武装。布尔什维克从堪察加半岛出发，乘船、走路、用狗拉雪橇一路北上。他们与沙皇俄国的残余势力爆发了小规模的恶战。1923年，红军才宣布楚科奇从"白匪、外来列强和抢掠强夺的军队"统治下解放出来，成为"一个博爱、平等和自由的新世界"的一部分。[9]

就在弗拉基米尔·列宁去世的前一年，楚科奇成为苏联的一员。在白令陆桥东部地区，苏联政府让市场在短期内发挥主导作用，用“新经济政策”代替了战时国家经济管控和征用政策。农民可以卖掉余粮，零售商可以自由贸易，不受国家干预。这一让步是布尔什维克的策略：在战争时期，再加上共产主义自身的特点，农民需要把奶牛无偿上交国家，这让他们心怀不满，这是将他们争取过来的好机会；帝国主义政策下的工业比较落后，也可以抓住此机会振兴工业，并为仍生活在历史阶梯底层的楚科奇人和尤皮克人提供一些帮助。为了帮助这些有潜力加入苏维埃的人，一群布尔什维克的忠实信徒——他们当中有许多人都是民族志学者，之前与“落后民族”打过交道——于1924年成立了北方委员会。[10]该委员会从摩尔曼斯克派“新文化和新苏维埃国家的传教士”到楚科奇，正如一位委员所说，“他们已经准备好把自己因革命而生的热情之火带到北方”。[11]

新大陆、传教士和宗教皈依这三样东西，已经在美国海岸存在了三十年。但只有苏维埃是地球上唯一一个天堂般的乌托邦，在这里人人平等。马克思主义，尤其是列宁发展的马克思主义，承诺人民完全自由，既能摆脱大自然的变幻莫测——人饥饿时可没有什么自由可言——也能远离政治争端。毕竟，如果所有的需求都能平等地得到满足，还会有什么纷争存在？变革刚开始时，国家的调控是必要的，但调控会随着对物资缺乏的政治博弈而减弱。

对布尔什维克而言，过去所发生的历史让未来的发展方向一目了然：科学规律将生产与社会演变、社会演变与革命、革命与下一步国家的深刻变革联系在一起。北方委员会为楚科奇制订了这样的改革计划。正如列宁所说，转变——苏维埃称之为启蒙——将从“胜利的革命无产阶级”开始，他们“对当地人进行系统的宣传教育”。这就是通过知识启蒙。然后，政府必须“用一切可能的办法帮助他们”，即通过工业发展促进启蒙。[12]苏共第十次代表大会明确指出，这样的“经济组织”会把“劳苦的当地人落后的经济形式转变为更高水平的经济形式——从以游牧为生转变为以农业为生……从手工业生产转变为工厂工业生产，从小规模农业生产转变为计划下的集体农业”。[13]乌托邦是一种产品，或者说它还在生产中，它不是为少数资本家的利益服务，而是为全体共产主义者的利益而生。

共产主义思想的力量在于它的普遍性；辩证唯物主义描述了这一科学的过程，提出社会主义的未来是大势所趋。在这一革命理论中，布尔什维克只起了加速剂的作用。但他们发现，无论在哪里，要实现社会主义都是非常困难的：在农民中很困难，在不够坚定的社会主义者之中很困难，在那些信奉东正教而非马克思主义的人中间也很困难。还有楚科奇，那里连季节都“桀骜不驯”，“一年到头几乎都是寒冬”。[14]布尔什维克工作人员发现他们住在“黑暗的、没有窗户的帐篷里，用燃烧动物油脂的灯来照明和取暖”，G. G. 鲁迪克在杰日尼奥夫角写道，“平时的食物是海豹肉、海象肉、鲸鱼肉，经常都是生的。这肯定不卫生……而且[人们] 经常挨饿”。[15]一个布尔什维克写道，还有那些人！没有一个人知道“什么是文化”。[16]尤皮克人和楚科奇人信奉萨满教，同时受到来自小代奥米德岛的路德教传教士的影响。[17]他们生活的时代落后于人类历史的发展，文化、节制、科学、性别平等在这里都不存在。他们也没有体面的食物和衣服，没有肥皂。埃伦 · 罗普可以感受到这些苦难。

对早期的布尔什维克来说，落后的原因显而易见。第一，在长达一年的冬天里，人们没有收获粮食。P. G. 斯米多维奇写道：“当地人还是会依赖各种自然的因素，如果是荒年，他们就会饿死。”[18]共产主义是工人征服自然的产物，而共产主义的对立面——落后——更为接近大自然的秉性。第二，存在资本主义的剥削。“美国人破坏了楚科奇沿海地区的生物”，而且“高价收购想得到的商品，从而迫使当地人杀戮更多的动物”。这让楚科奇人“被迫依赖库拉克商人”，I.克里维岑写道，这些商人看中了“当地人的愚昧、怯懦，没有反抗能力，没有经济权力”。[19]阿纳德尔・列夫科姆的第二任主席工作比较成功，他向同志们解释“外国公司如何无情地剥削、掠夺当地人——一个楚科奇劳动力的价值等于一盒饼干。由于楚科奇人政治落后，他们并不理解这种对劳动力的剥削，只要能吃饱饭就满足了”。他们的食物来源不稳定，只有“贪婪的 [资本主义] 鲨鱼获得了利益”。[20]布尔什维克和沙皇俄国一样，担心“美国强盗整整几十年来对海洋动物的捕杀”。[21]变化无常的资本主义让大自然更加变幻莫测。因此，尤皮克人和楚科奇人同时生活在两种过去中：一种是自己原始的过去，一种是受资本主义剥削的过去。

布尔什维克工作人员的到来使楚科奇成为被解放的未来中的一部分。委员会的一名专家写道，他们采用的方式是在“北部实行集体化”。集体化是“充分提高当地经济生产力”的唯一途径。生产力的提高可以缓解贫困，集体制可以让工作变得有意义，二者都能让人们的行为自主。由于北方的特定条件，集体化必须“从最简单的形式开始——首先成立合作社让人们共同使用土地，在合作社里共同加工产品——然后逐步上升到更高水平的生产社会化形式”。[22]每个合作社都会变成集体农庄，在集体农庄里，工人们将拥有属于自己的生产资料和生产计划，最后集体农庄变成国有农庄，实行集中的所有制和配额制。

布尔什维克的理论认为，经济结构如此调整会使许多野生资源归入集体生产之中。没有了美国人掠夺北极狐，北极狐的数量就会增加，自从北极狐吃了被冲上岸的海洋生物的尸体后，“对海洋生物的高强度捕杀就影响了毛皮动物的狩猎情况”。[23]正如一位委员会成员所写的，“合理使用和政治上的公正评估”，将为“在示范性北极狐养殖场中饲养北极狐创造条件”，以保证“毛皮的长期供应”。[24]苏联海洋生物学家描绘了这样一个未来：“海洋生物的油脂会快速、大量流入”合作社船只的水箱。[25]捕杀更多海象的方法就是将杀戮通过集体化手段来操作。

为此，列夫科姆总结道，首要任务是“在春天海象出没的季节”供应“足够的步枪和子弹”。[26]这并不是迈向乌托邦的一大步；在20世纪20年代，北方委员会认为，让楚科奇人和尤皮克人同时退出两种过去的社会形态是一个循序渐进的过程。但即使循序渐进也需要弹药，还有面粉、糖、茶叶、土豆和其他工具。当地货物的供应商正是苏联人想赶走的资本主义者——美国商人。布尔什维克开始将他们的财产包括装有毛皮和货物的仓库收归国有。

一些商人冒着货物被没收的风险，继续从阿拉斯加向西航行。有的人娶了渔民的女儿，留在了当地。但大部分售卖北极狐和海象牙的商人都离开了。在楚科奇，皮毛和海象牙的货物供应数量逐渐减少。1924年，列夫科姆报告说：“我经常听楚科奇人说，‘对，你们是俄罗斯人，每年你们都说我们是一个社会，很快我们也会有便宜的俄国商品、学校和医院，但现在看来，我们的情况一年比一年糟糕’。”[27]住在乌维伦的居民给因加里克送信，希望能有路过的商人来这里进行贸易活动，“我们会给你狐狸皮……我们这里什么都缺”。[28]经历了与过去的沙皇俄国官员一样的挫败感后，楚科奇的列夫科姆终于在1926年与一位名叫奥拉夫·斯文森的美国商人签订了一份为期五年的合同，商定用楚科奇的象牙和毛皮来换取美国人成吨的物资。[29]这场革命的物资还是由资本主义这只鲨鱼供给，至少在苏联找到“合适的物资供应方式”来允许其守住“自身边界”之前，情况都是这样。[30]

二

海象总是结伴而行。它们刚从海里出来时总是孤零零的，摇摇晃晃地迎接同伴的抚摸。它们睡觉时鳍对鳍，通过抖动胡须来相互交流，有时还用胡子拉碴的嘴给彼此一个吻。罗杰·西鲁克有一个祖先加入了这个温馨的群体。起先，这个祖先走在浮冰上，每年秋天和海象一起向南迁徙。然后，西鲁克说，“有一天，他的身体开始长出海象的胡须”，于是他加入了海象群。[31]在之后几年时间里，他从冰面上朝着他的家人嚎叫。在20世纪20年代，那片冰面上的海象越来越多。那几年，政府没有统计海象的数量。有美国法律的约束，俄国又爆发了革命，加上人们对海象的需求量降低，商业性捕杀逐渐减少。海象死的时候，像保罗·蒂乌拉纳这样的人就会每次宰杀一些来吃，有时还会把海象牙雕刻成工艺品售卖。

北极狐就没有这份运气了，人们捕杀北极狐的脚步从未停止。毛皮的商业价值变幻莫测，其数量和种类也在逐年变化。1919年毛皮需求量下降，在20世纪20年代初需求量又激增。当菲茨杰拉德笔下的杰伊·盖茨比驾驶着燃烧化石燃料的汽车驶向他的美国梦时，坐在他车里的朋友身上穿的就是北极狐皮草，以抵御寒冷。汽车风尚的兴起使一张北极狐毛皮价值五十美元，蓝狐皮的价值更是普通狐皮的四倍。每年春天，很多买家先坐船，再转乘飞机，争先恐后地来到阿拉斯加的贸易站。《了不起的盖茨比》中黛西·布坎南身上“灰蓝色”的衣服毛领可能就来自乌特恰格维克（现在常被称为巴罗）的北极狐身上，西蒙·帕内克就是在乌特恰格维克学会了如何设置捕兽器。[32]也或许来自斯乌卡克（现在常被称为甘贝尔）的北极狐身上。夏天，那里的孩子会搜寻北极狐的洞穴，并做好标记以便冬天时设置捕兽器。无论何地，每当苔原旅鼠泛滥时，北极狐就会出来捕食，人们要学会射杀北极狐，而在收成不好的年份，人们则会设置捕兽器。人们仍会卖一些海象牙雕刻品。一位捕猎者回忆说："当毛皮价格上升时，大家都很开心。"[33]

纳帕克生于1906年，从小是看着父亲在甘贝尔城外捕捉北极狐长大的。有一次，她在营地遇到了一个"巫医"，有"快速飞行"的本领，并能通过歌声预知未来。[34]她知道动物会评判猎人。她在一栋木头房子里上算术课，在笔记本上勾勒出这里日常生活的景象：男人在冰上打猎；女人在帆布帐篷外剥海豹皮或准备浆果，帐篷里放置着金属炉子。[35]她周围的世界充满了"生活在荒野中的善灵"，也有那些靠近村庄会"致人死亡"的恶灵。[36]

但众生的状态正在发生变化。除了萨满和海象人之外，还来了基督徒，而且不仅仅是外来的基督徒。在诺姆镇附近，一个因纽皮亚特人皈依了基督教，因为信耶稣得永生。[37]一个甘贝尔镇的男人也成了基督徒，他的父亲为了避免家人死亡的命运，也皈依了。[38]有的人在流行病暴发后加入了教会，还有的人因为萨满教力量过于强大而加入教会；甚至在几十年后，有些人希望萨满"再也不要回来，因为他们会带来死亡和麻烦"。[39]驱赶走了税务部门的庞金古克，自愿放弃了"借虚假灵魂之由犯罪"。[40]萨满教的许多行为，如唱歌、击鼓和战争，都从本地人的日常生活中消失了。

从尤皮克人和因纽皮亚特人的历史来看，他们对基督教和商业的参与更多是出于现实考量。我们信教是因为信仰给予我们生命；我们使用舷外发动机是因为它们速度快；当吃我们自己的药治不好白喉时，我们就去找传教士医生；我们抓北极狐卖钱是为了买舷外发动机；而且，我们会把捕猎所得的肉分给体弱者，把一次成功的捕猎当作上苍赐予的礼物，不管最后是把这些肉吃掉还是卖掉，或者一半吃一半卖。为了实用价值而实践一个想法并不需要彻底的改变，去调整和适应就够了。这样做就改变了两种习俗：一是把萨满教的“灵魂出窍”仪式带到基督教教堂的祭坛；二是把本地社区中的敬奉仪式带到市场交易中。[41]纳帕克描绘了这样一种生活——市场使海洋和社会都发生了变化。在白令本地的敬奉仪式和外来的商品交易习俗的共同影响下，人们创造了这样一个世界：在这个世界中，一只北极狐可以换取一定量的弹药，做到一定量的祈祷就可以得到灵魂的救赎。

对白令陆桥的传教士来说，只有基督徒才有资格参加圣餐仪式；因为相信基督就意味着不相信海象曾经是人，同时信基督又信这样的传说是不可能的。路德派、天主教或卫理公会官方能够接受的唯一一种转变，就是圣餐仪式以及人死后会重生。然而，通往救赎的道路在尘世间。20世纪20年代，许多在白令陆桥传播基督教的传教士告诉众人，自然需要发挥其效用，效用是以利润来衡量的。利润将人们与一个因为物质积累而变得更加美好的未来联系在一起，这是通过经济增长而摆脱贫困的自由解放。印第安事务局也赞同这一观点，该局的管理者和布道团一起教授“当地人一些谋生手段”，包括雕刻象牙、收集动物毛皮。[42]一位甘贝尔镇的教师写道，通过“这些零碎的活计”，本地人“每年可以积攒数千美元”。[43]基督教关照人的灵魂，资本主义关心人的肉体，它们共同为解决生命问题提供有力答案：既能满足人生前身体的需要，也能满足身后灵魂的需要。

生物调查局对北极狐带来的资本积累有不同看法。该局负责追踪阿拉斯加的动物，它报告说，虽然在1919年“观察到海象……数量增多”，但未被划定为狩猎动物的阿拉斯加的“毛皮动物……被卖到高价，市场上充斥着各种等级的毛皮”。[44]印第安事务局认为，狐皮生意有助于同化当地人，而生物调查局则认为北极狐是一种处于危险中的公共资源，正在被追逐利润的猎人所掠夺。1920年，国会赋予了该局对毛皮动物管理的控制权，狩猎管理人员要求教师——通常是社区中唯一的政府代表——报告“人们对北极狐洞穴的袭扰”，防止“任何毛皮动物灭绝”。[45]

犬科动物的减少很难用证据证明。北极狐繁殖迅速，能承受大量猎杀。[46]由于种群数量周期性循环，所以很难统计确切的数量。但在1921年，该局禁止射杀北极狐。在这一新政策传到偏远的村庄之前，人们又捕获了几百张狐皮，这些狐皮被认定为违禁品。一位商人说，这项规定“对当地人来说太残酷了”，因为苔原过于茂盛，所以北极狐不会碰捕兽器上的诱饵。[47]第二年，该局允许使用枪支，但禁止使用金属捕兽器。弗兰克·迪弗雷纳是苏厄德半岛的狩猎管理员，他潜行穿过村庄，发现了违反规则的因纽皮亚特人，“他们担心我要因其违规行为惩罚他们”。[48]于是，迪弗雷纳缩短了合法诱猎的季节。波因特霍普的传教士写信抗议他们的收入受到了损失。[49]查尔斯·布罗尔也是如此，他说在捕猎结束后，巴罗的“冰面上还有数百个北极狐的足迹”。[50]尤皮克捕猎者鲍比·卡瓦对“这么短的捕猎季”的意义感到疑惑。[51]

生物调查局需要的不是野生的、诱捕到的北极狐，而是养殖的北极狐。这些北极狐是由“明智地选择出的合适种群”繁殖出来的。[52]北极狐在畜栏中长大，在毛皮质量最好时被杀死，使没有什么“农业价值”的土地产出效益。[53]从当地猎人那里买来的鱼和海豹的内脏代替了旅鼠成为狐狸的食物，有了稳定的食物来源，人口也会变得稳定，不再会有繁荣和崩溃的周期循环。圈地把北极狐变成农场主人和其雇员的稳定收入来源。“文明扩张”的必然需求不会再减少“毛皮的供应”。[54]

保持稳定要付出高昂代价。农场需要数以万计的木材、铁丝网和种畜。如此高额的成本意味着大多数农场主都是外来者。根据亚当·莱维特·卡普坎的回忆，几个“白人在巴罗附近下船”，“在那里建了一个北极狐农场”。[55]另一个农场建在了科策布。在诺姆镇附近，大量的小型北极狐养殖场和北极狐群涌现。在希什马利夫，一个名叫乔治·戈肖的商人在1924年进口了八十只蓝狐。弗兰克·迪弗雷纳满意地说，几个“爱斯基摩”妇女拥有一些养殖场的所有权，她们靠养狐狸幼崽每年能赚数千美元，但白令人是例外。他们在农场赚钱的方式是出售鱼或劳动力，他们对农场没有所有权。[56]

该局认为北极狐带来的利润——从捕捉狐狸、养殖狐狸，或者当饲养员赚取工资——必然会不断增长。但在1929年，毛皮的旺盛需求和美国经济一起崩溃了。1930年，北极狐的价值下降了一半以上。[57]这种毛皮贸易的兴衰向尤皮克人和因纽皮亚特人显示出市场是有其脾气秉性的：一年，毛皮价格上升；另一年，毛皮价格下降。一年，毛皮农场有钱买三文鱼；第二年，农场就倒闭了。一个外来者主张通过增加利润来拯救毛皮市场，而另一个人则提出要限制捕猎。这是一种矛盾的状态。商业激起了对某一种商品的需求，然后需求又转移到另一种商品上。这使曾经有很多市场需求的动物得以生息繁衍，却使猎人陷入了贫困。这种情况就把白令人抛在了市场的时间之外，并没有兑现经济增长的承诺。

就像保罗·蒂乌拉纳在他的岛上生活一样，马卢从小就学会了如何在翁加齐克附近高低起伏的冰面上生存，他知道怎样才能活下来。他知道受委屈的动物会报复人类。[58]他还向楚科奇海岸唯一一位东正教传教士学习俄语。当布尔什维克来到这里，承诺通过“社会主义方式重建北方经济”，“充分利用资源”时，马卢的理解并未因对方蹩脚的尤皮克语而受到影响。[59]他听到人们说要在冬天搬走，“因为冬天没有海洋动物，我们很饿”，只留下“没有父亲的孩子们”。他后来写道，所以“我决定建立一个国有农庄”，名字就叫“走向新生活”。[60]1928年，马卢和其他六七个年轻的尤皮克人被选为当地苏维埃政府成员，布尔什维克在这里有了信徒。

马卢加入革命之时正是革命艰难之际。列宁去世了，“新经济政策”也被废除了。约瑟夫·斯大林领导着工人的国家——一个他认为革命不够彻底的国家。农民和商人中仍有阶级敌人，神职人员中仍有精神敌人。而且，国家生产水平或工业化程度仍然不高。1928年，斯大林制订了第一个五年计划，意图加速国家发展：农民进行集体化生产，多多增加粮食产量，出口粮食的钱要用来买进口设备，国家要用这些设备在1933年前建成工业社会主义国家。这项任务非常紧迫，是“推动时代发展”的任务！正如一部以英雄式社会主义劳动为题的小说所宣扬的那样。在北方，这里没有粮食，也没有工厂，但有一种紧迫感。斯大林革命的真谛就在于，它能以同样的速度改造任何地方。北方委员会再也不会给那些“由于极端落后，在经济和文化上都跟不上新兴社会主义社会飞速发展”的人补贴。[61]

但如何判断社会主义已经出现？乌托邦处于孕育过程中，但最终诞生的是什么？五年计划向着未来急速飞驰，对于这个未来，马克思或列宁只是模糊地予以描述。斯大林主义的证实方法是量化：有多少新成立的集体农庄，有多少人新加入集体农庄。马卢工作的大部分内容就是向尤皮克人和沿岸的楚科奇人解释，“只有通过集体农场才能过上美好生活”。[62]他还给他们提供面粉、弹药、金属船和舷外发动机。资本主义这只鲨鱼终于被赶出了楚科奇，苏联人控制了商品供应，即使供应得还不够好；甚至马卢也会抱怨这里没有“锅具和针头”。[63]但只要苏联人有的东西，他们就会分给集体农庄里的人。马卢承认，这是加入集体农庄的绝佳理由。

虽然“集体农庄”这一字眼被赋予很多内涵，它看起来并没有那么强烈的变革性。集体农庄的成员猎杀海象和海豹，以提炼“用于工业生产的油脂”。[64]而尤皮克人一早就开始猎杀海象和海豹了。集体农庄规定农民一起狩猎，并在集体农庄负责人根据计划统计后分配猎物，而尤皮克人也早就一起打猎并分配猎物了。集体农庄用北极狐皮毛换糖和茶叶，但到了1930年，这对当地人来说也是一种古老的以物易物的形式了。在集体农庄中，所有人的贫富程度都应该一样；而在尤皮克和沿海楚科奇人中，每个人的贫富情况也都差不多。在苏联的其他地方，集体化一片混乱，冲突不断。数以百万计的农民远走逃亡，屠杀牲畜，与布尔什维克作战；某些地方官员殴打、抢劫、杀害他们称之为“库克拉”的农民，仅仅因为这些农民想要拥有马匹。在楚科奇的其他地方，驯鹿牧民的举动与农民无异。但在沿海地区，五年计划的高速发展意味着，在春季狩猎时要携带集体农庄的弹药，在帐篷的墙上要悬挂列宁的画像。斯大林的革命在物质方面的指导起初没有那么强的革命性。[65]

革命的物质形式以文化为终点——布尔什维克称之为“意识”，即从自发反应的状态改变到充分认识到每个人是如何推进历史规律的。精神的转化并不像把一支狩猎队编为大队那么简单，而需要用优秀的社会主义信仰取代以往所有其他信仰。安德烈·库基尔金在20世纪70年代回忆说，布尔什维克“鼓动我们停止庆祝我们自己的节日”，命令我们“把这些节日完全抛弃”。[66]不是每个人都愿意这么做，有些人避免加入苏联人的活动，以免激怒海豹和其他动物。[67]还有人警告说，如果他们的孩子去苏联学校上学，海象就不会再来他们这里了。[68]20世纪20年代，即使是马卢也还是会遵循仪式，将砍掉头部的海象喂给水中的海象吃。[69]有几个人从苏联边界溜了出去。在斯乌卡克，当纳帕克从苏联楚科奇回来后，他画了一幅萨满瓦伦加的画像。安德斯·阿帕辛克的家人在1928年穿过了苏联边境。[70]苏联伊马克里克岛（或称大代奥米德岛）上的大多数人都穿过了几英里的开阔水域来到美国的因加里克。[71]尤皮克人和因纽皮亚特人之前曾试图赶走阿拉斯加的传教士，一个名叫努内格尼兰的瑙坎人创造了一套驱赶苏联人的仪式。他的追随者像基督徒一样穿着长袍，戴着十字架跳舞，不用肥皂，避免沾上和布尔什维克有关的气味。[72]

努内格尼兰被苏联警察逮捕了。对苏联人来说，萨满教是生活在另一个不同的、无关紧要的时空的公开实践，它是对实现苏联式未来的有意抗拒。在沿海地区，努内格尼兰被捕事件是很罕见的。内陆楚科奇牧民之间的肃清活动，让大多数马卢的追随者不再唯唯诺诺。马卢领导了一场运动，针对的是一个预言共产主义必将终结的女人和阿拉坎车臣岛一个名叫埃克尔的楚科奇人。埃克尔占领了海象海滩，用“施咒杀人”的能力吓跑了其他猎人。[73]他最后被两船人赶出了他的岛屿。

苏维埃国家用自己的仪式取代埃克尔的法术，那就是五年计划。在计划中，一个五年计划又被细分为一系列年度计划，再细分为月度计划。国家为每个工厂或农场设定了生产配额。计划能够让历史的快速发展成为客观存在的、可以感受到的事实：计划设定了一个数字，这个数字表明社会主义开始生存成长，并将超过资本主义。超出计划，比如当杀十头海象就可以时却杀了二十头——就意味着社会主义会更快实现，并使一个人或一个集体农庄成为社会主义劳动的英雄。计划的配额逐年增加，人们需要猎杀更多的海象、海豹和北极狐。市场以总体增长来衡量成功，并容忍在人们转移欲望时放弃一些物种、地域和人群，而计划经济期望每个人和每个农场都能实现增长。

1930年，尤里·雷特克乌在乌维伦的沙嘴出生，他所诞生的世界在某种程度上由计划主导，或者说追求计划：那一年，楚科奇的集体农庄杀了不到一千五百头海象。[74]寥寥几百只北极狐，几乎无法满足“手工油脂加工业”的需求，也无法满足苏联对毛皮的需求，更不用说满足超越过去资本主义生产的意识形态需求。[75]在集体农庄和党的会议上，外来的布尔什维克对白令陆桥的布尔什维克进行了批评：如果杀死“一头海豹需要四十发子弹，杀死一头海象需要五十发”，那么“爱斯基摩人和楚科奇人的枪法就太差了”。[76]白令陆桥的布尔什维克抱怨学校的教育不好，警察对沿海地区旅行的干扰愈发严重。[77]每个人都想要汽车。但即使他们抱怨，也担心计划无法完成，这样的会议和一年一度统计北极狐皮毛和鲸脂磅数的仪式，也反映了白令陆桥成为苏维埃联邦的一部分这一情况。

雷特克乌五岁时，楚科奇的集体农庄捕获了大约六百只北极狐，捕杀的海象数量也比去年多。在集体农庄会议上，人们讨论如何能捕获更多猎物：造更好的船，改进捕猎步骤，加快屠宰速度以提高“产品（皮和肉）的质量”。[78]雷特克乌从他叔叔那里学到了祈求好天气和祈求海象到来的咒语。他也上学，他的教室是一间有黑板和玻璃窗的小棚屋。在学校里，他跟老师学会了如何读书写字，如何声讨巫师和“库拉克”。

他七岁时，生产大队在铁船上捕获了近六千只动物。他们的两艘小船“天普”号和“纳兹姆”号又在海上捕杀了二千五百多只动物，近四千只北极狐的皮毛成为集体农庄记录上冷冰冰的数字。雷特克乌眼看着第一条电线在乌厄连的单向石头路上空架设起来。有一个人在自家帐篷的屋顶上凿了一个洞，接了个灯泡，这使列宁的部分著名论断成为现实——共产主义就是苏维埃政权加全国电气化。雷特克乌后来写道，他童年时“同时生活……在许多不同时代”。[79]

其中一个时代是海象人的时代，另一个是电灯泡和计划时代，在

图6：苏联的海象猎捕船

这个时代，不再增加捕猎强度的决定是不合理的。苏联时代的步伐太快了，以至于忘记了布尔什维克在十年前才感叹过过度捕猎的破坏性。匮乏是资本主义的问题。1938年，当地捕杀到近万只北极狐和八千多头海象，达到了计划要求。只有在大代奥米德岛，人们才无视集体农庄的计划，限制海象的捕杀。[80]在因乔温，限制捕杀的仪式随着集体化而消失。也许计划的理念及其所确定的未来在该村比较受欢迎。也许，因乔温的仪式像其他许多仪式一样从公共生活中消失了：没有暴力，但并非没有代价，就连仪式的自发转化也消失了。

三

每年秋天，白令陆桥气温降低，海水结冰，冰河时代那个冰冻的幽灵又横跨在两个大陆岬角之间。冰层躁动不安，而冰层下面的海底土壤却深沉静谧。冰层会自己漂离海岸，有时也会带着人漂离，它就是这样子带走了保罗·蒂乌拉纳的父亲。他父亲出去寻找海豹，却再也没有回来。1936年，海冰从恰普利诺带走了一群人，连续几天他们都被困在破碎的浮冰中间，由于喝了咸咸的海水，他们嘴巴疼痛。这些人最后被阿拉斯加甘贝尔镇的村民所救，那里距离他们的苏联出发地有四十多英里，已经越过了国际日期变更线。

当年冰层退去后，甘贝尔的捕鲸船将他们送回家，恰普利诺人以庆祝仪式欢迎他们，这件事很可能被警察怀疑了。[81]那时，以这种方式外出是很少见的。在这片海滩上，美苏两国的尤皮克人一起分享劫后重生的欢畅，他们说着同样的语言，吃同样种类的汁多味美的植物——连浸制植物的海豹油都是一样的，他们寻找同样的带来春天信号的鸟儿。但在他们各自的村子里，两种不同的传教士正在宣扬两种不同的未来，这两种未来在经济方面设定了不同的价值衡量标准。在恰普利诺，集体农庄用所捕杀的海象或北极狐换补给品，即使换来的补给品更可能是斯大林的海报，而不是糖。在甘贝尔，商店卖的是糖，而非与斯大林有关的商品，但这里海象和北极狐的市场价值不稳定。共产主义这边价格稳定，但物资短缺；资本主义那头物资充沛，但价格动荡。

1936年，经济不稳定的情况在美国特别严重。一位捕猎者记得有一年，北极狐的身影遍布每一个雪堆，但卖北极狐皮毛所得最多也只够买“咖啡、糖、豆子、罐头蔬菜、燕麦片、罐装牛奶……和‘水手小子’牌的压缩饼干”。[82]捕猎者没有多余的钱去买木材建小木屋，也没钱买船和发动机。大多数由外来者开的以盈利为目的的北极狐农场纷纷关门，工资也无法按期发给工人，北极狐没有旅鼠可吃，只能吃海象下水，整个村子的弹药都是赊账买的。有几年的光景中，当尤里·雷特克乌看到自己在“俄国革命旗帜”的引导下向“崭新的、公正的生活”迈进时，白令人的生活却是漂浮不定，他们希望会有一个不同的未来。[83]这个未来看上去应该与他们刚刚过去的日子相仿，卖北极狐的能赚到丰厚的利润，也不欠什么债务。

实际上，20世纪30年代的阿拉斯加看起来更像一个古老的过去：在这里，卡路里要么来自海冰，要么全无着落。在北极狐数量充足的几十年里，甘贝尔人、威尔士人和波因特霍普人不管狐狸皮毛价格如何，都会吃海象和海豹，因为肉很美味，而且不捕猎就意味着漠视，是对互惠关系的违背，如果违背这种关系，就会迫使海象"回到同类身边，报告自己所受到的无视"。[84]但在20世纪30年代和40年代，找寻在冰下唱歌的海象和髯海豹也是人们必须做的事情，这些动物的数量远比总是受市场影响而变动的人类需求稳定。

海象也能带来些许利润。"大萧条"期间，急于支持"通过发展印第安艺术和手工艺为印第安部落创造经济福利"的内政部，参与了尤皮克人和因纽皮亚特人的海象牙雕刻的经销。狗和北极熊的雕刻像在安克雷奇、西雅图和一些其他地方的销量特别好。[85]在第二次世界大战期间，需求仍有所增加。保罗·蒂乌拉纳和许多其他讲英语的白令人一样应召入伍。在家乡，经验不足的猎人更有可能射杀猎物，但猎物数量大不如前。珍珠港轰炸事件后，日军在阿留申群岛登陆，三十万外来者来到阿拉斯加。美国军队开着租借来的飞机从诺姆镇起飞，在斯乌卡克建造驻地，他们称之为圣劳伦斯岛。美国军队还带来了许多东西，如酒精、公开的种族隔离、成吨的混凝土、铁皮基础设施，以及对海象的需求。军队所到之处，"海象牙雕刻品和未雕刻的海象牙"的市场需求也随之激增。[86]除新的利润外，这里还有无头海象被冲上白令海岸的传闻，以及无聊的士兵从飞机上射杀海象的相关报道。[87]

国会对海象的灭绝再次表示出担忧，于1941年通过了新的立法。

和以往规定一样，只有阿拉斯加原住民可以打猎；为了得到海象牙杀死海象以及出售未雕刻的海象牙都是违法的。[88]但在新法中，国家允许买卖海象牙雕刻制品，这也是印第安人事务局渴望得到的专属特权，该局试图保护海象牙雕刻制品市场的利润，到1945年，这一业务的利润已达到十万美元。[89]内政部也想保护更多的海象，渔业和野生动物管理局的官员认为，1941年的法律仍然鼓励过度捕猎，他们给白令陆桥的教师写信，提议“用长矛杀死他们一年所需的海象数量”，而不要用枪，可以减少所捕获的海象数量。[90]他们的灵感来自一篇二十年前的文章，所写的是楚科奇人在因乔温的捕猎情况。

在距因乔温不远的地方，从诺姆镇租借来的飞机在伊格威基诺特和马科伏降落，机上的货物有卡车零件、医疗用品和其他对苏联红军的援助物资。正如N. A.叶戈罗夫在1941年德国入侵苏联后不久所写的那样，苏联红军正面临“油脂供应不足”的问题。[91]叶戈罗夫指挥苏联捕鲸舰队，发现海洋中有大量尚未被利用的油脂，在鲸鱼身上有，海象身上也有。他相信海象的油脂产量可以翻倍，1942年，楚科奇未能完成这些新计划，当时海象的捕杀量还不到目标的一半。人们认为这是技术问题。[92]一个集体农庄报告说，捕鲸船的发动机“不是为连续重载运行设计的”，它们暴露在“雨水和潮湿的环境里，还要经常受到东北海域风暴的侵袭”。[93]对完成计划的期望仍然存在，即使没有合适的发动机，即使大部分弹药和汽油都分配给了前线，人们还在努力完成计划，战争期间，集体农庄又捕杀了一万六千头海象，到1945年，白令陆桥的海象减少到六万头。

1948年，来自美国小代奥米德岛的十七名因纽皮亚特人乘船漂泊了两英里半，到了苏联的大代奥米德岛。他们不是不小心被浮冰带过来的，而是有计划地到访。他们每个人在几个月前就向苏联政府提出申请，希望允许他们穿越国境。[94]但他们不知道的是，那年夏天面对苏联的军事封锁，美国政府已经开始了柏林空运。针对德国这一共同敌人的美苏联盟已经瓦解了，而他们乘着装满食物的小船，对此一无所知。一支苏联巡逻队逮捕了这些来自美国小代奥米德岛的人，拘留几周后将他们释放，并命令他们永远不要回来。

冷战使边界问题和对当地人的同化问题，成为一个事关生死存亡的问题。在美国看来，苏联是一个没有市场的非自然国家，在极权主义的领导下和核武器的庇护下停滞不前。反之，在苏联看来，美国是一个习惯侵略别国的国家，打着商业的旗号实施不道德的剥削，现在又有了原子弹的加持。美苏之间只隔了个白令海峡，每年白令海峡都有半年时间是冰冻期，这时水面与陆地无异。在洲际弹道导弹发明之前，白令海岸被认为是发动入侵或空袭的合理地点。苏联当局封闭了大代奥米德岛的村庄，强制居民搬去内陆。[95]苏联军队在阿旺部署了重型火炮，尤里·普鲁克回忆说，在“我们被迫离开村子以后，就不会再回去打扰它了”。[96]海峡的另一边，美国的军事设施转移到了诺姆镇和威尔士，使阿拉斯加成了一个“坚强的堡垒，成为未来针对北半球任何侵略国家的‘按钮战争’的主要发射点”。[97]白令人需要变成美国人或苏联人，因为正如一位美国官员所说：“爱斯基摩人……是唯一能在北极生存的民族，而现在北极成了美苏两国政府的边防前线。”[98]

但白令人对美国的爱国主义情感是否足够抵御社会主义的影响？J.埃德加·胡佛担心“爱斯基摩人”作为美国人不够忠诚。[99]在冷战期间，作为美国人就意味着是资本主义者，而资本主义者就得让自然变得有价值，不管是靠工资过活的工人、老板还是小农场主。不论在意识形态上还是实践行为上，不靠联邦政府的救济金过活都很重要。[100]因

图7：苏联在普罗维杰尼亚的军事设施

图8：阿旺的楚科奇人废弃的用鲸鱼骨搭建的房子

此，在20世纪50年代之前，许多联邦政府的教师对市场捕杀“大量海象并无异议，因为海象占当地人生计很大一部分”。[101]传教士本尼迪克特·拉福蒂纳写道：“要不是有海象牙，所有国王岛的居民都得靠救济度日。他们吃海豹肉，用海豹油脂做燃料，将海象皮做成衣服，拿卖海象得来的钱买弹药和舷外发动机，等等。”[102]印第安事务局的“北极星”号给村里的商店供应商品，也会购买当地人的海象牙雕刻品和北极狐皮。通过捕杀海象而获利是理性的行为，因为利润使尤皮克人和因纽皮亚特人实现经济自由，而经济自由是人的理想状态，如果不这么做，他们就只能依赖联邦援助，而依赖援助具有社会主义倾向。

然而，生物调查局和1959年后成立的阿拉斯加渔业和野生动物管理局认为，因纽皮亚特人和尤皮克人的狩猎是不合理的。他们对于利用海象的看法更接近布恩和克罗克特俱乐部的观点，与印第安事务局希望当地人能自给自足的看法不同。正如一份报道所述，由于“爱斯基摩人随意的行为”和内政部对海象牙销售计划的鼓励，海象深受其苦。[103]印第安事务局与渔业和野生动物管理局陷入了窘境：只有现存的海象才有助于同化当地人，同化需要市场参与，市场参与需要更多的海象。这些矛盾体现在朝令夕改、不断变化的国家政策中——海象牙是否需要明码标价？对海象的捕猎是否有数量限制？在哪里可以出售海象牙？国家要求尤皮克人和因纽皮亚特人参与商业活动，而同时这些相关的国家政策对他们非常不利。

学校也有其不合理之处。纳帕克上过学，因为她父亲希望她上学。识字是有用的，但在20世纪20年代，识字这件事或多或少没有那么重要：孩子们在狩猎营的几个月时间里去当地的走读学校学习，但联邦政府的权力范围在20世纪30年代扩张了，特别是在40年代军事基础设施也随之扩张。威廉·伊贾格鲁克·亨斯利搬到了离父母较远的科策布，“在这里我能够稳定上学，这样政府就不会烦我了”。他还记得学校温暖友好的氛围，但当他说因纽皮亚特语时，老师就会敲打他的指关节，像是在告诉我“我们说的语言是低等的”。[104]他和许多学生一样，在八年级后不得不离开白令陆桥，去阿拉斯加南部上印第安事务局办的寄宿学校，或者去俄勒冈州和加利福尼亚州。即使父母和孩子们都盼望这段旅程，但这是与白令陆桥的决裂。孩子们每年在白令陆桥生活的时间仅仅为一个夏天，而不是一整年；留存下来的白令语言被强制变成了英语。孩子们不再由他们的父母管教，而是被粗暴的体制规训，经常还会被虐待。

和打猎的规则一样，外来者的教育政策也实施到那些从未离开过白令陆桥的人身上。1959年，政府关停了国王岛的学校。家长们还记得印第安事务局威胁说，如果他们的孩子不在诺姆镇上学，就把孩子带走。在之后的十年里，保罗·蒂乌拉纳看着他生活的社区从他学会打猎的地方一点一点消失，即使在服兵役时期失去了一条腿，他仍然在那里打猎，最后也不得不离开。留下来又谈何容易？为了能和自己的孩子们在一起，为了未来的生活，父母们不得不放弃他们过去长期以来所生活的家园。国王岛上一个因纽皮亚特诗人琼·纳维尤克·凯恩在2018年写道：“这片土地产生了极具特色的方言、故事、舞蹈和歌曲，这些文化形式所传承的知识对身体生存和智力发展都至关重要。”[105]

在蒂乌拉纳年老时，他回忆起美国自相矛盾的政策。他记得：“一方面，国家告诉我们必须去上学，这样才能养活自己，有更多的收入，口袋里的钱可以买更好的东西”，这些都意味着我们需要接受更多的教育；“但是当我们去了学校，我们就丢失了自己的文化”。“本土文化只有在我们的家庭饮食方式中尚有保留。以我们本地人来看，一切都是由大自然所给予，即使现代社会也无法与大自然母亲相媲美。”[106]用蒂乌拉纳的话来讲，从白令沿岸所有地方来看，争论点在于，基于利润对本地人的同化与通过捕杀活生生的动物换取利润之间的分歧。人们将各类物种大量转化为商品，使人类的消费速度超过动物的繁殖速度。因此，政府规定了每年的配额和限制数量，这些数据上下起伏、变动不定。但资本主义的理想是超越死亡——每年都会有更多的消费！更多的利润！增长是对抗死亡的魔咒，冷战时期的美国人追求的就是这种理想。白令人要面对这种理想是不可能实现的，如此迅速的增长是建立在加速捕猎动物，剥夺大自然的能量基础之上的。

作为苏联人，是一种物质上的状态，这种状态与在海象皮帐篷里的生活方式是对立的，哪怕是装了电灯泡的帐篷也一样。这就意味着，在20世纪50年代早期，这里的人们生活在同一个未来，不像尤里·雷特克乌小时候那样生活在许多不同的时代。就是在这个未来里，雷特克乌从列宁格勒大学毕业，他在1953年发表了人生中第一篇短篇小说，名为《来自我们海岸的人们》。故事发生在一个很像乌厄连的村庄，有一户楚科奇家庭想给他们的帐篷装玻璃窗，集体农庄经理“把一切都记录在他的‘会说话的叶子’上（这是老年人对写东西的纸张的叫法）”。[107]

同年，斯大林去世。1956年，尼基塔·赫鲁晓夫发誓要把斯大林的灵魂赶出国门，加快国家发展进步。苏共出台了一系列法令要求新建住房、文化中心、学校、集体机械设备、医院和道路。在楚科奇各地，共产主义正在建设当中。一份苏共的报告指出，共产主义建设得比较缓慢——“计划在1954年建成的诸栋建筑，只有四栋完工了”。[108]但对其推动者来说，这是共产主义启蒙终于到达北部的迹象。尤里·雷特克乌写道，即使是有玻璃窗户的帐篷“也无法满足现代人的需求”，因为帐篷里没有地方摆用来读书写字的桌子，也没地方放计算账目的纸张。[109]

作为苏联人就应当住在现代化的公寓楼里，楼房之间是修好的道路，楼里有自来水，旁边有医院和学校。赫鲁晓夫改革中的建筑师认为，分散的居住点以及散落在沿海地区一连串的小村庄和营地没有什么意义，他们希望人们能搬到城里居住。通过搬迁成为苏联人并不是人们自愿的。政府没有公开谈论国土安全和意识形态上的忠诚，但最先搬迁的人就是那些在地理位置上离美国最近的人。[110]来自大代奥米德岛的因纽皮亚特人被迁至瑙坎，瑙坎在20世纪50年代被关闭了，村民们便搬到了拉夫伦蒂亚、皮纳库尔和努尼亚莫，然后皮纳库尔和努尼亚莫也被关闭了，恰普利诺的村民搬到了新恰普利诺。从1937年到1955年，楚科奇沿岸的村庄数量从九十个减少到十三个。

第一个五年计划承诺让所有人都生活在同一个时代，这个诺言终于变成了现实。尤里·雷特克乌对这些变化的赞美之情溢于言表："楚科奇人民与整个国家并肩同行，一同走过了艰难的道路……他们已经从黑暗走向了光明。"[111]其他沿海地区居民的情绪却没有这么高昂。尼娜·阿库肯因为离开瑙坎时没能去"祖先坟前"跟埋葬于此的他们告别，"哭了一路"。她住的新村子还有很多"房屋没建好，墙上没抹灰泥，屋子里也没有炉子"。[112]在恰普利诺，村民走得急，留下了还在燃烧的火堆，上面还煮着好几锅汤。弗拉基米尔·塔吉特卡克回忆说："所有事情都不尽如人意，我也不再打猎了。"[113]像许多被国家强制搬迁的人一样，塔吉特卡克和其他人现在都从事建筑工作。

以聚集的形式居住也有经济目的。赫鲁晓夫的合并政策把小的集体农庄合并成更大的集体农庄或国营农场，这样国家能更全面地控制生产计划和产品。斯大林去世后的八年间，楚科奇集体农庄的数量从四十六个缩减到二十六个。[114]新型农场的组织形式模仿了工业化工厂；小规模的金属船队仍在猎杀海象和海豹，但外来者的船队得到的鱼获更多，因为他们的船能在远海进行大规模捕捞。传统的集体屠宰和分配海象的活动还在继续，但更多海象是在机械化的鲸脂提炼厂中进行加工的。[115]工人把位于锡列尼基的工厂加工后剩下的海象肌肉和内脏拉到狐狸养殖场。这里，长长的棚子里摆满了笼子，狐狸一年四季都吃“新鲜的海象肉和加了维生素的饲料”。[116]这种圈地得益于燃料的供给：汽艇需要有汽油才能到达有海象和海豹的地方；发电厂和航船要用煤做动力，炼油厂里的大桶需要有柴油才能运作，这里能量的产出需要进口能量的支撑。

在20世纪50年代的几年中，合并政策发挥了作用。到50年代末，狐狸养殖场的数量从用来育种的仅仅一家增加到十九家；与野生狐狸不同，养殖的狐狸不受数量增减的周期限制，产量就变得稳定，每年能收获的皮毛数量增加到数千张。尽管海象学会了躲避猎人的捕杀——“当猎人第一声枪声响起时，雌海象和小海象”就从冰面跳入水中——但仅在1955年一年，船队就捕杀了五千多头海象。[117]这是一个“超出年度生产计划的斯达汉诺夫式工作实践”的案例，是以阿列克谢·斯达汉诺夫命名的，他在1935年开采的煤炭数量是他的日配额量的十四倍，以此证明了自己是理想的社会主义工人。[118]沿海地区对动物的杀戮和剥皮与内陆的矿业开采差不多，加工为鲸脂和皮革的动物越多，就越能证明那些从事“传统职业”的人，就如雷特克乌所说，也是“国家建设社会主义经济的组成部分”。[119]

他们对社会主义的贡献不仅在于油脂和皮革的产出，也体现在艺术方面。雷特克乌开始创作楚科奇建设社会主义的故事。在乌厄连，一群海象牙雕刻家在海象牙上雕刻了一些古老传说，其中有巨人和行走的鲸鱼，同时也把新时代北部建设社会主义的故事刻在海象牙上。一件雕刻着列宁靠在海豹皮垫子上的作品在莫斯科非常受欢迎，也正因为如此，乌厄连才没有被关闭。[120]在那件雕刻品里，苏联领先于资本主义世界，其他许多雕刻品也是如此刻画的。历史就像漫画书的一帧帧书页一样，在一件件海象牙雕刻艺术品上呈现出来；过去与美国人的贸易在苏联人插上国旗的画面中结束，之后的画面中有直升机、浴室和红军礼炮。社会主义是一个截然不同的空间，一个超前的空间，一个与海峡其他地方相隔绝的空间。

海象却没有意识到国家的边界。在白令海，有些海象主要生活在苏联领海，有些生活在美国领海，有些则在两国的冰面上来回游荡。它们这样的生存方式与圈划土地之举相悖。20世纪50年代，因为担心海象数量不断减少，甘贝尔的猎人通过了一项比国家法律更严格的地方条例。[121]然而，正如一位尤皮克人所说，海象数量减少的根源显而易见："看起来我们保留下来的海象都将被俄国人捕获。"[122]现在，太平洋的海象数量不到五万头。[123]

四

在海象迁徙的过程中，它们会把营养物质搅入涌动的水柱之中，尤其是氮元素，这些营养物质会帮助光合生物开花，这些花蕾就成为鱿鱼、蛤蜊、小鱼和管虫的食物。[124]如果没有海象，这几十种小生命体的繁殖能力就会下降。

苏联在沿海地区的计划在赫鲁晓夫改革后初见成效，而几年后就松弛懈怠了。苏联的海洋生物学家从20世纪30年代开始计算集体农庄捕获的海象数量，现在他们曾经调查过的冰面很明显变得空空如也了。这种状态并非由于技术的进步；人们都属于集体农庄，农庄中有船只和炼油厂。然而，生物学家S.E.克莱因伯格写道，以前"楚科奇半岛有三十三个沿海聚集区”，到1954年就只剩下三个了。[125]科学院向苏维埃政治局报告说，结果是“海象数量大幅减少，这对楚科奇和爱斯基摩的当地土著居民产生了非常不利的影响”。[126]

海象的数量变化已经不再服从社会主义生产的承诺，马克思指出，当人类完全征服自然，使其满足自身物质需求，达到自由解放的状态时，乌托邦就会到来。苏联的实践将解放人民与增加生产混为一谈，而不管所生产的产品是否被人们需要。在苔原、海上和楚科奇的山下，苏联的计划制订者预测驯鹿数量还将无休止地增加，鲸鱼的产量还将不断提高，矿场产出矿石的速度还会更快。一般来说，生产力下降预示着衰退。但即使有船只和化石燃料，尤皮克人和楚科奇人还是捕不到海象，当然也就无法用海象换取“食物和家庭必需品”。[127]从10月到第二年7月，厚厚的冰层阻隔了大部分外部能量，没有了海象的楚科奇有可能再次遭受饥荒。

出现饥荒可不是苏联在20世纪50年代该有的事。此外，赫鲁晓夫希望苏联不仅在工厂生产和导弹发射方面领先世界，而且在国际启蒙方面也能一马当先。自然保护委员会的一份报告称，“资本主义国家和殖民地国家”经历了“自然资源的衰竭，这种衰竭影响深远且不可逆转……这种情况在他们意识到有必要保护自然资源之前就已经存在了，苏联不能且不应该重蹈覆辙”。[128]1954年，世界自然保护联盟召开会议，将苏联代表和美国保护生物学家聚集在一起，试图协调现代生产需求和海象繁殖问题之间的矛盾，对这一问题的讨论已经持续半个世纪之久。[129]苏联和美国得出的结论都是回归到老式的解决办法，像因乔温人那样有限制的狩猎才会使海象继续繁衍生息。一位代表说：“我们必须马上这么做，这对国内和国际社会都很重要。”[130]克莱因伯格对苏联最近的捕杀率闪烁其词，他指出商业狩猎如何把海象群引至“灾难性的境遇”，而在苏联，保留下来的海象数量更多。[131]在20世纪30年代，社会主义需要更多的产量来超越资本主义世界；而在20世纪50年代，社会主义需要相对更智慧的生产方式来避免走市场走过的弯路。

1956年，在俄罗斯科学院生物学家的敦促下，苏维埃联邦社会主义共和国的部长们通过了一项法令，禁止在海上以工业方式捕杀海象——尽管在计划中，国家对鲸鱼、狐狸、驯鹿、锡和黄金的产量要求不断增加。尤皮克人和楚科奇人的集体农庄只能因食物之用而捕杀海象，而且海象牙的使用仅限于雕刻工坊之中。该法令禁止其他组织“购买脂肪和兽皮”，禁止捕杀哺乳期的雌海象。[132]喂养狐狸的饲料已不再用海象的剩肉和内脏，而是改用灰鲸的边角料。人们花了几年时间才把这些规定从莫斯科的理想变为楚科奇的实践，但到了20世纪60年代，每年楚科奇只有大约一千头海象被捕杀。[133]苏联一直追求增加产量的做法，被不能消耗过多的要求所代替。

市场经济和计划经济都努力使时间加速：资本主义努力提高人们消费的速度，以此促进增长；而社会主义则努力超额完成任务，以期社会主义的未来更快地到来。无论是资本主义时间还是社会主义时间，都不符合海象的生长周期。但是在海岸上，美苏两个经济体都能改变各自的发展节奏，两国经过几十年的迅猛发展，都学会了抑制市场和集体的欲望需求。[134]1972年，两国双双在《环境保护协议》中正式确定了它们对海象独特生物性的让步，该协议约定依据市场价值来管理海象，而不是通过只允许本地人因生存目的而猎杀海象来升级人们对海象的利用。它使浮动的海岸成为一个独立的空间，不受市场需求波动和计划指数增长的影响。这样做是为了保护生活在白令海岸的少数人的生计，国家认为他们可以一直生活在这里。主权依赖于海象的能量供给，而人们需要保护海象，使其不受两种均认为自己具有普世价值的意识形态的影响。与对待鲸鱼、狐狸、驯鹿和狼的方式大不相同，美苏两国政府都试图去了解海象的生物习性：海象是一种迁徙动物，它能持续不断地将海洋的能量转移到自己的肉体中，但是速度不算快。在北极，动物的生长周期没有狐狸那样快。

对白令人来说，关于海象的法规彰显了国家的存在：国家会统计捕杀数量，也会防止为得到海象牙而进行捕杀，它们还会一边宣扬不断扩大的市场或不断增长的计划能使生活更美好，同时却限制捕杀海象，这样的说法好似自相矛盾。对海象来说，法规让时间倒流。每年有几千头海象被人类所捕杀，这一数字符合白令陆桥长期以来的历史标准——在海象成为计划的一部分之前或具有数量的底线之前情况就是如此。人们让海象群的数量重新恢复到长达一个世纪的捕杀活动之前的水平。海象的数量足够多，所以苏联增加了其计划数，在1981年计划每年捕杀五千头海象，一位尤皮克妇女为此抱怨说，她所在的集体农庄为给狐狸农场提供饲料而猎杀母海象和小海象，这样的事“本不应该发生”，这样做会“摧毁我们文化的精神根基”。[135]一年后，生物学家发现海象瘦骨嶙峋，甚至会忍饥挨饿，绝望时的行为表现与北极狐无异：它们捡拾海豹的尸体为食，它们通常的猎物是软体动物，而这些软体动物被日益增多的海象群啃食殆尽，只剩下光秃秃的泥巴。[136]消费数量超过初级生产数量不仅仅是人类的特性。

甘贝尔的旅馆墙上挂着一封裱好的信。这是一封育空长老会写给村民的道歉信，信中对“未能理解甘贝尔人民希望我们知道的事情”，造成尤皮克语言的消失、贬低尤皮克人的舞蹈，以及让尤皮克人“在世界的身份”变得模糊含混而表示忏悔。甘贝尔附近张贴着售卖狐狸毛手套和帽子的广告，还有写着当年猎杀海象规定的海报。猎杀是为了满足人类生存的基本需要；只有雕刻好的海象牙才可以用来出售。售卖这些雕刻品仍然是甘贝尔为数不多的赚钱方式之一；阿拉斯加的经济增长已经转移到边远的拥有石油的边界上。

小旅馆外面是布满黑色石头的海滩，海滩上零星散布着历代以来沦为他人食物的海象的白色脊椎骨。在西北部，隔岸可以望见废弃的恰普利诺村庄上面的山丘，山丘在国际日期变更线那头，但人们也不会乘船去往那边。就像限制俄国人捕杀海象的法律一样，这条边界在有苏联之前就已经存在了。秋日，海峡两岸的人们看着海冰形成一个新的浮动的海岸——海象换气休憩有了新的地盘，狐狸经常出没之地也形成了新的冰川山脊。每一年都既特殊又短暂；所有的能量转换都消失了。

资本主义和共产主义的天性都是无视损失，认为变化会带来进步，用不断扩大的人类消费来掩盖动物死亡。这种现代主义的愿景是有前瞻性的：从现在开始，每个人都跳入一个遥远的世界，一个自由且富足的未来之地，我们现在必须加速发展才能到达那个遥远的国度。速度被量化，以其是否可以转化成可供出售或被国家所有的物质价值为衡量标准。不能用此标准衡量的东西——那些随着潮汐和风等自然因素的变化而变化的各种生物体，以及变幻莫测的复杂的生态系统——不再是人们关注的焦点。这些意识形态的习惯使我们很难从代际角度考虑人类与非人类的问题。但是，正如人类对海象的举措中所体现出来的，这并不是不可能。

第三部分

陆地，1880—1970

时间是寂静的宇宙之肉体。

——约瑟夫·布罗茨基，《牧歌四：冬日》

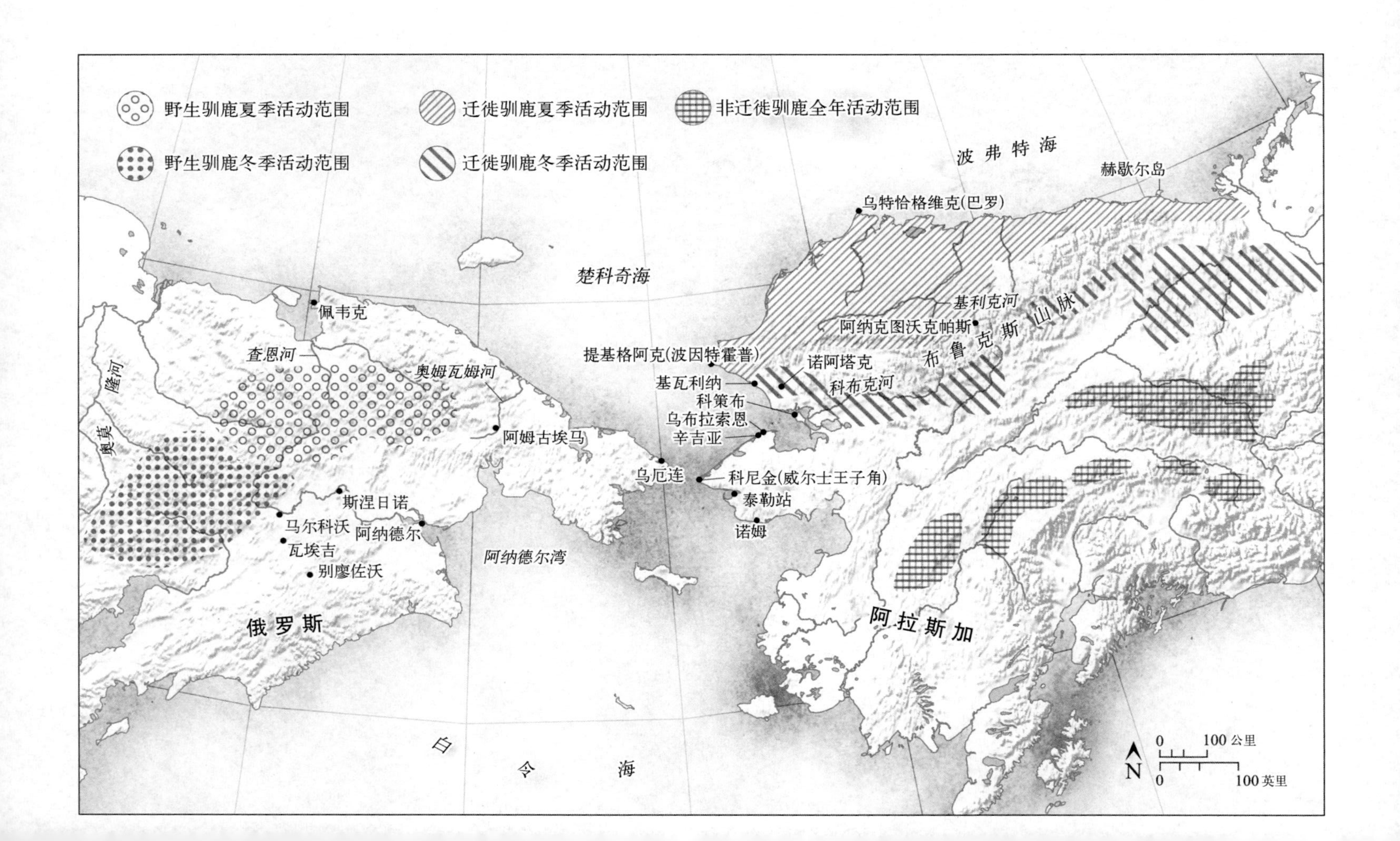

野生驯鹿夏季活动范围
野生驯鹿冬季活动范围
迁徙驯鹿夏季活动范围
迁徙驯鹿冬季活动范围
非迁徙驯鹿全年活动范围
波弗特海
赫歇尔岛
乌特恰格维克(巴罗)
楚科奇海
佩韦克
基利克河
阿纳克图沃克帕斯
布鲁克斯山脉
提基格阿克(波因特霍普)
诺阿塔克
基瓦利纳
科布克河
科策布
乌布拉索恩
辛吉亚
查恩河
奥姆瓦姆河
隆河
奥莫
阿姆古埃马
乌厄连
科尼金(威尔士王子角)
泰勒站
诺姆
斯涅日诺
马尔科沃
阿纳德尔
瓦埃吉
别廖佐沃
阿纳德尔湾
俄罗斯
阿拉斯加
白令海
0
100 公里
100 英里
N

第五章

变动的苔原

位于亚洲以及北美洲北端的苔原，呈现出一幅从海洋铺展到内陆的巨大地貌景观。苍穹之下，白令陆桥像是一幅拼接图画，画中有泥炭沼泽地，有冰雪皑皑的丘陵，有茂密的长满灌木的高原，还有布满地衣的岩石。苔原南部地区属针叶林地带，这里阳光充足，土壤肥沃，适宜黑云杉和桦树生长。往北前行，由于没有了树木的遮挡，天与地畅然一体。北部冻土地区的夏季寒冷而短促，柳树的枝条在一年中仅增长几毫米。[1]恶劣的自然环境使白令陆桥的植物很难吸收阳光以生长壮大，然而，地衣、苔藓、莎草和青草中仍可储存部分热量。这些矮生绿植是地球上最大的食草动物群——成千上万只驯鹿的食物来源。驯鹿体格高瘦、鼻子粗长，看上去威风雄壮，是主要生活在亚欧大陆和北美的鹿种，可分为野生驯鹿和家养驯鹿。苔原上，与成年男人一般高的狼也以驯鹿为食。

对于驯鹿来说，活着就要不停地迁徙。幼崽出生数分钟后就会走路，在雌鹿的带领下，它们睡觉时在走路，进食时也在走路。春意盎然之时，孕期中的雌鹿从布满地衣苔藓的牧场向海洋或是山地迁徙。夏季，驯鹿开始脱毛，生出新的薄衣，皮毛颜色斑驳，当它们走到微风拂面、蚊虫稀少的地方，雌鹿就会停留在那里产崽。公牛以及未孕的母牛也会紧随而来，它们试图寻找一个狼群罕至、植被茂密的宽阔平原。[2]到了秋天，这一数量众多的兽群开始分散开来，驯鹿又回到它们冬季所待的牧场。经过多年的跋涉，它们铲子状的蹄子踩出了半英尺深的小径。鹿群移动时，鹿蹄叩击大地的轻柔声响清晰可闻，每只鹿蹄上包裹着骨骼的筋腱都会发出轻微的咔嗒声。

图9：奔跑的驯鹿

人类数万年来一直跟随驯鹿的步伐迁徙，在最后一个冰河时代向南迁徙远至欧洲，拉斯科洞窟的墙上还刻着一幅幅野牛壁画。随着冰川消退，人类与驯鹿又重返北方。[3]驯鹿的身体有两大特征：首先，在距离富饶的海洋数百英里远的地方生活，它们可以将无法消化的植物转化为蛋白质和脂肪；其次，它们的毛皮紧贴皮肤可以御寒。一个白令家庭每年光是做衣服就至少需要十几张毛皮，而制作雪橇、帐篷或是缝制狗身上的挽具所需的毛皮数量则远比做衣服需要的多得多。[4]那如何获取鹿皮呢？狩猎是满足人类此项需求的一种办法。然而在西西伯利亚，土著居民与驯鹿形成了另一种同生共死、相互依赖的关系——互惠的驯化关系。和人类共居的驯鹿可免受狼群的袭击，而与驯鹿共居的人类则能免受饥饿之苦。这一种人与动物相互依存的模式一直向东蔓延，比俄国人还要早数百年到达楚科奇这片土地。[5]当外来者来到白令海峡时，北美的原住民已与野生驯鹿生活在一起，而在楚科奇，人们则与野生驯鹿和驯化驯鹿生活在一起。

白令陆桥的外来者希冀着从海上和岸上获取动物毛皮、海象牙和鲸脂来牟取利益，但他们对农业并无期许。农作物栽培是陆地上进行的一种活动，它对外来者引进的历史理论至关重要——从猎人以扫和农夫雅各的《圣经》寓言到亚当·斯密和卡尔·马克思的预见，人类种植农作物、驯化动物，将自然纳入人类文化中，以此提供一个稳定的环境，让人们创造自己的未来。[6]动物驯化、植物栽培及生长都是文明的基础。

白令陆桥天气苦寒，不适宜种植玉米和小麦，甚至大多数地方都不适宜种植土豆，这导致马群、猪群和牛群没有饲料可吃。在大多数外来者看来，苔原将原住民永远束缚在这片变幻莫测、寒冷刺骨的土地上。但好在有驯鹿，无论是集体所有还是私人拥有的驯鹿，它们的肉质鲜嫩可口，成群结队的鹿群为人们提供了数以吨计的鹿肉和皮毛。在俄国和美国政府看来，驯养驯鹿是使白令陆桥发生社会转型的一种手段。改变驯鹿与当地人的关系，可以实现政府对当地的土地控制。例如，人民自己成为小农场主，各自驯养自己的驯鹿；或是作为传教士教育的一部分；或是把它们送往苏联式集体农庄进行统一驯养。白令陆桥曾经与世隔绝般地存在着，而驯鹿打破了这一封闭隔绝状态，促使这片土地以及人民参与到历史发展的进程当中。

一

在19世纪60年代，一个名叫埃赫里的楚科奇男孩在奥莫隆河畔长大，跟着父亲的驯鹿群迁徙成为他生活的一部分。对于楚科奇人来说，这是一种相对较新的生活方式。在16世纪中后叶，土著人在楚科奇半岛上狩猎驯鹿，他们从通古斯人那里学会了如何捕捉驯鹿并用驯鹿拉雪橇。[7]渐渐地，许多游牧家庭开始饲养驯鹿，每家饲养数量可达到数十只，他们会留下一部分不作食用。和其他一些猎物一样，野生驯鹿也是人们的食物来源以及制作衣服的原材料。但随着驯鹿更加深入地走进人类生活，有时牧民会从哺乳期母鹿的乳房中挤出乳汁，将其倒入专门装液体的囊袋中，作为美食佳肴供大家享用。[8]

饮驯鹿奶是牧民生活方式缓慢转变的序幕，就像北部地区的许多事物一样，这一转变源于气候的变化。18世纪的楚科奇地区气候凉爽，环境条件深受驯鹿的喜爱。越来越多的母鹿在怀孕期间迁徙过来，幼鹿活下来的数量也日渐增多。之后的五十至八十年之间，家养的驯鹿数量不断增加，牧民对野生驯鹿的捕猎也仍在继续。由于楚科奇和沿海邻近地区在寒冷天气中鱼获甚少，楚科奇人与邻居之间的贸易日渐增加。[9]19世纪初，由于春季空气潮湿，夏季疾病肆虐，家养的驯鹿成批染疫死去。野生驯鹿也出现数量减少的现象。出于对鹿肉以及皮毛的需求，牧民们开始宰杀他们的家养驯鹿。后来野生驯鹿数量增多，但牧民宰杀家养驯鹿的行为仍在继续。驯鹿饲养员们发现鹿群数量有大量剩余，即使居住在苔原的人口在四五代内翻两番，也可以有充足的鹿肉作为食物。[10]如此庞大的驯鹿数量也足够养活一千多人的军队。

埃赫里出生在驯鹿畜牧业改革时期，成长于一个富裕的时代。但这场变革的成果并不是平等分配的。有些牧民拥有数百头驯鹿，有些牧民只有十几头，而有些牧民手上的驯鹿寥寥无几，于是，这些未得利益者要么为富人打工，要么从事捕猎和贸易工作，要么搬到沿海地区靠海为生。5%至10%的牧民拥有楚科奇半岛上一半至三分之二的家养驯鹿。[11]驯鹿代表着威望和权力，拥有驯鹿的人也能将其作为礼物赠予他人。此外，驯鹿还会导致战争的发生。女人会嫁给有钱的男人，但如果男人变得贫困，女人就会离开他们。埃赫里的父亲阿玛尔沃库金拥有两支大型的驯鹿群。到19世纪末，埃赫里手上有了五支驯鹿群以及五位妻子。用一位楚科奇人的话来说："那是一个和平的时代，每个人都只考虑利益，所有的部落和民族都交织在一起。"[12]驯鹿如此，人也是如此。

虽然驯养鹿群给楚科奇人带来不少好处，但他们的生活仍然不稳定。例如，富裕家庭的驯鹿可能在暴风雪中丢失，在疾病中死去，或在苔原上惨遭其他生物的袭击，其中可能有少数是被人为杀害，因此这一家庭可能会在数小时、数天或数周内陷入贫穷。正如一位萨满所说，"看不见的邪恶灵魂张着嘴走向我们"，包围着楚科奇人。苔原上存在着比人类脑袋更坚硬的蘑菇，有跟圆石一般大小的鱼类，还有会改变形状的生物。这些生物可能会掌控驯鹿群，使它们变得凶猛，或是完全控制住一个贫穷的牧民，促使他去谋杀一个富人。[13]夏末，当一群在高地或海岸附近饱食过后的驯鹿群返回营地时，可能会遭遇一阵钝箭的袭击，牧民们会大声地喊叫着，试图驱赶所有徘徊不去的、看不见的恶灵。

在那些牧场上，埃赫里和他雇用的牧民们一道保护母鹿，使其在分娩过程中免受风吹他们还要把公鹿和小鹿分开照料，以防公鹿意外践踏小鹿；还要宰杀感染了疥疮或患上腐蹄病的鹿；埃赫里等人还会剪下小鹿耳朵上卷曲的绒毛，把它们标记为某个人的私有财产。为避免怀孕的雌鹿受到伤害，牧民会用驯鹿牙齿阉割雄鹿，把它们作为役畜。牧民们不断地带领鹿群迁徙。在大雪纷飞的夜晚，牧民和狗会留意听外面是否有狼群的动静，这样受看护的鹿群便无遭捕杀之忧。[14]

照看鹿群是整个放牧营的工作重心，尤其是在驯鹿发情期，或是因皮蝇叮咬引起的鹿群惊逃期间，牧民更是要加强看护。夏日的午夜，妇女们会接替她们丈夫的工作来看管驯鹿。小孩子也需要参与看护工作，十岁的孩子就已经掌握如何套住一头小鹿的方法。初秋，举行屠宰仪式期间，牧民们在放牧营间来回走动，相互赠送礼物，有的载歌载舞，有的赛马赌博，有的啃食髓骨直到油顺着肘部往下滴，还有的牧民心怀感恩和愉悦在祈祷，一旁的萨满敲着鼓，使这份热闹喧嚣有了韵律和节奏。

19世纪的初秋季节，因纽皮亚特人也会进行大规模的迁徙。图拿纳和基克图格亚克出生于努阿塔格缪特族人生活的区域，该区域位于广袤无垠的冲积平原和布鲁克斯山脉下的丘陵地带之间。在他们俩的童年时期，成千上万只北美驯鹿个个健康强壮。[15]它们中的每一只都处于无人看管的野生状态，这似乎表明，楚科奇人的驯鹿驯养文化并没有向东传至北美。楚科奇人明白驯养动物大有裨益，所以不会向外出售活驯鹿。因此，在阿拉斯加，人们并不会随着驯鹿群一起迁徙，而是去寻找驯鹿以及其他造就生命的事物，如北极野兔、白鲸、蛋、草甸、驼鹿、麝牛、雷鸟、树根、海豹、绵羊、海象以及偶尔出没的熊。与驯鹿一样，多样性和短暂性也是人类适应环境的特征。在图拿纳和基克图格亚克幼年时期，有一次他们和母亲停留在一个钓鱼营地，趁着母亲工作间隙，他们在挂满北极茴鱼、河鳟、花羔红点斑鲑以及北极鲑鱼的架子间嬉戏打闹。抬头望去，附近山坡上遍布美洲大树莓和蓝莓，鲜艳又具有光泽，他们约定好最快爬到山顶的人可以抢先采摘。

有很多种方法可以杀死驯鹿。一些牧民会携带着弓箭悄悄跟踪驯鹿，然后对其进行捕杀。一些牧民会用石头和灌木搭建起漏斗型的畜栏，跑得较快的牧民负责将一部分驯鹿引到狭窄的畜栏的角落里，然后在驯鹿慌乱恐惧时，用网套将其套住或用长矛刺杀它们。还有一些牧民划着皮船，杀死正在戏水的驯鹿。穿着雪鞋的壮汉能撞倒一头雌鹿。[16]孩童时期的图拿纳就已经知道杀死驯鹿只是猎捕工作的一部分，牧民们杀死驯鹿后还需将其剥皮，全身各部分的肉要么切成薄片风干，要么塞进清理干净的囊袋里面，方便人们携带。接着，牧民们将驯鹿髓骨储存起来，待到粮食紧缺的冬末，牧民们便将储存完好的髓骨取出切开，妇女们在煮髓骨的过程中会祈求油脂能够充足一点。[17]基克图格亚克掌握毛皮的最佳用途：秋天宰杀的雌鹿皮毛最适合做皮大衣；冬天宰杀的雄鹿毛皮可以制作床；柔软的幼鹿皮可制作内衣；从前腿上剥下的薄鹿皮可以制作有弹性的连指手套和靴面。

在19世纪50年代之前，有七大驯鹿群在阿拉斯加西北部地区生活与迁徙，数量大约有五十万只之多。[18]但即便如此，狩猎者也没有把驯鹿数量充裕这一现象视为理所当然。因为暴雨可能会使苔原变成及膝深的一片泥潭地，又或许大雪久未融化，会影响驯鹿迁徙的进程。山谷里栖息着一群叫作依拉科的野生昆虫，它们会叮咬毫无警觉的人类，被它们咬伤后，伤口会奇痒难忍，最终还会丧命。以前，有一个猎人被湖中一条巨大的鱼整个吞了下去。[19]传说中，一些驯鹿曾经也是由人类幻化而成的，它们会根据猎杀者的表现决定是否奉献出它们的生命。在结婚前的数年里，图拿纳和基克图格亚克就知道家族和睦有利于狩猎成功。他们也深知必须要恭敬地谈论动物，否则猎人头顶就会乌云笼罩。他们还知道应该砍掉死去驯鹿的头颅，这样它的灵魂才能回到驯鹿群中。[20]善良的人们了解驯鹿对土地的感情，他们喜欢柔软的地衣，喜欢缓慢流淌的河流，喜欢微风拂面、罕见熊出没的地方，了解驯鹿的人们也知道驯鹿对人类的看法。于是，他们在日常生活中做事遵循自然之道。毕竟狩猎有所收获是一件令人高兴的事。何乐而不为呢？

二

当外来者开始侵入努阿塔格缪特这块土地时，图拿纳和基克图格亚克已经长大了，懂得周遭发生的事情了。从海岸驶向内陆的外来者带来了钢制捕兽器、枪支、铁锅以及酒精，捕鲸者用这些物品换取当地人的鹿肉和毛皮大衣。[21]与此同时，疾病也进入了内陆地区，例如，红皮病和麻疹相继暴发。[22]由于秋季过后，驯鹿就不再穿过他们所生活的苔原，这些外来者饥寒交迫，横穿科布克河和诺阿塔克河的支流来到内陆，或许这些疾病是由外来者携带而来的。

19世纪末，北极地区的驯鹿数量逐步下降。几十万只驯鹿的死亡原因有数十种，包括受狼群的袭击、饥饿、感染腐蹄病等。在阿拉斯加，狩猎活动在19世纪60年代末至70年代初沿诺顿湾和苏厄德半岛开始衰落。在接下来的十年里，鹿群数量减少的现象蔓延到北方。尽管严重程度不一，但涉及的范围却很广，情形十分糟糕。[23]在1881年至1883年间，几乎每种可食用的东西都很稀缺，不仅被商业捕杀的动物稀缺，连鱼类和鸟类都稀缺。到1900年，七大鹿群只剩下两个。[24]不光驯鹿如此，居民数量也在减少。各个民族交融在一起，其中不乏有民族不幸陷入了匮乏的困境——大部分的鲸鱼消失得无影无踪，海象和驯鹿也同样几乎捕捉不到。为了寻求生存，基瓦利尼尔缪特族人沿着海岸向北来到提基格阿克或是乌特恰格维克，抑或是到达内陆努阿塔格缪特人生活的地区，纳帕阿克图格缪特族人和其他族剩余的族人也有着同样的经历。幸存下来的人们记得有不少人因饥寒交迫而倒在路途中。

那些逃难的幸存者把饥荒的消息带到了内陆努阿塔格缪特地区，随后这里的鹿群数量也逐渐减少。关于这场灾难的原因，人们各有说辞。有人说，是萨满偷走了鹿群。在基瓦利纳，一位名叫伊卡萨克的人试图说服当地人从日益贫瘠的沿岸移居到更适宜的地区，但大家没有听从他的建议，于是他就抓走了所有的驯鹿。另一些人则说是森林大火吓跑了鹿群，火焰使苔藓和地衣变成了一片荒芜。[25]而沿岸的一些人指责说，是由于持枪捕鲸者的贪欲导致了鹿群数量变少。[26]在饥荒期间，卡维亚拉格缪特历史学家威廉·奥奎卢克一家人从苏厄德半岛逃到了加伯城的捕鲸站，他讲述了以前发生过的三场灾难。每场灾难都是有根源的：第一场是很久以前的一年冬天，气候极寒导致了灾难的发生；第二场是在较远的祖先时期，一场大洪水引发了灾难；第三场发生在他祖父母生活的时代，在一个没有夏天的荒年中，他的祖父母活了下来。无论是何缘由，灾难的发生都不新奇。

但是，应对灾难的办法总在推陈出新。威廉·奥奎卢克认真研究每次灾难及其恢复历程，从中积累相关经验。因纽皮亚特人先学会了思考，然后学会了制作工具，接着掌握了萨满的一些技能。因纽皮亚特人也学会了在灾难来临时逃离。[27]当努阿塔格缪特族人从难民口中听到西南地区猎物甚少时，他们决定不继续留在此地等驯鹿自投罗网。守株待兔可能意味着挨饿。于是在19世纪90年代，一群努阿塔格缪特族侦察员向北、向东进行探索，随后发现了生活着绵羊、鱼类以及其他生物的地方。接着，这批侦察员的家人们紧随而来。图拿纳和基克图格亚克的大儿子西蒙·帕纳克出生在远离故乡的基利克河沿岸。那时，努阿塔格缪特族人已经散居在数百英里外的地方，在仍有驯鹿活动的布鲁克斯山脉以北的群山中搭起了一簇簇的帐篷。

努阿塔格缪特族人现在居住在赫歇尔岛和乌特恰格维克附近。美国人的捕鲸船队在冰封的冬天里期盼着有鲸鱼出没，他们也乐意从该地土著人手里购买新鲜的驯鹿肉和狐皮。每年冬天，努阿塔格缪特族人会频繁地留意这些捕鲸船只的到来，这一习惯成了他们冬天生活中的一部分。如果说鲸鱼和海象满足了远方市场的需求，北美驯鹿则为海上和岸上的艰巨捕杀工作提供了食物来源。这些商业榨取行为被流离失所的因纽皮亚特人带到了苔原地区。数年以后，西蒙·帕内克回忆道："每个人都想成为驯鹿猎人，因为这条路能致富……这就是为什么所有的爱斯基摩人都喜欢以此谋生。恰好，捕鲸者们的出现给他们提供了机会。"[28]在南边，科尼金村落的村民们从白令海峡对岸的楚科奇人手中购买驯鹿皮毛。当地人对衣服有需求，但是由于商业和气候原因，苏厄德半岛罕见北美驯鹿的踪迹。

在许多美国人眼中，苔原从来就不是一个生机勃勃的地方。一位捕鲸者写道："点缀着黑压压的大片古老冰层，苔原完全是一块荒凉的土地。"[29]对于那些认为向西扩张不是盗窃行为，而是将未开垦的土地用于生产用途的美国人来说，"无法通行的皑皑雪地、广阔的矮小树林、冰冻的河流和人迹罕至的山脉"，都使阿拉斯加看上去像被时间遗弃，显得"毫无用处"。[30]因此，他们把内陆的因纽皮亚特游牧生活视作贫穷的象征，即资源缺乏的标志而不是适应自然的标志。在如此贫瘠的荒原中，人们难免会陷入饥饿。

又或许是因为亘古不变的阿拉斯加经不住现代的冲击才致使土著人挨饿。迈克尔·希利在美国海岸警卫队缉私局的"熊"号船上写道："曾经每年都会看见北美驯鹿出现在阿拉斯加地区，但现在当地人……

图10：苏厄德半岛的景观

几乎很少看见驯鹿的踪迹，更别提品尝鹿肉了。”[31]因纽皮亚特人埋怨是闪电或萨满引起的火灾造成驯鹿数量稀少，外来者则把原因归咎于枪支。自然学家威廉·纳尔逊认为，步枪的使用造成“驯鹿被当地人屠杀，这是目光短浅的行为”。[32]布恩和克罗克特俱乐部中的狩猎爱好者，则将其原因归咎于“当地持续不断的大规模猎杀动物”。[33]希利则更仁慈一些，他认为“驯鹿的胆怯性格”使它们不敢面对枪，但他对因纽皮亚特人杀死幼鹿的事实感到十分震惊。[34]阿拉斯加第一任教育局局长谢尔登·杰克逊却持有另一种观点，他认为有违道德的市场运作是食物匮乏的根源。他向国会报告称，“市场对海象牙的需求旺盛”造成海象濒临灭绝，人类单纯为了鲸鱼身上有价值的鲸脂就对其进行捕杀，现在步枪“杀死并吓跑了”北美驯鹿。[35]

无论造成这一现象的原因是什么，土地贫瘠也好，经济落后也好，抑或是市场不景气造成的贫瘠也罢，外来者都认为，有必要将一片荒芜的苔原进行重新改造，与此同时，也计划将原住民从贫困中拯救出来。最具影响力的拯救计划是由杰克逊提出的。杰克逊身材矮小，戴着一副眼镜，原先没有被选中去海外进行传教，但幸运的是，他成年后成为乔克托地区的传教士。1885年，杰克逊成为阿拉斯加教育局局长。美国自南北战争后就致力于通过基督教教育和市场生产方式来同化土著人，对此，他表示赞同。[36]在他看来，他的任务“不仅要教授阅读、写作和算术，而且要教授大家如何更好地生活，如何赚更多的钱以过上更好的日子，以及如何利用国家资源挣更多的钱”。[37]在阿拉斯加地区，杰克逊的任务还包括采取相应措施，“使广袤土地变得有价值而非一文不值”，以及“激励未教化的民众……提升他们自给自足的能力以及文明程度，让他们过上舒适的生活”。[38]

1890年，杰克逊和希利船长一同航行，他在白令海峡属于俄国的这边找到了解决办法。缉私局发号命令，要求给尤皮克人和楚科奇人分发礼物，以示美国的友好心意。沿着海岸的港口，杰克逊遇到了一群来自内陆的楚科奇人，他形容这些人“身材匀称、体格健壮、体态丰满，看上去营养充足”，行为举止看起来甚至有些“半文明化”。[39]杰克逊猜测，楚科奇人如此富有活力可能是因为他们驯养了驯鹿。于是，他向美国国会提出进口驯养过的驯鹿。现在的情形是，大型猎物像北美野牛一样逐渐消失，海洋也不会像有鳟鱼嬉戏的溪流那样能自我恢复活力。驯鹿天生是具有野性的，慢慢地被卷入无良使用枪支、贩卖朗姆酒的商人所经营的野生市场。但是，土著人可以拥有饲养的驯鹿。有不少人看过杰克逊写给国会的报告，他认为这一进步有助于提高生产，如果阿拉斯加地区想要和美国一样发展，狩猎和采集就不得不给农业和工业让路。私有财产是农业和工业的基础。史密森学会的自然学家查尔斯·汤森写道，占有驯鹿可以“使野蛮人成为牧民或农民”，让他们“迈出前进的第一步”。[40]

家养驯鹿解决了阿拉斯加土地贫瘠以及当地经济社会发展滞后的问题。它还为美国对印第安人实行的政策进行了赎罪。1884年《组织法》颁布后，联邦政府陆续在这里设立起了法院、学校等机构，并制定了采矿法律。而在几年前，海伦·亨特·杰克逊在其《耻辱的一个世纪》一书中指出：“联邦政府面对印第安人落后的困境并没有对其从道德和现实层面给予关注。”[41]该书指出，这些政策造成了印第安人的依赖性以及贫困问题，该书的出版加剧了国会和传教士对条约和保留地的不满。谢尔登·杰克逊希望在阿拉斯加地区避免犯这样的错误。在政府支持下运作的教会学校可以利用驯鹿进行市场方面的宣传教育，而非将土著人圈留在保护地中。一旦被告知这些土地的价值，白令海峡的土著人就会占有对白人没有吸引力的土地，利用土地从而让土地变得丰裕，同时获得“文明的、能够创造财富的美国公民的地位”。[42]杰克逊的理想是消除种族差异，弥补旧时之过。史密森学会的自然学家查尔斯·汤森还写道：“在我们的管理中，在某种程度上，我们有机会弥补一个世纪以来对印第安人的不平等对待。”[43]从苦难中拯救美国最后一片西部边疆，也就是向第一片被开拓的西部边疆以及后继者赎罪，将他们从残暴的历史中解脱出来。

在克拉伦斯港北端，沿着捕鲸者长期获取淡水的一条河流，在被风冲刷得红红的、光秃秃的山丘下的一片土地上，杰克逊等人开始了救赎计划。杰克逊以其国会盟友亨利・泰勒的名字命名了首个帆布帐篷和通风小屋——泰勒站。1893年，除了亨利・泰勒这一盟友外，杰克逊几乎没有别的支持者。国会拒绝了他的第一个驯鹿基金申请。他花了两年时间从教会团体中募集资金，并获得沙皇亚历山大三世的许可，从俄国进口驯养的驯鹿，也说服一些楚科奇人打破传统，出售家养驯鹿，杰克逊还雇用了一些楚科奇人，让他们以指导的身份移居阿拉斯加，此外，他还安排吊索往"熊"号船上运送了171只驯鹿。在7月4日漆黑的夜晚，家养驯鹿最终颤颤巍巍、伤痕累累地到达了北美苔原土地上，那里有驯鹿熟悉的绿色植物作为它们的食物来源。

家养驯鹿如今走在因纽皮亚特的大地上。对于人们来说，动物必须证明其自身价值。在北美驯鹿消失了的数十年里，苏厄德半岛上的因纽皮亚特人从白令海峡对岸购买驯鹿皮，用他们的劳动换取面粉、鱼肉、海豹、海象、鸟类和白鲸。[44]由于危机一直在蔓延，所以家养驯鹿并没有将人们从当前的危机中拯救出来。家养驯鹿的出现反而带来了新的危机。离泰勒站不远的科尼金村控制了来自楚科奇地区的兽皮交易，这些村民威胁要杀死楚科奇人，以免将来他们成为竞争对手。[45]但是，家养驯鹿也是一种珍品。整个冬天，因纽皮亚特人无论男女，排队穿过泰勒站，检查这些家养驯鹿。其中有四只家养驯鹿被留了下来，购买者以衣服和食物作为报酬，从此拥有了属于自己的驯鹿。接着，他们学会了用套索套驯鹿，将驯鹿赶入畜栏，用鹿来拉雪橇。待春天来临，他们会负责看护泰勒站的母鹿以及六十只腿部细长的幼鹿。同年夏天，杰克逊从楚科奇进口的家养驯鹿也越来越多，并将它们分配给阿拉斯加各地的教会学校，包括圣劳伦斯岛上的尤皮克人村庄。

杰克逊与弗雷德里克·杰克逊·特纳是同一代人，特纳认为美国的独特性是在其边疆的开拓中形成的。这是一种增长方式上的转变，一开始受不断上涨的商业需求驱动，从荒野中攫取野生资源的价值，如野牛、木材、矿产，转变为驯养动物、圈划土地，通过创新和效率在特定空间内获取利润的增长模式。这也是资本主义体制下财产私有化的体现，而不仅仅是榨取自然资源。私人财产赋予了持有者政治自由，即在物质安全得到保障的前提下，拥有言论自由和投票自由，而农业通过家养、宰杀动物进行交易从而为市场提供稳定的前景。出现这种稳定增长的原因可能在于驯鹿。阿拉斯加地区的苔原上，北美驯鹿已十分罕见，而进口的家养驯鹿则在苔原上繁衍后代，甚至狼群也十分稀有。1897年，阿拉斯加地区家养驯鹿数量超过了两千。到1901年，数量翻了一番。

三

目光从针叶林带向北推移，眼前会浮现出一排排历经风吹雨打仍旧坚挺的黑云杉和赤杨，此时一眼望去，苔原略显暗淡。驯鹿的食物——灰绿色的地衣附着在干燥的岩石和沙土上，同时也能看见共生的真菌和水藻形成的角状树干。水储存在永冻土层的表面，莎草和樱草花丛生的草地被成堆不可分解的植物所破坏，随着时间的流逝，这片土地成为适合灌木桦树和云莓生长的泥炭地。再往北前行，抬眼眺望，山坡上一片片红黄相间的地衣覆盖在岩石表面。随后，驯鹿群出现在这个微型生物群落中。这个生物群落包括四百多种灌木、莎草、青草、

图11：楚科奇半岛的山脉

苔藓和地衣。驯鹿长期以多种植物为食，所以肉质与其他有蹄类动物不一样，尝起来甜而有嚼劲，肥美而又坚实。

在楚科奇地区，驯鹿跟随它们的看护者一同迁徙，当路过肥美的草场地时，牧民们会停留在此让驯鹿吃草休息，而看到荒芜的土地时，牧民不会去打搅这片土地，让其休养恢复。但是，苔原本质上不会一直配合人类。在20世纪初的春季，雨雪频发，仿佛给大地盖上了一件厚实的冰衣，恶劣的天气造成驯鹿的草料紧缺。随着腐蹄病的暴发，埃赫里的运气不再。狼群数量增多导致部分牧民损失了近一半的驯鹿。[46]沙皇俄国驻奥斯特罗夫诺地区的地方官员知晓，驯鹿的数量减少使当地人陷入了食物短缺的困境，本来沙皇在这里一直实行的都是怀柔政策。此外，这一事件还带来政治不稳定，使帝国陷入混乱。19世纪60年代，梅德尔男爵试图在楚科奇人中指定最富有的驯鹿牧民担任世袭首领，希望头衔的授予能够扩大帝国的影响力。埃赫里的父亲阿玛尔沃库金被授予勋章以彰显他的地位。后来埃赫里继承了该勋章，但同时他也失去了许多驯鹿以及威望。[47]领导人的更换与楚科奇地区的驯鹿数量一样多变。没有正式的、永久的固定关系，也没有对暴力与商业的控制，所以当楚科奇人与美国人的船只进行皮毛贸易时，俄国政府束手无策。驯鹿数量的不确定，是该区主权不确定的体现。

楚科奇自治区的行政官员们对美国的关注另有原因。一位行政官员写道："阿拉斯加的学校既养殖了宝贵的驯鹿，又'唤醒了当地人对于文化需求的意识'。"[48]至少对俄国的民粹主义者来说，这种文化是由农业来定义的。正是农民公社为俄国提供了一个独立于西方资本主义掠夺的发展模式。驯鹿促使农民向北迁徙。20世纪初，负责调查楚科奇半岛的N. F. 卡利尼科夫也实地访问了阿拉斯加地区。他在报告里表明，杰克逊的项目仅仅几年后就让"本地人……为了共同利益而工作"，这为我们在楚科奇"目睹的所有困境"提供了解决方案。地区官员在"引进俄罗斯文化"的同时，也申请资金以"提高楚科奇人的主动性，以便向更先进的自然资源利用过渡"。[49]

只要驯鹿的数量能够稳定下来，道德目的跟主权目的就会更加紧密地结合。相比为"楚科奇半岛上非常分散的人口"寻找教授文化的教师，稳定驯鹿总量似乎是一项更容易且紧迫的任务。[50]1897年，普里莫尔斯卡亚州的军事长官为一名兽医申请了1823卢布，用以研究楚科奇地区驯鹿感染疾病的情况。十多年后，这名军事长官依旧认为资助兽医是很有必要的一件事，"鉴于该地区的条件，驯鹿放牧业具有很重要的经济意义"。[51]最终，在1911年，两名兽医前往北方，尽管"他们的身体状况允许他们到偏远地区服务"，但是没有医疗用品供应给他们，他们没有听从地区官员的建议去泰勒站。[52]

随后，这两名年轻人就意识到他们的任务几乎不可能完成。由于楚科奇人也不愿与外来者讨论该地区牧群的状况，所以他们目前束手无策，甚至连腐蹄病的致病源也尚不清楚。美国专家将腐蹄病归因于驯鹿在岩石地面行走造成的蹄部瘀伤，俄罗斯专家则认为该疾病具有传染性。[53]在两名兽医来到楚科奇地区的四年光景里，楚科奇半岛的鹿群数量一直在下降，超过三十万只家养驯鹿死于疾病、狼群攻击或活活饿死。野生驯鹿几乎完全消失。

从埃赫里和他儿子们的经历来看，损失众多驯鹿是一件很糟糕的事情，但是苔原上有很多自己的讲究和信仰，如大圆石是具有生命力的，河流拥有自己的河神，野生驯鹿被一个神灵所照看，它要求人们在狩猎中对驯鹿予以关怀。正如一位萨满向弗拉基米尔·博戈拉兹解释的那样，"人类创造的一切东西都没有任何力量"。[54]

萨满向博戈拉兹讲述这句话时正值20世纪初，博戈拉兹因信仰社会主义而受到沙皇驱逐，他在楚科奇流放期间做了民族志方面的田野调查。他是很多楚科奇人遇到的第一位社会主义者。1917年，博戈拉兹回到了西方。起初他不是布尔什维克信仰者，他是稍温和的社会主义者，对职业革命者持怀疑态度，但是他认为北方委员会能够在道德方面带来必要的改变。博戈拉兹使委员会改变了对"小民族"的最初态度，他认为专业的民族志学者应当保护"小民族"免受进取型发展的影响，为他们提供医疗和教育，然后通过"引进新元素以确保无痛苦的进步"，助其"经济生活"的逐步转变。[55]这些新元素就是集体农场，让人们"不仅能养活自己，还能不断改善自己的生活水平，成为工人阶级的同盟"。[56]楚科奇的数百万只驯鹿是从芬兰运来的，在这样一个国家里，这些同盟者将肩负起重要的任务。一份委员会报告指出："从阿拉斯加的例子来看，驯鹿放牧可以取得重大发展，该产业不仅对北方原著民，而且对整个国民经济都很重要。”[57]

在圣彼得堡——当时称列宁格勒——的北方人民学院里，博戈拉兹在油灯摇曳的寒冷室内训练了一批布尔什维克主义者。但大多数前往楚科奇地区的人都是未受过专业训练的志愿者，他们或受到列宁的鼓舞，或被冒险之旅所吸引，抑或受到薪水的诱惑前往该地。蒂孔·肖穆什金是一名来自莫斯科南部的教师，博戈拉兹所讲述的苏联在北极地区的活动使他深受鼓舞，于是他乘上火车东行，然后从符拉迪沃斯托克坐船北上，途中他一度感到晕船不适。到达白令海峡后，肖穆什金发现自己看到的是美国西部领土，它就位于过去的国际日期变更线的对面。他写道：“楚科奇处于‘新时代与旧时代两个时代，以及社会主义和资本主义两个世界’的交汇处。”[58]

肖穆什金写道：“由于暴风、冷雨和冰层堆积，这片新世界的建设之路举步维艰。”[59]肖穆什金发现自己与过去生活在东部的基督教传教士一样，面临着许多相同的挑战。冬季，苔原上唯一的交通手段就是犬队或驯鹿拉雪橇。到了夏天，这片土地一眼望去全是齐膝盖深的沼泽地。还有那扰人的昆虫。楚科奇人不会讲俄语，所以肖穆什金和他的同伴们得学习楚科奇语，这就好比男人使用女性专用语说话，有时很搞笑，有时却很吓人。最重要的是，即使肖穆什金讲楚科奇语，当他说到“正如列宁所说的那样，我们所有人都在创造崭新生活”这样的话题时，苔原上的楚科奇人对此并不感兴趣。肖穆什金在抵达楚科奇几年后写了一本回忆录，其中记录了他试图说服一个名叫特奈尔金的楚科奇人，建议他的孩子应该前往拉夫兰提亚的文化基地上寄宿学校。肖穆什金指着一幅列宁的画像劝说当地人学习阅读，“我们看到挂在墙上的这个人教导我们说，只有每个人努力奋斗，人人才能过上好日子”。特奈尔金反驳道：“你说的这些都是废话。难道列宁不知道我们是在为自己谋生吗？”[60]

特奈尔金的这番话反映了当地人共同的想法。楚科奇雷夫科姆的书记试图在楚科奇人当中组织民选领导人，结果却被告知楚科奇族没有“头目”，而且“人人平等”，至少到目前为止一直都是这样。[61]并且，也没有人愿意讨论驯鹿问题。一名负责建立集体农场的委员说：“楚科奇人接纳了我，并乐于跟我谈论普遍的、抽象的话题，以及不影响经济根本的话题。但当交谈内容开始涉及驯鹿或放牧时，楚科奇人就会变得警惕起来，不再说话。”[62]这是否意味着楚科奇人不是预想中的“原始共产主义者”，而是需要被拯救的“原始资本主义者”，对此，肖穆什金和他的同事们展开了争论。N. 高尔金写道：“如果在苔原上有阶级分层的存在，那就是在驯鹿牧民中间。这里有‘发号施令者和辛勤劳动者’。”[63]又或许没有什么阶级分层，另一位布尔什维克写道：“游牧民族中就没有阶级分层这一说。”财富变化如此频繁，可能并没有稳定的阶级结构。[64]无论怎样，建设集体农庄都要耗费数年时间，因为“刚开始起步阶段是最困难的”。[65]但对布尔什维克来说，这些举措将不可避免地引导当地人成为苏联公民：他们承诺向当地人提供物质上的救赎，就像海峡对岸的基督教传教士所承诺的死后灵魂上的救赎一样，这些对当地人来说都是他们渴望得到的。

布尔什维克宣扬解放，但未来的解放就意味着当今是被压迫的，而楚科奇人并不认为他们受到压迫。列宁承诺小民族在实现集体化乌托邦道路上具有自决权。数世纪以来，楚科奇人一直自主决定着他们的生活，也知晓驯鹿有助于他们的自主自立，他们也察觉出苏联人对驯鹿数量颇有兴趣，这也引起了他们的戒心。肖穆什金告诉家长们，学校是一个有助于孩子们学习知识、规范道德的地方；而楚科奇人却目睹了外来者在当地酗酒、争吵和行骗，一场流感的暴发还造成不少儿童死亡。有传言说就是肖穆什金传播了淋病。[66]最重要的是，苏联承诺将楚科奇人从永恒的停滞状态中解脱出来，加入历史发展的潮流之中，而没有看到楚科奇人在经历多年的战争和驯化后早已明白未来是由他们自己塑造的，至少从政治上来看是这样。人类创造的一切东西对整个苔原都没有任何影响力。对于楚科奇牧民来说，这些都是无意义的，但是楚科奇人长久以来一直影响着他人和自己。正如特奈尔金解释的那样，外来者"不了解我们的生活方式"，因为"他们无法在苔原上生存"，所以他们也没有什么东西可以提供给我们。[67]

因此，一些楚科奇人参观苏联人的文化基地，在那里喝茶、听广播、看电影，然而在苔原上，没什么人加入工会。大多数布尔什维主义新信徒来自沿海村庄。[68]更没有多少牧民对苏联集体农庄感兴趣。20世纪20年代，驯鹿的生存环境良好，鹿群数量增加到了五十万只。[69]但是在20年代末，集体农庄中的驯鹿数量不到1%。[70]苏联人劝说牧民们将驯鹿合并养殖，聆听列宁充满希望之光的教导，但集体农庄的驯鹿数目很少，供应也很短缺。一位组织者写道："我们买来驯鹿，基本吃光……所以实际上不存在什么驯鹿集体农庄。"[71]

即使他们吃掉了革命的果实，楚科奇地区的布尔什维克也清楚地知道，日后总有一天这里的新型经济发展会采取集体农庄的形式。白令海峡对岸，美国传教士有基本的食物保障，但是生活的稳定性却在不断降低。问题不是出在驯鹿身上：截至1905年，驯鹿数量大概有一万只。问题也不在于缺乏积极关注，国会已经开始为这一项目提供资金，1897年，美国最北端城市巴罗有捕鲸船只搁浅在冰中，于是一些驯鹿被驱赶前往该地，充当捕鲸者的救济食物，随后全国报纸上到处可见驯鹿的消息。在泰勒站，驯鹿的养殖方法不再由楚科奇人来教授，因为楚科奇人不光经常会吃驯鹿背上的皮蝇幼虫，还用人类尿液引导驯鹿前行，这些行为使传教士们感到震惊。基于此，杰克逊安排了来自挪威的萨阿米族人作为指导。在美国各地的报纸上，这些人被视为基督徒、蓝眼睛、有文化、文明人，他们“教导遥远西北地区无助的土著人如何谋生”。[72]

20世纪的前几十年里，不确定的因素并不在于驯鹿是否会促进苔原经济发展，而是在于如何促进发展：哪一种驯鹿农场才是合适的？需要用什么样的农民？在谢尔登·杰克逊的领导下，该项目将以财产私有为特质的物质救赎，与以基督教传播为特色的上帝救赎结合起来。为了获得驯鹿，因纽皮亚特人决定追随传教团，他们需要照看这些驯鹿而不能随意将其宰杀，这样鹿群就可以繁殖。此外，若吃掉本应出售的驯鹿就会受到惩罚，若为了猎杀别的猎物而疏于看护鹿群也会受到严惩。作为回报，美国人承诺牧民可拥有十或二十只驯鹿，奖励的驯鹿数量是不断变化的，根据牧民从业时间的长短，而对时间的要求也是变动的。因纽皮亚特人还必须遵守传教士的敬奉习俗。简而言之，只有在遵循基督教教义和商业规则之后，当地人才能拥有驯鹿。许多因纽皮亚特人认为这种方式并不具有吸引力；这个项目实行十二年后，大多数驯鹿还没有归他们所有。[73]杰克逊的计划并没有让因纽皮亚特猎人成为托马斯·杰弗逊所倡导的“小国寡民”式的牧民。

1905年，美国内政部派印第安事务局探员弗兰克·丘吉尔来调查这一项目失败的原因。和杰克逊一样，他总结道，“只要采取恰当的管理模式，驯鹿对人类饮食和制衣方面有极大的价值……”然而，当传教团“从政府手里获得一群驯鹿时，他们就占了大便宜”，尤其是在诺姆淘金热推动了人们对肉类的旺盛需求之后。“爱斯基摩人的确很穷，”他写道,“现在的状况跟以前也差不多。”[74]教会教育并没有使因纽皮亚特人学会自给自足,另一位评估人认为,教会教育“从物质和世俗的角度出发,导致了一系列举措的失败”,“教会使土著人依赖他们的供养”。[75]

丘吉尔的批判言论中暗指的是,传教活动没能让当地人真正理解世俗世界的未来。因纽皮亚特族中有一些学生可能已经成为基督徒,但他们不是资本主义者。丘吉尔,和他那一代的其他改革者一样,想要将精神发展和物质发展分开。宗教可以处理生命的循环仪式:洗礼、婚姻、葬礼以及身后事。政府负责物质上的发展,管理自然资源以便市场能够最有效地配置它们。丘吉尔建议联邦政府对驯鹿进行全面监管,直到每个因纽皮亚特家庭,也仅限因纽皮亚特家庭,拥有充足数量的驯鹿来“维持生活并且过得颇为舒适”。[76]为此,杰克逊于1907年辞职。第二年,新成立的美国驯鹿服务局安排政府教师将驯鹿群转交给因纽皮亚特人、圣劳伦斯岛的尤皮克人以及阿拉斯加地区的其他民族。现在,当地人在从事商业活动之前就拥有了驯鹿,而非等到之后。

在马卡伊克塔克的孩童时代,他夏天经常在辛吉亚半地下式的草房子周围玩耍。那时候,日照时间长,阳光照射在地平线上,周遭一片光亮,他看到动物在高山上吃草,脚底踩着从它们斑驳的毛皮上掉落下来的蝇虫。这些动物就是北美驯鹿——苏厄德半岛上最后的野生鹿群。多年以后,当他在泰勒站听到别人谈起家养驯鹿,他一下子回想起了当年鹿蹄叩击地面行走以及驯鹿呼呼喘气的画面。那时,马卡伊克塔克已经长大成家,1900年,一家人无一幸免地感染了麻疹。他们随后搬到一个驯鹿站,由于驯鹿站的各种规章制度,离家数月的他们在这里也并没有得到什么帮助。

美国驯鹿服务局将基督教救赎与市场参与分开之后,马卡伊克塔克（官方名为托马斯·巴尔）才得以用狐狸皮和一百美元购买了五只驯鹿。驯鹿现在更多地成为因纽皮亚特人进行市场交易的工具。马卡伊克塔克和其他人在乌布拉索恩搭建了一个冬天的营地。在这里，他们全年可以捕猎海豹、捕鱼、诱捕动物、放牧，他们的这些活动在热量、文化以及经济层面创造出不同的价值。1915年1月，正值严寒冬季，马卡伊克塔克前往第一届驯鹿集市。美国驯鹿服务局举办了为期数天的驯鹿赛跑以及屠宰表演赛，并颁发了雪橇驾驶奖和放牧技能奖。晚上，人人都在讨论驯鹿生意。马卡伊克塔克并非孤例。截至1915年，在阿拉斯加地区的七万只驯鹿中，有三分之二归土著牧民所有。[77]

美国驯鹿服务局又提出了自由牧民的计划，但这一计划并没有带来利润。当地市场对鹿肉的需求随着淘金热不断激增：20世纪初，矿工们迫切渴望买到鹿肉，并愿意以每磅三十美分的价格购买鹿肉。但是，随后这股热潮渐渐退去，像大多数矿山一样不复存在。美国驯鹿服务局报告称，此现象的解决办法就是"出口驯鹿产品"。[78]在阿拉斯加以外的地方，一镑鹿肉比卖给淘金者的价格还要高。令美国驯鹿服务局感到失望的是，小规模的鹿群没有带来收益。由于苔原上能量不足，所以一般情况下驯鹿每年仅产一只幼鹿。因纽皮亚特人饲养的牧群里平均有五十只驯鹿。其中一部分留作食用，一部分作为繁衍之用，那么剩余的驯鹿宰杀后就不会产生利润可观的盈余。拥有小规模鹿群的农民就仅能维持生计罢了。

美国驯鹿服务局意识到，鹿群规模是很重要的一个因素，而且并非只有因纽皮亚特人进行驯鹿交易。虽然因纽皮亚特人被禁止向外来者售卖活体动物，但是这一禁令并不适用于传教团以及萨阿米人手上的驯鹿群。卡尔·洛门在诺姆淘金热潮期间来到北方，看到这里有不断壮大的驯鹿群，他觉得这会是一笔可靠的财富。于是，他购买了不少活驯鹿，且向公众出售了洛门公司的股票。拿着这笔资金，他成立了一家纵向一体化公司：公司雇用工人负责饲养几千只驯鹿，搭建畜栏方便驯鹿活动，在公司屠宰场里可进行驯鹿宰杀工作，公司冷藏船负责将鹿肉送往南方。从餐馆和狗粮公司到制革厂再到美国陆军，洛门公司在全国范围内进行宣传，以“充分激发潜在消费者的好奇心”。[79]数千磅驯鹿肉作为洛门公司庞大驯鹿群的盈余，现在开始运离阿拉斯加地区。

鉴于洛门公司的经营模式，美国驯鹿服务局再一次对驯鹿管理进行改革：驯鹿服务局决定对驯鹿实行企业化管理。因纽皮亚特人集体将他们手上的驯鹿交给股份公司。驯鹿服务局向牧民按每只驯鹿一张股票的形式发行股票，牧民们按比例分得每年的红利。由此产生的所谓合作社，并非是因纽皮亚特人的主意；马卡伊克塔克就是其中一个不同意集体放牧的人。[80]但是，美国驯鹿服务局认为，即使不从行为上讲，单从理论上来说，该项计划也会促进平等。汲取了之前对印第安人实施的政策教训，同化土著人就需要扩大土著人所有权的特许范围。基于苔原的自然情况和市场条件，股份公司仅仅将小规模放牧企业化管理。它仍然给予因纽皮亚特牧民私人财产权，美国驯鹿服务局认为，私人财产是政治自由和机会平等所必需的。并不是所有的因纽皮亚特人都会变得富有，但他们中的任何一个都可能会变得富有，其余的人都有能力“获得［现代］生活所需的物资”。[81]

这一政策背后的假设是人类本质上的相似性，这最终促使因纽皮亚特人融入美国的政治体系中。但到了20世纪20年代，苔原上出现了第二种盈利模式。美国驯鹿服务局的一些人员把社会达尔文主义和自由市场的理念带到了北方，他们将经济差异解释为进化之路不同。一位官员写道：“当地人无法理解股份公司的概念。对于他们来说，除非他们亲眼看见他们拥有多少只驯鹿，否则他们是难以理解的。”[82]在市场领域，人们普遍的（自然的）状况就是不平等，不平等的自然的（普遍的）标志就是种族。与白人不同，一位教师抱怨道："土著人看不见驯鹿生意带来的各种可能性，因为他们没有远见，对于他们来说，当下的生活就已经很知足了。"[83]

如果按照威廉·伦道夫·赫斯特的驯鹿计划并为快速增长的纽约人口提供驯鹿肉的话，那么远见是必不可少的。美国内政部长和报刊界都一致认为，只有在白人管理之下才有可能向全国范围内供应鹿肉。[84]阿拉斯加州州长对此也表示赞同。他写道："一般来说，只有通过白人供货主和白人托运人，才有可能提高整个国家的食物供应量。"因为白人能够发现市场和投资者，出口"产业一定会自然地落到白人手上"。[85]因纽皮亚特人可以成为自给自足的牧民。他们是白人所经营的驯鹿牧场上的优秀员工，甚至还可能会将鹿肉供应给当地市场。但是一位教师写道："因纽皮亚特人缺乏智慧，他们无法理解'利息或者股份'。"[86]增长并不是对所有的种族都是平等的。如果国家想要高效地管理全国的增长，最有效地为公民提供能量，就不应该阻碍国家的自然资本主义发展。

20世纪20年代，在阿拉斯加地区的驯鹿问题上有两种相互竞争的理论：一是通过经济同化方式消除因纽皮亚特人与白人之间的差距，二是通过经济竞争的模式进行优胜劣汰。对于因纽皮亚特人来说，两种理论带来的结果也不确定：驯鹿可能受个人控制，也可能不受个人控制。驯鹿可能会成为基督教传教活动的一部分，也或许不会。利用驯鹿就如同利用苔原上的一切东西一样具有不稳定性。驯鹿主人的理想愿景也不确定，是成为自由牧民、股份制股东还是卡尔·洛门的雇员？在这种多变的环境中，马卡伊克塔克一家人以及其他家庭，开始慢慢用自己的理念来饲养驯鹿。要成为一名优秀的因纽皮亚特成年人，就意味着能够与他人互惠互助；要想获得社会权力，就需要学会礼尚往来。驯鹿能帮助人们实现这一目的。驯鹿可以换取进口商品、皮大衣或牵拉式雪橇。驯鹿的饲养并未取代外来者眼中那些因纽皮亚特人“原始的”活动，如狩猎海豹、采集浆果、诱捕动物，因纽皮亚特人使放牧成为一种将动物、植物和环境之间长久存在的关系与所有权和市场关系相结合的方式。在1918年西班牙流感暴发期间，苏厄德半岛遭受重创，威廉·奥奎卢克将此次流感称为“第四场灾难”，在此期间是驯鹿养活了大家。放牧只是众多经济恢复手段之一，不仅是大流感期间经济恢复的工具，也是早些年该地区遭到商业破坏后采取的恢复手段。放牧就是从灾难中汲取新知识并进行重建的路径。

与此同时，家养驯鹿也会循着自己的动机行事。成百上千只驯鹿可能会在某一天下午离开山谷以躲避皮蝇的叮咬。数万只驯鹿可能会在一个月的时间内吃光满山坡的地衣。在阿拉斯加，一位教师写道，“由于牧群越来越壮大，而牧草地空间又有限”，许多牧民家养的牲畜都混合在一起。[87]到20世纪20年代末，家养驯鹿数量达到四十万只。在阿拉斯加之外，人们消耗了六百五十万磅的驯鹿产品，其中大部分来自洛门公司。[88]苔原是如何提高鹿肉产量的尚不清楚，但是能明确的是驯鹿产量肯定会增长，驯鹿在促进全国未来发展中会占有一席之地，正如北极冒险家约翰·伯纳姆所评论的那样，“这是一个不可避免的趋势”。[89]

四

这一“不可避免的趋势”，也是楚科奇地区的社会主义者对共产主义的理解，他们认为共产主义是历史发展自然而崇高的终极目标。根据第一个五年计划，这一目标本应该提前完成。历史发展促使了越来越多的布尔什维克踏进楚科奇人的领地。伊万·德鲁里于1929年抵达这里，负责组织楚科奇地区第一个驻扎在斯涅日诺的集体农场。他发现，楚科奇人"对于我们的行为表现出不信任和怀疑。楚科奇人知道我们想要成为鹿群的主人，担心我们日后成为他们的竞争者。那些贫穷的放牧人深受他们的影响"。[90]德鲁里和几名新加入的成员一起开始经营集体农场，他从富有的楚科奇人手里买了驯鹿，许诺每只雌鹿付九卢布，每只雄鹿付十二卢布，但他从来没有付过钱。往北前行，沿着恰翁河和奥姆瓦姆河，兽医和动物学家就苔原地区集体农庄可能带来的收益进行调研。一路跟随着游牧民穿过苔原，途中随处可见搭起的"红色帐篷"，布尔什维克会在帐篷里放映电影，闪烁的投影画面配合着吟诵式的讲解：这是列宁同志，现已去世；这是斯大林同志；斯大林希望无论男性还是女性都要"提高自身的思想道德和文化水平"。[91]

第一个五年计划还引入了一种将人进行分类的方法：并非像美国人那样按种族分类，而是按他们所处历史长河中的位置进行分类。该计划要求苏联在五年的时间里走完"西欧花了五十年到一百年的发展历程"，阿纳托利·斯卡奇科写道。对于楚科奇人来说，要求他们完成这一历程的速度更快：十年之内走完一千年的发展历程，因为"即使一千年前[俄罗斯人的]文化水平也更高一些"。[92]现在，土著人要么落后他人，要么积极改造。这种转变将物质发展与个人救赎结合在一起；社会主义是觉醒开明的灵魂在地球上创造的天国。因此，如果社会主义王国发展缓慢，那些选择生活在过去的人，比如特奈尔金，就应该受到责备。如果上学的孩子少，或者集体农庄里的驯鹿数量不多，他们都应对此负责。就连博戈拉兹，现在年事已高，看起来也像个倒行逆施者，他提出的有关楚科奇逐步发展的计划表明了他对过去的留恋。[93]他的学生们不能再争论楚科奇人是否存在阶级：停滞不前的发展状态就证明了阶级是存在的。苔原发展是滞后的，因为那里满是富农和萨满。除非清除掉所有的老脑筋，将其转化成新形态，否则苔原就不可能会有光明的前景。

随着第一个五年计划开始实施，楚科奇人的营地随处可见红色的帐篷，楚科奇人看到外来者在这里凝视着植被，鼓动人们，发放药丸和药粉，靠驯鹿骗取钱财，要求年轻人敢于在老人面前讲话，妇女在男人面前敢于开口，一边对驯鹿群挥手，一边咕哝着驯鹿数目。简而言之，这些外来者看起来好像诅咒着他们所接触的一切。[94]在这里，外来者们用楚科奇语交谈，帐篷里的男男女女们认定人类历史活动必然能够战胜自然——“一种新的生活……一种全新的、健康的且有文化的生活，与整个苏联国家的农民和工人步调一致”。[95]只有当楚科奇人改变了他们生活的方方面面——包括他们与苔原上最具社会重要性的动物驯鹿之间的关系，“全新的生活”才可能会到来，且这样做是出于信念。

这从根本上讲是一种政治要求，要求改变人类劳动成果的分配方式和世界上非人类物质的占有方式。大多数楚科奇人反对这一要求。不少家庭扎根在苔原深处，就是为了他们的牧群远离外来者的叨扰。一位苏联医生抱怨道，富农和萨满“就像狼群袭击鹿群一样将教师赶走”。[96]楚科奇人的父母向蒂孔·肖穆什金这样的布尔什维克解释说，“孩子们需要学会照看驯鹿”和“保护鹿群，因此他们不能去上学”。[97]基罗尔是苏联记录名单中的一名出逃人员，当他看到红色帐篷时，他解释说：“我不会回到苏联统治之下，但愿政府也不会来追踪我的下落。”[98]一位名叫尼尼特尼连的楚科奇萨满用跳舞的方式来驱逐苏联人，并向他手下的追随者解释道：“很快美国人就会来，俄国人就会从这里离开。”[99]

当20世纪20年代结束时，阿拉斯加的人们正在争论如何将驯鹿看作许多构想的未来中的一部分：是作为一种同化的工具，还是作为一种国家产品，抑或是作为一系列生存选择之一。在他们进行争论的同时，驯鹿繁衍的数量也在增多：1929年驯鹿数量为四十万只，没过几年数量就激增到六十四万只。鹿群与牧民之间也产生了一种新型的关系。生物调查局的生物学家L. J. 帕尔默认为，驯鹿的牧养应该像大草原上的牛群一样。[100]按照他的这种模式，大规模的鹿群在牧场上自由自在地吃草，而不用牧民紧盯着将它们从一个牧场赶到另一个牧场。帕尔默总结道，这种开放管理的鹿群不太可能会造成过度放牧的局面，也能将牧民从单调的放牧看护工作中解放出来。[101]基于他对牧场承载能力这一新兴概念的分析，帕尔默计算出，合理管理的阿拉斯加土地能承载三百万至四百万只驯鹿。[102]

随着驯鹿的不断繁衍，来自因纽皮亚特人股份公司的驯鹿与卡尔·洛门公司的驯鹿遍及丘陵和平坦的海洋平原区域，逐渐混杂在了一起。“所有的驯鹿聚集在一起，互相推挤着”，无法确认哪只驯鹿归谁所有。[103]谁应该拥有哪些驯鹿也不得而知。洛门公司在全国市场范围内拥有的份额较少，1929年，洛门公司和美国经济一样遭到重创。因纽皮亚特人合作的鹿群，由于因纽皮亚特人的选择及与洛门公司之间的竞争，更重视在各村庄之间公平地分配驯鹿，而不是那么在意利润。[104]面对这些情况，无人感到满意。洛门公司认为政府干预了市场，并且觉得“爱斯基摩人的心智就像是一个十四岁的孩子，根本不知道财产的价值”。[105]因纽皮亚特人则报告称，洛门公司偷走了他们的驯鹿并且骗取了工人工资。[106]马卡伊克塔克现在和他的儿子吉迪恩一起放牧，他认为开放式牧场的想法是政府的一项策略，政府通过此策略想要洛门公司拿走本应属于因纽皮亚特人的驯鹿以及因纽皮亚特人的收入。[107]人人都在向美国内政部倒苦水。

美国内政部组织调查委员会彻查此事。实际上，在20世纪30年代，调查委员会就外来者利用驯鹿的两种方式进行了全民公投：一种是作为同化的工具，另一种是作为只对外国资本家有价值的商品。第一届委员会赞同外来者的观点，在委员会看来，“土著人生来就是猎人，而非牧民，所以他们不愿意接受涉及驯鹿所有权以及管理的责任”，因此他们支持洛门公司。[108]来自基瓦利纳的教师C. L.安德鲁对此做出回应，他提出，这些“天生的猎人”和他们的族人应拥有对土地和鹿群的权利，“已经被异化的时间［天赋］财产”也应当恢复。[109]

富兰克林·罗斯福执政时期，印第安人事务局局长约翰·科利尔召集了第二次调查。科利尔是1934年颁布的《印第安人重组法》的缔造者，该法促进了文化多元化、部落自治和传统经济发展。他认为，放牧是因纽皮亚特人生活中必不可少的一部分，白人没资格占有。[110]洛门公司不得不退出驯鹿业务，以保留驯鹿放牧的“土著特征”，并让驯鹿业在“本土之地”上以“本土方式”发展。科利尔的计划最终成为法律，也就是1937年颁布的《驯鹿法》。印第安人事务局收购了洛门公司，白人持有驯鹿属于违法行为，从而“为阿拉斯加土著人建立和维持一种自给自足的经济模式”。[111]美国政府首先以同化的名义创造了一种传统，然后又以文化保护的名义使这一传统成为土著人所特有的。

在清点驯鹿数量和分配牧场时，美国驯鹿服务局也试图使苔原上的产量与新政提出的要求相匹配。理想的做法是从牧场调查、疫苗接种项目到植物生长、腐蹄病以及嗡嗡鸣啭的皮蝇的研究入手，将私人财产置于政府监管之下。正如新上任的驯鹿管理官员J.西德尼·鲁德所写：“国家管理苔原，将土著牧民置于自然和市场规律的运作之下，给予牧民足够自由，使他们能够在考虑他人权利的同时做他们应该做的事情。”帕尔默之前提出的大规模开放式牧场计划也不复存在了。现在的计划是针对因纽皮亚特人的自由牧民放牧模式。没有驯鹿的家庭可以向政府借，期限为几年时间，直到他们完全拥有了驯鹿所有权，这意味着那时他们已经成为“个体企业家”，出于担心赔钱的考虑，要“警惕地看护管理之下的驯鹿”。[112]马卡伊克塔克是鲁德的支持者之一，他认为家养驯鹿的传统来源于一对父子，他们将驯鹿遗赠给那些“不会将其卖出去”的人，“由于生活所迫，这些人可能会宰杀驯鹿，只为满足基本需求，除此之外，别无他想”。[113]马卡伊克塔克故事的寓意是，与驯鹿关系亲密以及抑制贪念就可以避免悲剧的发生。驯鹿服务局计划的寓意是，个人所有权能够保证自由和效率，市场能够保证“牧民［通过］供求关系从放牧中获得回报”。[114]供给与需求是市场的两大金科玉律。

1930年，白令海峡两岸的外来者都把驯鹿看作这片难以征服的土地上可以获取的有用资源，驯鹿养殖也是将野蛮的原住民培养成为文明公民的一种方式。在阿拉斯加，外来者通常想让奉行集体主义的因纽皮亚特人拥有私有财产；而在楚科奇地区，苏联则试图让楚科奇人手里的鹿群集体所有。在这两种截然相反的计划中，在哪种生物、哪个地域更有价值的问题上，私有制和计划生产这两种模式形成了鲜明的对比。美国人的愿景体现了不平衡的特点：苔原是一种不同于海洋或海岸的生产空间，因为它是一种不同的动物——驯鹿——的家园。驯鹿是苔原土地上的财富，而财富应使苔原经济稳步增长，成为继开放式市场掠夺了野牛、木材、鲸鱼和海象之后的商业发展途径。所有权使牲畜在活着的时候就有了价值，从而使市场考虑驯鹿的世代繁衍问题。驯鹿的未来大有前景，由于驯鹿被人类圈养，被控制，所以未来可以拿到市场上用来交易；而鲸鱼和野生狐狸的活动无法控制，前景不可控。

布尔什维克外来者给北方带来了一种人与人之间彻底平等的愿景：这就是激励肖穆什金和德鲁里的那种新生活，在此愿景中，物资丰裕，分配均衡，所有的人类苦难都将结束。随之而来的，是一种完全平等的生产方式：五年计划起初并没有像私有制那样区分各种动物和地盘，而是期望任何对人有用的东西都可以集体化。20世纪30年代，没有任何一个地方或动物可以免于计划的增长。因此，人们集体猎杀海象、集体饲养狐狸以及集体放牧驯鹿。没有任何躯体和地域被遗忘在过去，全都成为苏联建设其社会主义理想的一部分。

路径截然相反的苏联愿景与美国愿景之间还存在另一不同之处。20世纪初，美国将精神皈依与物质生产分开。思考灵魂的归宿问题还太遥远，这是身后事，而物质的前景是可用短期的收益和工资来衡量的。拥有驯鹿不需要精神信仰，皈依基督教也不需要驯鹿。驯鹿不是必需品：马卡伊克塔克可能会饲养驯鹿，而西蒙·帕纳克则可能会无视它们。因此，参与市场就成了人人可做的选择，这与末世问题是毫无关联的。但商业中存在一种宇宙论，将世界与可能出售的东西以及出售的数量捆绑在一起，将进步与增长等同起来。饲养驯鹿必然会产生一定的思维习惯。市场对时间的理解是线性的，由短期物质增长所推动，这种思想慢慢地在苔原上以不均衡的方式蔓延开，但在传播过程中也会有适应和偏差。相比之下，苏联人的想法更简单直接。资本主义要求个人努力摆脱物质上的不公正，而社会主义不管人们感到压迫与否，都试图通过革新手段来打破这种孤立。要想成为社会主义未来道路上的“新人”，需要从内心向外的转变。它意味着生活在一个发展速度惊人的巨变时代。尼尼特尼连跳舞的方式与布尔什维克愿景的明晰性背道而驰。

与此同时，每年秋天，驯鹿群在遍野红金色的山丘上奔跑，然后前往内陆过冬；接着，每年春天，山坡上一片绿意盎然，生机勃勃，换毛期的驯鹿皮毛斑驳，带领幼鹿返回海岸或山地。随着20世纪进入第四个十年，鹿群数量每年都在增长。驯鹿肉的持续供应使美国和苏联见证了这里历史的发展：计划得以实现，利润不断增长，所有这些都彻底改变了北极地区，若非人类的设计，这里恐怕万年不变。有一阵子，所有迹象都表明，鹿群数量的增长正是因为采取了正确的经济形式。

第六章

气候的变化

野生驯鹿和家养驯鹿这两大鹿群规模庞大，像河流的支流一样四处蔓延；在离陆地很远的地方一眼望去，一群灰色毛发的驯鹿聚集在一起，难以分辨出哪些是野生驯鹿，哪些是家养驯鹿。这不是幻觉。在日常生活中，驯鹿会用鹿蹄猛抓饲料，其中一些营养物质和干枯植被就掺入了土壤里，到了夏天渐渐腐烂，土壤温度随之升高。在少有的温暖日子里，种子慢慢发了芽。在放牧的时候，驯鹿群不会快速吃光树叶，树木得以休养生息，苔原的生产力因此得到提高。[1]驯鹿活着的时候，它们的血喂养了大量的蚊虫，这些蚊虫一天内吸的驯鹿血可达半升之多。驯鹿死后，尸体会成为熊、老鹰、狐狸、猞猁、人类、乌鸦、狼獾和狼口中的食物。狼崽长大后能够拖倒一只驯鹿。在被剥皮的驯鹿尸体周围，北极罂粟含苞待放。驯鹿的迁徙宛如苔原的呼吸，不是空气的波动，而是能量的转化。

有时候，从沿海迁徙到内陆和从内陆迁徙到沿海的驯鹿数量会变少。纵观北极地区，每隔十年到二十年驯鹿数量就会减少成千上万只，然后很快就会恢复到原先的数目。但每世纪都会发生一到两次驯鹿数量锐减的情况。十年间，数量有五十万只的驯鹿群会减少到仅剩十万只。数量暴跌的原因有很多，比如感染疾病、迁徙缓慢、频繁被捕杀和食不果腹等。归根结底，以上大多数现象都是由于气候变化引起的。从历史上来看，北极气候一直复杂多变、循环反复，大约每五六年、每十年、每二十年、每三五十年、每八九十年，甚至每隔几世纪，北极地区都会出现略微升温和降温的交替周期。季节持续时间和气温高低都遵循了周期变化规律；有时一次长周期的变暖趋势会混合一个较短的周期，把一个炎热的夏季周期延长好几倍，把一次寒冷的周期延长至三或六倍，气候变化是北方地区的常态。

由于北极陆地可储存的太阳能比海洋少，气候变化加剧了陆地太阳能量吸收不足的状况。陆栖动物体内脂肪含量低，无法像鲸鱼一样能忍受饥饿。碰上积雪很厚的时候，或赶上冰雪融化和冻结交替期地表急剧结冰的时候，许多动物迁徙和寻找食物所需的能量远远超过它们体内存储的能量。到了炎热的夏季，北美驯鹿不愿进食，大量昆虫蜂拥而至，叮咬驯鹿的胁腹部位，使得它们痛苦不已。雌鹿身体承受的压力太大，以致无法孕育。狼群轻易就能捕到猎物。腐蹄病不断扩散。[2]随后气温再次下降。温暖阶段向寒冷阶段的过渡期，通常伴随着最不稳定的天气，迟来的融雪导致不少驯鹿在春天淹死于河流中。[3]不过，在接下来的十年里，天气凉爽，驯鹿的数量会急速上升。随着肥硕的幼崽渐渐长大，四处漫游，迁徙的领域会不断扩大。在一些地方，鹿群会吃光地衣和灌木，光秃荒凉的土地阻碍了鹿群的繁衍。五十到九十年之后，气候开始变暖。19世纪，当外来者指责因纽皮亚特人过度狩猎时，他们没有注意到从欧洲俄罗斯到格陵兰岛的驯鹿群数量都是减少的。[4]驯鹿和依赖它们而活的物种不光在地理位置中来回迁徙：它们的数量也随着时间变化而变化。在其历史上，驯鹿数量不是在恢复增长的过程中，就是在减少的过程中。

白令人会通过改变自身行为来应对气候变化所带来的影响，他们会调整饮食、迁徙他处。然而，美国和苏联希望白令人通过驯养驯鹿将自己从驯鹿增长和死亡交迭频繁的不稳定状态中解放出来。家养驯鹿也意味着驯化了时间，从而带来稳定的驯鹿产量，在人类法则的统御之下不断向前发展。然而，在利用驯鹿从北方土地上获取能量并对当地人加以教诲的过程中，无论是市场经济的拥护者，还是集体计划的追随者，都将他们的经济抱负寄托在一个由其他物种的意愿和气候变化构成的世界中，随着时间的流逝，周而复始，而又不断向前发展。

一

1932年，在斯大林提出的第一个五年计划实施四年后，这个计划被宣告提前完成。中央政府喊出“时间不等人”的口号，于是苏联全国上下的地方官员加快了五年计划进程，就是为了证明社会主义不仅会赶上资本主义，还会超越资本主义。在苏联南部的农村地区，五年计划加速发展的主要形式是大规模的征粮运动、废除宗教信仰、消灭阶级敌人和建立集体化农场。数以千计的农民食不果腹、疾病缠身或身陷囹圄。[5]在饿殍满地的情况下，第二个五年计划开始了。

社会主义时代必须加速发展；高速发展将社会主义建设与它要消灭的市场区别开来。但如果发展速度缓慢怎么办？苏联官方文献中既给出了信仰社会主义的指导方针，又对这一问题提出了解决办法。该文献具有权威性，受到广泛认可，且充满社会主义—现实主义情节，讲述了一位自发的但未开化的英雄人物与资本主义敌人、资本主义思想和物质艰难作斗争，直到他开始觉醒，能够理解历史的真正本质就是向共产主义道路发展，也明白了自己在历史发展中所扮演的角色。这一“漫漫征途”式的叙事激励了广大人民群众拿起笔杆写日记或公开发表言论，记录或讲述如何通过劳动和意志超越过去，以成就一个纯粹的、集体的、革命的自我和社会。[6]这种叙事方式对当时混乱不堪、极其糟糕的社会具有重大意义。毕竟，一个人只有经历贫困并为此做出努力，谴责未开化的民众，才能加入人类历史上最英勇的战斗中来，那就是建设一个社会主义新世界。

虔诚的布尔什维克认为，楚科奇人从落后的发展状态中走出来需要走很长的一段路。但是，第一个五年计划的结果表明，楚科奇地区大多数的驯鹿牧民甚至都还没有开始做出改变。新建的集体农庄、集体化工人、社会主义模式下养殖的驯鹿，这些都是苏联可获得的能源，而这些无论在数量上还是科学化程度上都落后于五年计划的指标。为了赶上苏联其他地区的发展步伐，集体农庄的管理者、秘密警察和楚科奇各大商店工作人员开始采取武力的方式对“未开化的人”进行改造，这是一场“与残余部落制度的坚决斗争”。[7]战胜过去的最好办法是下定决心，没收楚科奇人的驯鹿，逮捕持不同意见者。阿纳德尔的政党领导人总结道：“善待‘富农和萨满’只会让他们像皮蝇产卵一般，人数越来越多。我们必须抓住他们所有人，这样他们就不会反对我们的工作。”[8]

五年计划前，楚科奇人还是可以避开苏联人的侵扰或选择性地与他们接触，而现在苏联人的存在已经成为真正的威胁。如今只要谁身上戴有护身符，就会被认定是萨满，随后苏联人就会对其进行逮捕。拥有一大群驯鹿的家庭意识到，除非将驯鹿上交给国家，否则自己就会成为国家的敌人。很多楚科奇人隐退到内陆更深远的地方，那里有宽阔清澈的河流，还有连绵起伏的群山。也有楚科奇人攻击当地积极分子和政党成员的情况发生。与苏联南部的农民一样，楚科奇牧民宁愿宰杀驯鹿，也不将其上交给国家。[9]在第二届苏维埃阿纳德尔地区代表大会上，一个楚科奇人的代表——因拥有极少的驯鹿而当选，因此照理说，他是认同苏联政策的——“用一把楚科奇的刀刺穿自己的心脏，没有喊叫一声”，最后失血过多而死。“没人料到会是这样的一个局面。”政党领导人写道。他将这一自杀行为解释为“富农和萨满人的挑衅滋事”，并把这名死者视为阶级斗争的受害者进行埋葬。[10]

莫斯科也关注到楚科奇地区发生的暴力事件。1934年，为了打消“有人对中央存在不信任念头”，斯大林下达指令，“清算那些疏远中央和脱离中央管理的[北部人民]”。[11]新规并非要求所有的驯鹿都成为集体财产，而是允许集体农庄牧民个人最多可拥有六百只驯鹿。苏联商店是唯一可以买到茶叶、糖和刀具的地方。进店购买这些商品意味着同意加入集体农庄中来。到1934年底，据估计，楚科奇的十所集体农庄拥有该地区内三分之一的家养驯鹿。[12]一些楚科奇人加入集体农庄的理由更接近于皈依社会主义信仰，而非对商店里的茶叶感兴趣。肖穆什金描述了一个名叫伊尔马赫的楚科奇人，他“是一名伟大的政治人物”，萨满曾到集体农庄偷驯鹿，造成伊尔马赫丢失了八百只驯鹿。在这件事发生之后，伊尔马赫要求苏联“组织一场教育运动，并自称为该运动的领导者”。[13]伊尔马赫不是唯一明白文化教育和苏联的其他同化方式有用的楚科奇人。1939年，一个名叫维克多・凯尔库特的男孩被父母送到离阿纳德尔不远的一所面积不大的农村校舍里学习识字，校舍的窗户朝向远处的青山，到了秋天，苔原上的丘陵两侧红黄相间。

伊格尔金十六岁那年，全家人踏上了去往别廖佐沃镇的共产主义集体农庄之路。别廖佐沃镇在维克多・凯尔库特所在学校的西南方向，相距一百英里远。1940年，这个小村庄里只有一所学校，后来，人们沿着维利科伊河搭建了很多帐篷。河岸边长满了紫红色的火草，气温足够暖和，适合树木生长，这里离牧草充裕的牧场也很近。伊格尔金的家人并不愿意来到此地。据他所说，有一天晚上苏联警方突袭营地，逮捕了一位名叫格马夫的老人。老人大声叫喊，不明白发生了什么，场面一度混乱不堪，随后被苏联警方拖着离开了帐篷，大概有十个人被杀，其中就包括老人的三个儿子。[14]不光如此，警方还烧毁了营地，“拿走了所有的东西”，伊格尔金回忆道，“雪橇甚至绳索和粗麻袋，他们全都拿走了”。没有了雪橇和拉雪橇的驯鹿，就根本无法让驯鹿群迁徙到新的牧场。在苔原上生活，迁徙是必不可少的；由于被夺走了工具，出行不便，家家户户不得不加入集体农庄。数十年后伊格尔金回忆道：“从一开始，政府就使用武力镇压我们。许多人丧命是因为我们不接受这一强加给我们的生活方式。”[15]苏联人给苔原上的人们描述了一幅充满希望的图景，包括他们提出的充满希望的想法和漫长的解放道路。而为了转变，所有的楚科奇人必须要放弃掉他们的驯鹿以及他们的整个世界。老鹰不再拥有它们自己的国度，老鼠也不再是那些住在地下房屋，随时准备变成猎人的生物，护身符也不能让一缕貂毛变成一只活貂，然后再变成一只熊。皈依意味着抛弃原先的信仰。苏联人烧掉了格马夫的护身符。

伊格尔金所讲述的别廖佐沃镇建立集体农庄后发生的事情，并不是当地社会主义者、外来者或楚科奇人的亲身经历。苏联档案馆中有这样的记载：格马夫拒绝为他的驯鹿群缴税，于是他被划定为富农。更糟糕的是，当一个当地集体农庄委员要求征收更多的驯鹿时，出于报复，格马夫杀死了他。一位苏联史学家写道，格马夫选择走上了“用暴力手段消灭苏联人、党务工作者、积极集体主义农民的道路”。[16]据官方的说法，格马夫被一群信奉集体主义的楚科奇人枪杀，这群人把他的尸体扔进了河里。格马夫手里的驯鹿被分配给了集体农庄，成为旧世界向新世界转化的过程中一笔可量化的收益。

别廖佐沃镇上发生的这些事情，无论是官方记录还是民间叙述，都是一段漫长曲折过程的一部分，这个曲折过程最先开始于莫斯科，后来才到达楚科奇地区，涉及指控、逮捕、酷刑、监禁，有时还包括处决。从1935年开始，苏联对精英政党队伍内不信任中央的人员进行了一场带有道德恐慌色彩的整肃运动，以清除所有可能存在的隐患，这场整肃运动一直持续到1937年。但如今需要清算的不是对党中央的不信任，而是清除一切通往社会主义未来的道路上的阻碍。在楚科奇地区，整肃运动将集体化从一种强行获取能源的方式转化为一种强制执行的意识形态考验。那些未能遵照此模式的人，如"卡尔波夫同志"，因"蓄意破坏旅行文化基地的工作"而受到审判，缘由是他未能让楚科奇人参与其中。有些外来者则被指控道德败坏、酗酒、"不与富农作斗争"或有阻碍集体农庄建设的其他行为。人人都需要回答此问题："你在苔原这片土地上做出了什么贡献？"[17]如果回答不令人满意的话，明面上的惩罚可能是被判处监禁或死刑；私底下的惩罚可能会是承受失败感的折磨，由于缺乏意志而被社会主义建设抛弃。如果伊万·德鲁里没有建设集体农庄的话，那么他可能就不是一个真正意义上的社会主义者。

伊万·德鲁里是一个名副其实的社会主义者。他建立的集体农庄里不光有一个公共澡堂、一个棚屋，还有一万四千只驯鹿。但是在别的集体农庄里，若没有充足的驯鹿，集体农庄管理者就不得不回到苔原去寻找驯鹿，以拯救自身和社会主义信仰。与伊格尔金一家一样的楚科奇人似乎选择了过去的生活方式，这样的结果阻碍了社会主义的发展，因此也阻碍了未来的进步。为了消除这种落后状况，新颁布的法律规定，未参与集体农庄的楚科奇人须将其手上70%的驯鹿上交给苏联政府。自1938年以后，旷课被记录为违法行为，这使得90%的游牧儿童顷刻间成为少年犯。[18]任何一个楚科奇人都可能被加一个简短的罪名而被苏联内务人民委员部逮捕。例如，卡拉乌夫因信奉萨满教，不肯让子女加入苏联社会主义青年团，而被判处十年监禁。再比如瓦皮斯卡，一个脸上带有因天花而留下疤痕的矮小男子，他拥有二十二只驯鹿，一家人住在平原区，紧依着恰翁河。1940年5月，瓦皮斯卡因破坏分子罪名入狱。在审判过程中，他表示："我不支持苏维埃政权。我才是苔原的主人。在我的营地中，我不允许一所学校诞生于此……由于俄国人来到苔原，很多土著人身体抱恙。要不了多久，这片土地上就会夺走许多人的性命。"[19]瓦皮斯卡离伊格尔金的帐篷被烧为灰烬的地方有几百英里远。两地之间的苔原上大火连天，黑烟滚滚。对于苏联社会主义的信徒来说，这些冲突如此清晰，不可避免，而楚科奇人在雪地里挖洞埋葬孩子们尸体的画面，让伊格尔金觉得苏联的侵入就是一场悲剧。

不光土著人深受其害，驯鹿也同样面临困境。集体化模式与同时期斯大林实行的整肃运动共同带动了苔原集体农庄数量的增长，到1940年，阿纳德尔地区集体农庄数量达到了二十一个。其中有一些集体农庄的经营范围已经超出了书面文件上所规定的。但从集体化开始实施到1940年的这段时期，楚科奇地区的驯鹿数量减少了十万只。[20]有部分原因在于政治变革的动荡不安，还有部分原因在于气候变化。[21]苔原上那些年的天气很暖和。但最主要的是由于萨满教教徒和马克思主义者之间的争执，大家的注意力大多不在驯鹿身上。在双方不和的情况之下，驯鹿群被强制分隔开。身心承受着巨大压力的雌鹿要么流产，要么产下体型瘦弱的幼崽。无人照料的驯鹿变得凶猛，恢复了原有的野性。迁徙路线也被打乱。驯鹿群吃光了地衣，牧场里光秃一片，只剩下裸露的石头孤零零地躺在那里。驯鹿因独自生活在苔原上，缺乏警惕性，成为越来越多的狼群口中的猎物。[22]

二

春天，苔原上的狼群开始出来寻找巢穴。通常，狼群由一对成年狼领导，相互之间都有着血缘关系。繁衍养育下一代的任务是由狼群集体完成的。当狼群跟随驯鹿群迁徙时，它们会寻找一个适合生存的巢穴，给孕有狼崽的母狼安置一个庇护之所。狼群会将觅得的食物带给哺乳期的母狼吃，出生一个月后的小狼崽摇摇晃晃地行走，眼睛熠熠发光。一眨眼的功夫就到了仲夏季节，一群年长的兄弟姐妹们负责喂养和教导狼崽。狼的毛色灰白，在行走时，它们的姿态、神情、声音以及尾巴的位置都是有秩序可循的。这些秩序不仅反映着狼群中的地位尊卑，还可以用来互相配合捕食。狼群会连续几个季节追踪猎物，在如何相互合作并利用周围的地形来袭击猎物方面，逐渐形成了一套惯例。[23]春季出生的幼崽必须要了解驯鹿的价值，并学会捕杀驯鹿的方法。

狼群在空间上跟随着驯鹿迁徙，而从时间上来看，狼群与驯鹿的数量增减趋势也相同。[24]在19世纪末，阿拉斯加西北地区的狼群数量与野生驯鹿数量同时减少，1850年这片地区大概有五千只狼，而到了1900年仅剩下一千只。[25]数量减少是因为一些狼遭到捕杀，毛皮被用来制成捕鲸者身上的皮制大衣。狼群数量减少的主要原因还是气候的变化，加之生活在沿海地区的土著人吃掉了苔原上狼群的食物——驯鹿。因此，当家养驯鹿进口至北美时，人类几乎是它们唯一的消费者。在驯鹿驯养计划实施的前四十年里，西德尼·鲁德写道："狼群罕见，每隔几年才会在布里斯托尔湾和巴罗地区之间的某个地方看到少量狼群出没。"[26]

随后狼群注意到家养驯鹿的出现。1925年，一些狼从布鲁克斯山脉深处沿着海岸向西跟踪驯鹿。[27]十年后，正当洛门公司退出驯鹿生意时，阿拉斯加西北地区遭遇了印第安人事务局所说的“大规模狼群侵扰，造成了巨大损失，引发当地人恐慌”的困境。[28]每年夏季，一只母狼可产六只左右幼崽；两年后，狼崽长大了，从原群体中独立出来，继续组成新的狼群，如果狼群有足够食物可吃的话，那么一年后组成的新群体数量又会翻一番。[29]在驯鹿成群的阿拉斯加西北地区，狼群毫无节制，吃得不亦乐乎。在基瓦利纳，狼群吃掉了三万四千只驯鹿。1927年，科策布附近有一万八千只驯鹿，十年后都消失不见了。[30]美国驯鹿服务局带着畏惧之情描述了这一现象，称狼群数量的过剩是一种威胁、一种祸害、一种灾难，也是一种侵害。[31]“狼撕咬驯鹿，粗暴地将其整个撕开。狼群还会将母鹿腹中未出世的幼崽直接撕咬出来。它们舔舐着幼鹿的血。”[32]在巴罗附近，“每个狼群由百余只狼组成，它们会集体袭击土著人”，“有一次土著人险些丧命”。[33]到了1940年，随着重新制定的自由牧民计划开始实施，美国驯鹿服务局统计的家养驯鹿数量仅有二十五万只。

一年以后，日本轰炸美国珍珠港之后，美方军队开始食用驯鹿，并用驯鹿毛填充救生衣。在诺姆镇兽皮缝纫合作社里，因纽皮亚特妇女们为军人们缝制了可两面穿的鹿皮大衣，还有手套、帽子和靴子，为其家庭赚取了数万美元，也为驯鹿在国防中赢得了一席之地。[34]而以战时物资驯鹿为食的狼群则成了大家眼中的“宿敌”，美国计划扭转这一局面。[35]“这是一场战争，”一名教师写道，“唯一的问题就是如何发动这场战争？”[36]阿拉斯加狩猎委员会提出，使用罗网、钢制捕兽器、步枪，雇用会设置捕兽器的专业人士来对付狼群，这样每年可消灭几百只狼。[37]数十年以来，由政府提供的捕狼赏金从十美元上涨到二十美元，最后高达五十美元。为了确保“国家的食物供应稳定”，一名驯鹿管理员想用机关枪猎杀狼群。[38]

猎杀狼群的行动一直持续到日本投降之后。20世纪50年代，美国鱼类和野生动物管理局从飞机上射杀狼，或在鲸脂中掺入剧毒的马钱子碱。阿拉斯加的驯鹿肉市场不稳定，美国驯鹿服务局也不再相信驯鹿能养活整个国家，但是随着阿拉斯加地区军队的数量不断增多，驯鹿在这片土地上还是有未来的。在那个未来中，人类首先对土地进行管理，提高作物产量，驯鹿数量就会增多，就这样，先拉动供给，再创造需求。通过捕杀狼群，减少狼群数量来提高驯鹿供给。同时让越来越多的人迁徙到阿拉斯加生活，从而提高对驯鹿的需求。需求多了以后，驯鹿主人就能赚取更多的收益。市场和政府共同发挥作用让苔原稳步发展；除非有狼群来扰乱驯鹿的供给。在苔原上养殖驯鹿可以增加其数量，使其超过现有牧民的数量，并拉动对驯鹿的需求，还可以雇用猎人猎杀狼群从而增加驯鹿数量。

在这新出现的矛盾之下，西蒙·帕内克就是其中猎杀狼群的人之一。在巴罗念完书以后，帕内克就一直四处漂泊，在银装素裹的山谷中，在远离努阿塔格缪特地区，风呼啸吹过的山口处捕捉狼。但在20世纪30年代，在他出生地的河流附近，他看到驯鹿又回来了。于是，帕内克和其他几个家庭尾随着鹿群，回到了图拿纳和基克图格亚克成长的地方。他们从小就听闻这样的传说：他们的祖父母来自狼群，祖父母在临死之前会一路哀嚎着回到他们最初的狼群，尸体最终成为阿纳克图沃克帕斯村庄土壤中的肥料。[39]由于没有钱买糖、茶叶或烟草，“就像生活在过去一样”，帕内克回忆道，“我们以驯鹿肉为食”。为了凑买弹药的钱，他杀死“野狼，拿到了三十美元赏金”。[40]与他同代的人会寻找狼群的巢穴，然后猎杀狼崽，用狼崽的嚎叫声引诱成年狼出现。[41]在捕狼赏金的诱惑下，一些未曾拥有过驯鹿的因纽皮亚特人也参与到驯鹿经济中。

尽管有帕内克这样的捕狼猎人，但是驯鹿经济的基础还是被撼动了。到了1950年只剩下二万五千只家养驯鹿。生活在苏厄德半岛的因纽皮亚特牧民们，对驯鹿数量的下降和驯鹿前景持有他们的看法。丹尼尔·卡鲁伦描述道："所有狼吃驯鹿都是从舌头开始吃的，因为吃驯鹿舌头会使其肥壮。"[42]有人说牧场里的地衣被驯鹿吃光，只剩光秃的石头。驯鹿肉市场变化莫测。牧民之间发生争执，有些人离开了驯鹿养殖业，前往矿地工作，有些人从事狼群诱捕工作，还有一些人随着孩子上学迁徙到了别处。驯鹿受到皮蝇的叮咬，痛苦不已，四处逃散。大家所持有的看法都是从苔原生活的经历中获得的，在苔原上生活就没有稳定可言。有几年，北极兔数量庞大，它们吃光所有的柳树，迫使驯鹿迁徙别处；还有几年，冬季末的冰雪覆盖了柳树，这使驯鹿啃食植被受到了影响。[43]在克利福德·韦尤安纳还是个孩子的时候，祖父就告诉他，早晚有一天，野生驯鹿会回来的。[44]

三

狼群的使命就是捕食驯鹿，以繁衍更多的狼。在不断被捕食的过程中，驯鹿数量越来越少，而这给地衣或柳树提供了一个休养的机会，它们又能存活一年。在进行光合作用的植被和啃食植被的动物之间一直存在着平衡问题，狼群在这个问题上起到了制衡作用。[45]

与因纽皮亚特人不同，楚科奇人并没有把狼群视为家庭中的一分子，而是把狼看作邪恶的生物，夏天它们是海洋中的虎鲸，冬天它们就变成狼，捕捉苔原土地上的驯鹿。[46]在这一点上，楚科奇人和苏联人看法是难得的一致。他们都认为，狼群的出现导致北方的驯鹿群分散至各大山脉，从早期布尔什维克来到这里之后，狼群就跟入侵的沿海美国人一样成为一个棘手的问题——两者都是捕食者。[47]然而，楚科奇人处理狼群的方式，让苏联人感受十分惊讶。“与驯鹿的主要捕食者——狼的斗争实际上是不存在的，”一名调查员写道，“楚科奇人认为，狼作为苔原的一分子，有权得到属于它的那些驯鹿。”[48]

苏联人组织了狼群消灭运动。在狼捕杀其他牲畜之前先把狼杀掉，这是俄国人旧有的手段，现在他们又把这种手段带到了苔原上。苏联人不太熟悉驯鹿，至少他们不清楚集体化之后应该怎样对驯鹿群进行管理。苏联人认定，在正确的集体化管理之下，驯鹿产量应该会有所增加，但是马克思和列宁的理论中都没有对游牧畜牧业的叙述。在马克思主义的指导下，应当如何饲养驯鹿？或在其他的模式下，驯鹿应该如何管理？伊万·德鲁里在又闷又热、烟雾弥漫的帐篷里度过了几个月，在有关驯鹿繁殖、迁徙、饲料和疾病的基本问题上，“从当地经验丰富的牧民那里获得了建议，接受了他们的帮助”。工作进展有些缓慢。德鲁里写道，除了“对游牧营地的定期第一手观察”外，专家们还增加了生物研究，“以确定驯鹿在不同季节对牧场的需求、放牧技术、牧民队伍的规模和组成，以及动物园兽医服务站的条件状况”。[49]

在集体化发展的剧变过程中，官僚和科学家们开始根据楚科奇人的做法制定出一套有关驯鹿生产的苏联理论。他们注意到，富有的楚科奇人已经掌握了创造驯鹿数量盈余的方法。首先，他们寻找仅存的几只野生雄鹿，然后将家养雌鹿与野生雄鹿进行杂交繁殖“以提高鹿群的品质”。[50]其次，驯鹿主人手中的雌鹿数量要多于雄鹿。最后，由于大多数雄鹿会被宰杀掉，而雌鹿则会被留下来繁衍新生命，所以只有大规模的鹿群才能创造出可观的盈余。苏联的志向就是使盈余不断增加。盈余增加可以在计划中有所体现，而这个计划——无论是在苔原上，还是在海岸上，抑或在其他地方——都是衡量国家在通往共产主义漫长发展道路上的一个可量化的指标。20世纪40年代，为了让驯鹿参与到计划经济中来，德鲁里把他从楚科奇人那里收集到的信息详细地记录下来。在他的描述中，理想的社会主义模式下的驯鹿群要具备高产的特征，一般的驯鹿群是由数百只驯鹿组成，最理想的情况是要达到数千只。[51]

在五年计划最初实施期间，对驯鹿产量的需求已达数千只且很紧迫，随着1941年纳粹向西入侵，这一需求变得更加紧迫。在苔原上，外来者人数占楚科奇地区人口的四分之一，其中包括苏联官僚、秘密警察、工程师、地质学家、教师和兽医，他们不能指望进口的牛肉、猪肉和香肠源源不断地运过来。所有的蛋白质都是为前线战士准备的。所以，在这种情况之下，正是驯鹿肉养活了飞往阿拉斯加的借调飞行员、建筑工人和监管锡矿营地的官员。现在，如何实现产量最大化事关生死存亡，集体农庄要求所有的驯鹿都要参与集体化。一名同志写道，“集体农庄‘不断发展’，到1941年1月1日已经拥有了355只驯鹿，到1945年1月1日，社会主义模式下驯鹿数量达到了9216只”，这表明“每年集体农庄都超额完成驯鹿业发展计划目标”。[52]维克多·凯尔库特此时已经从学校毕业，在集体农场工作，他和其他一些楚科奇人一起加入了苏联红军。正如《苏维埃楚科奇报》所报道的那样，那些选择留在后方参与集体化的人，在战争期间“积极努力地在集体农庄建设中取得新成就，再次证明他们对我们作战的支持”。[53]集体农庄通过捐赠驯鹿和卢布给前线赞助了一支坦克车队，还将数千只驯鹿尸体和皮革制品送到前线。[54]

楚科奇远离港口城镇，与新建立的军事基地和爱国主义性质的集体农庄相距甚远，所以在某种程度上讲，第二次世界大战在这里只是一场内战。苏联对驯鹿进行征税和征用，这激起了整个苔原地区人民的反抗。一个名叫瓦皮斯卡的男人于1940年以破坏分子的罪名被捕入狱，在逃狱后，他说服了其他家庭逃离这里，不再为满足苏联的战时需求而服务。他们并不是唯一这样做的人。“穷人在农场里谋生，政府却拿走了所有的收益，”1944年，一个名叫利亚特科特的人告诉内务人民委员部，“我是我自己的主人。只有在楚科奇人的统治之下，生活才过得更好。”他拒绝交出手里的驯鹿。一名官员报告称，在一次为苏联红军集资的活动中，一个名叫特伦科的牧民“断然拒绝帮助我们的国家”，并组织了一次突袭行动，偷走了集体农庄里的驯鹿。司令官建议派一架飞机“抓住特伦科所在的反革命恐怖主义组织”，并将其组织从苔原上清除出去。[55]五年后，伊格尔金从春季待的牧场回到了他的集体农庄——“北极星”，回来后他发现农场里家家户户饥肠辘辘。执事者征收了他们手里所有的肉和鱼。伊格尔金等人将执事者痛打一顿，并重新选出了一名新的领导。之后，马尔科沃红军支队派遣士兵逮捕这些“煽动者”。在河边茂密的桦树林里，楚科奇人和苏军士兵相互射击。几名老人自杀了，共有五十人丧生。伊格尔金被监禁在新西伯利亚。[56]

1951年3月21日，苏联驻楚科奇地区的党委书记“决定是时候在整个楚科奇地区建立苏维埃政权了”。B. M. 安德罗诺夫回忆道：“毕竟，这里是国家唯一仍然保护富农的地方。”富农现在指的是任何远离集体农庄的家庭。现在富农的数量不多了，这让那些与国家保持距离的楚科奇人倍感压力。一路逃离而备感绝望的瓦皮斯卡威胁称，如果他的兄弟加入集体农庄，他就会将其杀死。在奥姆瓦姆河附近，一个名叫诺坦瓦特的男子宁可自杀，也不愿让其家庭财产归集体农庄所有。但诺坦瓦特的儿子鲁尔提尔库特却成为一名积极的共产主义者。鲁尔提尔库特最后溺水身亡，杀死他的是在他父亲的集体农庄里工作的一个牧民，这个牧民曾发誓绝不让诺坦瓦特的孩子遵循苏联的生活方式。[57]

1955年，伊格尔金出狱后，苏联人与楚科奇人之间已停止公开的斗争。最后一批仍在公开场合活跃着的萨满被内务人民委员部拘留。从形式上来看，楚科奇的驯鹿群属于社会主义性质；但看护它们的牧民实质上是否信仰社会主义就很难说了。许多家庭私下举行仪式，教授孩子们护身符和祈祷背后的一些含义，之后在9月1日这天，苏联派了一架直升机将这些孩子送到国际学校或寄宿学校。后来当孩子们回家后，父母们抱怨说，孩子们已对驯鹿一无所知，也不会正确地讲楚科奇语，因为九个月以来他们只用俄语交流。

但是，有一些楚科奇人是党员，他们开始举办一些有关完成生产计划和社会主义庆祝活动的新仪式。[58]一个名叫奥特克的男子代表楚科奇地区出席了最高苏维埃的活动。维克多・凯尔库特在阿纳德尔的《苏维埃楚科奇报》工作，他在书写自己漫长的探索社会主义的过程中找到了希望。他创作了有关飞机和驯鹿的诗歌，诗中写道："穷人 / 一起生活在集体农庄里 / 实现了长期以来的梦想 / 此后楚科奇人不知痛苦为何物。"[59]1951年，肖穆什金回到楚科奇地区，描述了"快速的变化是我们社会主义建设鲜明的特点"，它带来了"革命性变化"，如道路和医院纷纷在楚科奇地区建立起来了，也让楚科奇人心中增添了一份使命感。"苏联人唤醒了楚科奇人提升文化和政治生活的意识，"他写道，"苏联人的到来也让这片寒冷的土地重焕生机。"一个年轻牧民告诉肖穆什金说："过去我们的生活好似覆盖了一层厚厚的冰雪，暗无天日。后来斯大林同志帮助我们打破了这冰层，让我们沐浴在阳光下，如今我们过上了一种全新的、有趣的、智慧的生活。"[60]

20世纪50年代，对于楚科奇人来说，最可能的生存方式就是用新的价值观来取代旧的价值观。在奥姆瓦姆河畔，一个名叫蒂姆宁蒂努的楚科奇人是第一批加入位于阿姆古埃马河的集体农庄的人。他还娶了三个妻子，手里也有足够多的驯鹿，在楚科奇人中有一定的影响力。1951年，年迈多病的他要求自己的弟弟按照仪式杀死自己，这是一种传统的自我牺牲行为，只要祈祷得当，就会给他的部落带来财富。但蒂姆宁蒂努的弟弟不愿意这样做，认为"我们现在生活在一个新的时代……而以前我们祖先建立的法律和惯例都已经过时了"。一位苏联民族志学者听闻此事，一脸震惊，他站出来阻拦，说道："我们所有人，无论俄国人还是你们楚科奇人，都已处在一个全新的时代……病人们应接受治疗，不应被窒息闷死，你的生命对于你的集体农庄进一步发展是有意义的。"[61]蒂姆宁蒂努听完后不再要求自杀，而是同意接受治疗——这是对一种不同的集体主义的一种不一样的牺牲。

图12：阿姆古埃马的景观

这里大概一共有一百个集体农庄，蒂姆宁蒂努的集体农庄就是其中之一。苏联人对放牧有着自己的一套规则，在这片社会主义土地上，有不少牧民在此劳作，同时有超过四十万只驯鹿散养在集体农庄里。苏联的驯鹿由信仰社会主义的牧民管理，而非由萨满控制，所以它们没有理由不繁衍生息。现在苔原由列宁格勒极地农业和牲畜业研究所培训的科学家直接监管，正如驯鹿专家P. S. 日古诺夫所写的那样，这些科学家准备向北引进"一种新的苏联社会主义文化，希望对驯鹿放牧的发展产生直接有效的积极影响"。[62]苏联的社会主义文化意指根据驯鹿生死的波动，从饲料到驯鹿肉等多方面考量，重新绘制苔原的土地。生物学家研究了苔原地区的发展情况，力求"大规模改善牧场条件，使其植被丰饶，产量最大化……并提出合理利用土地的方法"。[63]规划者给每一个集体农庄划分了一块土地，规定每块土地都只可"季节性使用"，以提供给驯鹿最佳营养成分，每块季节性土地一经使用，待数年休养后，方可再次使用以避免过度放牧。[64]兽医会为驯鹿接种炭疽疫苗，也会检查驯鹿是否患腐蹄病，还会用农业杀虫剂驱赶皮蝇。动物学家还研究狼群的生活习性。像伊万·德鲁里写的手册中就提到了如何繁衍最大规模的驯鹿群。[65]集体农庄里的工人们搭建了畜栏、遮篷、防风墙和屠宰场，以充分利用死去的驯鹿身上每一块有价值的地方，包括"驯鹿肉、脂肪、肺、心脏、肾、血液、鹿奶、棕褐色的生皮、鹿毛、鹿筋和鹿角"。[66]工人们也会宰杀狼群。到了1960年，苔原土地上仅存的公开暴力活动就是在狼群和人类之间展开的，因战争期间弹药稀少，所以数年后狼群再次出现在苔原上。一位动物学家写道，为了实现"彻底灭绝狼群"的目标，集体农庄进行了多项试验，如使用毒药，从直升机上射杀狼群以及使用捕兽器等，试图找出"能够消除这些食肉动物所造成的损失的最佳方法"。[67]

每一只苏联驯鹿都很值钱，所以不容有什么闪失。1960年，家养驯鹿数量刚恢复到革命前的规模。要想证明革命的正确合理，就必须超越这个数字。因此，要达到这一目标，每只驯鹿都至关重要，驯鹿肉的磅数、毛皮的尺寸、活驯鹿的头、公驯鹿的头、母驯鹿的头、新生幼鹿的数量等都是计划中的一个个指标，完成该计划是集体农庄成功的中心环节。当地官员仍然确信大规模的驯鹿群可产生最大盈余，于是他们将强氏集体农庄的范围从海岸扩展到苔原。他们还将分散的集体农庄进行合并；这样，小规模的鹿群也合并成了大规模的。原先在集体农庄里，成员集体拥有财产并制定他们各自的产量配额，但现在集体农庄变成了国营机械化农场，财产归国有，生产计划也由国家制订。到了1960年，楚科奇集体农庄的数量仅剩一半。[68]从产量来看，强氏集体农庄运行良好。一家合并企业的负责人证实说："1961年，我们的国营机械化农场是由两个集体农庄合并而成的，如果是单个集体农庄就无法完成计划，而现在第一年我们的国营农场就在所有领域都完成了目标，人人都生活得更好，供应也有所增加。"[69]

这些供应带来了早期五年计划中梦寐以求的那种转变。成群结队的驯鹿牧民使用除雪机和被称作"越野车"或"皆可达"的坦克式拖拉机穿越冻土带。尽管大多数牧民用驯鹿拉着驯鹿皮帐篷迁徙，以免干扰苔原的生长，但还是有一些牧民拖着金属小屋四方游走。所有人都需将他们的活动通过无线电报告给中央的国营农场管理者。[70]一旦到达了水草丰美的牧场，就会有一些妇女在那里驻扎营地，四五个训练有素的男人和一名学徒则从早到晚地轮流工作一个月，他们的工作内容就是负责观察狼群的动静，更换牧场地，有时候还会亲手带大失去父母的幼鹿，把它当作营地的宠物来养。

战后的放牧方式试图减少人们的游牧生活，而游牧生活是照料一个寿命短暂的种群所必需的。男人轮班放牧；妇女和儿童住在像阿姆古埃马和埃格韦基诺特那样的村庄的公寓楼里，苏联的规划者将房子设计出“温暖、明亮、舒适”的感觉，“在这里休息的时候，牧民们可以沉浸在文化氛围中放松身心”。[71]许多家庭在最大的房间里搭建了驯鹿皮帐篷。妇女们在长棚屋里工作，负责剥驯鹿皮、制作皮革和缝纫工作，以满足国营农场对手套、靴子的需求。除此以外，她们还会在养殖狐狸的农场里工作。一些受过培训的妇女在普罗维杰尼亚外面建造的小型奶牛场工作，她们负责挤牛奶并在冬天把进口的干草喂给奶牛。她们的孩子白天在学校里上课，暑假参加苏联共产主义青年团夏令营；她们的丈夫、父亲和兄弟在家和苔原之间来回奔波，在家待一个月之后，就前往苔原照料驯鹿一个月，就这样乘直升机往返。

由于现在放牧需要掌握机械、无线电操作和兽医规程方面的专业知识，而且孩子们现在在学校里长大，而不是在苔原上，所以驯鹿科学家和国营机械化农场的管理者们得出结论：“在发展驯鹿放牧方面，最后一项且起决定性作用的任务就是对牧民进行反复培训，主要通过推行针对驯鹿牧民队伍的强制性学徒期以及组织特别研讨会和课程。”[72]外来者们曾经从楚科奇人这里学习畜牧方法，比如，德鲁里就曾蹲在驯鹿皮帐篷里观察楚科奇人是如何放牧的，但现在畜牧方法可正式教授。这使驯鹿放牧与其他工作无异，就如现在楚科奇人的生存方式看起来与苏联人无异——工作都是以轮班的形式进行，并遵循“基于莫斯科经济发展计划”的生产配额。[73]苔原上的时间也与苏联时间保持一致，以工厂时间运转，其中有苔原地区“一流的工人，他们是一群新型工人，毫不畏缩，每年都会在驯鹿饲养工作上实现高产量目标”。[74]

由于苏联在苔原地区到处建立工厂，所以采购、文化水平和管理方面的各种问题随之而来。苏联承诺往苔原地区运送车辆，但等待了数年，苔原地区才有了车辆。甚至从海洋哺乳动物的集体农场那里获取海豹皮也很困难。[75]在就业方面存在着不平等的问题：国营农场经理、医生、兽医和其他高薪职位通常由外来者担任，这些外来者认为，楚科奇人不具备熟练掌握俄语的能力且文化程度低，而且还认为楚科奇地区的社会主义发展水平低下。楚科奇人加入共产党的不多。生活在城镇里的楚科奇男人发现想结婚很难，因为女人并不愿意自己的配偶频繁前往苔原工作。但是在镇上很容易买到酒，想借酒消愁很容易。对于苏联专家们来说，这些都是短暂性的问题；正确的社会主义形式已经就位，"北方驯鹿产业在未来将会发挥重要作用"。[76]社会主义生活将会紧随而来。

图13：马加丹的小镇

但要多久才能实现社会主义呢？驯鹿产量要达到多少才能确保这一未来的到来呢？与美国产量过剩导致价格下降的情况不同，在苔原，需求不是一个有效的衡量标准；国营农场之所以成功不是靠利润驱动，而是靠提高产量。国家会提供各种补贴以弥补各项不足。[77]创造未来需要先了解驯鹿产量可以达到多少。为了回答此问题，苏联牧场科学家开始计算每个集体农庄所分配到的区域的最大产量。对于大多数专家来说，这意味着要弄清楚苔原的承载能力，这是一个固定的上限值。在美国也是一样，从调查植物类型和放牧习惯来确定这一上限值，以找出“正确组织模式的基础”。[78]但是一些科学家认为，社会主义的未来不是要达到生物最大值，而是力图消除最大值这一绝对概念。就职于马加丹州土地利用办公室的一名专家V.乌斯蒂诺夫，就将承载能力视为“某些管理人员的错误观念”，并认为随着“驯鹿群新的组织形式的产生”，驯鹿数量将会继续无限增长。[79]真正意义上的社会主义生产是不受生物学的束缚，摆脱生死循环。该计划将打破对生命的一切限制。

四

与北美驯鹿数量不断起伏一样，其他生物的数量也处于波动之中。北极野兔和狐狸两大种群之间相互影响、相互制约。野兔与驯鹿的食物来源有一些是相同的。狼群吃野兔，金雕既吃野兔也吃幼鹿。生物种群数量时而丰裕，时而稀缺，这种波动使白令人的生活充满了变化。也许在长达数世纪之久的历史发展中，存在着一种平衡，一只狼死亡同时也会有一只狼出生的完美时刻，一种桤木被啃光树叶同时也有桤木发芽生长的最佳时机。但是，生活在白令陆桥的人一生却处于不断变化之中。

外来者没有料到这片已驯化的苔原竟是如此变化莫测。他们的环境管理人员试图抓住诸多机遇，使苔原的发展不再多变、可以控制，并成为美国和苏联各自国家经济发展模式的一部分。在美国，市场赋予驯鹿的价值和土地的承载能力可约束苔原的发展。在苏联，即使在实际需求得到充分满足的情况下，需求还要受意识形态的影响。每只集体化管理下的驯鹿都有价值，每支社会主义模式下的驯鹿群都将实现苔原地区的最大持续产量。但是，在白令海峡两岸，一旦达到土地承载力的上限，市场达到饱和状态或驯鹿产量达到最大值，驯鹿的繁衍和人类对驯鹿的消费就会处在人类设立的持续平衡之中。在理想化的苔原土地上，人们通过割裂自身与自然来创造历史，然后使自然静止不动。只有人类可以改变，这么做是为了给苔原带来更好的发展前景。

到了20世纪60年代，通过参与两国的经济发展实践，借鉴两国的经济发展理想，白令人已经做出了改变，尽管改变程度并不相同。在楚科奇地区，从20世纪初开始，到后来实行集体化，再到战后合并驯鹿群建立国营农场，苏联放牧的志向基本未变。尽管发展节奏时快时慢，但从集体农庄到国营农场，从落后到解放的谋划始终存在。楚科奇人起初反对苏联以计划形式进行改造的要求，但在20世纪50年代以后，一伙伙驯鹿放牧人队伍，一座座公寓楼燃起了他们对改造计划的热情。他们有热情书写有关飞机的诗歌，至少有热情参与苏联式的建设。苏联的计划在这里具有威望和意义。甚至对于那些在意识形态上对改造计划态度冷淡的楚科奇人，还有对于那些在苏联红军的绿色军装内佩戴护身符，悬挂符咒以求家园安泰，在营地间讲楚科奇语的楚科奇人来说，国营农场也没有什么不同。国家投资意味着，即使没有完成计划也会给工人照发工资。社会主义要求平等利用每一块土地，这意味着苏联人的放牧活动是具有革命性的，因为他们在变化莫测的土地上追求物质稳定。因此，到了20世纪60年代，楚科奇人的生活成了苏联时代的一部分，他们的生活围绕着计划和轮班的集体劳作进行。

在阿拉斯加，拥有驯鹿意味着什么这一问题与苔原上其他任何事情一样，都具有不确定性。他们是自由牧民，还是持公司股权的股东，或者是为了工资而放牧的雇员？驯鹿对于市场的价值同样多变。资本主义并不要求每块土地和每个人都能创造相同的利润；资本主义在很大程度上依赖其产品来确保增长，即消费总量的增长。由于驯鹿对于消费者的价值从来没有像国家所希望的那样稳定，所以它并没有接替野生动物毛皮、海象和鲸鱼，成为这里的主要商品。阿拉斯加地区的驯鹿并没有给这里带来突破性的稳定。他们没有急于将这里变为由利润和投资主导的世界。美国驯鹿服务局通常认为这里的驯鹿业是失败的，尤其是在大多数因纽皮亚特人放弃放牧以后。但在20世纪60年代，因纽皮亚特人仍相信死者灵魂在活着的人身旁游荡，仍有传言称萨满会杀人，驯鹿成为一种工具，人们靠它们参与市场，同时按白令陆桥的时间线生活。[80]

20世纪60年代，在养殖驯鹿方面，两种制度似乎都在以自己的方式发挥着作用。在阿拉斯加，驯鹿肉、鹿角和鹿皮的市场正在缓慢扩大。[81]楚科奇地区的集体农庄不但完成且超额完成了莫斯科所制定的计划任务。在白令海峡的一侧，是国家创造需求；而在另一侧，是市场创造需求。而在这两片区域都是土地滋养了驯鹿。在规划土地用途的官僚眼中，除了给驯鹿提供饲料，土地别无他用。人类消灭了狼群，治愈了疾病，将驯鹿圈养，喷洒了灭蚊剂，也对放牧进行了管制，如今驯鹿被隔离在一个适合其繁衍的空间里。从此，家养驯鹿数量逐渐增多。阿拉斯加地区的驯鹿规模不大；20世纪50世纪中期，数量仅仅有二万五千只，十年后约有四万。但这一增长大致可满足需求。在楚科奇地区，驯鹿产量增长更为显著；1970年驯鹿数量达到约六十万只，最终超过了苏联在20世纪20年代初统计的数量。[82]这一增长肯定了人们对理性市场以及马克思主义的信念。

然而,苔原上没有什么东西是独立存在的。总会出现其他的生物,也总会有时间流转,岁月更迭。起初,在20世纪60年代,苔原上出现的其他生物是野生驯鹿。野生驯鹿出现的那些年,气候凉爽,牧场在管理之下长满郁郁葱葱的牧草。[83]人类想办法减少了狼群的侵扰。于是,越来越多的野生幼鹿诞生在苔原上,存活下来的数量也越来越多。正如克利福德・韦尤安纳的祖父所猜测的那样,阿拉斯加的驯鹿又回来了。随后这些野生驯鹿悄悄地走入家养驯鹿的活动范围内。一位因纽皮亚特牧民回忆起"野生驯鹿如何像蚊子一般闯入苔原并占据了一切"。[84]随着一阵风吹过,霎时间,其他家养的驯鹿也变得狂野,它们追随微风远离昆虫的叮咬,加入了野生驯鹿的队伍中。[85]苏联科学家安德列夫将这些野生驯鹿称为"杂草",并呼吁"将它们从家养驯鹿的牧场区里完全清除出去"。[86]但是,他们也无法在灰色的河流上方筑坝来阻拦野生驯鹿的到来。

第二种来到苔原或者说返回苔原的生物就是狼。狼群跟随野生驯鹿迁徙,逐渐养成了新的捕食习惯。正如一位苏联生物学家所说,"狼群这么做是为了适应苔原变化的环境,而且它们对捕兽器和毒药也变得越来越提防"。[87]于是渐渐地,人们也很少使用捕兽器和毒药了。20世纪20年代,一些生态学家开始提出这样的理论,用奥劳斯・穆里的话来说,狼群维持了"食肉物种和猎物之间的某种平衡"。奥尔多・利奥波德把狼群写进了他提出的土地伦理理论中。[88]1963年,在法利・莫厄特所写的《狼踪》一书中,他提出了狼族生态的观点,将狼群视为自然平衡的守护者,它们维护了人类所打破的自然平衡,这一观点深受大家的认可。[89]《狼踪》一书俄文版的问世,为苏联生态学家的观察结果提供了支撑，即在自然保护区里，由于没有了犬科食肉动物的威胁，有蹄类动物的生存能力变得越来越弱。[90]在美国，捕食被解释为通过淘汰瘦弱的驯鹿使每只北美驯鹿变得更加强壮，通过优胜劣汰的机制提高了整体种群的质量。在苏联，生物学家描述了狼群的出现是如何使驯鹿群变得更健康、更稳定的，而这一过程充满了挣扎。无论是按照美国人还是俄国人的说法，狼群都维护了生态平衡，因此有一定的生存权利。但是，由于人类和狼群都对驯鹿有需求，人类的捕狼行为仍在继续，所以狼群只有部分生存权利。[91]但是，现在的目标已不再是清除狼群了。

接着就是时间的更迭。20世纪70年代的春季，苔原到处还是未融化的冰层，到处都是在此筑巢的狼群，这导致阿拉斯加野生驯鹿从近二十五万只减少到七万五千只。[92]因纽皮亚特人的家养驯鹿数量则是先下降，再恢复，而在20世纪90年代又呈下降的趋势。[93]尽管兽医和牧民付出了大量努力试图挽救驯鹿数量，但是在20世纪80年代，楚科奇地区集体农庄里的驯鹿规模还是缩小了，减少了约十万只。[94]十年后苏联解体，国家停止给牧民发放工资，除此以外，国家也停止提供直升机和其他出行工具所需的燃料、兽医护理和进口食物。没有了这些习以为常的工具，驯鹿数量减少到不足十五万只。苏联生活的规律性对于北极地区来说是一种脱离常规的现象，正如一位驯鹿专家所言，“在人类文明另一个分支的尽头”[95]，楚科奇人一开始不得不适应苏联生活，苏联解体后，楚科奇人又要重新适应没有苏联干预的生活。

美国市场经济的信仰者和苏联计划经济的信仰者都相信历史只朝着一个方向发展。带动经济增长，将人们从自然的变化中解放出来的是人类的创新、技术、社会主义意志的力量，或是无法摆脱的市场规律。自然不受时间影响，循环往复，超脱于历史之外，直至被量化为生产或消费才纳入历史发展长河中。但苔原不是亘古不变的。它随着时间的推移而变化：捕食者和植物数量一直处在波动之中，苔原经历了寒冷天气后会迎来气候变暖但也有可能会一直严寒下去；驯鹿的数量也是反复无常，时多时少。人们捕杀狼群，给驯鹿注射疫苗，进行市场预测或制定集体计划都无法使苔原土地上的动荡现象变得平稳，单向发展。美国和苏联把它们对苔原的希望寄托在驯鹿身上，而驯鹿的发展并不遵循人类单向的历史观。

白令陆桥的土地总是在发生变化，但是人类却很难对这片土地做出改变。因纽皮亚特猎人在阿纳克图沃克帕斯附近的苔原上寻找驯鹿的踪影，这些猎人开着四轮全地形车辆驶离了西蒙·帕内克参与建设的村庄。马卡伊克塔克的孙辈们长大后也拥有了各自的驯鹿群，这些驯鹿肉被制作加工成了驯鹿香肠，在安克雷奇的街道上出售。每年春天，都会有七支驯鹿牧民队离开阿姆古埃马河，跟随着他们的驯鹿群迁徙至沿海牧场。几个月里，他们需要住在用帆布和皮革制成的帐篷里，地板上铺满了驯鹿皮，门上挂着花边桌布以防蚊子入内。现在这些生活方式与二百年前驯鹿和人类生活在一起的方式大有不同。如今几乎没有萨满了；祈祷者祈祷的方式也多种多样，有用楚科奇语祈祷的，有用因纽皮亚特语祈祷的，有用英语祈祷的，还有用俄语祈祷的，他们对着上帝和土地，祈求匿名戒酒会能够带给人们宁静和健康。然而，一切并没有完全改变。有些祈祷者祈求驯鹿奉献出自己的生命。阿姆古埃马河附近的驯鹿牧民们穿着用驯鹿皮缝制的裤子，由于苏联不再提供汽油补贴，迁徙时，他们只能让被阉割的驯鹿来拖着帐篷前行。白令人以往总是生活在许多时间轴的汇合点：如鸟类和驯鹿来来回回迁徙的时间轴，以及像埃赫里这样的人一生起起落落的时间轴。如今，这些都被市场需求、基督教救赎中的末世论和对苏联基础建设的期望所掩盖，虽然道路交通和公寓楼不再饱含社会主义性质，但仍为后社会主义时代提供了雏形。

想要改变苔原很难，但也并非不可能。随着21世纪的不断发展，人类对能源的需求越来越旺盛，且各地需求不均衡，全球的碳含量饱和，这是在驯鹿或人类出现之前都从未有过的现象。北极地区的气候更加不稳定，针叶林带的火势越来越大，夏季生物生长旺盛。在阿姆古埃马河附近的驯鹿皮帐篷里，牧民们用楚科奇语和俄语混杂在一起交谈，一边沏茶，一边互相诉说着各自的烦恼，他们担心雨水来得晚，担心浆果熟得早，他们也担心新出现的吃着苔原花朵的奇怪昆虫。他们已经目睹了人类文明的一个分支的瓦解；他们生活在该文明瓦解后的碎片里，等待着观察市场是否会起作用。这种新气候对驯鹿来说意味着什么还不确定：它们会在有着厚厚冰层的春天里忍饥挨饿，还是在越来越漫长的夏天周期里膘肥体壮？气候的多变可能会增加驯鹿的数量，或者产生新的驯鹿生活方式，又或者驯鹿群可能会走上第六次物种大灭绝之路；它们的数量只剩下21世纪初的一半，而且这一数量仍在下降。[96]长久以来，苔原上生活就是这样，驯鹿如此，人亦如此。

第四部分

地下，1900—1980

人类的利润已被非常准确地计算了吗？就没有什么事物从来没有甚至不能被归类吗？

——费奥多尔·陀思妥耶夫斯基，《地下室手记》

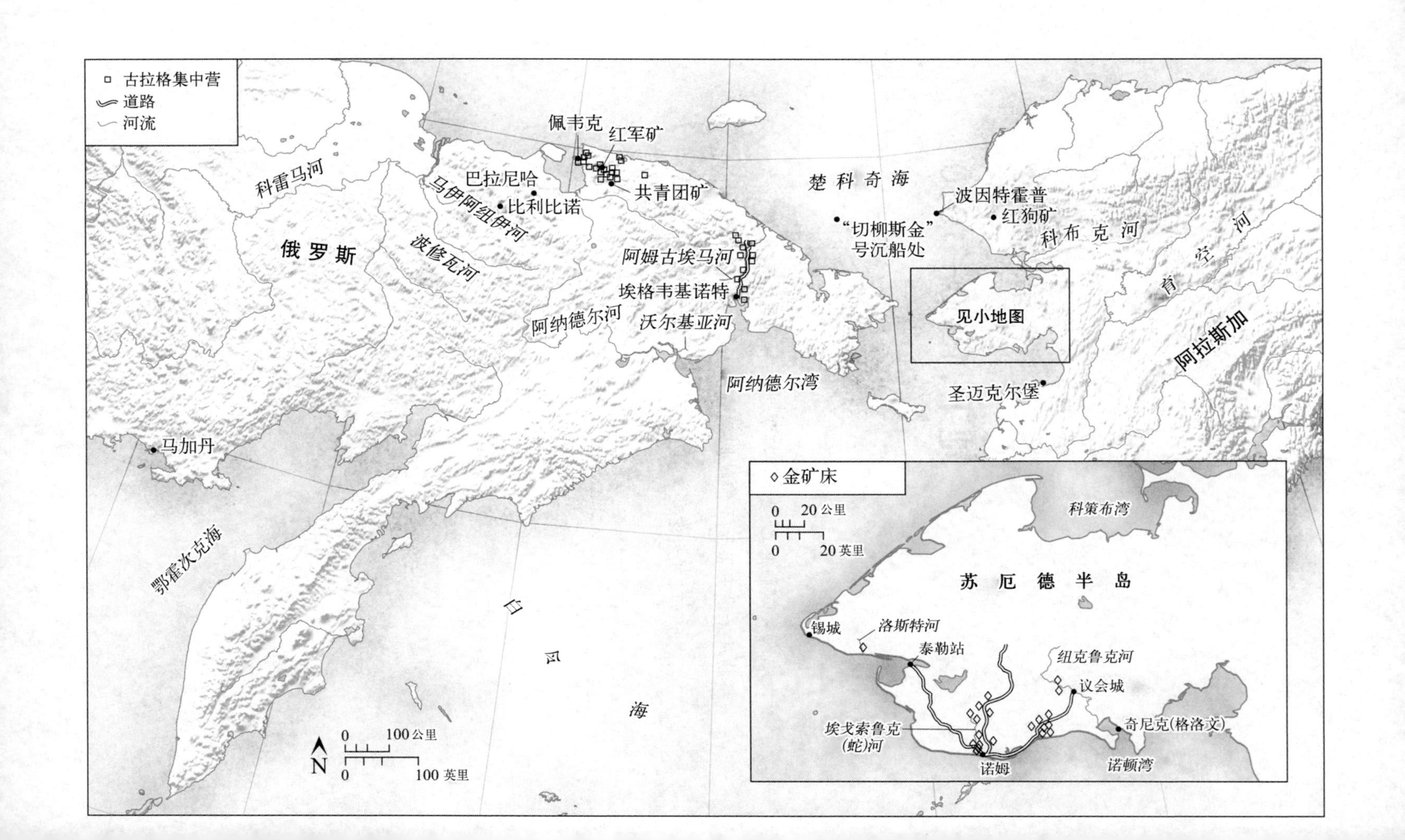

古拉格集中营
道路
河流
佩韦克
红军矿
科雷马河
巴拉尼哈
共青团矿
马伊阿纽伊河
比利比诺
俄罗斯
波修瓦河
阿姆古埃马河
埃格韦基诺特
阿纳德尔河
沃尔基亚河
阿纳德尔湾
楚科奇海
"切柳斯金"号沉船处
波因特霍普
红狗矿
科布克河
育空河
阿拉斯加
见小地图
圣迈克尔堡
马加丹
鄂霍次克海
白令海
0 100公里
0 100英里
N
金矿床
0 20公里
0 20英里
科策布湾
苏厄德半岛
锡城
洛斯特河
泰勒站
纽克鲁克河
议会城
埃戈索鲁克(蛇)河
奇尼克(格洛文)
诺姆
诺顿湾

第七章

不安的地球

冬天，从白令山脉蜿蜒而下的小河及溪流被冻住了，铺满鹅卵石的河床结上了冰。然后暖日回归，溪流解冻，解冻的溪水漫在冰面上，泛着蓝绿色的光，如同宝石一般。不久，溪流就欢腾起来了。到了仲夏，河流侵蚀河岸，使得多年冻土得见天日。每年的一冻一化，落入溪流的雨水同溪流一道顺流而下，冲刷了河岸，重塑了这片土地。湖泊形成了，而湖水却又并入溪流之中。溪流不断侵蚀苔原，致使其弓形的缺口越来越大，最后几乎变成了圆形。猛涨的河水冲击着水下的漂砾，河水也变得浑浊起来。最终污浊发白的河水带着河底的沉积物以极快的速度冲向大海。[1]

河流切割了土地，暴露出地层，垂直的地层显示了时间的变迁：地表就是现在，一层一层往下就是过去。古代侵蚀形成的白令山谷有侏罗纪时期形成的火山岩、白垩纪时期形成的花岗岩，以及前寒武纪时期形成的板岩。此外，人们在河流的泥土中发现了猛犸象牙，还有早已灭绝的巨型海狸长约半英尺的门牙。腐化的动植物尸体滋养了一部分土壤，而焚烧和挤压过的矿物质融入另一部分土壤，使其变得肥沃。[2]在一些地方，地球长时间的自然运动打乱了这些分层，将化石、花岗岩和煤炭混在了一起，同时也将铅、银、锡、锌、铜和金这样的金属矿脉暴露在表面。

正是因为知道土壤中藏着金子，人们才开始探寻白令陆桥地下的财富。金子的珍贵之处并不在于它的效用；金子中不含任何能量，无法供养人类身体，也无法靠它取暖。金子数量少，密度大，易弯曲，不宜用作工具，也不适合用作建材。许多人在寻金路上丢了性命，然而即使没有金子，人也能存活。金子的意义和力量源于人心，源于人们对金子永久保值的幻想。因为金原子中的电子排布独特，所以金子不会生锈，会永远保持光泽。肉会腐臭，木会烂掉，铁会生锈，但金子既不能被毁掉，也无法变成其他物质。它的状态恒久不变。

人类社会认为金子的价值就在于其永久性，金子代表着光明、长久、珍贵、美丽、尊贵和永恒。但并不是所有人都认为金子贵重：因纽皮亚特人、尤皮克人和楚科奇人虽然知道溪流中有金子，但他们却觉得金子的用处不大。但是，埃及人大力开采它；商王朝不断搜寻它；老普利尼在书中常常提及它；哥伦布则听信了它在东方遍地都是的传言，从欧洲起航发现了美洲大陆。到了20世纪初，在“淘金热”的驱使下，大批人拥入美国的加利福尼亚州、俄国的勒拿河以及加拿大的克朗代克。杰克·伦敦就是在克朗代克写下了有关“北极的黄金”以及“北极的黄金诱惑牵动人们心弦”之类的故事。[3]淘金者懂得金子的价值，他们知道，金子就是货币。金子出土时，就已然是一种抽象的货币。金子之所以价值不菲，是因为它具有能够交换其他任何东西的神奇魔力。

将阿拉斯加并入美国版图，将楚科奇地区并入俄国版图，将其中之一纳入由市场所塑造的世界，随后又将另一个纳入由人类所规划的世界，这些问题的实质就在于圈地。白令陆桥的环境和生物本该遵循单一的自然法则，不受外界打扰，按照自然的旨意发展。自罗伊斯第一次捕杀弓头鲸开始，这些外来者就不得不面对这样的问题：大海从来不属于任何一个国家；海岸一直是变动着的；苔原会对人类的破坏行为进行报复。白令陆桥的地下又向人们提出了一个完全不同的挑战。地球运动非常活跃，当它转动时，大量金块和金片就散落在北极地区的溪流中。但在短短一个人类代际中，这些变化小到不易察觉。金子没有长腿，逃不出矿工的手掌心。金子不是活物，它既不进食，也不繁衍，更不会像动物一样随着季节的变迁而迁徙。采矿的挑战在于打破这种静止状态，改变深邃时间的熵结果。

改变地球"骨架"的关键问题在于能源，不是收割它，而是采用人工或是机械的方式来利用它。在砂金矿中，金子通常潜藏在地表附近，需要耗费大量人力将其从砂石和泥土中筛出。在矿脉矿中，金属一般集中于地下深处的矿脉中，需要把上面的石头炸开，再进行采矿。自1898年诺姆淘金热以来，重塑白令陆桥的多为外来者。无论是人力开采，还是用煤炭、石油等化石燃料驱动的机器开采，采矿业逆转了白令陆桥的鲸脂、海象脂和驯鹿肉等能量外流的趋势。

想要从楚科奇地区的矿藏中创造价值，首先要决定这片土地归谁所有，其次要找到足够的能量来开采矿藏。规划好能量使用，分配好圈地领域，这就是权力和财产的分配，也是政治的本质。20世纪初，阿拉斯加和俄国的金矿业面临着一个政治上的问题：到底谁从黄金中获利才合理合法？是个体经营者？是公司？是沙皇？还是集体？

一

在白令陆桥，每一条河流的流动都将一股能量从海岸带到苔原上来。[4]每年5月到7月，成千上万条鲑鱼从海洋洄游，其中包括王鲑、狗鲑、粉鲑、银鲑和红鲑。在清澈的溪流中，这些鲑鱼将卵产在铺满鹅卵石的河床。透明的鱼苗漂浮在水中，顺着水流漂向大海，在海中生长。通常，鲑鱼的肌肉重达二十磅、四十磅，有的甚至一百磅。强大的肌肉让它们能够逆流前进，游到它们孵化的地方产卵，最终死去。鲑鱼的迁徙将大海的能量带入遥远的内陆，带到科策布湾的入口，带到阿纳德尔河的弯道之上，也带到了各个支流中。有些鲑鱼大约游了两千英里，它们躲过了在浅滩觅食的熊、狼还有鹰，却在它们刚产的卵上死去了。

仲夏，在白令陆桥河边的堤岸上，楚科奇人、尤皮克人和因纽皮亚特人扎营捕鱼。康斯坦丁·乌帕拉扎克和加布里埃尔·亚当斯这两个小孩，年纪轻轻就学会了用渔网和用麝牛角做成的鱼叉在奇尼克村附近的溪流中捕鱼。奇尼克村是诺顿湾北端海湾上的一个村庄。这两个孩子和他们的家人只要在清澈的水面上俯身观察，就知道哪条小溪里藏有金子。[5]但他们到溪边是为了捕鱼的，而不是为了找金子。在漫长的午后，孩子的母亲会剁掉鲑鱼的头，以免被鲑鱼像刀片一样锋利的牙齿刮伤，接着划开鲑鱼柔软的腹部，将腹中如珍珠般发亮的鱼籽取出。她们会小心处理鱼皮，因为日后还要用它制作防水袋。她们会将每条鱼劈分成两片，只有鱼尾需要保留完整，以连接两片鱼肉，并在鱼肉上划上一道道的口子，这样用桤木屑烟熏时，烟能更好地渗透到鱼肉里。她们也会尊重鱼的灵魂，不让它们受到人类争吵的侵扰，也不让它们看到自己的内脏被人类不敬地丢回河里。[6]每个人都警惕着熊和渡鸦，因为晾晒在烘干架上肥美的鱼肉往往会吸引这些动物前来。

1898年的春天，一个名叫埃里克·林德布洛姆的男子就去了这样一个营地，他的目的是为了寻金。在他的故乡瑞典以及现居的奥克兰

图14：晾晒的鲑鱼肉

市的报纸上，铺天盖地都是这样的新闻：有人前往育空地区和克朗代克河交汇处寻金，一个下午的时间就能成为亿万富翁。林德布洛姆要么是付不起北上的路钱，要么就是英语太差，分不清“水手”(sailor)和他的职业“裁缝”(tailor)两个单词的差别，他登上了一艘捕鲸船。当捕鲸船在工作站附近靠岸补给淡水时，林德布洛姆趁机逃走了。他没有东西吃，也没有像样的衣服穿，同样对一英里之外的苔原离他有多远没有概念，一个因纽皮亚特家庭救了他。这家人把林德布洛姆带到了诺顿湾，在一条名为伊戈绍鲁克的蜿蜒的河流边扎了营。林德布洛姆与这一家人相处了几周，观察他们处理鲑鱼。也许，这家人向他展示了河流里有金子。也许，就像他后来说的，他自己找到了一些金子。又或许，他什么也没见着。

到了夏末，林德布洛姆到了奇尼克村附近。在这里，一个名叫约翰·德克斯特的人之前做过捕鲸手，现在开了一间贸易站，外来者都叫它格洛文。外来者谈论的话题往往围绕着金子展开：在克朗代克，在科布克河，以及在纽克鲁克河上游的一个名叫议会城的地方发现了金子。[7]德克斯特把淘金盘给了他认识的因纽皮亚特人，以便他们在捕鱼、诱捕猎物时查看是否有金子。林德布洛姆可能听到格洛文的一个传教士彼得·安德森提到发现了金子；可能康斯坦丁·乌帕拉扎克和加布里埃尔·亚当斯告诉林德布洛姆他们知道哪条小溪里有金子。[8]又或许林德布洛姆自己与两个小男孩交谈过。不过可以肯定的是，他的确与约翰·布林特森和雅费特·林德伯格交谈过。布林特森是来这里寻找煤矿的，而林德伯格则在履行一份美国政府的合同，来到阿拉斯加照管驯鹿。三人志趣相投，各自抛下原先找寻能量的事业，齐心寻金。

到了9月份，白令陆桥早已大雪纷飞。林德布洛姆、布林特森、林德伯格、传教士安德森，还有两个小男孩乌帕拉扎克和亚当斯，一行人挤在一艘小船上向西航行，前往伊戈绍鲁克。林德伯格这样描述这条水路——“从苔原到沙滩，一路上蜿蜒曲折，我们把它叫作‘蛇河’”。[9]那是谁为他们领路的呢？应该是乌帕拉扎克和亚当斯这两个男孩，他们非常熟悉这条河。半个世纪后，乌帕拉扎克的侄孙雅各布·阿维诺纳解释道，一方面乌帕拉扎克经验丰富，另一方面他熟知“那些世代口口相传的生存法则……他们熟悉这片土地、这块水域，还有这里的天气，因为他们必须在这里生存”。[10]林德布洛姆虽然对生存法则一无所知，但他或多或少对这条河有所了解。布林特森和林德伯格也听闻过关于这个区域的一些传言。

这三个外来者都对另一部法律有所了解，即1872年的《通用采矿法》。这部法律源自美国大陆，它允许所有美国公民以及任何有意愿成为美国公民的人，可以在公共土地上占领一块长1320英尺、宽660英尺且矿产丰富的土地。对于美国政府来说，从俄国手里买来阿拉斯加是为了公众的利益。《通用采矿法》则将土地分配给美国公民，从而让这里成为美国领土。像乌帕拉扎克和亚当斯这样在白令陆桥土生土长的人，他们是否拥有美国国籍，这点不完全清楚。《阿拉斯加州建制法》于1884年确立了领土管理方案，承认了因纽皮亚特人对这块土地的所有权，事实上这块土地也一直由他们使用。但这块土地里埋着金子，捕鱼算"使用"吗？只要亚当斯和乌帕拉扎克没有索要这片土地资源的所有权，那么不管他们知道地下藏有多么宝贵的东西，这些东西都不会归他们所有。

在"蛇河"的河口，这三人就发现了金子的踪迹。经过一天的逆流跋涉，他们发现金子并不难获取。林德伯格采用了最原始的采矿方法：用淘金盘淘洗矿石，然后摇晃，最后冲洗。[11]他们分别占领了这些小溪，并将它们命名为"铁砧""干燥""冰川"。林德布洛姆以木桩为界，为自己占了好几条小溪，并把第九条小溪留给了亚当斯，第八条小溪留给了乌帕拉扎克。[12]到了10月，白令陆桥即将迎来真正的寒冬，这群人把价值大约两千美元的金片装在霰弹枪的子弹壳里，带着金子离开了"蛇河"。

苏厄德半岛发现金子的消息引来了一大批寻金者。林德布洛姆一行人试图将他们发现金子之事保密，但消息还是从格洛文慢慢地传了出来，向东南传到了住在圣米迦勒的克朗代克淘金者耳朵里，并随着船只传向西雅图和旧金山。整个冬天，在金子传言的驱使下，育空地区的矿工纷纷前来，人们也前往科布克河寻金，但是一无所获。他们冻得直哆嗦，但还是用木桩占据了地盘。1899年的春天，排出阵阵煤烟的汽船载着勘探者们北上。卡尔·洛门预订船票时，心中最初挂念的并不是驯鹿，而是金子。约瑟夫·格林内尔是一位志向高远的动物学家，而埃德温·舍泽是一名铁路工作人员。这些人在船上既要经受晕船的考验，又要面对白令海无边无际的海冰。当他们决定登船北上时，就早已对白令陆桥那些传教士们所宣扬的福音深信不疑，即财富能带来自由。每个人都希望河流一路向前奔流，而他们则逆流而上直达“伟大的黄金国”，正如M.克拉克所写：“那里的沙土中满是黄金，等待着被开采，只需要在那里挖一铲子土，用淘洗盘筛选，然后将金子挑出来。即使不能腰缠百万，也能衣食无忧。”[13]人们来此的目的不是把财富带到内陆，而是在内陆寻找财富。

在1899年成为一个富人需要拥有足够多的金子。欧洲大部分的货币都由金子制成。林德布洛姆从捕鲸船逃走的时候，威廉·麦金莱已经当了两年的美国总统。麦金莱在竞选时的一个论调就是要确立金本位制。因为金子的价值是固有的，同时又很稀有，并且金子的供给受到自然和天然经济规律的限制。只有在市场有高需求的时期，矿工们的采矿动力才能被激发。对麦金莱和他的支持者来说，这些都使得基于金子的货币体系更加稳定。[14]同时，这也限制了货币的发行量，对于那些原本就很富裕的人十分有利。麦金莱的竞争对手，民主党的民粹主义者威廉·詹宁斯·布赖恩则认为，货币应该能够代表它所包含的劳动力。货币可以用任何材料制作，它的发行量应随着美国劳动生产力的增长而增加。

麦金莱胜选后，一种对财富福音的认识得到了支持，即安德鲁·卡内基对财富福音的解释。金子就是货币，货币自然就是有价值的，而这些价值最终流向的是市场规则中的胜出者和社会达尔文主义中的“适者”。价值在于能够获得多少利润，而利润会随着效率提升。要提升效率就要加强联合，这里的“联合”指的是“建立一个更宏大的体系”，正如卡内基所写，“要树立一个更高的标杆，只有通过行业巨头的带领，才能提高整个产业的效率”。[15]卡内基所描述的“宏大体系”指的是“公司体制”。这些由成千上万人组成的单个法律有机体互相竞争，竞争的法则带来经济发展，实现个人进步。[16]就看看铁路，看看工厂吧。它预言了以后很少会有雇主雇用大量劳动力从事生产的事实。它带来的自由是时代浪潮，像是一种推翻一切的自然力量，尽管这种自由并不是公平的。

出于对葬身白令海岸冰川的恐惧，这群人等到天气放晴后才准备上岸。像埃德温·舍泽这样的勘探者并不看好这种时代浪潮。对他而言，卡内基构想的美国生活就是“一个普普通通在铁路局工作的‘奴隶’的生活”，又或是如杰克·伦敦所说，是受到“商业束缚”的生活。[17]如果劳动者不是为了增加个人财富和收入，而是为了生存被迫工作，那劳动者就不具备自主性了。早在林肯执政之前，雇佣劳动就意味着一种不自由的依赖关系。[18]人们能自由选择的只有工作地点和工作形式。雇佣劳动的产生就是为了与美国奴隶制度相区别，奴隶制将人当作财产。基于此，人们恐惧雇佣劳动会沦为奴隶制，于是在雇佣关系中，哪怕劳动者经济上有一点点不自由，人们就可能产生对种族不平等的担忧，同时也有对劳动者缺乏政治权利的忧虑。我们有太多的原因畏惧雇佣劳动。

南北战争结束之后，化石燃料驱动下发展起来的产业让雇佣劳动变得更加普遍，甚至长期存在。这对于卡内基来说，雇佣劳动就自然成为主流了。他认为，工人就该满足于自身所拥有的契约自由，按照市场所决定的工资出卖劳动时间。但是，把时间当作商品来出售并不能实现自给自足，甚至无法维持收入的基本稳定，特别是在18世纪70年代和90年代严重经济危机的时候。正如舍泽所言，他“不寄希望于任何试图取代奴隶制的制度”。[19]他认为这个时代的市场是自由的，但财富却掌握在少数人手上。余下的人则成为“有薪水的奴隶”。[20]

对于舍泽和许多其他的勘探者而言，真正的解放就是拥有足够的财富，能够实现自给自足。边疆地区对财富福音的构想就是个人占据土地，在这块土地上赚得多到可以实现个人自由的利润。格林内尔在他的日记中写道，“这个地方有一眼望不到边的土地，人口稀少”，拥有一种野营生活式的自由，人能感受到劳作一天后休息时的舒适。[21]报纸上称阿拉斯加为“最后的边疆”，它也是麦金莱执政时期的一个完美边疆。这块土地上遍地都是黄金。金子的市场价通常是每盎司20.67美元，不受流行风尚或经济萧条的影响。不像小麦在供过于求的时候会贬值，金子没有贬值的风险。有了土地，就能够盈利，“人至少还有发财的‘机会’”，M.克拉克写道，“在内陆的话，穷人可就生财无门了”。[22]采矿业可以极快的速度造就一个资本家，从而拯救资本主义的发展。

“蛇河”的河口处形成了一片海滩。海洋生物的骸骨和海藻在海滩上随处可见，几千年的高山融水绵延而下，金片顺着流水散落在海滩上，深埋地下。当舍泽和格林内尔一行人下船后，在这片海滩上蹚过时，他们实际上就行走在金钱上。

起初，勘探者并没有意识到沙子中含有黄金。他们认为金子都在溪流或地下矿脉中。对勘探者来说，拥有土地所有权就代表着他们有机会找到金子。用克拉克的话来说，就是要“找到一块可以收获财富的土地”。因为根据法律，海滩不能归私人所有，所以海滩的吸引力就大大降低了。[23]从海面到高潮线之上六十英尺的海滩，都是联邦政府的财产，这里禁止采矿。到了6月，寻金的人潮来到了小溪和河流上。男人们和少数的妇女在包里背着木桩，插在地上，作为占领二十英亩土地的标记。

但要如何证明拥有土地所有权呢？法律上是这样要求的，一个人必须比其他人更先占据一块土地，同时，他必须是美国的公民，或者明确地表示想要成为美国公民。那是谁发现了“蛇河”里的金子呢？实际上，当地所有的因纽皮亚特人都知道河里有金子。阿拉斯加的报纸刊登过标题为“三个幸运的瑞典人”的报道，这则新闻吸引了大批寻金者前往白令陆桥，在他们眼中，是林德布洛姆、林德伯格和布林特森这三个人在河里发现了金子。此外，这三个人都各有各的说辞。[24]林德布洛姆、林德伯格、布林特森、安德森、亚当斯和乌帕拉扎克都占据了一部分含金量最多的溪流。事实又或许并非如此：1898年的冬天，由于不确定两个因纽皮亚特男孩亚当斯和乌帕拉扎克是否到了能够拥有土地的年纪，也不确定法律是否允许非白人拥有土地，因此，林德布洛姆把两个男孩的占地全部归为己有了。彼得·安德森于是有了“受托人”这个称谓。

随后，从南方又来了一批新的矿工。像林德布洛姆一样，他们将自己占地的木桩向外扩展，并向当地矿业委员会提交了新文件，他们惯常的借口是像林德布洛姆这样的新入籍公民不是完全的美国人，因此不能拥有土地。克朗代克的矿工以此借口霸占了“所有名字最后是‘森’(son)和‘伯格’(berg)或是连续出现三个辅音的人名下的土地”。[25]因此，一个矿场可能易手三四次。到了7月份，土地之争引发了各种正当或不正当的暴力冲突，这里的十二名军官无法控制这种纷乱的形势。

随后，有人在海滩里发现了金子。虽然这些人没有透露发现金子的准确时间或地点，但在短短的几周里，人人都知道了金子就藏在海滩下几英尺深、满是宝石般红色沙砾的地方。海滩虽无法归私人所有，但可以在上面施工。所以淘金者们不需要申请合法的采矿权，只需要拿上铲子开始挖掘。格林内尔在日记中写道，只需要“非常简陋的‘淘金摇动槽’”，再花点时间，流点汗，一天就能赚五六十美元。[26]淘金摇动槽看起来像个摇篮，网状的底部，顶部有开口。使用时，将沙砾和水从顶部倒入，接着将沙砾过筛，用毛毡在下方接住筛下来的细小金片，借着重力，用一点点力气，就能将金子从沙砾中分离出来。

在海滩上，只需要花很少的成本就能获得大量财富。整个夏天，海滩上人头攒动，帆布帐篷内外，淘金者们不停地掘金、淘金。但有些人到了夏末才只赚了一点点钱。[27]一个淘金者在家书中写道，他和他弟弟“很快就在这里安家了，他们的小屋是那片海滩上最好的一座”。[28]丹尼尔·利比就把这片海滩称作“一个奇迹，穷人之友”。[29]1899年，从这片海滩淘出的金子的价值超过了二百万美元。河流长时间穿越地球的结果，成就了工薪奴隶的淘金热愿景。

整个冬天，类似“穷人的天堂”这类报道充斥着从西雅图到瑞典的报纸。报道称：“那边所有人都可以采矿，淘金者唯一需要的采矿器械就是简单的淘金摇动槽。”[30]1900年，两万名淘金者从华盛顿、艾奥瓦州、内布拉斯加州、加拿大、俄勒冈州以及遥远的斯堪的纳维亚半岛、德国和英国北上进入白令陆桥。其中一些是农民，但更多的是渔民和劳工，偶尔还会有教授或内政大臣，以及许多来自加利福尼亚州和内华达州经验丰富的矿工。为了给这里的人们提供生活所需，商人来了；为了解决这里的法律纠纷，律师来了；为了医治这里的病患，医生来了。妇女们同样北上前往白令陆桥，她们采矿，也出售商品，或在这座男性几乎占了90%的小镇出卖自己的身体。[31]前来这里的人们将这座小镇命名为诺姆镇。小镇名字可能来源于英国海军部所犯的一个拼写错误，又或是一个被误传的因纽皮亚特单词。

诺姆镇是一个有两个街区大的狭长形小镇，海拔略高于海滩，紧贴着小镇的是一段长五英里的白令海岸。舍泽在给他未婚妻的书信中写道:“想象一下这是怎样的繁荣景象啊！货物排成一长排,堆得高高的,各式各样的货品应有尽有,住在帐篷里的工人们不停地从船上卸货,为了获得美好生活而不停地工作。”货物中有用于修建房屋的木材。不久后,帆布帐篷慢慢消失,取而代之的是酒店、饭馆、干货店、邮局、报社还有银行,放眼望去,木板铺就的街道上挂满了各个店铺的木质招牌。下雨天时,那些没有铺木板路的地方,泥水没过了屁股。到处都十分拥挤,舍泽写道:“人们推推搡搡,有时开开玩笑。”[32]怀亚特·厄普开了家酒馆。只有人们想不到的,没有在那卖不了的东西。[33]赌场和妓院为矿工们提供了放松娱乐的场所。每一个水桶、每一块木板、每一个钉子、每一罐桃子罐头、每一块肥皂、每一只鸡、每一只猪和每个人,都要经过商船和接驳船到达海岸,最后再抵达诺姆镇。长距离的运输使劳工和燃料的成本较西雅图高了二到五倍。[34]在那个夏天,淘金者的投入达到了几百万美元。

但他们只从这片海滩上赚取了三十五万美元。威尔·麦克丹尼尔写信给他父母说:“黑色沙土中能寻找到财富的传言完全就是一个骗局。”[35]到了1900年的仲夏,人们不再寄希望于在这片海滩上实现个人财富自由,害怕最后落得一贫如洗。而且这片海滩里的金子早在一年前就开采殆尽了。到了10月,冬天就要来了。想要熬过冬天,就必须要有能量或者金钱的支持。有燃料和食物就可以留下来过冬,有钱的话就能离开这里。税务局官员在向华盛顿报告时说道:“现在成千上万的人想要离开这里,但没有足够的资金南下回家。”[36]

新兴城市发展的实质就是为了生存而进行的金钱交易。所以,为了生存,无矿可采的矿工们会尽可能抓住所有赚钱的机会。更多人试图继续占地,或将他人的土地占为己有。空壳的采矿公司还在股市出售假股票敛财。爱德华·哈里森写道："人们为了拿到代理权，为了成为代理机构铤而走险，为了自己的亲朋好友赌上了一切。"[37]其他人尝试另觅生财之道。有一个人甚至宣称，"蛇河"所有的鱼都归他所有。在白令海和苔原之间，淡水稀缺，所以很多人以每桶二十五美分的价格售卖淡水。[38]还有人在海滩上搜寻浮木当作燃料出售。猎人们尝试狩猎半岛上为数不多的驯鹿。[39]卡尔·洛门则开始饲养驯鹿。另一个矿工则以每只六十五美分的价格向诺姆镇的一个商店出售雷鸟。他在1900年和1901年的冬天卖出了超过两千只雷鸟。[40]很多人开始偷窃。窃贼用炸药炸开保险箱，偷走里面的金子；抑或人们沉迷酗酒而导致自己的金子失窃。[41]

不管这些钱是怎么来的，大多数人都用这些钱在诺姆镇南下的通道被冰封之前逃离了这里。其他人则留了下来，用废料燃起火，将冻住的沙子解冻，希望能找到海滩上余下的金子，或许他们为了生存别无选择。在诺姆镇和附近的营地，能量无迹可寻。木柴越来越少，煤炭也用尽了。威士忌、土豆和面粉也同样告急。因纽皮亚特人的营地贮藏着过冬的鱼干救了这些饥饿的外来者的命。[42]本地的驯鹿消失于人们的视野中。原本人们希望通过拥有土地来获得自由，如今却只能靠盗窃来生存。

二

最大的雷鸟也不足两磅重。在冬天，雷鸟的羽毛呈亮白色，爪子被羽毛所覆盖。雷鸟以桦树和柳树的嫩芽为食，体型纤细，即使经验丰富的猎人也要确定好用海象皮制成的捕鸟绳套的摆放高度，调整好松紧度，再找到最容易捕到雷鸟的灌木丛，只有当一切准备就绪才有可能捕捉到雷鸟。尽管人们会捕鸟，可光靠捕捉瘦小的雷鸟来填饱肚子是不可能的，还是要靠更加肥美的动物如鱼、海豹还有鲸鱼来维生。因纽皮亚特人和尤皮克人早就清楚光靠捕鸟是活不下去的。1900年至1901年的冬天，因纽皮亚特人将捕来的鸟拿去诺姆镇以每只二十五美分的价格卖给商贩。

因纽皮亚特人也卖别的东西，如驯鹿肉、皮靴、风雪衣、雕刻的海象牙，他们甚至还提供雪橇犬和驯鹿的拉车服务。在传教士的鼓动下，他们甚至将标记祖先墓牌的浮木拿来出售。[43]同时，他们也涉足了采矿业。威廉·奥奎卢克的父亲就曾在一个矿场工作。查理·安蒂萨尔卢克除了拥有几个矿场之外，还拥有一群驯鹿。[44]不过，这都是前尘往事了。1900年，前来白令陆桥的淘金者带来了麻疹，几百个因纽皮亚特人因此丢了性命，而安蒂萨尔卢克就是其中之一。加布里埃尔·亚当斯也同样死于麻疹。麻疹席卷了整个半岛，不仅营地的人们失去了亲人，驯鹿也失去了放牧人。在夏天，经过几周酷热下的捕鱼活动，人们十分虚弱，没有精力设置捕鱼网。到了秋天，活下来的人则前往当地的传教区或诺姆镇求医问药，讨口吃喝。为此，无论外来者想要买什么，他们都愿意出售。

康斯坦丁·乌帕拉扎克在1900年的麻疹疫情中活了下来，辗转几个矿场，赚了点小钱。彼得·安德森则靠矿场赚取了五万美元，而这座矿场曾在一个叫作乌帕拉扎克的人名下。乌帕拉扎克在1902年代表自己以及加布里埃尔·亚当斯的妹妹将安德森告上了法庭。该案达成庭外和解，安德森同意每年向乌帕拉扎克和亚当斯一家支付25%的利润或五百美元，为期二十五年。安德森的雇主圣约教会也将他告上了法庭，教会声称矿场里的金子理应属于他们。1904年，教会将乌帕拉扎克作为证人带去了芝加哥。据法律文件记载，乌帕拉扎克死于肺结核，葬在艾奥瓦州，只寄了一张照片给他的家人。正如亚当斯一样，安德森的家人在他死后也并未意识到他们的亲人为美国带来了多少财富。亚当斯和安德森的财产留在了伊利诺伊州的一家银行里。[45]

乌帕拉扎克在这片土地上创造了属于他的财富，却被富有的外来者排除在外，这类情况并非偶然。诺姆镇基本上是一个与世隔绝的小镇，当地的报纸写道："爱斯基摩人……不仅对这个社区来说是一个惹人嫌的群体，而且就他们自己来说也不是什么省油的灯。他们整天游手好闲，在各个商店和酒馆里逛来逛去，坏习惯养成了不少，好事却一件没干成。"[46]一些报道则表达了对市政资金全部投入到因纽皮亚特人的医疗保健上的担忧。在诺姆镇政府的支持下，一个传教士试着说服因纽皮亚特人，让他们离开诺姆镇，到一个叫石英溪的地方定居。传教士称："阿拉斯加西北部的开拓者已经饱受风霜，他们没有义务再承受由无可救药的爱斯基摩人带来的沉重负担。"[47]这项举措就是美国保留地制度的一个缩影，即"在印第安土著人发展到了一定阶段时"将他们隔离开，直到他们与白人同化。[48]同时，这也向因纽皮亚特人发出了另一个信号，即美国人的法律和宗教并不适用于所有人。毕竟，在诺姆镇，尽管传教士们在每个礼拜日都怒斥酗酒和盗窃的罪行，尤其是土地盗窃，但最终还是让犯罪者逍遥法外。[49]

土地私有化就是将当地的资源、河流、泥土和生物归为某个法人、自然人或是公司所有的过程。一旦土地被私有，即使他人要临时在这片土地上打猎、钓鱼或者采矿，都得经过所有者的允许。对于美国政府来说，这样将土地所有权固定下来就代表着进步，这是资本主义发展的关键前提。在阿拉斯加西北部，金子是第一种用来实现这种进步的资源，而这是靠外来定居者实现的。捕猎鲸鱼、海豹还有海象都会受到季节影响，时间非常短暂。饲养驯鹿则是同化土著人的途径。毛皮贸易只需要几个外来者参与就可以。金子就不一样了，阿拉斯加的老兵丹尼尔·利比就把金子当作“源源不断的财富，子孙后代都能享受金子带来的福泽”。[50]

土地私有化也需要一系列的流程，如谁发现了这块土地，或者谁买下了这块土地。而黄金的发现向来没有单一的历史，正如因纽皮亚特矿工没有矿地所有权，因纽皮亚特家庭被赶出诺姆镇，因纽皮亚特人的历史被隔离在外来者的叙事之外。在美国人的报道中，诺姆镇金矿的发现与几个幸运的挪威人有关，而在雅各布·阿维诺纳的叙述中，是“三个奸诈的瑞典人”利用了爱斯基摩人的经验，却没有为爱斯基摩人带来任何好处。在阿维诺纳的讲述中，康斯坦丁·乌帕拉扎克因为从安德森的和解协议中获得了部分财富而遭谋杀。实际上，这件事的细节或许并非如此，但这件事可能揭示了一个普遍的事实——诺姆镇只是美国最新的边疆，在这里人们通过谋杀和盗窃来获得拥有土地的自由。[51]

过了1899年的夏天，想通过窃取所有权来获得自由只有在山坡上和小溪里才能实现。在这片土地上，占地的归属仍然是一个既复杂又有争议的问题。1900年，国会试图在诺姆镇设立阿拉斯加第二审判庭，以此来简化法律程序。该审判庭的第一任法官亚瑟·N.诺伊斯利用职位的便利，以审查林德布洛姆和林德伯格这两名外来者的合法身份为由将他们的土地强制收回。当时，他们的土地一个季度就能盈利几十万美元。讽刺的是，当林德布洛姆和林德伯格在法庭上打官司时，诺伊斯的亲信却接管了矿场的工作。[52]

在诺伊斯被罢免后，他草率的行为被雷克斯·比奇写进了小说《破坏者》中，弄得尽人皆知、臭名远扬，人人都知道他利用矿场的所有权来敲诈勒索。还有一些矿场由他人开采，而非矿主自己。[53]许多淘金者发现，为了顺利采矿，他们需要透支资金来请一名律师，以保护他们在这片从未踏足的土地上工作的权利。“阿拉斯加未来的开发和勘探工作将完全由律师、医生和法官主导。”一群矿工写信给当时的总统西奥多·罗斯福，说明了上述情况，他们特别强调，“现在已经无法正常进行探矿工作了”。[54]当淘金者们等待着上法庭时，许多矿场已经停止了作业。1903年，记录在案的矿场有两万个，其中只有五百个矿场仍在作业。[55]

外来的男人和少数外来的女人以及一小部分白令人，将精力投入到可以进行采矿的地方，如河床、苔原池塘和山丘多岩石的角落。然而，他们的付出没有得到回报。诺姆镇外，连简单的走路都变得异常艰难。一位矿工描述说：“将一只脚踩在一个小土坡上，结果脚下一滑，踩进了泥塘里，搞得长筒靴上部都沾满了泥。接着把那条腿抬起来，换一只脚踩另一个小土坡，结果发生了跟刚才相同的情况。”[56]走一英里路可能需要两个小时，如果带着满满的行李则需要三个小时。感觉脚都走碎了，起了一个个水泡，又肿了起来。到了夏天，烈日当空，人们满身臭汗。格林内尔写道，这里不仅天气炎热，还伴随着“蚊子那低沉、恼人又压抑的细微低鸣……这里的蚊子多得数不清！”[57]在采矿者抵达他们的占地后，需要建造住所，寻找水源，料理好从做饭到洗衣的各种杂务，一些人甘之如饴，乐在其中。舍泽在写给未婚妻的信中说，他因掌握了制作酸面团面包而感到兴奋不已，但同时他也提到自己对制作姜饼仍一窍不通。[58]

舍泽意识到，“没有比采矿更辛苦的工作了”。[59]淘洗意味着要俯身在冰冷的水中工作数个小时，在淘金盘里摇晃沙砾。开采更深的矿藏需要用铁镐和铲子将泥土翻个底朝天。格林内尔回忆说：“由于表面覆盖着苔藓，所以泥土基本上还是冻着的，而且超过六英寸深就很难继续挖掘了。下面的冻土更是硬得像岩石一般，必须一点一点地削掉。”他在挖掘的过程中遇到了“一层厚达一英尺的纯冰层”，他的铁镐在敲击冰面的时候折断了，而他们“大部分时间都在结冰的淤泥或是一堆冻住的尚未腐烂的植被上挖掘”。格林内尔写道，为了在这片杂乱无序的土地上找到金子，采矿者们点起小火堆，将冻土解冻，“释放出的气味就像谷仓里的污垢一般”。[60]要让火保持燃烧，就要搜集浮木和废料，或者从海岸取来煤炭。矿工们将雷鸟的食物柳树连根拔起，用来烧火，烟雾十分刺鼻，矿工们忍不住咳嗽起来。不久后，一块土地解冻了，地表变得湿漉漉的。接下来，他们得将地下的金子洗拣出来。正如威廉·沃莱本所写的那样，当矿工们想要“淘洗”时，时常会没有水，于是他们“不得不一桶一桶把水搬运到那里”。[61]

所有的这些采矿活动破坏了河岸上起防护作用的柳树。浑浊的细流汇成小溪，然后流向大海。在古老山脉的山脚下，小溪被采矿活动改变了流向。山谷的地面上出现了许多土坑，挖出来的泥土在一旁堆成一个个小土堆。但白令陆桥的大部分财富是无法靠一个淘金者或是一个小团队徒手挖掘，用水渠冲洗就能找到的。长时间的地壳运动把最丰富的矿藏埋在了更深的地下，由于金子比周围的物质更重，所以会紧贴着石堤，或者藏在一层层的砾石里。要获得这些金子，光靠人力是无法实现的。《采矿与科学》杂志得出这样的结论：“无论是用液压的方式还是借助蒸汽机的力量，未来想要盈利的话，就需要进行大规模的作业。”[62]要在苏厄德半岛上采矿，人们得像河流一样迅速，而且动作只能更快。大自然花了一万年的时间累积了这些金子，人们却只用了一个酷暑的时间就将其开采殆尽。谁又能等上一个世纪让这些金沙重新累积起来呢？

三

白令海峡两岸的地貌相似，这肉眼可见。两岸河流弯曲的弧度相似，山脉也一样有着明显的顶峰和起伏。同样，两岸的地下也十分相似。至少这是1900年夏天跟随一对楚科奇向导前往内陆的淘金者们所希望的。其中包括几个美国人、几个俄国人、几个在遥远的南边雇用的中国矿工和一个名叫卡罗尔·波格丹诺维奇的波兰地质学家。这场远征让他们苦不堪言：要么又冷又湿，要么炎热多虫。此外，淘金者内部也争论不休。虽然波格丹诺维奇几乎在每一个淘洗盘里都发现了金子的存在，但美国人认为这只是一种迹象而已，对其不屑一顾。[63]美国人觉得俄国人一旦发现金子后就会抛弃他们。[64]波格丹诺维奇认为美国人只想自己发财，想找到一个“金子多得可以用铲子铲”的地方。[65]

图15：楚科奇地区普罗维杰尼亚附近的景观

对波格丹诺维奇来说，金子就是钱。俄国和美国一样，实行金本位制。但俄国人认为，在这块土地上发现的金子以及这块土地本身都该是沙皇俄国的财产，而非应属私人所有。[66]根据俄国法律，尽管楚科奇人在自己的河流中发现了金子，但这些金子和金子所在的沙俄领土并不属于他们，也不属于那些外来采矿者，而是属于沙皇。从某种意义上说，人力也是如此，沙皇俄国的每一个子民生来就属于一个阶层，这决定了他们以后会成为农民、牧师、商人还是贵族。帝国给予了商人和贵族一些特权，允许他们在一定的范围内临时进行采矿。贵族和商人们雇用农民和工人来淘金，让他们进行挖掘、筛选和淘洗。国家工程师和警察监督着矿场，确保金子一被挖出来就直接运送到国家特许金库，不让矿工们捞到油水。[67]圈地不是为了个人解放，而是沙皇俄国的发展战略。它并没有通过让穷人致富来拯救资本主义，而是让富有的资本家为国家服务，以此拯救沙皇俄国。

在楚科奇地区，退役军官弗拉基米尔·冯利亚尔斯基获得了沙皇特许，允许他采矿，而波格丹诺维奇就是他雇来淘金的专家。[68]他们之间签订的合同规定可以在二十万平方英里的范围内进行勘探，同时冯利亚尔斯基也要求他尽快完成。由于美国人已经偷猎了许多鲸鱼、海象和狐狸，沙皇俄国担心他们也会偷偷开采金矿。看着楚科奇地区敞开的海岸，沙皇俄国再一次感到自身早已滞后于市场，也无力应对市场冲击的现实。但只要有金子就有希望，正如圣彼得堡出版的一本手册中所写，如果冯利亚尔斯基在楚科奇地区开一个矿场，在那里定居的俄国人和东正教传教士就会前往“向当地人灌输宗教信仰，并教授他们俄语”。[69]伊万·科尔祖欣写道，为了推进帝国“战略目标”而进行的采矿事业具有“强大的道德和经济价值”。[70]在20世纪初，俄国会脱离资本主义，用民粹主义者倡导的农民社会主义、斯拉夫派的正统观念或者马克思主义来取而代之吗？利用何种途径来实现其道德目标仍然是人们争论不休的话题。但可以明确的是，自沙皇俄国将楚科奇海岸的财富纳为己有起，这种进程就已经开始了。俄国从“美国强盗”手中夺回财富，并称美国人的贸易只带来了“酒精和各种无用的东西”。[71]

然而，冯利亚尔斯基的远征队正是由那些“美国强盗”组成的。他认为，要找到金子需要那些在白令陆桥有过淘金经验的“外国工程师”的参与。同时他还需要“大量的资本，所以有必要转向外国投资者”。[72]帝国给了他采矿的权利，却没有给他资金来雇用劳动力、购买补给。于是，他成立了东北西伯利亚公司，出售公司的股票，而公司的唯一资产就是找到金子的可能。约翰·罗森是个美国人，他曾在阿拉斯加地区有过航运的经历，还曾驶经挪威。冯利亚尔斯基公司的大部分股份都被他购买了。[73]这意味着美国人和俄国人在1901年再次合作开展探险活动。然而一年后，伊万·科尔祖钦就叹惋道：“俄美两国相处得实在糟糕。”[74]

两国之间的部分分歧在于财产问题。冯利亚尔斯基采矿特许权的条款明确了东北西伯利亚公司不具备可让渡的权利，即将沙皇俄国土地私人化是非法的。罗森也不能给予他的矿工们采矿权，只能发薪水。由于矿工们得不到金子，诺姆镇淘金者受雇的意愿也大大降低。在远东地区，经验丰富的俄国矿工极少。出于无奈，罗森不得不雇用美国人来采矿，承诺他们可以获得楚科奇地区金子的股份，尽管这样的承诺是违法的。[75]

奥拉夫·斯文森就得到了这样的“金子股份”的承诺，但随后他转行做了毛皮贸易，后来又为苏联供货。1905年，当他在阿纳德尔附近的沃尔基亚河上时，东北西伯利亚公司终于发现了一些小溪，罗森写道：“小溪里到处都是金子，多到可以一抓一大把。”[76]罗森就用这次突然出现的“金子潮”中的一小部分金子，来吸引阿拉斯加本地的矿工参与采矿。但是，罗森使用外国劳工的消息引起了沙皇俄国政府的怀疑。圣彼得堡的报纸也报道了该公司虐待楚科奇人的丑闻，同时还曝光了该公司非法持有烈酒的罪行。[77]最后，该公司将沙皇俄国的“金子股份”分给美国淘金者的策略也被俄国地质学会曝光了。[78]几十年来，沙皇俄国一直对美国人在他们水域里的偷猎行为抱怨不已，而现在美国这个窃贼却应邀前往内陆。1909年，沙俄政府下令禁止外国人在楚科奇地区进行投资，并拒绝延长东北西伯利亚公司的采矿特许权期限。俄国的黄金绝不能被美国人“毫无节制、肆无忌惮地”开采。[79]

尽管如此，俄国贸易和工业部还是希望“楚科奇半岛的私营企业尽早”协调好人力，参与开采，并授出了新的采矿特许权，其中就包括对冯利亚尔斯基的儿子亚历山大的特许权。[80]该地区的矿山监察员在1913年的报告中指出：“沃尔基亚河地区金矿富足的传言不仅在俄国人尽皆知，在北美也同样广为流传。”[81]每年都有几十个追梦人从符拉迪沃斯托克出发前往北方。他们中的一些是农民，佯装来阿纳德尔附近的小型鲑鱼罐头厂工作，只为了偷偷前往淘金地。另一些人则借口来此做皮毛贸易。因为法律规定只有在特许公司注册过的雇员才能在矿场工作，所以他们不能直说自己来淘金的意愿，必须要找一些其他借口。

到了1914年，沃尔基亚山上淘金者的简陋营地已容纳一百多人。阿纳德尔的矿山监察员写道：“我从亲自与淘金者的交谈中了解到，在大多数情况下，他们的采矿工具比较落后，同时也没有足够的采矿知识。但他们对采矿事业十分热爱，干劲十足，能够承受严重的剥削。”[82]大部分工人来自远东地区，极少人有采矿经验，很多人曾是渔民，有些人还上过学。当然，大多数人一贫如洗。其中数十人被捕，如辛比尔斯克的农民伊万·赫里桑福夫·马里恩，他被捕时在“身上搜到了金子”，但他没有从业证明，他随身携带的“笔记本上还记录着每天金子的产出情况”。[83]有几个人逃脱了巡逻队的追捕，但将来也难逃被捕的命运。[84]就因为雅费特·林德伯格的先锋矿业公司是外国人创立的企业，沙俄当局收缴了其价值一万美元的黄金。[85]六个农民和两名美国人在阿纳德尔因“掠夺性”采矿而受审。但地方法官得出这样的结论：这一切要归罪于亚历山大·冯利亚尔斯基，因为他用欺诈的手段雇用了这些人。[86]

当地“地势复杂、气候恶劣”，这让很多非法劳工有机会躲进山里，避开巡逻队的搜寻。阿纳德尔哨所的负责人报告说，几年之内，矿工们挖了“许多测试矿坑”，而且这些测试矿坑“都配备了泄洪闸。这些矿坑都是用石头砌成的，总长度是三俄里，深两英寻”。[87]他们自己酿酒来与楚科奇人交换食物，在属于沙皇的溪流中捕鱼，还猎杀了成百上千的驯鹿。[88]每年秋天，阿纳德尔哨所都要花钱雇轮船在冬天来临之前将贫困潦倒的矿工送回南部。1915年，阿纳德尔的行政官报告称：“为了防止矿工们将金矿掠夺殆尽，需要派遣一支五人的常设武装卫队。”然而，沙皇俄国没有派遣驻军，帝国的黄金也就源源不断地从阿纳德尔港向外流失。一群农民矿工南下返航时，他们向一艘汽船炫耀着他们得到的一块十磅重的矿石。[89]另一个人则沙沙地摇晃着一袋子煤，试图找到里面的小金块。[90]

为了让金子服务于沙皇俄国的发展，就必须将富含金矿的土地圈起，将其封锁在一定的空间内而为国家所用。但圈地需要足够大的权力，有了这种权力才能让法律更有约束力。然而，白令陆桥地广人稀，沙俄在这里没有这么大的权力。由于沙俄没有充分探索苔原地上和地下的资源来为自己增添财富，因此空间就使得楚科奇地区的金子显得弥足珍贵。在沙皇俄国的最后几年里，是楚科奇地区的土地守护着这里的大部分黄金。这里地层分布复杂多样，即使是一心想要淘金的人也难以触及含金量最高的地层。

四

1903年，第一台以煤炭为动力的挖泥船开始将诺姆镇外的泥土翻起。挖泥船就像一个小房子，一头是一串齿形桶，另一头是传送带。挖泥船的前部把含有金子的泥土和砾石铲起来，然后倒入槽形中部的淘洗箱里，用高压软管粉碎岩石和金子，接着摇晃这些碎石，把重重的金子筛出来，最后在后部排出残渣。至少从理论上说，用挖泥船淘金是可行的。[91] 然而，诺姆镇的第一台挖泥船也无法抵御北方的严寒，在这片冻土上罢工了。

图16：诺姆镇被废弃的黄金挖泥船

挖泥船是人们征服山岭的一种手段，其改变自然的速度甚至比最湍急的河流都要快。因为地质上的变化十分缓慢，所以自然强大的塑造力不易被察觉。但挖泥船运作速度极快，短时间内就能处理成吨的被炸药炸成碎石的土壤和泥土。这些都需要能源的支持——人们需要燃烧煤炭让冰化成水，解冻土层，然后才能挖土寻金。同时还要有先进的技术和专业知识来操作和维修马达、轨道和齿轮。然而，所有这些都成本高昂。在西雅图的码头上，一台蒸汽挖泥船的成本就将近十万美元，还要加上北上船运的运费。到达陆地后，每英里陆运的费用要十到十五美元。运至目的河流和溪流后，还需要靠烧煤来驱动挖泥船，每吨煤炭要花一百美元。[92]

煤炭能源的利用加快了自然变迁的速度，大自然要用几个世纪才能完成的土地变化，现在只需要几个小时就能实现。但用机器挖掘的成本十分昂贵，如果无法保证获利，没有人愿意投资使用这些挖泥船。正如爱德华·哈里森所写的那样，“资本最害怕的就是所有权的不确定性，如果没有确定所有权，许多矿主根本就不愿开矿”。[93]但随着圈地变得更加明确，占地也得以确定，人们也开始使用挖泥船淘金。更多先进的设备也随之而来。先锋矿业公司安装了液压升降机。蒸汽挖泥船沿着小溪的边缘进行挖掘，古老的海滩也被开发。一位地质学家在调查中这样写道：“许多矿地都采用了水力开采的方式。”这种方法用高压水枪冲击松散的岩石和堆积的砾石，然后将冲洗后的泥浆倒入装有水银的淘洗箱。[94]蒸汽驱动的“解冻器”利用煤锅炉将加热后的水泵入一个狭窄的竖井中，慢慢地解冻土壤，直到地表至基岩位置的土壤都解冻为止。[95]在一些地方，矿工们在地面上垂直插上了狭窄的管子，每个管子都连接着一个充满温水的水平网格管。所有这些水都来自一个巨大的沟渠网络，沿着山丘的边缘绵延几英里，形成与公路相交和平行的网格。这里修建的第一条铁路线是一条窄轨距的轨道，从海滩开五英里就能看到铁砧溪了。一位观察者评论说，沟渠和尾矿的网络让苏厄德半岛看起来好似火星表面。[96]

在大多数外国人看来，若不是矿工们成功地从这块土地上找到了财富，这里仍会被认为是“既贫瘠又荒凉”的土地。[97]甚至在美国大陆提倡保护荒野的约翰·缪尔，也把淘金者们描述为“被棍子搅动而受惊的一窝蚂蚁”，但他也认为阿拉斯加幅员辽阔，天气寒冷，淘金者采矿的速度不会很快，破坏力也不会那么强，阿拉斯加的荒野不至于很快就被破坏。[98]麦基写道：“从各个方面都可以看出美国人民灵活变通的聪明才智。”[99]

美国人能展现灵活的聪明才智，能够将煤渣堆积如山，并不是由于个体的幸运和勤奋，而应该归功于那些先抢占了这片世界上最富饶土地的人，他们聘请律师保护这块土地，然后再把股份卖给投资者来购买机器设备。这就跟海滩寻金差不多，只是程序反了过来。这并不是杰克·伦敦的思想，更像是卡内基对劳动的设想。这种设想认为，大多数人都能靠挖沟渠、铲砾石去淘洗，用高压软管冲刷山坡上堆积着的泥土来赚取工资。其中有一些是白令陆桥的本地人，比如来自斯乌卡克的纳诺克“从事水力采矿，每天能挣2.5美元，外加膳宿”。[100]吉迪恩·巴尔和因纽皮亚特矿工的孩子们一起上课，他的父亲马卡伊克塔克则放牧驯鹿。[101]雅各布·阿维诺纳在挖泥船上工作。就像出售雷鸟、狐皮或驯鹿一样，这也是一种因适应外来者所带来的变化而产生的职业。

对于像舍泽这样的外来者来说，采矿公司的工作与20世纪早期的工业相似，同样都不自由，只是这里更加寒冷，更加偏远。由于工作没有盼头，大多数矿工都离开了。那些留下来的外来者面对诺姆镇淘金事件的转折，往往都带着宿命论的眼光，他们因海滩上到处都是金子的承诺来到这里，却沦落为工薪奴隶，为他人打工。从海象海岸线到华盛顿特区，美国到处都在争论资本的适当形式。在白令陆桥的地下，天然的地形地貌决定了单靠一个矿工很难征服这块土地，而且地下财富的分布是不均匀的。一位观察员就指出："人们通常觉得，诺姆镇作为一个挖掘地，如果想要取得成功就需要联合的企业来完成工作。"[102]卡内基的设想似乎是不可避免的，因为想要将金子收集起来就需要集中能源，需要集体劳动。在许多美国人的认知里，只有通过公司的形式才能组织好集体工作。能借助地下财富获得自由的只能是企业，而不是个人。

图17：诺姆镇外的学校建筑

政府的地质学家赞扬了公司采矿带来的可人成果。林德伯格的先锋矿业公司每年都能向投资者发放数十万美元的现金红利。1905年，诺姆镇的矿产产出有五百万美元，第二个季度又赚了七百多万美元。地质学家认为，公司采矿不像"寻金热"这样无组织无计划，它为人们提供了稳定的就业机会。[103]然而，一些矿工则对采矿公司的繁荣表示怀疑。诺姆镇周围的工资还算不错，在矿洞里工作十五个小时就能赚7.5美元，然而，在诺姆镇找一家餐馆吃个早餐就要花1美元，再乘车前往挖掘地点还要花1.5美元。再者就是采矿这份工作本身。受雇于野鹅矿业公司的亚瑟·奥尔森这样描述他的工作：早晨，他像往常一样搬运木材，然后"被要求拿上铲子把苔原上的草皮挖掉来修建大坝。到了饭点还要走一英里的路才能吃上饭，这样就根本没有时间休息"。第二天，当奥尔森"铲砾石的时候，大坝决堤了，所有人都慌乱地逃离了危险地带"。然后他又上了一个夜班，"狠命地铲着，半夜里就被解雇了"。

他在日记中写道："下班后我浑身酸痛，走路也一瘸一拐，这点我无须赘述。"[104]然而，落得浑身酸痛，走路一瘸一拐还是比较幸运的。工人们的手指常常被冻僵，骨折也时常发生，有时还会皮开肉绽。[105]有的人溺死了，有的人摔死了，有的人在埋炸药的时候被炸死了，有的人在矿井里被活活压死，有的人则遇到了岩石滑坡丢了性命。

诺姆镇的矿工们厌倦了为了微薄的报酬流血流汗，他们加入了美国西部矿业城镇和东部产业工人的行列，要求减少工时，降低工作风险。世界矿工联合会诺姆镇分会领导了几次罢工，并于1906年选举出了五名诺姆镇工党候选人进入市议会。[106]最初，他们的目标并不带有社会主义色彩。一位本地议员写道："我相信安德鲁·杰克逊的民主，这个国家应该属于工人阶级，而不是贪婪的资本企业。"[107]但到了1912年，美国社会党推选尤金·德布斯为总统候选人，他提出了代替圈地的方案。这项新方案表达了人们对梦想破灭的愤怒——财富不该被公司控制；工人们的工资和工作条件应该得到保障；边疆自由应得以实现。卡齐斯·克劳祖纳斯作为一名社会主义者参加了1912年阿拉斯加地区的选举，他不仅支持工会的总体政党目标，还倡导集体主义。[108]他想通过终止公司采矿，并将一些矿物归国家所有来挽救采矿业。克劳祖纳斯认为，美国之所以会如此自由，是因为普通人也能拥有边疆生产资料的所有权。人们要将阿拉斯加从离经叛道的公司资本主义手中拯救出来，保持其独特的美国式自由。否则，就会变成该党1914年集会的开场白所描述的那样，“阿拉斯加，美国最后的边疆，拓荒者的故乡，正在以极快的速度成为往事。人们成为孤独的淘金者的梦想不断被一些丑陋的现实所取代，人们成为工薪奴隶，为了找工作委曲求全。资本主义早已成为困扰着阿拉斯加矿工们的梦魇”。[109]

1922年，一个名叫沃尔特·阿恩斯的人跋山涉水，从阿拉斯加来到了楚科奇地区，加入了位于阿纳德尔的雷夫科姆革命委员会。[110]第一次世界大战期间，美国的社会主义者拒绝为支持民族主义而放弃世界工人大团结的梦想，执法人员根据《煽动叛乱法》将他们逮捕。战争结束后，阿拉斯加所有的社会主义政治家要么被关进了监狱，要么逃离了这里。[111]诺姆镇的报纸上关于雷夫科姆革委会在楚科奇地区攫取美国商人财物的报道铺天盖地，这些报道表明了美国人对“布尔什维克会把这里洗劫一空”的忧虑。相比之下，克劳祖纳斯对开拓者平等权利的呼声就显得声势微弱。[112]资本主义已成为美国发展的方式，反对资本主义就是反对美国。因此，阿恩斯离开了美国，前往一个社会主义发展势头正好的国家。

阿恩斯漂洋过海，在海峡的对岸登陆了。在那里，布尔什维克努力创造一个视金钱如粪土的未来。列宁就这样写道，金子的最佳用途是给公共厕所的墙壁镀金。然而，现在的状况却是一切都短缺，急需粮食，急需煤炭，急需能使这个贫穷的农业化国家转变为富裕的工业化大国的技术。欧洲既有可供出售的机器设备，又有对黄金的需求。列宁据此得出结论，社会主义未来十年的发展应该依靠“高价出售黄金，低价购买商品的手段来实现，因此我们‘与狼共处，须学狼嚎’”。[113]早在苏联正式控制楚科奇地区之前，布尔什维克就曾挪用沙皇俄国的储备金条来购买欧洲的军事物资、药品、食品和机器。[114]尽管如此，沙皇俄国的工业化进程仍然滞后。布尔什维克通过发展工业来启发国人，将农民阶级变为无产阶级，进而成为社会主义的建设者。不发展工业，就不可能发展共产主义，也不可能有足够强大的军事实力来抵抗敌对的资本主义。斯大林在1927年对政治局说过，“要建立无产阶级在经济上和政治上的专政，就必须暂时放宽对外经济往来的限制”。[115]原本可以依靠丰富的海象和驯鹿资源自给自足的楚科奇地区卷入了贸易市场之中。黄金成了“当地经济生活的重心”。[116]

尽管楚科奇地区拥有“大量的矿产资源”，但沙皇俄国留给后世的地图和地质勘测都不甚完整。[117]根据S.苏霍维在1923年的记载，楚科奇地区尚未开采的矿产资源占81.02%，但这个数据却是他编造的。[118]经过1926年和1928年两次小规模的地质考察，“人们将楚科奇地区整个内陆定义为未知之地”。[119]尽管苏联人知道哪些地方埋藏着金子（如试验矿场周围），但将这些金子挖出来还需要大量的人力。楚科奇地区人口不足两万人，大多数是尤皮克人和楚科奇人，他们的劳动对于使海岸、苔原以及其他地方融入高效的社会主义发展尤为重要。[120]一位当地的苏共党员抱怨说，苏联警察就像得了一种“寻金病”，整天就想着找金子，而不为“我们周边地区的苏维埃化”而努力。[121]M.克里维辛在阿纳德尔写道：“毫无疑问，在这个边境地区发展矿业的一个先决条件就是要让劳动力移民至此。”[122]布尔什维克需要一场淘金热，为他们改造地下招纳人力。

能将人类送上太空是现代国家实力的体现。这实际上遵循了财产分配的逻辑，把我的与你的区分开来。边界的划分也遵循了同样的逻辑，区分了何为我有，何为他有。在美国，实践表明，与海洋、海岸或陆地的所有权相比，人们更容易获得地下矿藏的所有权。有了采矿权，人们就会自然而然地选择安定下来，沿着苏厄德半岛定居，至少1923年诺姆镇的居民就是这样。同年，居民还聚集起来见证了一种全新的采矿器械投入使用，这种机器“经过科学的设计，专门用于开采砂矿”。[123]这种机器采矿的方法就是冷水解冻法：用狭窄的钢管将未加热的水泵入含有金子的土壤，随后将水加热到足以融化永久冻土层的温度。这种方法比使用蒸汽更便宜。那一年，诺姆镇的金矿至少产出了价值一百万美元的金子。[124]

人们围观挖掘机作业，兴奋地为之喝彩。这些挖掘机是采矿公司的财产，而对操作机器的工人们来说，资本主义已不再是他们的梦魇了。在诺姆镇周围，公司的存在逐渐变得理所当然，被人们视为发展的唯一道路。公司资本主义对自然的影响也被视为一种进步的标志。圈地带来了财富，财富被用于改造更多的土地，从而促进了经济发展。改造土地需要动力，金钱则带来了人力和蒸汽驱动机器这两种形式的动力，有了动力的保证，就能赚更多的钱。地质学家估测，苏厄德半岛上至少还存有价值五亿美元的金子。[125]其中一些金子存在于二十年前人们用手工工具开采出来的矿渣里。这些矿渣中仍然饱含成色较好的金子，而冷水开采法的使用终于让这些金子获得了其应有的价值。[126]如果技术和商业不仅能改变荒废的土地，而且还能从过去的废渣中创造价值，那就一定是未来发展的方向。

这种未来发展的方向阻碍了白令人走上其他发展道路的机会。公路和当地的短程铁路阻塞了小溪，整个河床堆满了废渣和碎石，排水管破裂，人工运河的水流像不绝的泪水不断流淌。露天砂矿在一年的时间内就处理掉七十五万立方码的砂石。[127]人们将泥土挖出后随意堆放，每到天气变暖时或暴雨时节，这些泥土就随着水流流入了大海。流入大海的泥沙若砸在了鱼的身上，它们就会无法产卵。淤泥遮住了阳光，水藻因无法进行光合作用而死去。生产力直线下降。[128]诺姆镇得意扬扬的居民们没有意识到资本主义对环境的伤害，资本主义繁荣是以环境的破坏为代价的，资本主义者使动态的资源变成了静止的商品，还附带摧毁了其他生物。矿工们最常劳作之处成了白令陆桥资源最贫乏之所。

面对阿拉斯加的采矿技术，苏联看到的不是一潭死水的愿景，而是一种全新的生活——一种由国家统一管理而不是由企业私自组织的集体劳动。共产主义将利用资本自己的工具来改变资本对人类灵魂的重压。但由于苏联人对资本主义发达的工业崇拜不已，他们接纳了一种工业化的眼光——只有当人类命运和灵魂不受土地制约，并且将土地转化为有助于人类发展的资源时，人类才能获得真正的自由。马克思列宁主义明智地认识到要将工人与财富分割开来，但他们并没有考虑金矿是如何使人通过偷窃的手段获得财富的，这种偷窃不仅窃取了他人的财富，还剥夺了河流中的生命。相反，苏联人在阿拉斯加的技术上看到了自己的未来：挖掘机和解冻法的应用取代了地质上的时间。实现这样的高速采矿成为苏联计划的核心。这种行为是为了实现人类的重生，而非灭亡。

第八章

救赎的元素

从楚科奇海向内陆延伸，深色的山脉上覆盖着颜色更深的地衣。从远处看，山脊像一块叠起来的天鹅绒布，到处都是竖着的石刺。从这些巨石和峭壁间，楚科奇人仿佛看到了上帝最初尝试造人的情景，以及一只张大嘴巴的凶恶野兽曾栖息于此。[1]这里寒风凛冽，山峰上的积雪直到8月才开始融化。在高处，生命显得微不足道。一堆杂草在石头的背风处生长，边上就是北极地松鼠的洞穴。时间就像回转窑一般，将锡压在了石英和花岗岩之中。矿脉深埋在坚硬的岩石中，只看得见那露出水面比地衣颜色更深的部分。

作为一种工业元素，金属锡柔软，易弯曲，耐腐蚀。在锻造贱金属(比较容易被氧化或腐蚀的金属)时，在其表面镀上一层锡，可以增加该金属的光滑度，并为其增添光泽。金属锡表面的摩擦力很小，其中还含有可用于润滑的油脂。蒸汽动力机械和内燃机的滚珠轴承就是由锡合金制成的。[2]到了20世纪，金属锡已经成了一种再寻常不过的金属，上千种小型零件中都有金属锡的身影。将金子从白令陆桥的地下挖出来的机器中就包含着金属锡，矿工们在小屋里吃的桃子罐头的盒子也是用锡制成的。锡在工业上随处可见,用途广泛,十分重要。美国人和苏联人或是靠人力挖掘,或是借助工业器械和化石燃料动力挖地三尺,寻找金属锡来制作易拉罐和飞机机翼这类东西。无论是美国人还是苏联人都在大地上留下了相似的印记:成堆的尾矿、筑了坝的河流以及改道的溪流。当地自然景观的改变不是出自大自然的缓慢雕琢,而是由人类的炸药和推土机塑造而成。

在此过程中,白令陆桥采出的金属帮助苏联人完成了计划,也让美国人赚取了利润。计划和利润都是出于安排好当前工作,规划好未来方向考量。在白令陆桥,美苏双方都认为眼前的未来就在地下:在一个并不遥远的未来,与其花十几年的时间捕鱼,不如花几周、几个月的时间来开采地下的金属。他们的预言模式是基于数学理论形成的,是一种经济模型,或者说是一种辩证唯物主义的科学规律。获得了收益,完成了计划,才能说预言成真。但这并没有让他们摆脱原始神话的束缚。20世纪的矿业为了获得短期的发展而牺牲了白令陆桥长远的未来。美国和苏联的矿业也成为另一种资源,人们为了追寻资本主义自由或社会主义自由,用破坏地球的方法,成为名不副实的英雄。

一

1933年10月,楚科奇地区阴暗山脉的北部,由于海面结冰,苏联轮船“切柳斯金”号无法继续航行,离他们被困的位置不远处,就是八十一年前诺顿遭遇海难之处。与之不同的是,“切柳斯金”号并不是来捕鲸的。“切柳斯金”号的船长奥托·冯·施密特是北海航线管理总局的负责人,该部门成立于1932年,其成立的目的是为了开发苏联北部地区并推进其工业化进程。多亏了北海航线管理总局,住在乌厄连的尤里·雷特凯斯在帐篷里接上了电线，伯乐湾鲸脂精炼厂装上了锅炉，公路得以修筑，阿纳德尔附近的一个小型鱼罐头工厂也实现了机械化。由于一些河谷的地图尚未绘制，北海航线管理总局的飞行员们就在没有地图的情况下，在这些河谷上空边飞行边绘制地图。他们还探索了与之同名的北海航线，从摩尔曼斯克穿过北冰洋到达白令海峡。这就是"切柳斯金"号7月离开列宁格勒时所背负的使命。但楚科奇地区北部大量的浮冰让这艘船动弹不得。一连几个星期，船员们只能跟着浮冰一起在海上漂流。到了2月份，由于受到流动的浮冰长时间的撞击，"切柳斯金"号的船身被撞出一个大洞，海水很快涌入船舱。[3]身高六英尺多的施密特留着胡须，精神矍铄，他让船员们做好船只沉没的准备，将帐篷、食物和任务专用的无线电通信设备卸在一块大浮冰上。施密特在一块大浮冰上安营扎寨，用无线电设备请求救援。苏联各地的人们都收到了施密特从浮冰上传来的求救信号，苏联当局也派出了飞行员和搜救犬前去营救。

"切柳斯金"号——从其雄心勃勃的任务，到其对浮冰的群体挑战——充分展现了斯大林时代的戏剧化特征，也是一场真正意义上的漫长旅程。北极地区恶劣的环境对人们的意志力提出了种种考验，但也正如施密特所写，这也证明了"当人类知道如何武装自己来对抗大自然时，当人类知道自己并不是孤军奋战，身后还有数百万民众的热情支持时，人类就能征服大自然"。[4]报纸、电台广播和新闻短片持续报道了此次事件。同样，媒体也争相报道了20世纪30年代苏联其他北极探险的故事。斯大林恭贺这些北极探险家们，称赞他们的壮举不是为了资本主义的利润，而是为了人类的救赎。探险家们也同样向斯大林回敬，称赞他是"为人类谋幸福的伟人"。[5]在广受欢迎的电影《七无畏》中，布尔什维克拯救了楚科奇人，发现了锡，并为祖国做出了牺牲。无论是真实事件也好，还是虚构故事也罢，苏维埃在北部的壮举显示了群体的开明奋斗的优越性。如果社会主义能在如此寒冷的环境中取胜，那么它就能在任何地方取胜。《消息报》报道称，在北极地区，"社会主义的技术征服了自然，人类征服了死亡"。[6]

并非所有在北海航线管理总局工作的人们都会经历传奇般的海难，那里也有一些如测量和建筑这样平淡无奇的工作。在北极地区，参与这类平常的工作也能获得灵魂上的觉悟。地质学家M. I.洛克林这样描述他在楚科奇地区的时光，他生活在"一块人迹罕至的荒野上，那是在纯白寂静边缘上的一片冰荒漠。在这里，除了生存，你还要从事令人筋疲力尽的艰苦工作，不仅有体力劳动，还有脑力劳动。但他和他的团队已经深入了解了那片土地所隐藏的秘密，所以他们也将征服那片土地，让它变得可以居住"。他在北部海岸露营时，获得了一个"惊人的"发现，他发现了"一块石英，里面有大量的锡矿石晶体"。[7]之所以说是一个惊人的发现，是因为金属锡对"整个苏联来说，在加强国防，巩固世界工人阶级政权的胜利，提高北方人民的经济和文化水平等方面有着十分重要的地位"。[8]有了金属锡还能发展工业，工业也是"文化发展的引擎"，但楚科奇地区的大部分地方还缺少这个"引擎"。[9]对洛克林来说，这份工作给人们的心灵带来了荡涤："楚科奇地区严峻的工作条件考验了每个人的生命力和品格，考验了每个人的行动能力、待人接物的态度，同时也考验了每个人成为一个真正的人的能力。"[10]

1934年4月，施密特船长和"切柳斯金"号船员获救后，北海航线管理总局似乎已经做好了准备，它不仅要让楚科奇地区成为苏联社会主义建设事业的一部分，而且要让此地区变成苏联最好的地方——一个充满英雄主义的北极工业生产中心。洛克林找到了他的金属锡，北海航线管理总局的其他地质队则在波修瓦、马伊阿纽伊和阿姆古埃马河上发现了新的金矿。[11]尽管北海航线管理总局被描述为一支向北极进攻并征服北极的“极地探险军”，但施密特的组织缺少必要的船只为其提供补给，也缺少在矿场、医院和发电厂工作的人员。[12]位于伯乐湾的鲸脂精炼厂甚至没有混凝土补给。施密特定期写信给斯大林，请求提供船只，但没有得到答复。一位在楚科奇地区工作的人写道：“这里的物质条件非常艰苦，我们在此工作必须要鼓足干劲，全力以赴，而且我们的设备也很糟糕。”[13]虽然苏联不乏英雄人物，但缺少足够的能源来重塑地下。

地质学家弗雷德里克·费林写道，诺姆镇八十英里外有一个山坡被“尖尖的、冻裂的碎石”所覆盖，在那里，有一个浸没在水中的锡矿床。[14]在下方，洛斯特河蜿蜒流过一个毫无生命迹象的空旷山谷，那里甚至听不到蚊子的嗡嗡声。因纽皮亚特人认为山谷中有幽灵，所以避之不及。但到了1913年，矿工们开始在岩石上钻孔，进行爆破，钻出了几条数百英尺深的隧道来寻找矿石。他们从黑鹅卵石中提炼出金属锡。运气好的话，一年可以提炼将近一百五十吨。矿石精炼需要从别处进口能源。一位美国地质调查局的地质学家写道：“该地区缺乏木材，因此所有的燃料、木材和坑木都必须从别处进口。”[15]1920年，由于化石燃料的价格过于昂贵，工人们在洛斯特河挖的一条两千英尺长的隧道是这样操作的：先用硝化甘油将它炸开，然后工人们再用铁镐和铲子将矿石挖出来，最后用桶装好，带到地上。这座山算得上是一座用人力重塑的山。

破土挖山是一件危险的工作。隧道可能会坍塌，矿井可能会积水，或者冻成滑坡。工人们可能会在疏通机器的齿轮或是在处理摆动式铲斗的时候发生意外，失去肢体。一名矿工曾不小心点燃了胶质炸药，炸药直接将他一只眼睛炸了出来，“从大腿到脚踝的地方”也被炸得血肉模糊。[16]但这份工作对国家的发展十分重要。美国境内缺乏锡矿。1917年，《华尔街日报》就预测了美国会出现“锡荒”。[17]金属锡是制造飞机和坦克必不可少的元素，而飞机和坦克在第一次世界大战结束后更是国防不可或缺的军备。费雷德里克·费林曾预言，美国只有少数地方能找到“数量可观的金属锡”，而洛斯特河就是其中之一。[18]当A.麦金托什在1928年买下了洛斯特河矿脉的所有权时，他希望通过满足国家需求来致富。

然而不到一年的时间，麦金托什就破产了，美国这个国家也同样破产了。就在几年前，在诺姆镇外，人们还聚集着观摩冷水解冻的奇迹，谁也想不到马上就遇上了经济大萧条。他们曾庆祝联合的公司资本主义的成功，这种资本主义自然且高效，是亨利·福特的工厂在北方的改良版。以更低的成本生产更多的产品，这实在是令人惊叹。但企业资本家在20世纪20年代的生产，超出了工薪族所能承受的消费水平。几年来，人们通过贷款的方式进行了大规模的消费，公司也盯上了投机性的股票市场。1929年的秋天，消费者和生产者都遭到了毁灭性的打击。华尔街崩盘，接着银行倒闭，工厂停业，农场的粮食找不到销路。四年后，四分之一的美国工人都失业了。没有工资可供消费：没有需求可供满足。洛斯特河的金矿关闭了。苏厄德半岛的黄金产业也崩盘了，随之而来的是，“道路的废弃和消失，商店和旅馆也相继倒闭，同时各种交通资源也十分紧缺”。[19]这个地方是美国人民绝望的缩影。1929年以前，三分之一的美国人长期生活在贫困之中。1929年之后，又有数百万美国人将生活在贫困之中，又或是生活在对贫困的恐惧之中。因为在这里，奶牛因为缺乏饲料而死去，婴儿也因为喝不到牛奶而夭折。在这个国家里，成千上万的美国人为了逃避看不到希望的未来，申请移居苏联。[20]

1933年，以富兰克林·罗斯福总统为首的政府当局，出台了诸多政策来扭转美国资本主义自我毁灭的局面，同时也为了防止美国发生共产主义革命或是法西斯革命，其中推出的一项政策就让黄金的价格几乎翻了一番。就像预期的一样，这项政策对农民来说并不是一件好事。但对于阿拉斯加来说，就如雷克斯·比奇所写，这项政策带来了"淘金生意"，阿拉斯加的群山之间，就像"一座幽灵出没的房子"等待着矿工们的到来，为这里带来活力。[21]内政部长的办公室里堆满了人们的来信，因为邻近的州"无工可做，他们想去阿拉斯加淘金"。[22]内政部同意了他们的请求；阿拉斯加遍地都是亟待开发的价值，有潜力"成为美国的新大州，人们能在这里过上令人羡慕的幸福生活，同时这里的工商业也有较好的发展前景"。[23]20世纪30年代的美国北部不是一个人们如英雄般成就自我的地方，也没有历史动荡和变迁，更像是一个人们逃离

图18：苏厄德半岛的朝圣者温泉

发展停滞时代的避难所。

同时，这里也是一个可以吸纳美国劳动力，以此来重启发展进程的地方。一个满怀希望的人写道，只要个体探矿者们能够“采集到阿拉斯加丰富的自然资源，并将这些资源掌握在自己手中，未来将是一片光明”。[24]罗斯福总统也同意这种观点，他出台了一系列的新政法律，对各机构做出指示，其中不仅包括对社会项目、工会和银行改革的建议，他还提倡各地回到自给自足的状态。公司资本不仅破坏了个人所有权，也破坏了稳定的生产。一位“回归土地运动”的倡导者写道：“个人独立将会实现，千百万人民将自由地在阳光下行走，不用担忧物资的匮乏。”[25]

罗斯福新政的核心目标是让民众免受物资匮乏之苦。从报纸上看，似乎只要胸怀进取心，手拿淘金盘，就能在阿拉斯加获得自由。报道还称，这些探矿者“只要用铲子挖挖土，再用水冲洗一下，每天至少能挣五美元”。[26]这是一个很久以来就有的愿景，是诺姆海滩的愿景，在那里，每个人为自己工作来赚钱。但报纸没有报道的是，苏厄德半岛的砂矿开采与俄克拉何马州的农业一样依赖降水。一位观察家写道：“只要不下雨，水闸就是干涸的，水闸缺水就无法正常工作。”[27]此外，开采深部矿脉和冰冻砾石都需要企业的投资，投资金额跟生产一辆汽车差不多。大多数在大萧条时期前往诺姆镇的矿工都像奥斯卡·布朗一样，受雇在地下八十五英尺深的矿脉矿场工作，那里空间小得只能屈身爬行，他们“得用指南针来确定挖掘隧道的方向是否正确”。奥斯卡·布朗说，他在这里工作是“为了满足我和妻子艾拉的生活开销”。[28]他一个夏天挣的钱就够买一年的杂货。哈蒙联合金矿是诺姆镇最大的矿业集团，该公司在1935年的盈利颇丰，可以拿出数百万美元来“偿还1.49万名股东所提供资金的一部分。正是因为这些资金，这家公司才会存在”。[29]哈蒙联合金矿的收入是黄金季二百万美元盈利中的一部分。在外界眼里，诺姆镇象征着边疆地区人们的自由，也代表着个人财富的解放。但采矿业的现实仍然是依靠雇佣劳动来进行。

二

只有圈好地才能进行社会主义革命，这就意味着要将人们区分开来，把社会主义者留在境内，把资本主义者排斥在外。但从长远来看，社会主义革命理应是世界性的革命，所以这种圈地只是暂时的。布尔什维克先锋队首先要把俄国转变为社会主义政体，接着，苏联的先锋队计划让共产主义政体在所有国家开枝散叶。20世纪30年代，斯大林宣布第一次圈地运动完成，这标志着苏联迎来了真实存在的社会主义。

社会主义者按理不应偷窃他人财物，但盗窃的事件仍有发生。除了盗窃外，谋杀的事件也时有发生。苏联领土之外的资本主义世界对苏联存在着一定的威胁，资本主义的间谍四处潜伏：他们可能是农民中的富农，可能是工人中的破坏分子，他们还可能是那些被指控有违逆国家想法、疑似想造反或是已经造反的人。直到1936年，苏联内务人民委员部一直在抓捕这样的内部敌人。那一年，各个地方组织、每个工厂、每个地质考察队以及所有试图将苔原地区集体化的干部都开始进行作秀式的审判，大规模逮捕内部敌人，并声称这是对社会主义立场有问题者的大规模清洗。为了集体的利益，那些实在无可救药的人就得被处死。那苏联政府又会如何拯救余下的异己呢？

苏维埃给出的解决方式就是将这些人押送至古拉格群岛，对其进行强制救赎。古拉格群岛因亚历山大·索尔仁尼琴的妙笔而为人熟知。古拉格群岛上囊括了监狱、审讯中心、精神病院和集中营，均由主集中营管理机构管理。古拉格群岛中最大的岛屿位于苏联东北部，由达尔斯特罗伊管理，达尔斯特罗伊是负责极北地区建设的主要行政部门。[30]与古拉格群岛上的其他地方一样，达尔斯特罗伊的救赎改造方式就是再教育，再教育就是让囚犯们学习像苏联人一样劳动，像苏联人一样劳动就是要实现生产的不断增长，而增长的生产则会将这些堕落的个体转变为共产主义集体中有价值的一部分。[31]一篇题为《政府》的文章就颂扬了苏联的再教育，文章写道："从社会主义计划的良方中拿一部分出来……它会像治病一样，给你开一小剂药，这剂药能治好你的病。再教育会用社会主义的真理拯救罪犯。"[32]这剂药就是判决，想要治愈就要通过劳动来改造自己。

要在古拉格群岛建设社会主义，你就需要砍伐木材、浇筑混凝土、开凿运河、建造工厂或开采地下资源。一位苏联采矿工程师于1931年写道："开采我们的黄金资源既是必要之举，也是适时之举，因为'当今资本主义的危机'减少了世界的黄金供给。"[33]苏联仍然依赖对外贸易，仍在为全球范围的社会主义革命做着准备，所以需要黄金来拯救摇摇欲坠的市场。虽然对外出口粮食也是苏联的一个对策，但斯大林和政治局还是将重点放在了黄金开采上，他们在那一年多次会面讨论黄金问题。[34]地质学家指出，阿纳德尔以南数百英里外的科雷马河可能蕴藏着极其丰富的矿藏。建立达尔斯特罗伊的目的就是为了开采这些矿藏：通过强制性劳动来解决令北海航线管理总局在北方头疼不已的能源问题。从1932年开始，苏联内务人民委员部给达尔斯特罗伊送来了数以万计的囚犯，让他们在鄂霍次克海沿岸冰封的小溪和结霜的山丘上劳作。[35]

据囚犯们描述，达尔斯特罗伊是古拉格群岛上条件最差的地方，囚犯们往往在得到救赎之前就死于饥饿、疾病、事故或寒冷。[36]根据计划的指示，达尔斯特罗伊也是古拉格群岛生产力最高的地方。科雷马的土地蕴含着非常丰富的砂金，而且埋得很浅，仅用铁镐、铁铲和淘洗盘就能淘到不少砂金，若利用简易的水闸和水沟则能收获更多。一些设计科雷马水沟的囚犯曾供职于北海航线管理总局，他们因滥用资金和对革命工作投入不足而遭到整肃。[37]在这些专家和大量囚工的努力下，科雷马的黄金产量从1932年的半吨多增长到了1936年的近三十七吨。[38]一面是黄金产量仍不断攀升，另一面是人们对整肃的恐惧不断加深，没有人能对这一切置身事外。尽管奥托·冯·施密特在公众面前拥有英雄般的形象，但他也遭到指控，指控"他寻金的承诺只停留在言语上"，没有获得实际成果。[39]每当有一位地质学家被判处死刑，整肃运动就会将几个未经培训的人下放到矿场工作，以此来维持生产的稳定。[40]1937年，达尔斯特罗伊的一位管理者写道："即使在阿拉斯加资本主义淘金热最盛行的年代，也从未有一个地区产出的黄金能像今年在科雷马生产的黄金那么多。"[41]

达尔斯特罗伊凭借其源源不断的新鲜劳动力完成了北海航线管理总局所无法实现的目标——在北方的大地上挖地三尺，采矿寻金。苏联人工作的速度终于赶上了奔涌的河流。1939年，莫斯科授权达尔斯特罗伊开采楚科奇地区的地下资源。[42]两年后，由于苏联红军急需金属锡，古拉格的运输队立刻启程，驶过马加丹，穿越白令海峡。瓦莱里·扬科夫斯基回忆道："左边光秃秃、满是岩石的地方是楚科奇海岸，右边雾蒙蒙的地方就是遥远的阿拉斯加海岸。"[43]

扬科夫斯基的父亲是一个移民朝鲜的白俄罗斯人，在第二次世界大战期间参加了苏联红军，担任翻译，后因"帮助国际资产阶级"被捕。[44]1942年，一个名叫亚历山大·埃雷明的炮兵学员，因要求派一位有文化且有战斗经验的指挥官前来而遭到判刑。彼得·利索夫曾是明斯克一家工厂的工人，用他的话说，执法人员在"没有任何事实和证据的情况下就把他抓捕了"。[45]伊万·特瓦多夫斯基的父亲是一个铁匠，在20世纪30年代早期就被指控为富农。伊万还在上学时就被带到一个特殊的定居点，被征入了苏联红军，后来在芬兰成了战俘，在1947年返回苏联时却被判定为玩忽职守而遭到逮捕。此外，上述这些人都遭受了逮捕、审讯和判刑的不公待遇，接着被押上火车，向东驶出莫斯科。他们要在东行的火车上待好几天，然后可能还在符拉迪沃斯托克的牢狱里待几个星期，才会登上运输船。这艘运输船"巨大无比，像洞穴一般，船舱里十分昏暗，船内的整个环境就像一个巨大的家禽养殖场，每九平方英尺的空间就塞着五个人"。[46]船上关于"朱尔玛"号运输船的流言铺天盖地，传言称楚科奇地区北部的海面冻住了，"朱尔玛"号被冰封在"切柳斯金"号失事处不远的地方，船上有一万二千名战俘，在春天到来之前，他们要么冻死，要么饿死，要么成了同伴的食物。[47]最终扬科夫斯

图19：埃格韦基诺被废弃的苏联房屋

基他们抵达了楚科奇地区。囚犯们被押送至埃格韦基诺特或佩韦克的集中营，用利索夫的话来说，“狂风吹平了那里的黑色岩石，山谷的积雪最深处有五米”。[48]

扬科夫斯基回忆道，那些山上都是“露天矿，所有的工作都是用铁镐、铲子和手推车完成的，我们把石头装上推车，然后再推着车沿狭窄的摇摇欲坠的小道行走”。[49]苏联利用政治犯解决了劳工短缺的问题，但并没有解决其他资源短缺的问题。1941年，达尔斯特罗伊的一份报告指出：“木材和包括沙子、黏土、砾石和石头在内的建筑材料短缺严重。”他们只有短短一个夏季的时间来补给采矿设备，因为挖泥船、挖掘机、卡车和其他用马达驱动的机器在冬天都会被冻住。在阴暗的山丘里，经常会因为缺水而无法淘洗矿石，即便有水，也需要等到7月回暖水解冻的时候。让水解冻需要电力，发电则要依靠水力，而只有在温暖的环境下才能利用水力发电。[50]

夏天，扬科夫斯基在挖泥船里淘洗沙砾的时候，他曾看到一个囚犯把小金块藏到舌头底下偷偷带出去。冬天，他徒手挖矿。“我花了十天的时间挖了一个三米半深的洞，这是我挖的第一个洞。洞越深，似乎就越暖和。炸药炸散了岩石，矿石混杂着碎石和泥沙，要将它们扔上地表可不太容易，因为扔上去的矿石一半都会落回你的头上和眼睛里。”[51]大约半个世纪前在诺姆镇劳作的埃德温·舍泽应该能认可这种劳作方式。

与舍泽不同的是，扬科夫斯基和其他囚犯来楚科奇的身份就是工薪奴隶，他们工资微薄，有时甚至分文未得，既不能拒绝工作，也无法逃离这里。但并非所有的囚犯都是矿工。根据收监表的记载，特瓦尔多夫斯基就是一个木雕工，他在埃格韦基诺特铸造厂制造金属铸件。亚历山大·埃雷明则在锡矿地质学家洛克林的指导下为恰翁-楚科奇地质局修路和勘测。埃雷明常常在苔原上一待就是几个月，最后管理者批准他做洛克林的助手，而且可以在集中营“区域”以外的地方居住。但由于到了冬天天气十分寒冷，囚犯们无法离开这里，正如大多数阿拉斯加探矿者一样被困于此。大多数囚犯住在石砌营房里。修建这些营房本是为了方便矿工和铁路工人前往各自的工地，若非此，没有人会愿意选择住在这里。他们常常坐在寸草不生的山脊上，这里除了红色的岩石，其他什么也没有，而且这里离水源也很远，温度低至零下51.1摄氏度。一名囚犯回忆说，墙上的海报“让我们时刻铭记斯大林的名言——工作事关荣誉和荣耀，工作能够体现一个人的英勇品格和英雄气概”。[52]被派遣到矿场的矿工一天要工作十到十二个小时。口粮与表现挂钩，推车装得越满，粥碗盛得也越满。在劳动的时候偷懒可能会遭到营地卫兵的一顿毒打。更恶劣的暴乱事件可能会招致死刑。扬科夫斯基目睹了卫兵们“拿起水管对着那些奄奄一息的囚犯浇水，一直浇到他们一动不动……囚犯们在水的冲击下痛苦地扭动，直到他们像树桩一样冻僵在这冰天雪地里”。[53]

地下本身也暗藏杀机。从20世纪40年代开采锡矿开始，楚科奇地区的采矿规模就不断扩大。先是铝土矿和金矿，到了1950年，在距离佩韦克不远的地方又发现了一座铀矿。[54]囚犯们担心当他们炸开锡矿脉后喷出的二氧化硅气体对他们的肺部有害，也担心铀矿的辐射对身体的伤害。[55]由于大量囚犯死于采矿事故和硅肺病，达尔斯特罗伊在1953年正式向这种状况“宣战”。同一时期，营地的官员不出意外地受到了莫斯科领导层的批评，因其“对囚犯劳动力疏于管理”，导致劳动力被“浪费”，从而导致计划未能实现。[56]尤其令人担忧的是，他们把像扬科夫斯基这样的政治犯和一些惯犯关在一起。莫斯科的一项调查发现：“埃格韦基诺特集中营的囚犯分为两个敌对的帮派，即所谓的C帮和B帮。这两个帮派都试图通过欺压那些老实本分的囚犯在狱中称霸，扩大势力。两个帮派在对抗的过程中互相侵扰，互相折磨，甚至大开杀戒。”[57]

针对这个问题，楚科奇地区的卫兵们提出了要求。他们要求更多的食物和衣物，派遣更多的医生和卫兵，建造更多的建筑。囚犯们用旧轮胎做了靴子，用报纸和羽毛以及他们能找到的任何东西来做衣服的保温层。他们还要与坏血病、斑疹伤寒以及没完没了的痢疾做斗争。到了夏天，人们捕猎那些正处于换羽期无法飞翔的大雁来当作集中营的通货，用以交易。[58]利索夫写道：“海豹、白熊、棕熊、野兔和驯鹿都是美味佳肴。”但并不是每顿饭都能吃上肉。扬科夫斯基写道：“集中营里的食物一般就是六百克到八百克的面包。囚犯们经常心急如焚地想知道一个问题的答案——在我死前，有机会吃黑面包吃到饱吗？”[59]在四周冰冷的澡堂里，扬科夫斯基看到一些人的样子变得“异常古怪——他们的脖子很细，肋骨和肩胛骨突出，尤其是肘部和膝盖圆的像台球一样”。[60]特瓦尔多夫斯基看到了埃格韦基诺特附近的万人坑，“里面满是死去的囚犯。推土机事先挖了一条壕沟，然后将这些死去的囚犯像动物尸体一般丢进坑里。在这种惨绝人寰的生活条件下死去的人不计其数。第一年来楚科奇地区的一千二百名囚犯中，只有七百多人幸存下来”。[61]其他人的尸骸则沉入了青绿色的高山湖底。

然而，就在这些囚犯的坟冢附近，古拉格群岛完成了一项难度巨大的任务，这项任务的完成提升了白令陆桥在整个苏联的地位——他们将人送上了太空。这个地方的四周由铁丝网包围，还有警卫巡逻。楚科奇人Z. I.埃图夫格还在上学时，曾见过她的母亲把驯鹿肉留给佩韦克集中营里的外来者。母亲把食物藏在一个煤堆里，囚犯们有时也会在那里留下一些小东西作为回报。1941年，埃图夫格听到了集中营里持续数天的枪声，这场暴动让金属锡的生产中断了几个月，最终以数十人的死亡告终。[62]利索夫目睹了囚犯们在逃跑的过程中有五人被打死，十八人受伤。[63]在集中营内，囚犯中流传着这样的听闻，有些囚犯劫持了飞机或已经穿过了冰面去往阿拉斯加。[64]那些年里，楚科奇人也在集体农庄进行了反抗，他们也发动了起义，并试图逃离。楚科奇人曾经的家园古拉格群岛却变成了国家关押外来者的地方。正如扬科夫斯基所写："在北极圈里看不到一丝希望。四面都是大片光秃秃的苔原……雪地上总是有许多脚印，还有许多楚科奇猎人，他们会抓住受伤的逃亡者换取赏金。"[65]但双方都承担着一定的风险。在埃格韦基诺特附近，两个楚科奇家庭为三名逃犯提供了庇护。但逃犯们担心这两家人可能会报警，便杀害了招待他们的主人。[66]

大多数囚犯在服刑期间都在劳动，1941年他们总共生产了三千多吨锡，1943年将近四千吨，到了1952年则接近六千吨。在某些年份，佩韦克锡矿的产量全国最高，大约占了苏联国内供给的一半。[67]达尔斯特罗伊为冷战提供了将近一百七十吨的铀。[68]但矿石只是集中营计划生产的产品之一，另一件"产品"则是改过自新的公民。古拉格的官员们根据囚犯们的表现，看他们是否具备了一定的觉悟，以此来评估他们是否有资格重新回到社会。正如时间的推移可以通过苏联计划的时长来衡量，个人的转变也可以通过其实现计划所付出的劳动来衡量。达到计划目标和超额完成计划都显示了对社会主义的忠诚，同时也象征着在政治工作和自我教育上的积极。像斯达汉诺夫一样勤奋工作的囚犯可以提前获释。而且根据官方的说法，释放就意味着获得了救赎。

然而，就算经历了改造，也并不是每个人都会为创造集体的未来而努力奋斗。有些像利索夫这样的囚犯一生都很难认同社会主义承诺的美好未来。因为对他来说，苏联就等同于古拉格群岛，而古拉格群岛就代表着"寒冷、饥饿、虐待、羞辱和殴打"。[69]埃雷明在获释十年后写了一篇文章，他写道，在自我改造中，他根本没有那种所谓的对社会主义狂热的信念，他只觉得自己的工作“又苦又累，但也很有趣、很刺激”，这份经历给了他一个“观察生活”的机会。[70]特瓦尔多夫斯基在他的回忆录中很少描写苏联的伟大理想，但他以在铸造厂工作为荣，而且觉得他的工友们基本上都友善纯良。[71]他并非唯一一个将社会改造的描述得模棱两可的人。集中营劳动是一种集体的追求，但劳动的痛苦往往让人们

图20：埃格韦基诺特的古拉格劳动者纪念雕像

只注意到自身所受的折磨，尽管希望渺茫，但人们仍然渴望得到救赎。

扬科夫斯基回忆起他最终获释时的狂喜：“这是我七年来第一次自由行走……我径直走过一块草儿低垂的绿地，然后又踏过山坡上一条修剪过的小路，这条小路一直延伸到蓝色的海湾……这是一种无法言表的自由感。”与之前的囚犯一样，他有两个选择：可以选择坐船回到“大陆”；或者留在这里，到南方一个偏远的煤矿工作，与之前不同的是，他的劳动不再是无偿的，而是有薪水的。他选择留在“楚科奇地区，我爱上了起伏不平的小苔原，爱上了有着矮小桦树的小岛，岛上还有雷鸟、狐狸和野兔活动的踪迹……种满蓝莓和岩高兰的田野无边无际”。[72]到了冬天，他在附近楚科奇人的集体农庄里与当地人一起吃着驯鹿肉，与年轻女子喝酒，听她们背诵在学校学过的普希金诗歌。三年后，他离开了楚科奇地区与马加丹的家人团聚。他的身后是一片经过改造的土地。这里的山丘和山谷满是敞开的沟壑和挖掘过的痕迹，手推车和铁镐都曾在这些缺口的上方劳作过。垃圾和侵蚀土壤堵塞了埃格韦基诺特公路沿线的溪流，溪中的鱼苗刚刚孵化，半透明状的身上就被压上了重物。

三

白令山脉下的苔原上有几处露天湖泊，湖里水量丰富。田地般大小的湖泊和池塘里都物产丰美。闪着珍珠般光泽的肥硕白鲑鱼，吸食着从淤泥中找到的小蛤蜊。到了春天，野鸭、沙丘鹤、大雁和天鹅在河畔的芦苇丛中筑巢，每年到了换羽期的时候，这里总会出现大量羽毛。在1957年以后，楚科奇地区这些无法飞行的禽类动物就不用担心会被附近集中营饥肠辘辘的囚犯捕杀了。那一年，赫鲁晓夫关闭了北部古拉格集中营。[73]赫鲁晓夫承诺将有一批年轻的工人前往北方，住在干净耐寒的圆顶屋里，而不会任由北部荒废。[74]每个村庄都会有“一个俱乐部、一个图书馆和一个电影院”，最终目标是建成一个先进的有太空时代特色的北极。这是一条彰显社会主义实力，完善军事设施，提高生产的新途径。[75]

赫鲁晓夫最想增加的是工业生产，在楚科奇地区，这意味着开采“新的金矿、锡矿、煤矿和其他建筑材料……以此发展国家的生产力”。[76]为了解决关闭古拉格集中营而引发的劳工问题，赫鲁晓夫和下一任领导人将北极地区从获得社会主义救赎的地方改变为个人实现社会主义理想的地方，改变从提高薪资开始。到了20世纪60年代，阿纳德尔、佩韦克和其他采矿定居点的干邑白兰地、葡萄酒、鱼子酱、巧克力和其他进口美食的供给比大多数城市地区都要充足。买外套或者鞋子不用排队，人们买得起独栋公寓。一位地质学家回忆说：“我当时一个月大约可以赚五百卢布。而我只需要花不到一卢布就可以在埃格韦基诺特的中心餐厅吃一顿有三道菜的丰盛午餐。”[77]

这种财富的诱惑奏效了。一份报告指出：“在极北地区，随着工业和交通的发展，以往人迹罕至的地区人口增长迅速。”[78]20世纪50年代，楚科奇地区的人口不足四万人，二十年后，其人口激增至八万多人。[79]在赫鲁晓夫改造北方之前，楚科奇人和尤皮克人占楚科奇地区总人口的四分之一，如今已不足百分之十。莫斯科下达了指令，要求“少数民族”也参与到工业生产中，以此来加强他们的集体感。这项指令促进了少数民族的同化，沿海的村庄逐渐消失，驯鹿放牧也实现了机械化。地质学家和勘测员的薪酬最为丰厚，然而楚科奇人和尤皮克人往往因缺少教育和培训而无法胜任这两项工作。一名官员后来回忆说，一心只想着完成规定计划，这让白令人的“工作效率并不高”。[80]大多数楚科奇人和尤皮克人与各自集体农庄的亲友待在一起，他们的住所距离佩韦克和埃格韦基诺特的餐馆和电影院都很远。当搬到更大的城镇时，他们没有得到应有的尊重，而且工资也不高。

对于外来者来说，成为一名矿工或地质学家不仅为他们带来了一份丰厚的薪水，还给他们提供了一个摆脱计划限制的机会。一个外来者回忆道，楚科奇地区是“一片精神绿洲，一个纯洁的天堂”。[81]这里是一个发现自我的地方，也是充满着浪漫情怀的地方，这种浪漫源于儿时对“切柳斯金”号英雄主义的崇拜，源于幼时阅读过杰克·伦敦著作的译本。战后又涌现了新的苏联式北极英雄人物。尤里·雷特凯斯的小说把楚科奇地区描绘成了一个共产主义社会的雏形，这里具有“社会平等的思想，工作是衡量一切人类社会事物的标准”，这二者是“爱斯基摩-楚科奇哲学的基础……虽然没有形成标准的理论，但人们已践行了数个世纪”。[82]《极地雾中之梦》一书中的楚科奇人，引导着人们成为纯粹且自然的社会主义者。蒂孔·肖穆什金的《阿里杰特到山里去》一书重新讲述了为了实现集体化，苏联“真正的人民”与美国强盗所进行的斗争，最终苏联人通过“全面的社会主义建设征服了荒原”的故事。[83]在奥列格·库瓦耶夫的《领地》一书中，主角是一名地质学家，“他的生活简单明了”，在楚科奇地区的一个“工作井工作”。[84]《领地》并没有夸张地描写建设斯大林式北极的漫长之旅和成为社会主义者所付出的艰辛，而是叙述一个社会主义者在自然中如何发现自己最真实的内心。[85]这是奥列格·库瓦耶夫对苏维埃生活的愿景，这种生活剥离了时间，处于一个时间维度之外的空间。《领地》一书多次重印，多次改编成电影，书中描写的楚科奇地区既有现代的元素，也有原始的特征，这是一种真实存在的浪漫未来。

苏联小说中对楚科奇的描述，让苏联人民觉得这里不是社会主义世界的边缘，而是社会主义理想实现的中心。肖穆什金书中的苏联人放弃了市场。雷特凯斯笔下的楚科奇人的生活并非社会主义边缘，而是其本质。达尔斯特罗伊于1949年在比里比诺附近地区发现了金矿，但在《领地》一书中，作者将此事件的发生时间推迟到了古拉格集中营关闭之后，在小说的描述中，山坡上并没有带刺的铁丝网和栅栏，而在现实中，这些依然存在。新矿工的生活仍留有过去的痕迹，这些痕迹被记录在一些苏联人在地下出版的文章中，这些关于古拉格群岛的文稿通过地下政治组织手手相传。

库瓦耶夫、肖穆什金和雷特凯斯也描写了在推土机、液压清洗机、挖泥船和雷管来到这片土地之前这片河流的景象。但苏联人追求人类解放的动力来源于征服土地的渴望。苏共官员A.里亚波夫报告说，1961年该地区的黄金产量超过了过去七年任何时候的产量，"我们已经解决了锡矿生产停滞的问题"。[86]康索莫尔斯基矿场是第一个大型工业化采金矿场，由于这座矿场的存在，周边形成了一个拥有三千人口的小镇，小镇里有一个"社会主义英雄人物"，他的具体工作是操作该地区第二台挖泥船。矿场经营者们不仅会因矿石产出量大而受到赞扬，而且还因采取了较好的"安全措施，减少了事故的发生"而得到赞誉。[87]到了20世纪70年代初，楚科奇地区每年产出九百吨的黄金。锡、钨和汞的产量也超过了第八个五年计划的要求。[88]

黄金用途颇丰。1971年，理查德·尼克松总统让美元脱离金本位后，黄金的市场价格有所上涨。美国利用对金融业和服务业进行投资等一系列手段来管控通货膨胀，改善增长停滞的局面，大力推动产业逐步向美国境外转移。[89]苏联则试图进一步发展包括采金业在内的工业来改变自身经济放缓的形势。苏联当时已成为仅次于南非的世界第二大黄金出口国。远方美国的政策则改变了楚科奇地区的土地。佩韦克周围，一排排破损的设备在地面上随处可见，地上敞开的壕沟渗出酸性液体。矿场不仅改变了河流走向，也将驯鹿的牧草地翻了个底朝天。有着数千名成员的“全联盟自然保护协会”楚科奇地区分会，担心该地区的河流污染严重到“河里的鱼无法食用”的程度，他们敦促发展更先进的技术来解决污染问题，并提出“社会主义竞争要符合列宁主义提倡的保护自然的原则”，这种原则现在包括“保护水资源”，还包括一些其他保护环境的措施。[90]但在黄金出口巨大的利润面前，这种理想的做法也只能让位于金钱的特权。虽然苏联的存在就是为了取代市场，然而它却仍然依赖着市场。列宁的国家在与世界进行贸易往来时，仍然需要“与狼为伍”。

1951年，一个名叫威利·塞农格图克的人搬来了诺姆镇。他在威尔士长大，在他成长的年代里，靠诱捕猎物和雕刻海象牙足以养家糊口。他的儿子约瑟夫后来写道，“那时的经济地位高低并不取决于货币标准，而是取决于猎具的优劣，住房是否宽敞……是否有更大的空间储存粮食”，是否有空间意味着是否有能力在歉收的年份帮助其他村民。[91]虽然传教士发布了禁令，印第安事务局也开设了现代的算术课，但土著居民人与人、人与自然的关系仍然保存了下来。以往人们通过为社区做贡献就能获得领导权，而现在领导人还需要与市场有点联系。但到了20世纪40年代，塞农格图克发现这里市场的规则正在发生变化。打猎需要更多的装备，比如用汽油驱动的舷外发动机。而当地的商店现在不接受狐狸皮作为通货，只收现金。战后，飞机在各个村庄之间往来频繁，满足了人们对通邮和银行业务的日常需求。这里通了电话后，空间的距离就不复存在了。所有这些变化让货币在以往不曾使用货币的村庄中流通起来，货币能够让物品价值快速在不同空间流动。金钱的出现让供给者供给他人的方式发生变化。然而，身为一个因纽皮亚特人，身为一个人，就是要供给他人。塞农格图克的英语口语水平足以应付简短的对话。他在威尔士边境和移民机构学校读到了七年级。由于他受过这些教育，他决定前往诺姆镇赚钱，以便为他的孩子们创造更好的生活。

那时的诺姆镇已经不像战时那样拥挤了，人口缩减至几千人。尽管州政府做了很多努力，人们还是不愿前往北方。军队鼓励军人在战后前往北方定居，称北方拥有“大量锡、煤、汞、锑、铜、铅、铁、镍、镁、锰和铂等矿藏”，并声称“新的军事地图会让战后勘探更加容易”。[92]这些金属“对国家经济和安全具有重要意义”。在这片土地上，老兵可以“重振精神，忘却战争的动荡”，因为“那里仍然保留着早期欧洲殖民者所具备的开拓精神”。[93]但在苏厄德半岛，这种“开拓精神”并不高涨。由于战后短期内的黄金需求量很低，“小公司丧失了营运资金”，但高昂的“维修费用、设备费和劳务费”却依然存在。[94]廉价的进口锡取代了洛斯特河的锡矿。最后只剩那些有名气的大型矿场还在盈利，因为那里工业化程度较高，矿藏资源也十分丰富。

诺姆镇仍可以向外界提供一些东西，那就是诺姆镇的故事。杰克·伦敦描写的在克朗代克生火和白牙狗的故事为世人熟知，而诺姆镇的故事则是其美国版本。雷克斯·比奇的小说《破坏者》受1942年的电影改编影响，持续热卖。在这部电影中，约翰·韦恩被矿工同伴称为“真正的男人”，因为他勇于向玛琳·黛德丽求爱，并在一次酒馆斗殴中守住了自己的地盘。1942年的版本是小说《破坏者》第四次改编为电影，第五次改编是在1955年。电影中，淘金热的主角并不是那些失意的工薪阶层。詹姆斯·奥利弗·柯伍德写道，淘金有“它独特的诱惑、浪漫和惊险，它在广袤的空间中进行，不受喧嚣的人类文明烦扰”。[95]从战后诺姆镇的地下输出的与其说是黄金本身，不如说是在最后的边疆找到黄金的想法。在那里，人还是人，但可以不受国家和法律的束缚，而且那里没有因纽皮亚特人，如果有，醉醺醺的他们也只能住在其狭小的保留地内，那里的金钱源自地下。苏维埃英雄们心里憧憬原始的自然，而实际上，大规模的采矿毁坏了河流。美国人征服了自然，但事实上他们是借他人之手做到的。对于诸如此类的故事，人们喜闻乐见。

然而，威利·塞农格图克并不生活在那个过去，在他现在生活的年代里，现金成了必需品。他在诺姆镇的一家矿业公司工作，但在工作的第一个冬天就被解雇了。他的妻子靠缝制驯鹿皮赚点小钱，但随着战争结束，需求也随之减少。这是一种新的贫困——威尔士收成不好的一年，全村都会受影响。诺姆镇大量的失业影响的是个体家庭。在学校，老师打学生，不同村的学生也互相打斗。四分之一的白令人患有肺结核。外来者不仅抢走了大部分稳定且高收入的工作，还鄙视找不到工作的白令人。半个多世纪以来，诺姆镇的土地大多几经易手，所以就算遇到鱼获或是浆果大丰收，因纽皮亚特人也无权分一杯羹。威利的儿子约瑟夫·塞农格图克写道："外来者会购买土地。他们花了很多钱买了大块土地。"大多数因纽皮亚特人和尤皮克人没有足够的钱来买回这些土地，而实际上他们也从未出售过这些土地，他们也从未将这些土地视为可转让的物品。市场本该给人带来自由，而现在却迫使因纽皮亚特人离开他们的村庄来换取钱财，以维持他们自身和家人的生计。难怪塞农格图克发现到处都是酒，生活在无意义的资本主义边缘，人们只能依靠酒精来获得慰藉。在这里，原住民失去了"对这片土地的归属感和拥有一片伟大且神奇土地的自豪感"，而被迫遵循"白人的标准"。[96]

而这些"白人的标准"将会吞并更多的土地。1959年，《阿拉斯加

图21：阿拉斯加的“自由之地”

建州法令》允许阿拉斯加州选择1.0335亿英亩的联邦领土并入该州。一位倡导者称之为“自由之地”，这些土地可以脱离因纽皮亚特人和尤皮克人进行开发和交易。[97]联邦政府要求阿拉斯加州不得侵占原住民正在“使用”的土地，但最初阿拉斯加州政府忽略了这一法令。据当时在费尔班克斯学习的年仅二十五岁的研究生威廉·伊贾格鲁克·亨斯利回忆，他意识到“州政府已经准备好把我们的土地全部夺走”。

亨斯利并不是唯一一个对此表示“愤怒”的白令人，他这样说道：“我们生活非常贫困，疾病蹂躏着我们，更糟的是，我们对州政府的暴行没有一点话语权。”[98]《水禽迁徙条约》规定，禁止在捕鸭的最佳季节在沿岸地区捕猎鸭子，这项规定让当地居民十分厌恶，他们公然违反这些法规。在约瑟夫·塞农格图克的成长过程中，有一件事让他很愤怒：他每个夏天都在一片土地上捕鱼，但他的父亲实际上并没有这片土地的所有权，且没有意愿获得这片土地的所有权，这让他感到十分沮丧且愤怒。亨斯利和几个年轻的阿拉斯加本地人走遍了当地各个地区各个村落的家庭，登门逐一向他们解释拥有土地所有权的意义，以及放弃权利可能带来的损失。在波因特霍普，美国原子能委员会准备执行一项名为“战车计划”的项目，利用核弹建设一个深水港口，但在这些年轻人的努力反对下，这项计划未能执行。在科策布、泰勒和诺姆镇周围，原住民开始正式索要土地所有权。1966年，阿拉斯加土著人联合会开始向州政府和联邦政府同时施压，要求他们承认土著人的主权，扭转通过盗窃的方式将土地变为政府财产的情况。

同时，联邦政府和州政府也需要解决好圈地问题。他们在白令海以东的普拉德霍湾发现了石油，需要建造一条输油管线才能将石油运往市场。输油管建造的路线横穿数千英里的土地，途径土著人的领地。阿拉斯加土著人联合会不愿将土地出售给外来者，而外来者则希望土地不被土著人所侵占。经过五年的辩论和游说，理查德·尼克松总统签署了《阿拉斯加土著居住权法案》而使其成为法律。

从理论上说，《阿拉斯加土著居住权法》解决了圈地问题。该法将3800万英亩的土地划分给了因纽皮亚特人、尤皮克人和其他阿拉斯加土著族裔。政府花费了近十亿美元让土著人放弃了对另外3.25亿英亩土地的所有权。这些资金通过行政村和区域协会进行拨款——白令陆桥的有白令海峡区域公司、西北北极土著协会和北极斜坡区域公司，还有几十个乡村企业。这些公司由此就有责任对当地的商业和企业进行投资，为土著人赚取收益。一个长期无法盈利的公司可能会丧失拥有土地所有权的资格。白令人拥有主权，在自己的领地内也拥有自决权，但如果不参与到美元主导的世界中去，也会无法生存。协商达成的《阿拉斯加土著居住权法》决定了因纽皮亚特人和尤皮克人未来发展的模式，这与外来者所逃离的南部的发展模式无异。他们后来在资本主义采矿业中又重新创造了这种模式，而边疆神话的模式却被遗忘了。

四

白令湖底的沉积物记载着过去。在湖底几米深的淤泥中留有过去的气息，从中我们可以看到岁月的痕迹，有苔原上的熊熊大火、暴雨或远处火山喷发的遗痕。湖泊中也有采矿的痕迹。矿工们常常用氰化物或水银从白令陆桥的土壤中筛选出金子。矿工们深入挖掘，深埋地下的土壤接触到空气和水会释放出硫酸。备受人类侵扰的土地表面产生了毒性，而这些毒素也通过各种方式进行传播，如渗入水中，被动物饮用，或者被人们皮肤上的毛孔吸收。重金属不仅能让鸟儿奄奄一息，无法飞行，还能潜入鱼儿体内，最后进入人类肚囊。[99]由地质时间锁藏的各种地质元素如今却在生物体内循环。人们之所以冒这么大的险就是为了获得黄金。黄金之所以珍贵是因为象征着不朽的价值，这让人们幻想出一种无穷无尽、永恒不朽的市场增长链条，这是从一切世俗事物中抽象出的概念。但增长必须付出代价。白令海峡两岸的采矿作业加快了自然的衰败，河流变得死气沉沉，苔原也变得更加苍白。生活在下游的人们暴露于矿场的各种污染和危害中，预期寿命也缩短了。

湖底部分沉积物来自一个距离佩韦克营地不远的矿业小镇——比利比诺。一旦矿工、地质学家和工程师们研究出怎样运用更多的能量和更多的机械来将矿产从周围地层中分离出来，市场和计划就能随心所欲地开发地下资源。1973年，比利比诺的一个核反应堆开始为淘金船、淘洗机和矿工家庭供电。苏联先用煤炭和汽油取代了人力，最后又用原子能这种储存着巨大能量的人造能源使地球不得安宁。比利比诺的核反应堆产生的放射性废料需要一个纪元的时间来降解。一个世纪以来,人类不断颠覆地质学,如今人类要根据自己的意愿来改造地球。

要有比水流更快的速度,还要有摧毁山脉的力量——这是从白令陆桥的地下获取价值的必要条件。要实现这个目标就要耗费大量的能源、人力和设备。但这是一个稳定的问题,因为大多数情况下,地球的变化缓慢,不会对人类的计划造成太大的干扰。鲸鱼在短短几个捕鲸季后就能学会躲避猎人,驯鹿在不长的时间中就能感知到暖冬的痛苦,而矿藏在短期内不会发生变化。北极的土地蕴藏着丰富的矿藏,但开采困难,且解决这一困难的方法也比较单一,因为凿石破山、掀起河床的方法十分有限。

也许是因为地下的阻碍小,人类欲望不难达成,采矿展现出了美苏故事中现实与理想间的差异和矛盾。美国的淘金热将绝望的人们带到北方,人们希望通过谋取个人财产来获得自由。大多数人都遭受过不平等的待遇,这让他们感觉不那么自由。苏联古拉格集中营通过监禁和剥削的方式来追求社会主义自由。但最终,这两个矛盾都被忽视了,因为地下提供了一种新的资源,即民族神话:对于苏联人来说,楚科奇地区有真实存在的社会主义;对美国人来说,阿拉斯加是他们最后的边疆。

楚科奇地区如今是俄罗斯第二大产金地。一年从巨大的露天矿场产出十吨、二十吨甚至三十吨的黄金,人类也不断地向更深的地下探索。一些金矿场租给了国际公司,并由他们管理。苏联在古拉格集中营残暴行径的目的是服务于国家的未来,希望国家富强,然而这种美好的设想未能实现。如今其他国家反而依靠这种残暴行径实现了富强。A.A.西德罗夫在他题为《从苏维埃达尔斯特罗伊到罪犯资本主义》的自传中描述了这种变化轨迹。[100]新矿场外面摆放着囚犯们的粥碗,白色的碗靠着深色的岩石,旁边石屋的窗条锈迹斑斑。这些情景在2014

年由《领地》改编的电影中完全没有出现，电影中展现的全是美丽的山川景致和清澈的河流。埃格韦基诺特的人们对20世纪七八十年代的生活仍然津津乐道，那时的地质学家都是国家英雄，国家甚至会为人们支付每年到内陆度假的钱。他们还会讲一些鬼故事，说一些穿着棉质囚服的鬼魂会突然站立起来，在人们采摘浆果的时候走到他们身边，仿佛地下渗出的不仅仅是水银，还有过去人们的苦痛。

而在阿拉斯加这边，洛斯特河矿场被废弃了。在距离科策布不远的地方有着世界上最大的锌矿，西北北极土著协会在那里经营着一个名为“红犬”的矿场。就像所有遵守《阿拉斯加土著居住权法》的公司一样，经营者要一边建造房屋、雇用工人，一边要保护好土地，用亨斯利的话来说就是，“要把这块土地建造成一个堡垒来保护我们的精神、身份、传统、语言和价值”，在两者间寻求平衡。[101]因纽皮亚特人也不像从前那样，在“蛇河”上谈论鱼儿有灵魂，但他们仍然会教孩子们象征着尊重和互惠的仪式。[102]诺姆镇周围还剩下几座大型金矿。每年夏天，个体探矿者会搭建浮式钻机在城镇边缘的海底采矿。个体和集体两种盈利方式并行不悖。有些探矿者的真正收入并不来自淘金，而是来自兜售寻金的想法，如探索频道上就有《白令海黄金》和《淘金热》这样的节目。现代的像林德伯格这样的人们使用设备劳作，为财富而奋斗，有时也会收获手指大小的金块。人们自制挖泥船，从白令海海底挖取泥沙，此英雄式的壮举支撑了淘金业的发展，老旧的挖泥船也重新投入使用，焕发出新生机。这些电视节目中的戏剧化冲突在于发财的欲望与实现起来的难度。戴着安全帽的人说：“没有勇气就没有荣耀。”在广袤的苔原上，面对着巨大的水坑，无比泥泞的土地，他们没提及汞中毒的风险，也不言后悔，而是大谈人们在苔原上为了战胜市场而征服大地的壮举，然而有些苔原现在已经依据《阿拉斯加土著居住权法》成为公司财产。

《白令海黄金》的制片人们并不喜欢现在坐落于诺姆镇中心广场的康斯坦丁·乌帕拉扎克和加布里埃尔·亚当斯的两座雕像。这两座雕像是2010年由西纳苏克土著公司出资建造的，目的是展示在公司出现前这里的历史。这里的大地总是述说着来自不同时间线上的不同故事。诺姆镇作为一个淘金小镇的起源故事与雅各布·阿维诺纳讲述的故事并列存在。阿维诺纳的故事中，这里的人们知道在苏厄德半岛哪里能发现大量金子。“爱斯基摩人知道金子在哪里，但是爱斯基摩人有一种不成文的法律——如果这个信息对任何人都无益，只对贪婪者有益，那就不能泄露这个信息。如果你想要获得那里的金矿，你就必须与所有人共享。”[103]在阿纳德尔附近，楚科奇人也讲述了一个类似的故事——有人发现了小金块，却一直守住了这个秘密。[104]在这样的未来中，即使黄金也不愿被人们所圈占。

第五部分

大洋,1920—1990

然而,还有希望。时运宽广。

——赫尔曼·梅尔维尔,《白鲸》

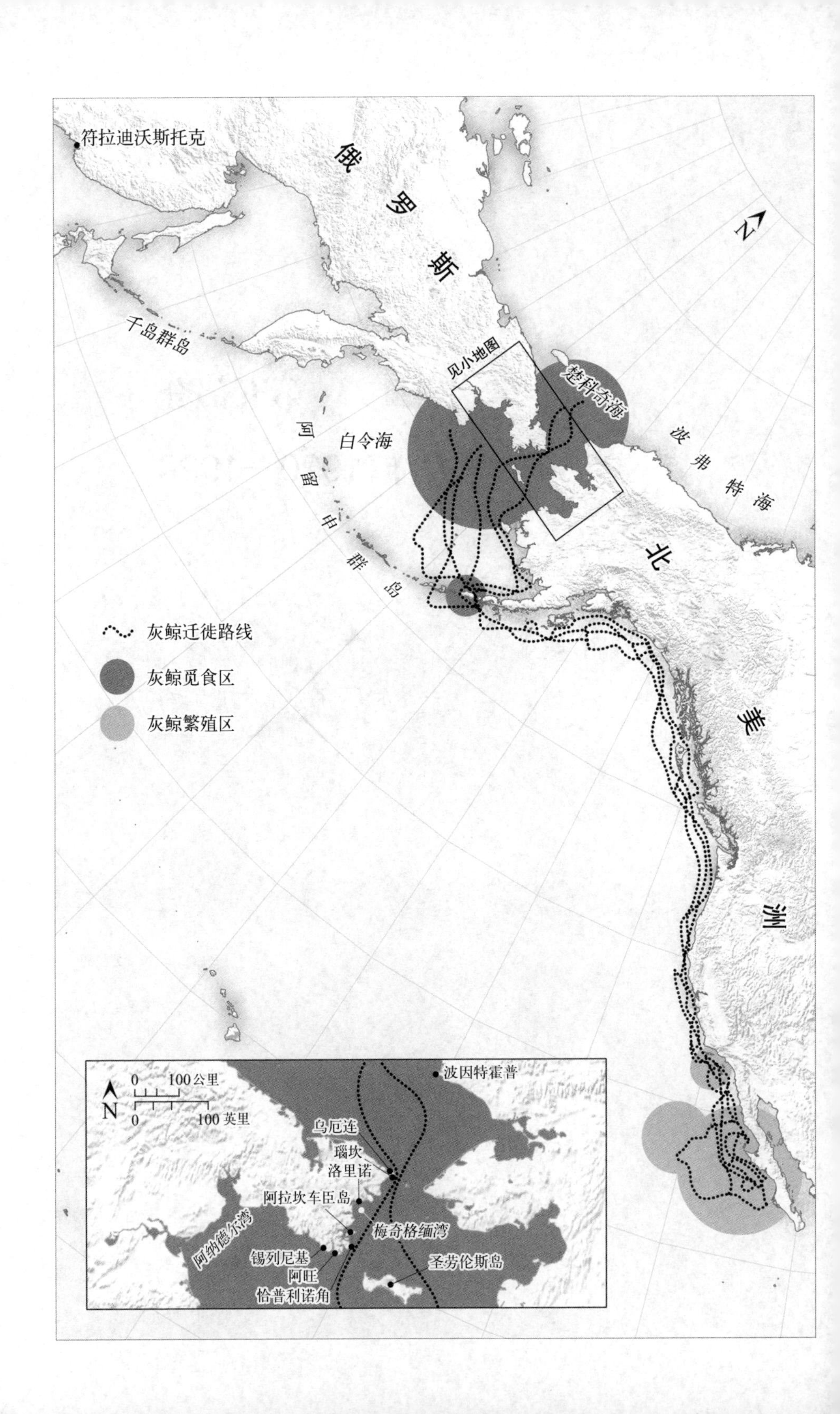

符拉迪沃斯托克
俄
罗
斯
千岛群岛
见小地图
楚科奇海
阿
留
申
群
岛
白令海
波
弗
特
海
北
美
洲
N
灰鲸迁徙路线
灰鲸觅食区
灰鲸繁殖区
0
100公里
N
0
100英里
波因特霍普
乌厄连
瑙坎
洛里诺
阿拉坎车臣岛
梅奇格缅湾
阿纳德尔湾
锡列尼基
阿旺
恰普利诺角
圣劳伦斯岛

第九章

热量的价值

太平洋东岸的海底分布着许许多多的椭圆形浅坑。这些椭圆形浅坑一起组成一个半圆形，如同一朵大花散落的单个花瓣。许多海洋生物栖息于此，海生蠕虫与软体动物多在泥沙中活动，海葵正在张开它的触手，各类鱼群自由游弋，章鱼漂浮其中。此时，一头路过的灰鲸将它们统统一大口吞下。[1]灰鲸迁徙所经路线的海底，留下了这一个个浅坑。灰鲸冬天时在墨西哥的下加利福尼亚半岛地区，夏季便迁徙至白令海峡以北的海域。灰鲸每年迁徙里程超过七千英里，正是在这每年一次的迁徙途中，灰鲸生长出庞大的身躯。

迁徙途中，灰鲸最多能够长到五十五英尺，体重可达四十吨。受制于其庞大敦实的体型，灰鲸在海中的迁徙速度缓慢。纺锤形的头部覆盖着厚厚的藤壶，褶皱粗糙的喉部生长着黄色的鲸须板，灰鲸并没有背鳍，但其背部却有着许多驼峰状隆起。因为有着修长的鳍肢，灰鲸能够进行长距离迁徙。尽管灰鲸沿着海岸迁徙的轨迹与其他鲸类有些许交叉，但是灰鲸在迁徙中离海岸最近。当北冰洋处于夏季时，灰鲸与弓头鲸、露脊鲸都会出现在这片海域里。此外，共享太平洋沿岸海湾的还有数百头小须鲸，它们一路向北迁徙至此，在这里享受着凤尾鱼、螃蟹和虾贝构成的饕餮盛宴。除了它们，这场盛宴的参与者还有数百万只伺机而动的海鸟。在海中，灰鲸同鳁鲸、长须鲸都很少碰面，因为鳁鲸一般生活在深海之中，而长须鲸则会在结束冬季禁食之后游到北部海域来捕食鱿鱼。在北太平洋宽阔的海域中，座头鲸的鲸歌四起，而安静的灰鲸则在海水中四处穿行，正在教小灰鲸们如何吐泡泡，如何捕食到泡泡溅起时银色水帘中被卷起的小鱼。在更低纬度的海域，蓝鲸正在深海中慵懒地挥动鳍肢向前游弋，它们捕食时将海水和磷虾一齐吞下，海水从筛子般的须缝中被排出。大量的食物摄入使得蓝鲸成为地球上有史以来体型最庞大的生物。[2]灰鲸迁徙途中也会经过抹香鲸的领地，雌性抹香鲸会互相照看彼此的幼崽，教会幼崽们其种群的鲸语。雄鲸会离开雌性和幼崽，只身向北游去，在一次次觅食中变得庞大，另寻他处繁衍子孙。

鲸类种群庞杂分散，每个种群都有着自己固定的迁徙路线，种群之间的交流也不多。然而，各类鲸鱼的迁徙路线重叠交错，汇成一条条弧线，将波弗特海、楚科奇海与白令海，再将白令海与北太平洋海盆连接起来，并且向外延伸至整个太平洋。太平洋自古就是多事之地。在温暖季节，海水中藻类增多，食用藻类为生的小生命体也加速生长，浮游生物的增多也促进了周边鱼类和鸟类生命种群的繁衍壮大。海中浮冰体积的增减会影响海水的搅动，使沉积物发生位移。风力的形成源自大气压的全球性变化，而风也能够使沉积物发生位移。[3]总而言之，这些力量在一次次涨潮退潮间改变了海洋，比如潮汐和厄尔尼诺现象。当然，海洋中还有更具破坏力的意外事件，比如火山爆发和海啸。而鲸鱼也有着自己特殊的力量。灰鲸捕食时所扬起的太平洋海底的泥沙比绵延数千公里的育空河奔流中所裹挟的泥沙还要多。[4]鲸鱼生长成庞然大物的这一过程也改变着海洋的构成。

人类活动也改变着海洋的构成。渔业、养殖业（鱼虾养殖活动中产生的泥沙会流入大海）和海洋运输业都对海洋产生影响。而人类活动影响海洋的另外一种方式就是捕鲸。数个世纪以来，楚科奇人、因纽皮亚特人和尤皮克人长期进行的捕鲸活动致使灰鲸种群数量下降。自1848年起，为了满足市场需求，商业捕鲸者大量捕杀弓头鲸、露脊鲸和灰鲸，而这也彻底改变了白令海。在20世纪，苏联也开始捕杀鲸鱼，构想着一个没有市场起作用的未来。社会主义者的捕鲸活动本应是使楚科奇人免受商业影响，因为商业活动会玷污人类灵魂，同时也造成了大量鲸肉的浪费。这一构想产生于20世纪20年代，那时苏联人认为海象的价值已经不高，他们认为人类如果想要彻底获得新的自由，节制性的捕猎是有必要的。但是，在接下来的二十五年里，从价值上来说，鲸类于苏联而言已经由一种区域性的资源转化成了国家必需品，这种国家必需品似乎难逃资本主义式的掠夺。伴随市场需求的日益扩大，捕鲸活动的版图开始扩展至世界各大洋，然而鲸类自身的繁殖速度却远远跟不上新兴社会主义国家的捕鲸速度。

一

伴随着弹簧钢逐步普及，鲸须渐渐被市场淘汰。与此同时，由于需求减少，此后的十年中，白令海海域内商业捕鲸活动也锐减。只剩下“北太平洋产品”这一家美国公司仍在进行捕鲸活动，但该公司每年捕杀弓头鲸的数量仅有几头。[5]白令陆桥的土著居民又一次成为捕鲸的主力。在阿拉斯加，尤皮克人和因纽皮亚特人只能捕到极少量的弓头鲸，因为这一物种曾因商业捕捞而被大肆捕杀。当地人也零星地捕到过几头往东北海域迁徙的灰鲸。白令海峡另一边，生活在乌厄连北部、阿拉坎车臣岛和卢伦村的楚科奇人正在捕猎19世纪商业捕鲸后的漏网之鱼。当时的商业捕鲸者在下加利福尼亚半岛捕杀灰鲸的数量约一万二千头，其中包括雄鲸、仍处在哺乳期的雌鲸以及幼鲸。原本楚科奇人与尤皮克人只捕杀弓头鲸，因为他们觉得灰鲸鲸肉带有异味且性情凶猛，常常攻击捕鲸者，但是现在他们也加入了捕杀灰鲸的队伍中。[6] 20世纪初，海洋资源锐减，因而能够成为鲸类资源的替代品寥寥。

在20世纪头二十年，灰鲸经历了白令海域中所发生的巨大变化。为了满足人们对鲸肉、化妆品、鞋油、肥皂和其他产品的需求，挪威工程师对捕鲸船进行了改造。现如今马力十足的发动机驱动着捕鲸船，船上配备着大量鱼叉，鱼叉顶部附带着炸药。为了防止鲸鱼在宰杀前沉入海底，人们用压缩机往鲸鱼体内泵入空气；海水淡化装置确保了淡水供应源源不断；冷库可以更为长久地储存鲸肉。船上的提炼炉不仅能够提炼鲸脂，还可以将鲸鱼的肌肉与脂肪分离，这样一来，与美国捕鲸船队相遇的每头鲸鱼都能物尽其用。新型捕鲸船配备了各种绞车、加压机、钩子和软管，简直就是移动的流水线。它们在任何地方都可以作业，而且不论捕鲸航程长短、鲸鱼体积大小、速度快慢，新型捕鲸船都能应付自如。无论鲸鱼多么稀少，新型捕鲸船还是依旧苦苦捕捞：得到墨西哥政府的允许后，挪威的捕鲸船在下加利福尼亚半岛捕猎灰鲸。由于19世纪的捕鲸活动，灰鲸的数量已经不足四千头，这一命途多舛的物种努力挣扎，试图逃避工业时代的屠杀。[7]

当布尔什维克抵达楚科奇地区时，他们并未注意到在远处海上所发生的一切，没有看到捕鲸船对鲸鱼的杀戮。但是，他们看到了由于食物短缺当地人正在啃食海象皮制成的帐篷。第一批来到这里的布尔什维克在向本国发出的几乎所有电报中都提到他们需要食物援助——在一些村庄发生饥荒是由于海象数量的减少，而另外一些村庄的食物短缺是由于“美国工业资本主义”对于鲸鱼的捕杀。[8]楚科奇地区的布尔什维克写道，在19世纪，市场对于鲸鱼的捕杀超过了应有的限度。苏联海洋生物学家们惊愕于人们捕杀鲸鱼竟然仅仅是为了获取鲸须，这一行为对人类和鲸鱼来说都是毁灭性的打击，也恰恰反映了资本主义的贪婪。[9]北方委员会担忧对于鲸鱼的捕杀并没有停止。据北方委员会估计，在苏联海域每年仍有大概五十头鲸鱼被偷猎。[10]正因如此，楚科奇地区一贫如洗，在20世纪20年代，楚科奇当地的集体农场每年只能捕猎到八到十头弓头鲸，灰鲸便只有四到五头。[11]北方委员会倡议道：“保护海洋动物就是捍卫当地人自身的利益。”A.邦奇·奥斯莫洛夫斯基指出，这一提议“只有通过建立国际条约的方式才能实现”。[12]

莫斯科的布尔什维克对资本主义偷猎鲸鱼有着不同的看法。他们认为不如追赶市场方向，取代他国成为市场的占有者。在沙皇俄国时期，捕鲸业未能实现集体化。因而，在1923年“新经济政策”时期颁布的一项委托法案中，苏联授权挪威一家名为“维加”的捕鲸公司与“指挥官-1”号在堪察加地区和楚科奇地区附近海域共同捕猎。与维加公司签订的合同旨在遏制市场作用下的非理性趋势。合同条款中明令禁止挪威人捕杀哺乳期的雌鲸，并且必须高效且充分地利用鲸脂和鲸肉。此外还规定了维加公司需要雇用部分苏联公民，并且每年向莫斯科上缴5%的利润。[13]

楚科奇当地的布尔什维克并不支持将特许权授予挪威的公司。首先是意识形态上的猜忌嫌隙——苏联人担心，在“指挥官-1”号上工作的楚科奇人会向外透露苏联组织混乱和供给缺乏等令苏联人难堪的细节。但其实更重要的原因在于，挪威捕鲸者并未遵守条款，充分利用所捕获的鲸鱼，相反，他们极为浪费。“指挥官-1”号捕鲸船每年捕杀的鲸鱼多达数百头，“足够当地人食用近十年”，但是挪威人从未将他们不吃的鲸肉分发给沿岸村民。而根据北方委员会的记载，即使是“掠夺成性”的美国捕鲸者也会发鲸肉给村民。[14]这种杀戮导致“楚科奇半岛沿岸地区鲸类数量锐减”。[15]伴随着美国商贾和海象猎人被驱逐出苏联领海，布尔什维克开始将饥荒归因于挪威“工业资本主义式的大屠杀”。[16]对于此事的关注从当地扩展到全国。1926年《真理报》刊载了一篇文章，报道了近百头鲸鱼被挪威捕鲸者无情杀戮后，并未物尽其用，而是任其尸体逐渐腐烂发出恶臭。[17]

一年后，随着“新经济政策”的结束，第一个五年计划开始，莫斯科终止了维加公司的捕鲸特许权。[18]但是，资本家的侵占攫取并没有随着“指挥官-1”号驶离白令海而消失。放眼苏联之外，各国国内鲸油的价格持续走高。其部分原因在于一项技术的创新：在1925年，化学家发现了如何将鲸脂中产生热量的分子与产生味道的分子相分离。[19]通过这一技术，鲸鱼可以加工成人造黄油。在1925年，一支工业捕鲸船队中的船只数量为十三艘，三年后这一数字扩大到二十八艘。和英国、挪威一样，德国、阿根廷、日本也加入了打造工厂式船队的行列。蓝鲸大多在南极海域被捕杀，每年捕杀的蓝鲸数量也从最初的八千头和一万二千头，上涨到最后的每年三万头。[20]苏联人担忧市场需求会将商业捕鲸活动带回到白令海，而事实证明这一担心不无道理。20世纪30年代，英国和北欧的居民涂抹在面包上的黄油有40%来自鲸鱼。[21]

这种新型工业化的捕鲸方式威胁着所有鲸类的未来，但是捕鲸者、科学家、外交官以及那些熟悉捕鲸业历史的人都对此置若罔闻。因而，在楚科奇地区外也进行国际监管越来越有必要。但这并不是邦奇·奥斯莫洛夫斯基关心的事情，他所关心的是由于资本主义夺走了本属于楚科奇地区的鲸脂，当地人不得不挨饿。英国人和挪威人推行强制的捕猎限制，并将此视为维持鲸鱼市场价值行之有效的措施。如果捕鲸过多，市场上鲸油供给增加，利润就会下跌；反之捕鲸过少，鲸油价格上涨，消费者面对高昂价格就会望而却步。在美国这样一个拥有丰富石油资源与农业油料资源的国度，捕鲸业不过是个小产业。美国人餐桌上涂抹在面包上的人造黄油只有极少部分产自鲸鱼。鲸类保护委员会为政府和大众给鲸鱼定了价。[22]该委员会的成员多数是来自生物研究局、美国史密森学会和美国自然历史博物馆的科学家们。他们将进步主义时代中保护鲸鱼的价值内涵进一步延伸，而不只是着眼于鲸鱼的经济价值。鲸鱼这一“有史以来最庞大的生物”对于医学研究和揭开生物进化之谜具有重要意义。该委员会在一则新闻稿中指出：“一旦鲸类灭绝，这对于科学研究与经济发展无疑都是一场灾难。”[23]1930年，美国国务院听闻这则消息后担心如果不建立国际监管，“长此以往恣意的捕鲸活动”将会使得这一物种灭绝。[24]现如今，一艘捕鲸船以及它的辅船在一季中所捕杀的鲸鱼数目，比过去船队一年所捕猎的数目都要多。

1931年，国际联盟在日内瓦通过了《捕鲸管制公约》。美国是该公约的签署国之一，促使美国签署该公约的原因有二：一方面，各国希望通过签署该条约限制美国捕鲸业进而打消其东山再起的可能；另一方面源自美国国内海洋生物学家的影响。苏联当时还不是国际联盟的成员，一直以来也没有数量庞大的捕鲸船队，因此苏联并不是该公约的签署国。公约呼吁开展调研评估鲸类种群数量，制定法规要求最大限度利用每一头被捕杀的鲸鱼，并且呼吁捕鲸者应避免捕猎哺乳期雌鲸及幼鲸。但是，英国与挪威只关心本国的黄油供给，在他们的阻挠下，诸多更为严厉的监管措施如禁渔期和围捕配额未能写入公约。[25]由于未在公约保护名单中，灰鲸仍然被墨西哥与挪威的联合捕鲸船队捕杀。该公约禁捕的鲸类只有弓头鲸和露脊鲸，而这两种鲸鱼早在19世纪就已经近乎灭绝。公约在语言表述上很像美国生物调查局的捕猎法，规定尤皮克和因纽皮亚特捕鲸者可以不受该公约的限制。而他们也需要遵循一些原则，比如捕鲸过程中需要使用他们的传统工具，并且不出售他们所捕获的鲸鱼。[26]

在20世纪30年代，阿拉斯加海岸的尤皮克与因纽皮亚特捕鲸者们并未完全遵守日内瓦《捕鲸管制公约》，他们并没有只使用当地传统捕鲸工具。因纽皮亚特与尤皮克捕鲸者并不使用海象象牙制成的鱼叉，过去数十年来他们都是如此。他们使用的是机动船并且也使用枪支，他们退出市场是因为白令海峡沿岸对于鲸须的市场需求早就不复存在。但是，鲸鱼供养了人类，人们食用鲸鱼，将鲸鱼的死转化为人类的生，捕鲸是当地人成长成熟的重要环节。在美国阿拉斯加州的波因特霍普、甘贝尔和巴罗，人们通过捕鲸承担起对大家庭的责任，这个大家庭里不但有人还有其他生物。[27]当地人认为，通过捕猎来维持与鲸类的联系，这是对它们的尊重。埃斯特尔·奥泽瓦斯克说道，鲸类与其他动物一样，“如果你不去捕猎它们，它们的数量就会下降，濒临灭绝。我们的捕猎反而会使得它们的种群愈发壮大。这就是我们爱斯基摩人所信奉的”。[28]鲸鱼与它们的家人们在浮冰周围徘徊、观察、判断，相互商量着它们是否要献出自己的躯体，将其奉献给谁。20世纪30年代，保罗·斯卢克在圣劳伦斯岛写下的日记中说，今天“寒风呼啸，我们便将捕鲸船拉上船架，以显示我们对于鲸鱼由来已久的崇敬”。[29]

二

在圣劳伦斯岛西北百余英里处就是楚科奇地区的瑙坎。在这里，奥列格·艾内特金的童年记忆满满的都是关于捕鲸节的。在他的记忆中,“捕鲸节常常持续一整天,人们一直跳着舞”。[30]但现如今,他发现这些仪式庆典逐渐从他的生活中消失远去。在苏联学校里学习的第一代尤皮克人和沿岸地区的楚科奇孩子们,加入了说俄语的布尔什维克和像马卢这样的男青年间的激烈讨论,他们探讨的话题常常围绕着文化教育、守时整洁和女性平等。他们也不负传教士的希望,加入了当地的“布尔什维克组织”。[31]不管是白令陆桥的传教士还是外来的传教士,他们背后都是社会主义国家强大的物质后盾和代表着崭新世界秩序的形而上的威望。一名虔诚的社会主义者称,“唯一能够带领我们建设新生活的”就是“社会主义组织”。[32]在新生活中,鲸鱼的分配不是由狩猎能力和年纪来决定的。捕鲸船船长、老人和“其他船员分得的鲸肉是相同的”,正如一名苏联学校的教师所言,这就是社会主义的“拉平”行为。[33]

就像俄国式的海象集体农庄一样,捕鲸活动也变成了社会主义式的,这一转变虽然不是强制推行的,但当地人也因此付出了一些代价。据安德烈·库基尔金在20世纪70年代回忆,“传统的捕鲸节庆典统统被抛弃的原因就是苏联的成立”。库基尔金认为,那些赞成这一政策的政治活动家都是“愚蠢至极,他们压根就不了解这些传统”。[34]库基尔金与其他人一起在小范围内私下传承着传统的捕鲸节仪式。当地公开流传的习俗被苏联的社会主义思想所代替,但是捕鲸传统仍然秘密地在代际间传承,白令人这样做是出于道德紧迫感。正如彼得·特帕格卡克数十年后所解释的那样,在狩猎季节,没有人“争吵——因为鲸鱼不喜欢满身戾气、贪婪刻薄的人。鲸鱼会离开海岸,因为它们不想和这样的人见面”。[35]

斯大林掀起的革命改变了对于贪婪的定义,于是捕鲸者们尽力远离愤怒和贪婪。与捕杀海象、驯鹿和养殖狐狸一样，捕鲸并将鲸鱼制成可量化且有用的产品，这都可以制订成计划，而这一计划将社会主义生产扩展到海洋领域。1925年，在乌厄连和锡列尼基这样的村庄，当地制订第一个计划的目的，就是为了解决食物匮乏这一人类生存问题：计划的重点就是捕杀足够数量的鲸鱼以填饱当地人的肚子。但1928年，当第一个五年计划要求将社会主义建设进行量化，并将其作为一个国家任务时，布尔什维克便开始讨论楚科奇沿岸海域捕鲸业产量能有多少。北方委员会对于过去美国人以及近来"指挥官-1"号的捕鲸数量进行了统计，并且注意到二者所捕杀的鲸鱼数量都是逐年递减的，而这是"过度捕杀幼鲸的自然结果"。[36]北方委员会建议，为集体农庄配备更为精良的电机捕鲸船和鱼叉以确保捕鲸的成功。但是，他们最后也指出，人们应该限制所计划的捕鲸数量。每年捕杀数百头鲸鱼完全不合理，每年捕杀几十头却是有必要的。在计划中，对鲸鱼的捕杀应有数量上的限制，应考虑鲸鱼生长周期进行合理捕猎，这样可以避免人们沉溺于对利润的追逐。

在第二个五年计划中，区域性的饥荒威胁得到缓解。捕鲸数量的限制也逐渐松动。在整个苏联，社会主义的荣耀都体现在国家建设和生产增量的伟绩上，新道路和新工厂的出现加快了苏联迈向理想国的步伐。捕鲸数量激增，从一年捕杀五头左右增加到十头、十五头，到了1934年甚至是二十头。[37]事实上，很大程度上是天气使得捕杀数上涨而不是斯大林的政策。但是，捕鲸数的上涨具有社会主义的意义。伴随更多的人加入集体农庄，捕鲸数可以从一头变成五头，再从五头变成二十头，而如果今年捕到了二十头鲸鱼，明年的目标就是五十头。捕鲸计划是精确制定的，在1932年，大约有1900名工人从事海洋哺乳动物的捕猎和加工产业，到1937年，整个数字增加到2156人。被捕杀、被剥皮的海象数量从2031头上涨到3948头。楚科奇地区的电气工人数量从最初的10人扩大到159人。1932年当地建筑工人数量是零，五年后这一数字变成了238人。[38]计划生产有着科学般的准确感和确定性，看似对未来有着真切的指导意义。

推动时代进步的动力是工业，工厂能够“加快人们迈向富足体面生活的进程”。[39]这不仅使人们逐渐接受了工业资本主义杀戮动物工业化的一面，并且让人们觉得这是他们追求的目标。到第二个五年计划时，苏联的规划者开始考虑扩展楚科奇人和尤皮克人的沿岸捕鲸活动。满足当地生产活动靠敞篷船就够了——当地人一直用的就是敞篷船，但是这将他们的捕鲸范围限制在“狭窄的海岸据点”。I. D. 多布罗沃斯基写道，捕鲸者们无法触及那些大多时候聚集“在领海之外”的鲸鱼。[40]如果苏联拥有一支现代化的捕鲸船队，捕鲸将和采矿业一样，极易受到化石燃料改良的影响。“数量庞大的须鲸和抹香鲸在北冰洋海域内游弋，”一名政策制定者写道，“工业化的捕鲸舰队去往哪里……来自阿纳德尔的煤炭就会紧接着被送往哪里。”[41]此外，鲸鱼不仅是工厂的最佳收获，鲸脂经过提炼还能够应用于“工程技术领域”，这有助于国家制造业的发展。[42]如果捕鲸不再是资本主义式的，而是置于社会主义管理之下，鲸鱼所能供养的便不单单是苏联边上的那几个村庄。捕鲸将有助于塑造一个新世界。正如多布罗沃斯基总结的那样，“出于对苏联经济发展考虑，促进远东捕鲸产业发展势在必行”。[43]鲸鱼现在处于苏联人的掌控中。

美国的捕鲸产业由苏联接盘。1932年，苏联人将一艘美国货船改为他用并将其命名为“阿留申”号，与三艘挪威捕鲸船“特鲁德弗朗特”号、“阿凡加德”号、“恩图齐亚斯特”号一起组成船队，从列宁格勒起航向白令海进发。在当年10月25日也就是在俄国革命十五周年纪念日当天，船员们进行了苏联历史上第一次远洋捕鲸作业，捕杀了一只未成年的长须鲸。[44]“我们非常兴奋，”在“阿留申”号船上的生物学家B. A.曾科维奇写道，“今天，苏联这个具有悠久渔业历史的国家开启了新篇章——它拥有了捕鲸业。我们是这一产业诞生的见证者与创造者。”[45]

1933年夏，“阿留申”号开始在堪察加半岛以北的浮冰边缘开展捕鲸作业。但在这艘船上生活并开展捕鲸活动却是一件难事。该船设计伊始就未将续航能力纳入考量，因而“阿留申”号船舱的水箱常常缺乏淡水。船上燃煤发动机排出的粉尘和宰杀鲸鱼留下的血块层层叠加，甲板因而也变得黑漆漆黏糊糊的。船舱内遍布蟑螂，宰杀过程中渗出的血水散发出臭味，从各个舷窗溢出，场面令人窒息。舱内舱外，臭味四溢，船员们纷纷作呕。[46]船员来自苏联各地，多数是俄国人，且多数都识字。船员多为男性，但也有女船员，还有芬兰人、乌克兰人、犹太人、鞑靼人、波兰人，零星有几个美国船员。[47]他们中的一些人在船上结婚，一部分人在海上怀孕，还有一部分人来之前就有在捕鱼船工作的经历。总的来说，他们经验不足，在这一点上，他们跟当时第一次离开新贝德福德港开展捕鲸作业的美国船员一样。

工业化捕鲸和早期帆船时代捕鲸的流程是相同的。“阿留申”号得先寻找到灰鲸，再将其捕杀和分割。船员们需要学会辨别鳍鲸、灰鲸和抹香鲸喷出水柱形状的差别；还需要了解海面变色就是磷虾聚集的标志，这里也常常是鲸鱼出没之所；需要了解海鸟会成群结队地飞往座头鲸进食之处；还要知道保护欲强的雌鲸会在找不到幼鲸时拼命地搅动海水。但是，与最初在北极的商业捕鲸船不同，苏联船队并不只捕猎行动迟缓的海洋动物。在20世纪30年代，苏联捕鲸船捕杀了鳍鲸、抹香鲸、座头鲸、蓝鲸，有时也捕杀数量已然极为稀少的虎鲸、露脊鲸和弓头鲸，并且将其归结为“意外捕获”，但是事实上这是说不通的。[48]在灰鲸迁徙线路的两端都有捕鲸船队：若灰鲸在下加利福尼亚半岛海域被美国人捕杀，就会被卖到市场上，若其在白令海被苏联人捕杀，就会被从市场中“解放”；但两条路对于灰鲸来说，都是被工业化加速了其种群的死亡速度。

工业化的技术并不能确保捕鲸一定成功。尽管捕鲸船航速很快，但在鲸鱼下潜和转向时，捕鲸船往往并不能及时跟上。曾科维奇曾经花费六个小时绕着圈追捕一头鳍鲸，但捕鲸船和鳍鲸间的距离一直超出鱼叉射程。一发鱼叉命中鲸鱼后，鲸鱼喷出鲜血，但是最后仍然消失在海中。[49]工业化的鱼叉用火药装填发射，其尾部的绳索由绞机牵引，但是正如一名鱼叉手所言：“即使被鱼叉叉中并已经被拖至船头，鲸鱼猛地一摆动就会将缆绳挣断，便逃脱了。”[50]就算成功捕捉到一头鲸鱼，接下来还得将其分割肢解。“事实证明，捕杀一头鲸鱼远比加工处理它更容易，”阿尔弗雷德·别尔津回忆时说道，“尽管加工鲸鱼听着简单，但是实际上并不好做，比如剥皮时怎么将鲸鱼翻个面；断开哪个关节就能将鲸鱼头部和躯干分开，把鲸鱼脊柱分成几部分。”[51]

加工处理后的鲸鱼尸体应该是什么样，船员们并不清楚。当捕鲸船在楚科奇附近作业时，捕获鲸鱼后船员们会将新鲜的鲸肉带到岸上。正如一位捕鲸者所说，“爱斯基摩人对‘阿留申’号非常熟悉”。[52]但是，捕鲸船队的首要目标并不是满足楚科奇地区的供给需要，而是将鲸鱼加工成对国家有用的产品。为了方便储存鲸肉，“阿留申”号出海时配备了高压锅，“制成罐头的鲸肉和牛肉罐头一样好”。但是，鲸肉更容易腐烂变质。当捕鲸船能够捕杀更多的鲸鱼时，捕鲸船队主船的加工速度会赶不上捕猎的速度。鲸脂在半天内就会变质或者在加工过程中腐败变酸。并不是所有的船都配有将鲸骨制成肥料的设备。[53]根据天气状况、鱼叉手的操作、整艘船的状况和日常捕获量的不同，捕鲸船队可能“没有机会也没有办法去保存生鲸肉”。[54]所有人都知道这并非理想状态。多布罗沃斯基写道：“能充分利用所捕获的鲸鱼才算高效捕鲸。”[55]然而，斯大林革命并没有给捕鲸产业的革命者足够时间将捕鲸相关技术发展成苏联所希望的程度，技术跟不上意识形态。许多鲸鱼都是被从海中粗暴地拖拽出来，拖到“阿留申”号的溢水道上，捕鲸船后留下长长的血迹。

有时是鱼叉炮没能命中鲸鱼背部，有时是虽然命中了，鲸鱼还是在宰杀前沉入海底，有时捕杀工作过于缓慢，鲸鱼尸体沉入了大海，不能为人们所用，纵然有这些不确定因素，捕鲸中仍有一些东西可以被量化。每个捕鲸季，“阿留申”号的报告都会将当年的捕获成果以各种数据的形式列出来，包括每一种被捕杀的鲸鱼的雌雄数量；捕获鲸鱼的大小；今年捕获的鲸鱼大小与前一年进行比较；鲸鱼与鲸鱼之间尺寸的比较；每种鲸鱼的鲸脂、鲸肉和鲸肉制成食品的总量；当年与去年产出的鲸脂、鲸肉和鲸肉制成食品数量总额的比较；生鲸脂和生鲸肉的总量；鲸肉储备数量与成品数量；每月捕获的鲸鱼总数；不同海域捕获的鲸鱼总数；每艘捕鲸船的捕鲸总数。宰杀和分割鲸鱼的方式使实际捕杀的鲸鱼数会超过计划数，但是这一数字低于初加工产品计划总量，或者说低于初加工产品和产能过剩的肉罐头计划总数。[56]捕鲸活动中的相关数字是确切无疑的，但也是弹性很大的。

唯一不会波动的数字就是捕杀总数，并且这一数字总是与计划数列在一起相比较。1933年，“阿留申”号所在的捕鲸船队捕杀了204头鲸鱼，足足是计划数的两倍。两年后，这一数字蹿升到487头，远超计划的300头。[57]如果能够和“德武赫索特尼克”号一样完成两倍计划配额，那么当一名捕鲸者不失为一个好的职业选择。尽管像曾科维奇一样的生物学家一再警告不要捕杀幼鲸，但从他们的研究观察却可以看出对未来的乐观预测，他们说每年鳍鲸的捕获数可以增加到400头，更好地了解鲸类迁徙和聚集也会增加人类的捕获量。[58]

计划的捕鲸数持续上升。1936年，实际捕鲸数是501头，计划数是495头。“阿留申”号的船长杜德尼克宣告当年超出计划的1.4%完成任务，因此他也被授予了列宁勋章。[59]但是在同一年，杜德尼克也告诫政府应当削减计划捕鲸数，因为当年的北冰洋无冰期非常短暂，加之船队设备易损，所以完成计划指标将难如登天。[60]1937年，杜德尼克船长的看法被证实，“阿留申”号船队没能完成计划指标。在这一年没完成计划的后果很糟糕。清除异己的势头一波又一波从莫斯科向外蔓延。和在永冻土地区一样，在海上，生产未能完成计划指标也被认为是对社会主义的背叛。1938年，在符拉迪沃斯托克举行的第八届市委大会宣称，将通过从党的队伍中清除人民的敌人全面“清算破坏和完成经济计划不力的行为”。[61]几周后，杜德尼克在“阿留申”号的舷梯上被捕。此后的六年中，杜德尼克一直在监狱服刑。

政治上的清算使得产量减少成为政治问题，但是实际上这是生物学上的问题。政府将产出不足归结到蓄意破坏者的身上或者将其归结为技术原因。“1937年到1940年间，捕鲸船队没能完成国家计划指标，”1941年的一则新闻报道中指出，“其原因可以归结到组织不力和其他各种不利因素上”，包括意外、天气状况、燃料供给不足和“看似微不足道的事情，如船长行船掌舵不当使得航程不顺”。[62]正如杜德尼克的继任者叶戈洛夫船长所说：“今年我们能够完成捕鲸计划数，是因为捕鲸船队上斯塔汉诺夫式的船员们在作业中的劳动强度相比之前所有年份都要大得多。”[63]

十年前，鲸鱼是以伙伴的身份出现在苏联所计划的遏制商业滥捕项目中的。北方委员会希望保护灰鲸和弓头鲸免于灭绝，同时也希望尤皮克人和楚科奇人免受资本主义剥削。但是到了20世纪30年代末，所有除政治、科技和斯塔汉诺夫运动的胜利（超额完成任务运动）之外的非人为因素，在苏联的鲸类评估中都不被考虑进去。尽管鲸鱼是被限制捕杀的物种，但它们却从官方记录中完全消失了。只要是被捕杀的鲸鱼都是好鲸鱼，因为只有死亡，鲸鱼才能证明自己的价值，只有用鲸鱼的死亡才能衡量出捕鲸船长和船员们是多么坚决地遵循计划方针路线。大约一个世纪前，美国捕鲸船队的船员们在他们的航海日志上估算着自己未来的个人报酬，希望鲸鱼在市场上卖个好价钱。而现如今，苏联的船员有稳定的薪水，他们记账的目的就是一笔一笔记录下每一个捕鲸者对于共同未来的积极贡献。

三

海洋生物有许多的方法来适应大海的脾气。水母让自己看起来不过是一团组织，乌贼会根据周围环境而改变颜色。成百上千的鱼儿汇集成群并产出数百万枚鱼卵。鲸鱼的生存方式要求其具备庞大的体型和较长的寿命，拥有聪明智慧。与人类一样，某些鲸类会总结知识并将这些知识在不同时空中传承传播。某一海域的价值、迁徙的路线或某种行为会有引发什么结果，这些并不是刻在基因里的，而是通过交流传承的。这些信息的传递，部分是通过听觉。座头鲸会发出复杂的声音旋律。[64]灰鲸不会唱歌，但是它们交流时会发出极低的音调。由于发出的声音音调极低，周围的其他噪声对灰鲸间的交流几乎没有影响。灰鲸甚至会好奇地接近船舷外侧的发动机并发出近似发动机运转频率的声音。[65]抹香鲸会发出咔嗒咔嗒的声音,抹香鲸幼崽在掌握它们家族的语言前就会发出类似这样的声音,这也是它们与千里之外的同类共通的词汇。雌性抹香鲸之所以能够长命多子、不愁吃食是因为鲸族的庇护。鲸鱼对其他语言不通的同类怀有敌意。[66]如同人类的雕刻、锻造、绘画一样,鲸歌是声音形式的文化。鲸鱼发出的其他声音也是在传递信息,如求爱、嬉戏、防卫、快乐。或者是警告,抑或是诉说内心对于潜入深海的恐惧。

如果鲸鱼确实能够吟唱有警告之意的鲸歌,那么在20世纪30年代最后的几年里鲸鱼的警惕和恐惧并不是没有理由的。国际上的外交交涉并没能遏制商业捕鲸。每年在各大洋作业的捕鲸船有三十艘甚至更多,多数的捕鲸船在北冰洋海域作业,它们的捕鲸速度是"阿留申"号难以望其项背的。1935年,苏联庆贺自己捕获了二百头长须鲸,而当年美国市场化捕鲸船队所捕获的鲸鱼总数超过一万头。[67]随着十年间全球捕获鲸鱼数量的持续下降,外交官们、科学家们和捕鲸工业家们进行会谈并展开争论:为了科学研究或者捕鲸产业去保护鲸鱼是否值得?是否应该给每个国家分配捕鲸配额?鉴于国际捕鲸的管辖问题,配额能够存在吗?鲸鱼本身是否有活着的价值?[68]在捕鲸条约上回答是肯定的,但是实际上捕鲸者们在1935年这一年捕杀了三万头鲸鱼。在1938年,超过四万五千头鲸鱼被捕杀,各国捕鲸步伐的加快使苏联制定了新的计划。[69]截至1939年,将近三十万头蓝鲸从大洋中消失。这些蓝鲸是由于市场需求而被捕杀的,"阿留申"号也不过才捕杀了十三头蓝鲸。商业捕鲸者把目标转向长须鲸而不是蓝鲸,通过将长须鲸的捕杀量增加一倍来维持鲸油的供应。[70]消费者看不出来也尝不出来人造黄油原材料的变化。同时他们也察觉不出商业捕鲸正又一次岌岌可危。美国史密森学会的科学家雷明顿·凯洛格写道:"捕鲸业的商业意义已经远超其生物层面的意义。”[71]

1940年，海洋生物学家曾科维奇慌忙写信给斯大林，他指出：“资本主义者和法西斯主义者的捕鲸速度远远超过‘阿留申’号，而眼下国家正需要油脂特别是鲸脂，因为鲸脂在食品与工业领域应用广泛。”[72]曾科维奇希望苏联在北太平洋部署更多捕鲸船，派遣一支捕鲸船队前往南极，在千岛群岛建设更多的岸基捕鲸站。问题的关键不在于过多鲸鱼正在被捕杀，而在于捕鲸者中的苏联人远远不够。他的这封信促成了国家战略方向的确立；人民渔业委员会开始研究建造捕鲸船队的成本。[73]

苏联原本计划建造更多捕鲸船捕杀更多鲸鱼，但是由于第二次世界大战的爆发，这一计划被迫搁置。当时苏联没有时间也没有人力去生产那些苏联红军非直接需要的物资。商业捕鲸船也纷纷撤返。捕鲸母船加入了海军护航编队，捕鲸子船另作他用改造成了扫雷舰。许多捕鲸船与船员们一样也未能在战争中幸存。[74]但这为南极海域的鲸类创造了相对安逸和平的环境。1942年和1943年，“阿留申”号捕鲸船并未涉航北太平洋。1944年，“阿留申”号也仅仅捕杀了少量的鲸鱼。从北极到南极，人类之间的工业化战争缓和了人类与鲸类的工业化斗争。

然而，捕鲸活动的减少并不是因为缺乏市场需求。鲸脂可以提炼成硝化甘油（炸药）和鲸蜡，抹香鲸球形头骨前部的脑液也有着军事用途。美国太平洋捕鲸公司是美国国内为数不多的商业捕鲸公司之一，美国战争生产委员会要求这家公司尽可能多地产出鲸油。该公司遵从了这一指令，并在1942年的报告中指出：“如果我们不捕杀这些鲸鱼，日本人就会得到它们。”[75]尽管战时英国捕鲸船队能够出航的捕鲸季为数不多，但一旦出航，英国捕鲸船队便全然不顾国际条约，全时全域地捕杀所有种类的鲸鱼以满足国家对于“脂肪和蛋白质的需求”。[76]

苏联国内食品的短缺更为严重。1942年，德国国防军占领了苏联最好的农业土地。绝大多数苏联男性都投身战争，而非从事捕鱼农耕这样的农业活动。当时的苏联正处于生产危机之中。[77]用斯大林的话说，一切都是为了前线。为了供养士兵，国家可以征收一切。因为正是通过供养军队，我们才得以“摧毁法西斯侵略者和德国占领者的战争机器”。[78]渔业专家开发出海豹肉香肠、白鲸胸肉、海豚肉制成的熏香肠和须鲸肉丁罐头。根据苏联红军太平洋补给局局长的说法，主要的问题是“鲸肉有异味”。他的解决办法是“往食材中添加更多香料”。[79]

但是在战争的多数时间里，苏联的捕鲸活动都是在楚科奇地区的集体农庄里开展的。苏联希望这些集体农庄与战时境内的其他农庄一样“给国家供给更多的面包、肉类和原材料”。在斯大林发表反法西斯演讲之后，苏联制订了详细的生产计划。捕杀的海洋动物数量越多，苏联就离胜利更近一步。[80]在20世纪30年代，原始的近岸捕鲸便已被淘汰，而如今它却又有了一席之地。1941年一位党内专家在报告中指出：“将海边集体农场的产量和利润扩大几倍是有可能的，尤其是通过捕猎海豹和发展捕鲸业。”[81]尽管没有了“阿留申”号捕鲸船，但是像“德武赫索特尼克”号一样完成两倍计划配额的人不断增加，楚科奇地区的集体农庄在社会主义竞争中一路领先，在斯塔汉诺夫运动中成绩斐然，他们为祖国贡献出自己的力量。[82]

这些集体农庄“借助美国的捕鲸设备开展作业”，据瑙坎地区的捕鲸者安考恩回忆，他们也使用顶部“带有炸药”的鱼叉。[83]那些20世纪初从阿拉斯加的诺姆镇购置来的捕鲸设备已经被废弃。1941年，翁加齐克村捕杀了最后一头弓头鲸。九年后，瑙坎地区的捕鲸者也出现了同样的情形。[84]战争消耗了大量的汽油和弹药，因而能够用于捕猎灰鲸的汽油弹药寥寥无几；1941年到1944年间，尤皮克人和楚科奇人的集体农庄仅捕杀了十五头灰鲸。[85]一位楚科奇地区的党组织领导人警告道："同志们，由于未能按照计划捕获足量的鲸鱼，我们的处境非常糟糕……1941年我们仅完成计划的72.6%"，而为了"彻底击败法西斯集团"完成率应该超过100%。[86]

第二次世界大战催生了苏联对于能量的巨大需求，并且这一需求远远没有得到满足。相比起政治清算，物资匮乏带来的存亡危机感要强烈得多。如果当下的生存都成为问题，那还谈什么国家未来。第二次世界大战结束时，苏联已经损失了二千万人口。幸存者中许多人也是食不果腹。斯大林曾在信件中保证，苏联会有丰富的脂肪资源。上到斯大林，下至层层官僚和研发出鲸鱼肉丸配方的渔业专家，再向东到楚科奇地区鱼获耗竭的集体农庄，他们都认为鲸鱼有着为社会主义存在而服务的潜在价值。伴随着战争结束，人们发现真正阻碍鲸鱼供养人类的是技术问题——苏联需要赶超工业资本主义捕鲸者的捕鲸速度。1945年，苏联红军占领了一艘专为南极航行而设计的德国捕鲸加工船，当局也并未谈及限制捕鲸活动。当"阿留申"号捕鲸船在北太平洋重新起航时，公众也并不关心鲸鱼的死活。现如今，捕鲸活动对社会主义建设的意义有着超越其生物意义的危险。

四

1946年，外交官们、科学家们和捕鲸业代表们在华盛顿特区召开会议，商议制定防止鲸鱼灭绝的法规。美国主持了此次会议，但美国此举并非出于建造捕鲸船、开展捕鲸活动这一国家目的。美国的捕鲸者大多是尤皮克人或因纽皮亚特人，他们捕杀的鲸鱼对于美国内务部和国务院来说只是地方的必需品，但之后联邦政府的想法发生了变化，因为1945年之前，美国登记在册的商业捕鲸船数目为零。[87]参与工业化捕鲸的国家有英国和挪威，第二次世界大战后，日本紧接着就加入了它们的行列。但第二次世界大战后美国的国际影响力日益扩大，从布雷顿森林体系的财政外交，到对饥困交加的欧洲和亚洲大片土地的军事占领，都是这样的体现。正如道格拉斯·麦克阿瑟将军在日本投降时所说的那句话“吃面包还是吃枪子儿”，美国预见到未来的和平稳定取决于当前的福利所得。[88]麦克阿瑟给予日本南极捕鲸船队许可，并将其视为日本重建的一部分。英国希望依靠捕鲸来解决“世界上脂肪和油料供应的严重短缺”。根据华盛顿会议上制订的计划，只要捕鲸活动不给现存鲸群造成持续性伤害，就可以依靠捕鲸来获取人们预计所需的能量。[89]鲸类对美国的价值是作为能量供养人类，而这将有助于构建“一个更和平、更幸福的未来”。[90]为了确保这一未来愿景，美国召集了第二次世界大战前就曾大规模捕鲸的国家。但苏联代表团却意外来到会议现场。

为了帮助人类实现和平与幸福，鲸鱼需要活到未来。美国虽然出席了1946年的国际会议，但它并没有幻想市场以及服务于市场的捕鲸船会对雷明顿·凯洛格口中那个长长的术语“鲸鱼种群的延续”有任何兴趣。[91]不断增长的人口对于自然资源的需求也在增多，加之如今资源开采的方式更为高效，这些都使得工业没法珍视活着的鲸鱼。[92]为了防止鲸鱼灭绝，美国倡议建立一个由技术专家和外交官员领导的全球保护制度，他们将建立和管理一套理性的——意思是可持续的——利用鲸鱼的方式。让英国和挪威这样的捕鲸大国和像苏联这样有工业野心的国家接受这一立场，美国花费了数周时间并且也做出了诸多让步。最终在12月2日，苏联、美国、英国、挪威、日本和其他国家共同签署了

《国际捕鲸管制公约》。

《国际捕鲸管制公约》设立了国际捕鲸委员会，委员会成员包括科学家、外交官和捕鲸业代表，其任务是“将鲸类种群数量维持在理想状态，并且同时避免引起大范围的经济问题和营养摄入危机”。[93]国际捕鲸委员会有权决定哪些鲸鱼应当被禁捕，哪些允许捕杀，以及谁能够去捕杀这些鲸鱼。公约中诸多法规都深受美国进步主义时代思想的影响：当地土著可以捕鲸并食用鲸肉；出于研究目的，科学家们可以捕鲸，但是没有人可以捕杀灰鲸、露脊鲸以及正处于妊娠期或者哺乳期的雌鲸；所有被捕杀的鲸鱼都应该被充分利用；所有捕鲸国家每年捕杀的蓝鲸总数不能超过一万六千头。一个蓝鲸单位相当于一头死去的蓝鲸，或相当于两头长须鲸，或者两头半座头鲸，也相当于六头大须鲸，或者其他准许商业捕捞的鲸鱼。[94]没有人知道每年一万六千头蓝鲸这一捕获总数能否维持。凯洛格对此也表示怀疑。国家利益也应该被纳入考量之中，当最专业的科学家都对鲸鱼的迁徙和种群数量知之甚少时，我们就很难去反对那些面临食物短缺的国家捕杀鲸鱼。但不论有多少未知因素，《国际捕鲸管制公约》及其设立的国际捕鲸委员会，都在推动使美国式的、实用的，总体上以市场为导向的，但同时注重鲸鱼资源保护的全球规范法典化。

依照国际捕鲸委员会的逻辑，鲸鱼的结局只有两种，要么死于工业捕杀——在捕鲸加工船上变成尸体供给国内市场——要么被当地土著捕杀后吃掉。二者都是鲸鱼价值在热量层面的体现。鲸鱼首先是物质能量，而能量就是供人们享用的。

此次在华盛顿召开的会议最后也步了多数国际会议的后尘——会议结果不痛不痒，满是外交妥协，会议决心使鲸鱼成为一类可靠的脂肪来源。鲸鱼是社会性动物，鲸鱼族群内部有着不同的角色分工，如歌手、父母、家族成员、看护者或教师。在1946年，这一概念对于华盛顿的国际官僚和白令人来说都是难以想象的。白令人对鲸鱼有着自己的理解，他们认为鲸鱼会主动献身于人类。在国际捕鲸委员会制定的条款下，鲸鱼既没有灵魂，也没有国度，除了作为人类食物，鲸鱼并无更大价值。鲸鱼的热量价值是美国和苏联之间的一个利益共同点。在1946年的会议上，两国似乎都决心为了未来而管理这些热量。几乎没有迹象表明，美国与苏联之间在未来三十年中会产生分歧，因为鲸鱼只有活着的时候才对市场有价值，只有死亡的时候才对计划有价值。

第十章

觉醒的物种

鲸鱼是阳光与矿物质的终点：矿物质通过光合作用转化为藻类，藻类又为磷虾提供食物来源，而磷虾又供养食物链上层的生物。这种能量间的转化和消耗是具有生命力的。在鲸鱼下潜觅食和上浮呼吸过程中，鲸鱼会将深层的海水带向海面，海面上的植物则会将深海海水的养分吸收进体内。鲸鱼消化吸收的过程会将铁、磷元素带入巨大的水流中。与河流汇集到海洋或者大气中沉积下来的氮元素相比，鲸鱼粪便提供给其他有机生命体的氮元素更多。[1]鲸鱼能够帮助实现从一个物种到另一个物种的能量转换，正是由于这一次次的能量转换，使海洋充满了生机。

1946年后，海洋中也遍布着苏联捕鲸船队，苏联终于掌握了市场一开始就把控到的东西——鲸鱼的能量。苏联想要取代市场并且改变市场所导致的劳动与价值割裂的现状，现在这一想法也体现在了海洋上。苏联捕鲸是为了解放人民，而不是使鲸鱼沦为人们盲目追逐的商品。但是，在量化捕鲸活动、制定配额的过程中，苏联捕鲸业却沉溺于计划之中。社会主义捕鲸者这么做无疑重复了商业捕鲸的核心特质——盲目性。鲸鱼看似没有明显价值，但它们的活力对于海洋生态系统中的能量转换大有裨益。在广阔的海洋，社会主义的道德观念止于海面这道人与鲸鱼之间的界线。在此情形下，鲸鱼是没有未来的。

一

1959年，尼基塔·赫鲁晓夫在苏共第二十一次会议上宣布苏联正处在一个新的历史时期，即“全面建设共产主义时期”。[2]“为促进苏联所有工业领域的重大发展”，七年计划政策的起草者预计“苏联每年的鲸油需求”将超过十万吨。[3]未来捕获的鲸鱼如何加工处置，是由苏联国家计划委员会决定的：鲸鱼骨粉做成肥料，鲸油制成人工黄油，鲸脂加工成工业润滑剂，提取自鲸鱼的维生素可以强健人们体魄，硝化甘油可用于军事领域。除了在北太平洋的“阿留申”号和在南极洲的“斯拉瓦”号外，苏联正在筹划增加四支或者更多的捕鲸船队。[4]从南极到北极，数量庞大的捕鲸加工船常常被十艘或二十艘甚至更多的捕鲸子船所围绕，加工船上的船员多达数百人。

这数百名船员来自苏联全国各地，有的来自陆军，有的来自海军，有的出身渔民家庭，有的是大学的工程项目或者海洋科学项目成员。船员们承担着不同的任务，扮演着不同的角色——机械师、厨师、洗衣工、医生、牙医、无线电操作员、科研人员、小卖部店家、船上报纸的编辑、克格勃官员、鲸脂切割员和训练有素的鱼叉手。尤里·谢尔盖耶夫从小就梦想着“成为一名水手，一名船长”，他在一所两年制的民间海军学院接受培训，他的第一份工作是在“施托姆”号捕鲸船上。在这艘船上，“我初次得见鲸鱼——一头抹香鲸”。[5]阿尔弗雷德·别尔津曾是一名海洋生物学家。[6]这些人发觉大海是一个既熟悉但又陌生的漂浮世界。除了狭窄的卧铺和木板搭设的船长套房之外，现代捕鲸船的内部仍然有许多辨识度很高的公共空间，如俄式浴室、电影院、图书馆。船员们可以在这里下棋，学习弹奏乐器，玩纸牌游戏，养宠物狗，表演戏剧，据一位水手回忆，“我们还可以上夜校……由于战争，我们中的许多人都没有机会接受中等教育”。[7]

有时，船上的环境很难让船员们专心工作。熬制鲸油的过程中会散发出难闻的气味。船舱内部遍布蟑螂，医疗人员不得不四处喷洒杀虫剂。根据天气和船上设备工作的状况，甲板上下的温度常常在极寒和酷热间切换。船员间常常会发生冲突，动用绳索、火药和刀具斗殴，醉酒后更是如此。[8]船上缺少新鲜蔬菜供应，船员们只能长期吃荞麦粥。但是，船员们的肉类摄入量比苏联公民更多，从小块的生鲸鱼心脏到“和洋葱一起炸制的鲸排，后者味道尝起来像小牛肉”。[9]虽然船上有诸多不便与不快，但是仍然比早期的“阿留申”号和其他苏联捕鲸加工船的情况好得多。

和工厂一样，捕鲸船上也有倒班，尤里·谢尔盖耶夫记得捕鲸船开工很早。作为“阿留申”号的子船“阿凡加德”号的船长，他发出的第一个命令就是指挥“阿凡加德”号寻找鲸鱼，有时这项任务在早上四点就开始了，“寻找鲸鱼是头等大事”。[10]“阿凡加德”号的航速比19世纪造的船都快，它的鱼叉顶部配有“长且锋利的榴弹，尾部又连接着结实的合成绳索”，别尔津回忆道，“鱼叉刺入鲸体，随后榴弹在体内爆炸”。只要船员们能找到鲸鱼，他们就能将其捕杀。鲸鱼一旦死亡，船员就会往其体内泵入空气直到尸体像“水面上的巨型浮筒”一样漂浮，随后船员便会在其身体插上旗帜或者无线电接收器，这样捕鲸船就可以继续捕猎，而不会在海浪中丢失鲸鱼尸体。[11]一艘出色的捕鲸船可以一次作业二十四小时，或者一天内就可以在船后留下六具、十二具或二十具鲸鱼尸体。谢尔盖耶夫认识一名鱼叉手，他在半小时内就杀死了三头鲸鱼。[12]

当一头、三头或六头鲸鱼从船只吊舱被放下并“插上旗帜”，捕鲸船便将鲸鱼尸体拖至中央加工船。电动绞车把尸体沿着船体的溢水道拖上甲板，鲜血和油脂使得甲板变得十分滑，船员们就在那里切割鲸鱼。为了防止鲸肉变质，他们的动作得快。一名捕鲸船队队长写道，“我们的切割员常常要比捕手更加努力地工作，鲸脂和海水把甲板变成了溜冰场”，即使在暴风雨中，“借助着探照灯的强光，切割员也仍然能在宽阔的甲板上开展作业”，直到“鲸脂、鲸肉、鲸骨和内脏堆积成的小山在甲板上全部消失”。随后，这些材料便在船舱内的生产流水线上进行切割、清洗、煮沸和冷冻，最后转化为骨粉、油料、维生素、狗粮、鲸肉罐头，直到最后一头鲸鱼完全“在你眼前融化消失”。[13]

在楚科奇海岸，距谢尔盖耶夫首次出任捕鲸船船长的海域以西数百英里处，20世纪50年代，人们对如乌厄连和洛里诺这样的村庄出产鲸脂的品质与产量都提出了更高的要求。楚科奇地区一名当地官员说道：“我们所拥有的鲸鱼资源能够产出的鲸油与鲸肉是现在的十倍，但一些集体农庄的捕鲸数远不尽如人意。”[14]据海洋生物学家娜杰日达·苏什金娜描述，集体农庄的捕鲸队捕杀灰鲸时会朝灰鲸发射“不少于三百发到六百发子弹……直至其死亡”。[15]三分之一的灰鲸还没来得及打捞起来便沉入大海，消失在血海之中。如果一支捕鲸队确实能够将捕获的鲸鱼拖至海岸边，那么这头鲸鱼极有可能个头不大。捕鲸者们往往不愿意捕杀体重超过十吨的灰鲸，因为“个头这么大的鲸鱼一旦被击中，便会奋力挣扎”。[16]他们的木船陈旧，不敢冒险招惹一头愤怒的鲸鱼，更别说将船只开赴远海追捕弓头鲸了。体型最为肥硕的鲸鱼能够免遭屠戮，是因为“捕鲸者对这些庞然大物充满恐惧”。[17]

消除内心恐惧的最好办法当然还是依靠技术的进步：“兹韦兹德尼”号与“德鲁斯尼”号这两艘小型捕鲸加工船“每个捕鲸季至少能够捕杀二百头鲸鱼”。[18]每年夏天，这两艘船都会捕杀深海中的灰鲸，而后将其拖至海岸边的集体农庄进行宰杀。正是如此，楚科奇地区的集体农庄才能够以102.4%、123%乃至144%这样骄人的完成率超额完成当地的计划。鲸肉也被喂给洛里诺村新农庄里圈养的狐狸。从鲸鱼体内可以提炼出制造蜡烛和肥皂的油脂。名为“列宁”的集体农庄捕获68头鲸鱼，集体农庄“红旗”捕获28头鲸鱼，“列宁之路”捕获14头鲸鱼，正是凭借捕鲸，集体农庄才得以“对楚科奇地区工人履行社会主义义务”。[19]到20世纪50年代末，白令人在白令海峡苏联这一侧能够捕到的鲸鱼数量越来越少。当地人彼得·纳帕恩回忆：“我们自己不再捕杀鲸鱼，只有外来的捕鲸船会给我们带来鲸鱼。”[20]有时，捕鲸船捕杀的鲸鱼数量多到集体农庄中饲养的两万只狐狸都吃不完。剩余的鲸鱼尸体会被拖拉机运往内陆。尤皮克人和沿海楚科奇人对他们的孩子说，这样的行为冒犯了鲸鱼的灵魂，它们应该魂归大海。[21]尤皮克人与楚科奇人将他们当初在实践中所学会的知识技能传授给子女，比如去哪儿能找到鲸鱼，怎么接近它们，鲸鱼尾巴有多危险。捕鲸是一个费力的技术活儿，但在第二次世界大战后的苏联生活中，捕鲸活动完全是另一副模样，这让尤皮克人与楚科奇人父母很难给子女们解释。

纳帕恩在集体农庄屠宰鲸鱼和谢尔盖耶夫在捕鲸加厂船上宰杀鲸鱼，两者之间有许多不同之处。谢尔盖耶夫是成年后才接触鲸鱼的。他的家人没有教过他如何切割鲸鱼鳍肢，他也未曾听闻家人谈起过鲸鱼幻化为人的传说。但二人的相似之处在于，他们都在为了完成计划目标而努力。五年计划最初的生产目标由莫斯科的国家计划委员会制定，然后层层下达。在五年计划下，每年都制定有年度目标，年度目标中又可以细分为季度目标。衡量鲸鱼价值的时间跨度缩短到短短数月。但在这数月时间内，捕鲸加工船仍有不同指标需要完成，比如每艘船应该完成的捕鲸总数、捕鲸总毛重，食品级鲸脂、药用级鲸脂、一级工业鲸脂和二级工业鲸脂的数量，可食用鲸肉、可用作动物饲料鲸肉的重量，鲸蜡、骨粉和冷冻肝脏的磅数，抹香鲸牙齿的总数，提取的维生素和龙涎香的克数。鲸鱼在集体农庄经过加工处理后，鲸肉供人们食用或用作动物饲料，鲸脂用于提炼油料，鲸骨研磨成骨粉，内脏用于提取维生素。[22]每一年，人们都用几十种计算方式来衡量一头鲸鱼的价值，新的计划指标是依照去年的捕鲸数量重新制定的，通常会增加一个百分点以彰显该项事业所取得的进展。[23]最终计划指标的呈现往往要经过加法、乘法与除法的复杂运算，减法这样的数学运算几乎不会出现。而这一切其实上都是减法，剥夺一头鲸鱼的生命，大海里也就少了一头鲸鱼。

二

让公众知悉海洋中鲸鱼正在减少这一现实情况，是国际捕鲸委员会的一项任务。每年，远洋捕鲸国——到1960年，主要包括英国、挪威、日本、荷兰和苏联——都会报告它们所捕杀的蓝鲸数量。此外，苏联也会上报“兹韦兹德尼”号与“德鲁斯尼”号捕杀的灰鲸数量，这一活动是在国际捕鲸委员会颁布的土著豁免政策下开展的。根据对于捕获的鲸鱼种类、大小、性别和捕杀地点这些数据的统计分析，国际捕鲸委员会的科学家们对工业化捕鲸活动的可持续性展开评估。同时，科学家们建议未来的捕鲸配额应“在满足经济需求和保护鲸鱼资源之间维持平衡”。[24]

在每一届国际捕鲸委员会所召开的会议上，科学家们都主张减少捕鲸活动。但一到投票环节时，那些站在本国工业利益立场上的代表便忽视这些建议。一位美国代表指出：“我认为 [异议] 都可以归结为人们必须要盈利的想法，因为没有一个考量是为了保护鲸鱼。”[25]然而，科学家几乎没有话语权。国际捕鲸委员会无法控制市场需求，需求是由消费者们决定的。国际捕鲸委员会试图管控捕鲸活动，但委员会却没有执法权。这个问题在20世纪50年代海运巨子亚里士多德・奥纳西斯非法捕鲸时就已经凸显。当一个国家觉得所获捕鲸配额过低时，它便可能主动退出公约，去随意捕杀鲸鱼。因此，尽管国际捕鲸委员会每年都召开会议，但在前十五年里，蓝鲸数量也仅仅维持在没有继续减少的水平而已，而填补了蓝鲸之短缺的长须鲸在个头和数量上都缩减了不少。雷明顿・凯洛格担心国际捕鲸委员会正在主持的“实际上是全球鲸鱼灭绝会议”。[26]

20世纪60年代初，在当时保护鲸鱼显然已经是痴人说梦，这也促使美国代表团中的一些代表重新思量鲸鱼的价值。美国鱼类和野生动物管理局的生物学家约翰・麦克休认为，为后代福祉而保护“这些伟大的生物”，这样“纯美学观点”是不合理的。鲸鱼应该依照“经济目标”进行管理，就像开采矿藏一样。与淘金一样，在“蓄意过度捕捞期”后，应该遵循自然规律进入休捕期。[27]麦克休开辟了一条全新的资本主义理论路线，抑或说是改良后的资本主义理论路线。斯科特・戈登和S.V. 西里亚西・旺特鲁普等经济学家认为，资源保护主义者忽略了“人类成功发现新资源来取代旧资源的历史”。[28]而早在19世纪，当时的捕鲸船船长们便早已深谙这一逻辑。合理利用鲸类资源并不需要考虑鲸鱼作为活生生动物的未来，只要考虑资本的未来即可，资本暂存于鲸鱼肉体之中，有待一日成为商品。想参与这个由市场主导的世界，鲸鱼只能单个牺牲或者集体牺牲，使从其肉体所获得的资金流入其他更有利可图的产业。比如，新贝德福德附近羊毛纺织厂使用的润滑油便出自鲸鱼之身。这样的财富积累是由鲸鱼的死亡所成就的。但在20世纪，商业仍然认为自身的发展并不沾染半点鲜血。

捕鲸繁荣理论在当时似乎奏效了：鲸鱼越来越稀有，因此鲸油价格也愈发昂贵。于是，消费者们继而转向消费其他油脂。面对利润的下降，英国和荷兰的捕鲸公司于1963年退出了捕鲸业。到20世纪60年代末，挪威捕鲸加工船也仅剩一艘。在欧洲和美国，如汽油取代了鲸油成为照明的燃料一样，鲸油制成的黄油也有了替代品，人们的可食用脂肪主要来自大豆、棕榈、油菜籽、猪或者奶牛。但在当时，市场对鲸肉和抹香鲸油仍有少量需求——鲸肉可以做成宠物食品；鲸油摩擦力极低，核潜艇和洲际弹道导弹仍需要它来润滑组件。[29]截至60年代末，工业化的捕鲸活动已经走过五十年时间，其间二百多万头鲸鱼变成了商品。[30]对于那些延续至今的鲸鱼产业来说，它们如今所承受的市场压力之所以得到缓解，并非人们逐渐认识到了鲸鱼活着的价值。相反，是因为一旦将鲸鱼缓慢的生长周期纳入利润计算中，死去的鲸鱼也没有多大价值。

苏联并没有同英国和荷兰一道结束工业化捕鲸活动。以市场为导向的捕鲸者放弃捕鲸的同年，仍有新下水的社会主义船队开赴北太平洋——1962年“索维茨卡亚·罗西娅”号驶入该片海域，第二年“符拉迪沃斯托克”号与“达尔尼·沃斯托克”号紧随其后。[31]然而，出现这一局面并非由于苏联国内对此事关注不够。太平洋研究与渔业中心的科学家们一直随苏联船队同行，并且早在1941年他们便警告说，“阿留申”号所捕的座头鲸、抹香鲸、长须鲸和灰鲸的数量正在下降。[32]十年后，曾科维奇认为被捕杀的抹香鲸太过幼小，这是“错误且不可取的行为”，同时他也对此表示担忧。[33]1959年，S.克鲁莫夫告知国家计划委员会，“全然不顾鲸类资源状况”在北太平洋大肆捕鲸，必然会导致“政策的短视，而这也会导致一个必然的结果——加速鲸群的灭绝”。[34]N.V.多罗申科报告说，由于“符拉迪沃斯托克”号和“达尔尼·沃斯托克”号这两支捕鲸船队的捕杀，“北太平洋和白令海的座头鲸种群数量处于岌岌可危的状态”，同时他也警告道，过不了多久，“苏联将无法开展任何捕鲸活动”。[35]每年，生物学家们都致函渔业部下属的捕鲸协调司，警告他们说鲸鱼即将灭绝，结果他们提交的报告被绳子捆扎，并“盖上‘秘密级’的印章，被打包放置到特别储存区的柜架上束之高阁了”。[36]

苏联国家计划委员会封存有关鲸鱼数量减少的报告，并非是因为苏联饥困不堪，仍有通过捕鲸获取能量的现实需要，因为第二次世界大战后苏联粮食危机已经有所缓解。苏联继续开展捕鲸活动的理由与美国船长1880年给出的理由如出一辙：问题不在于是否还有鲸鱼可捕，而在于我们缺少“高速航行的捕鲸船”。[37]鲸鱼也许已经游向更远的海域。[38]抑或新型鱼叉能够帮助我们捕杀这种狡猾的海兽。[39]鲸鱼进食时能一口吞下大量的磷虾，如果拖网渔船能够实现捕虾活动的机械化，捕获同样数量的磷虾，也许未来就没有必要继续捕鲸。[40]鲸鱼的价值在于献出生命，通过增加物质供给的方式来为社会主义做贡献，它们通过死亡来证明人类超越自然极限的能力正在不断增强。人们幻想着能量的转换——从一种形式的能量转换成另一形式的能量，或者从一种形态的存在方式转换成另一种——就像从死亡中解放出来一样的自由无束，但这种转换实际上使社会主义计划与资本主义市场增长无异，同样狂妄自负。

捕鲸劳动对人类的改变也意义非凡。杀死体型如此庞大的动物一直都需要依靠集体劳动,而其中鱼叉手的工作至关重要。集体劳动确实有助于推动实现苏联长久以来所标榜的理想劳动。列宁曾描绘了才华横溢的人是如何推动集体开展更为高效的生产活动,而由此产生的产值增量将惠及所有人,使社会主义工作“在世界历史高度上更具英雄主义色彩”。[41]在 20 世纪 60 年代,鱼叉手被视为这样的英雄,他们带领船员们在社会主义贡献比拼中高歌猛进。[42]船队的报纸对个人成就和高产团队进行了排名,并且对于表现不佳者进行了批评。[43]“库拉扎戈梅多夫同志证明自己是一名优秀的鱼叉手”,“符拉迪沃斯托克”号在1964年报告说,他“谦逊,工作严谨,并且警惕性极高,这些品质为他赢得了同行的赞扬和尊重”。[44]而这对弗伦斯提出了挑战,为了在捕鲸数量上实现赶超,“弗伦斯不会因为其他任何事而离开甲板”,他的目标明确,就是加工更多鲸鱼。[45]谢尔盖耶夫回忆道,为了支持“集体式的工作方法”,他给船上的所有人发“同等的报酬”,而这一决定“提高了工作效率”。[46]

苏联共产党是社会主义贡献比拼的引领者。他们通过颁发奖项,组织庆祝活动,放映电影,并组织小组讨论,来帮助“人民成长,磨炼人民”。[47]1965年,“符拉迪沃斯托克”号上20%以上的船员们已经是共产党员。在“贯彻国家计划政策方面”所遇到的问题都会通过两种途径来解决:一是党通过组织宣誓来“动员船员们执行计划”,二是“提高每个船员的道德修养和政治素质”,船员们“日常工作和劳动”中的积极表现会增加他们成为党员的机会。[48]据“达尔尼·沃斯托克”号的航海日志记载,最终所有捕鲸船都“成功地”完成了政府下达的计划。[49]但完成工作出色,领跑业绩榜单的仍然是那些捕鲸技术炉火纯青的船只。捕鲸技艺高超带来的好处是实实在在的。谢尔盖耶夫回忆道，我们的“薪水跟生产挂钩”，这对捕鲸者来说“具有更强的激励作用”——如果完成计划配额，他们将获得基本工资和额外25%的奖金，如果能额外完成20%的计划配额，他们的工资将翻一番。[50]最后，谢尔盖耶夫也赚得盆满钵满。

捕鲸船满载而归，市民们夹道欢迎。当船队返航时，最高产的捕鲸船处于领航位置，为了庆祝，符拉迪沃斯托克与其他港口城市举行了狂欢派对。[51]与赫鲁晓夫发起垦荒运动和勃列日涅夫推动的贝阿铁路建设一样，这一活动也引起了苏联全国的关注。报刊与无线电广播宣传龙涎香与鲸脂极为重要，鲸油所制成的黄油口味上乘，鲸油面霜滋润效果极佳，报道称新造的捕鲸船已经成功下水。[52]《真理报》整个版面刊载的都是人类成功的故事，如“鱼叉手格尼扬克同志在暴风雨下仍在工作”，或是“即使相隔距离甚远，鱼叉手图皮科夫仍能巧妙地使用鱼叉命中鲸鱼”。[53]正是由于他们的英勇表现，“国家计划才得以贯彻”，苏联也因此成为“全球领先的捕鲸大国之一”。[54]

当苏联船队在海上展开声势浩荡的捕鲸活动时，陆地上集体劳动的势头却大不如前。尽管列宁的名字还是常常出现在地铁站、街道、图书馆和学校，但实际上形同虚有。纵然斯大林对苏联有着巨大影响，也逐渐被历史所遗忘。楚科奇地区研究金矿的地质学家北上是为了探寻地质演化的历史，而不是探究那个激励早期布尔什维克为之奋斗、心驰神往的美好未来。尽管现在苏联正在全面建设共产主义，但它似乎仍然远远落后于资本主义世界，因为美国全面领先苏联。[55]但是在捕鲸船上，前有社会主义建设的比拼竞赛，后有党组织承诺的嘉奖，集体主义的未来是可以得见的。英雄主义并不体现在以伟大祖国的名义在战争中奋勇杀敌、为国捐躯；而是体现在杀死现实中的海中巨兽。退休几十年后的某天，谢尔盖耶夫被问及为什么当了这么多年的捕鲸者。谢尔盖耶夫回答道:“为什么？首先，因为他们说在捕鲸船上会有共产主义。”[56]

共产主义的目标是解放工人，拯救工人于水火，使他们免遭资本主义异化，即被榨干剩余价值，失去工作的意义，进而被物化，陷入麻木不仁的状态，最终成为行尸走肉。而苏联拯救工人的办法竟是让他们在捕鲸船上劳动，处理加工鲸鱼，将鲸鱼变成量化的数字。工业化捕鲸中的屠宰环节与帆船上并无不同，都需要和鲸鱼近距离接触，船员们都必须在“鲸鱼放弃最后的抵抗之前”一直注视着鲸鱼眼睛，然后在腥臭潮湿的甲板上将其开膛破肚。船上的报纸刊载了有关鲸鱼智力的科学报告，报告中介绍了为了同类间的沟通交流顺畅，鲸鱼能够自行调整发声频率，这是苏联生物学家在“阿留申”号甲板上观察到的。苏联生物学家A. G. 托米林对于抹香鲸如何为保护幼鲸而复杂绕圈做出了解释，也指出座头鲸会在受伤时发出类似鸟鸣的叫声来寻求帮助。[57]这些报告验证了鱼叉手们平常的观察结果，“鲸鱼的活动正变得越来越谨慎”。[58]水手们认为鲸鱼的举动是出于“爱”，他们会“帮助”受伤的同类。[59]曾科维奇目睹过一头雌性座头鲸“在危险来临时”不但没有离开，反而更加贴近幼崽并且用身体保护它们……她紧紧挨着幼鲸，雌鲸与幼鲸喷出的鲜血交织到一起，在经受长达数个小时的折磨后，最终双双殒命。[60]一些捕鲸者回忆起来，仍然对捕鲸过程的血腥残酷感同身受。“如果鲸鱼在被捕杀时能像人一样发出凄厉的尖叫，”其中一人说道，“那么我们所有人肯定都会疯掉。”[61]

但鲸鱼并没有发出惨叫，苏联官方也并不在乎它们的感受。苏联的计划关注的重点是鲸油的商品价格，而不是捕鲸过程中人类因看到鲸鱼饱受折磨而内心承受的苦痛。在捕鲸者的世界里，死鲸鱼的分量最为重要，活鲸鱼对他们没有意义。即使冷冻设备和制作罐头的机器发生故障，鲸肉因此变质被倒入大海，鲸鱼尸体的重量仍旧算数。即使尸体在自然状态下腐烂也是作数的。S.克卢莫夫哀叹，“浪费鲸脂和其他鲸鱼制品的恶劣行径让人愤怒”。[62]如果对于资本主义商业的发展而言，鲸鱼在未来除了被制成商品并无其他价值，那么对于社会主义计划而言，鲸鱼在未来甚至都不需要被制成商品。因此，与过去和现在的商业捕鲸同行一样，运用工业技术的社会主义捕鲸者学会了把捕鲸看作“狩猎”，用谢尔盖耶夫的话说，“狩猎不过就是一种竞技运动”。[63]他们会将幼鲸作为诱饵，还会把鲸鱼尸体绑在船边作为“护舷挡板”来避免船只之间的碰撞。[64]当尚需哺乳的幼鲸游过躺着雌鲸尸体的船台时，雌鲸仍在分泌乳汁，浸湿了整个甲板。而在苏联人眼中，这些鲸鱼不过是“物品”，物品是不会伤心难过的。[65]

溢出的乳汁证明了，苏联的捕鲸计划数量无休止且迅速地扩张，而这也导致鲸鱼根本没有时间成长成熟。海洋资源就这样被掠夺殆尽。到了20世纪60年代，在捕鲸船上实现共产主义的唯一方法，就是不放过任何一头鲸鱼。这样做严重违反了国际捕鲸委员会的规定。随着多数商业捕鲸船不再迫切追逐利润，加之多种鲸鱼濒临灭绝，最终国际捕鲸委员会降低了捕鲸配额，并规定禁止捕杀蓝鲸和座头鲸。苏联代表参加了国际捕鲸委员会的会议，会上其他国家怀疑苏联表面同意减少其配额，但返回其捕鲸船后仍会扩张捕鲸计划。苏联捕鲸船在捕鲸季之外仍然开展作业；他们还捕杀在保护名单的鲸鱼；尽管灰鲸是土著居民的食物，但仍逃不过苏联人的魔掌，鲸肉被用来喂养狐狸；苏联人捕杀尚在哺乳期的雌鲸、幼鲸和尚未成年的鲸鱼；有时他们捕杀了鲸鱼，但并不宰割，有时他们宰割了，却对鲸肉弃而不用。

捕杀鲸鱼并将鲸鱼量化成计划表格上的一行行数字显然违反了国际条约，计划政策的制定者与捕鲸船船长对此都心知肚明。“达尔尼·沃斯托克”号在1967年报告称：“非法捕杀的鲸鱼数占捕鲸总数的68.3%，其重量占总重的48.6%。如果捕鲸船队严格遵守‘规定’，那就不能完成年度计划目标。”[66]谢尔盖耶夫认为，遵循国际条约对苏联是一个挑战；如果实际的捕鲸数低于配额，国际捕鲸委员会可能会减少分配给苏联的捕鲸额度。[67]当船员们捕杀数量稀有的鲸鱼时，生物学家经常被命令离开甲板。而在提交给国际捕鲸委员会的报告中这样的死亡数字也被抹去了。每支船队中都有克格勃特工，他们会把非法的捕鲸时间、鲸鱼大小或鲸鱼种类改成合法的。在苏联的报告中，国际条约中禁止捕杀的弓头鲸被修改为允许捕杀的座头鲸；非法捕杀的小座头鲸会变成蓝鲸：如果捕杀的蓝鲸过多，那就改写成抹香鲸：当捕杀的小抹香鲸数量过多时就改写为一头大抹香鲸。[68]总共有近二十万头鲸鱼未曾计入国际统计报告中，但它们确实被苏联人捕杀了，并被计入了苏联的统计数据之中。[69]在北太平洋，在记录中被抹去痕迹的鲸鱼——145头座头鲸，149头灰鲸——已然因商业捕鲸而变得极为稀有。苏联捕鲸船捕杀了699头弓头鲸，使此物种濒临灭绝。[70]与鲸鱼一同消失的是鲸鱼为海洋注入的生机活力；和世界上其他海域一样，白令海中的物质能量也减少了。阳光进入细胞的速度放缓。在试图捕杀更多鲸鱼弥补其捕鲸业起步晚进而实现赶超的过程中，苏联开展的捕鲸活动使生命间的物质交换速度放缓。

对外，苏联接受了国际捕鲸条约；但在境内，苏联仍然在有组织、有计划地开展捕鲸活动。这一行径造成了另一后果，那就是促使苏联计划圈占海域，或者至少是将海中的鲸鱼资源留存起来。苏联捕鲸业发迹于北太平洋，但在很长一段历史时期内，俄国却没能将此片海域纳入实际管辖之中。19世纪时，美国人在这片海域偷猎海豹、海象以及鲸鱼。20世纪初，以市场为导向的捕鲸者与商人侵犯了苏联主权。在远东，过去耻辱的记忆始终萦绕在当地人的脑海之中。A.N.索利亚尼克是苏联捕鲸船队中德高望重的船长，据其自述，儿时就听闻了美国在太平洋的斑斑劣迹。索利亚尼克向船员们介绍过去资本主义者是怎么屠杀海象和弓头鲸的。他告诉船员们，在利益的驱使下，市场捕鲸者根本停不下手。[71]索利亚尼克认为，资本主义者表里不一且掠夺成性，而自己的亲身经历便能佐证这一观点。索利亚尼克作为国际捕鲸委员会的代表，曾在20世纪50年代看到了亚里士多德·奥纳西斯非法捕杀鲸鱼的证明材料，以及“捕鲸公司对于鲸鱼的热切渴求”。[72]正如一位来自新西兰的代表指出的，鲸鱼资源枯竭殆尽印证了苏联人的观点——“资本主义工业无法将捕鲸活动置于理性的管理之下”。[73]

A. A.瓦霍夫以此为题创作了小说三部曲。伴随着小说风靡全国，这一观念也深入人心。瓦霍夫的小说以介绍一位命运悲惨的沙皇俄国船长为开端，以苏联捕鲸船队战胜资本主义间谍及其外交官为结局。故事中，资本主义间谍与外交官的嘴上常常挂着“拯救鲸鱼免于灭绝”的说辞，但这“骗不过”聪慧睿智的苏联捕鲸者。[74]小说中的遣词，如“侵占威胁”“资本主义过度捕鲸”，以及国际捕鲸委员会为了掩盖商业捕鲸活动使用的托词，在苏联渔业部的日常工作中一定也很常见。谴责美国与加拿大打着《国际捕鲸管制公约》与研究鲸鱼的幌子在北太平洋抢占海域，是苏联代表团声明中老生常谈的内容。[75]苏联的代表们同捕鲸船船长一起质疑国际捕鲸委员会制定的配额，并认为几十年来美国与加拿大这样的资本主义国家一直享有捕鲸特权。[76]苏联国家计划委员会的官员提出的解决办法是“牺牲美国的捕鲸配额”，“让苏联额外捕杀八百头须鲸和大约一千五百头抹香鲸”，这么做就能在多国实现社会主义了。[77]

这也是一种社会主义劳动。对部分苏联人来说，以祖国的名义过度捕鲸能够纠正资本主义者在俄国领海捕杀太多鲸鱼的历史错误。借此，苏联捕鲸业就能苏联工业之所不能：将生产活动所带来的环境代价如对水源、生物的影响转移至苏联境外。资本主义世界尤其是美国正学着将塑料生产、布料染色和伐木活动过程中产生的污染废物与工业毒物输往他国。[78]英国亦是如此——作为鲸鱼替代品的棕榈油的产地离英国也很远。商业发展的代价全部由千里之外的他国承受，而本土的美国人一面通过立法力求维持空气与水源的洁净，保护濒危动物，一面又希望他们的物质需求不受影响。市场并没有放松对全球资源的掠夺，相反正通过扩大消费的方式来掩盖对于动物生命的掠夺。市场将消费的对象置于千里之外，将生产过程中罪恶血腥的部分剥离开来。苏联的工业希望依靠超额完成计划来加速实现赶超，这显然违背了客观规律，结果也导致了水污染、空气污染、毒素在苏联人民体内积蓄这样的恶果。苏联境内的许多工业城镇都真切感受到了工业带来的不利影响。[79]苏联在捕鲸业的劳动和工程技术发展两方面取得的成就，掩盖了国内政权与自然环境混乱无序的现实状况。这也使得苏联误以为计划的增长没有任何代价。

三

鲸鱼在19世纪和20世纪惨遭屠戮的悲惨命运并未载入史册，它们世代相传的智慧思想没有被记录下来：海上风平浪静时，鲸鱼会侧耳倾听；族群衰微时，鲸鱼会觉察警惕；眼见家人被捕鲸船追逐的惊慌姿态，被鱼叉刺中后的血溅大海，鲸鱼会仓皇逃窜。也许鲸鱼借着鲸歌与咔嗒咔嗒的叫声诉说着过往。也许鲸鱼会奔走相告人类的心狠手辣——他们想要创造一个没有鲸鱼的世界。也许人类从未有过什么心理负担或者罪恶感。事实上，人类可能并且已经在脑海中建构了一个"可以最大限度杀戮鲸鱼"的美好世界。人类建构的世界是基于杀戮的，这一点人类自己也没意识到。

到了20世纪70年代，人们开始构想一个不以牺牲鲸鱼为代价同时又更加美好的世界。这一时期，资本主义捕鲸船队的数量开始下降，与鲸鱼相关的文化产品日渐走俏。在北美，人们开始欣赏皮特·西格创作的以鲸鱼为主题的歌曲，聆听罗杰·佩恩所录下来的座头鲸所唱的鲸歌。[80]电视节目中，鲸鱼救人类于危难；剧院荧幕上，鲸鱼是避免核战争爆发的功臣。[81]苏联科学家发现鲸鱼是有智力的，并且鲸鱼的叫声有着特定的音域范围。十多年后，美国科研工作者约翰·莉莉在其著作《人、海豚与海豚的思维》一书中使这一观点广为人知，书中论述的重点是跨物种交流，而这种想法被认作是其服用迷幻药后所做的推测。[82]沿海城镇开始推出鲸鱼观光游项目。书店往往会在赫尔曼·梅尔维尔的小说《白鲸》旁摆上法利·莫瓦特的《护鲸记》。在小说《白鲸》中，人们一直在追逐鲸鱼，这其实是一个隐喻，用来指代人类的思维智慧与全知全能上帝之间的差距。同莫瓦特撰写的有关狼群的书籍一样，莫瓦特在《护鲸记》中通过描写捕鲸活动来说明人类对上帝的不敬。令莫瓦特百思不得其解的是，为什么会有人捕杀鲸鱼？鲸鱼是这么聪慧平和，与已经严重依赖科技的人类不同，鲸鱼能"作为自然的造物生存了下来"。[83]

20世纪70年代，美国民众越发渴望作为一个自然中的生灵而存在。从栖身郊区的中产阶级到大学校园里的活动家，从科学家到政治

图22:《护鲸记》作者法利·莫瓦特及书影

家,从猎人到徒步旅行者,人们看到周围的世界跌入"人类历史上最深重的灾难深渊"。[84]虫鸣鸟语悄然消失,春天寂静无声。持续增长的人口像一颗定时炸弹。人间天堂不是苏联标榜功绩、歌功颂德的小说中描绘的样子:到处都是钢筋水泥,有着大型的停车场。[85]宇航员们向我们展示了地球是一个孤独的蓝色星球——"一艘孤单的宇宙飞船,"用经济学家肯尼思·博尔丁的话说,"无论对于资源开采还是污染排放,地球都没有用之不竭的资源贮备。"[86]因此,人类必须在生态系统的循环中找准自己的定位。然而,人类过去一直无视自然的周期规律,正如环境神学家约翰·克莱普尔所说:"人类是动物和植物生命维持系统的一部分,就像动植物也是人类生命维持系统的一部分一样。"[87]人类一直借着发展进步的名义做着违背自然规律的事情——生态学家保罗·埃尔利希称之为"为了经济利益掠夺荼毒地球"。[88]污染物流入江河湖海，最终进入人类体内。由于核辐射的半衰期长，核能的开发也伴随着灾难性的风险。石油泄漏，河流失火，物种灭绝，甚至郊区都全无自然的踪迹。这些都“是昭示着世界末日的事实”。[89]

回归到过去那种原始自然的状态可以避免末日的到来。过去，人与自然和谐相处。达到这一状态需要抑制增长——缅因州参议员埃德蒙·穆斯基称之为“环境革命——这是对整个社会的承诺……它是一种价值观，而不是意识形态”，同时“也是一种平衡的状态”。[90]这不是为了审美享受或者市场效用而保护环境。平衡性和完整性是从生态学家那里借来的概念。在常见理论中，生态学义正词严，具有规范性的优势：在没有人类介入的情况下，自然会慢慢走向和谐平衡的状态并且能够孕育生命，但工业社会中人类对自然进行了改造与破坏，这打破了蕾切尔·卡森所说的，“自然状态下人口有着微妙平衡，在这种平衡下，自然能够大有所为”。[91]恢复人与自然和谐关系的途径有很多，其中一种就是立法，比如陆续出台的《清洁空气法》《清洁水法》《濒危物种法》。还有就是在消费层面，可以生产有机食品。工业已成为死亡的代名词；而自然和谐是生机盎然的代名词。

环境革命不仅仅需要人们付出实际的行动，还需要人们进行观念上的转变。许多环境革命者认为，环境的崩溃源于观念上人与自然的相互割裂，而这正是罪魁祸首。由此，为了实现工业上的目的，人类迫使自然向工业屈服，而这必然会破坏自然的和谐。终结现实中环境恶化的状态，需要超越自然和文化之间的二元对立。不同的环保主义者提出不同的解决方法。他们中有的推崇美洲原住民的理念，主张回归自然，对地球给予思考，推动立法，倡导素食主义。另一部分人在鲸鱼身上找寻到了救赎之道，鲸本质上是非暴力的、非技术性的和非二元论的。鲸鱼凭借意识的力量解开了“自然同物种间关系的重大谜团”，并可以教导人类“与自然和谐相处,而不是无情地掠夺一直滋养我们的海洋”。[92]在这新一代的环保主义者中,有些人不仅想拯救鲸鱼,他们还希望借助鲸鱼来拯救人类。

因为鲸鱼是超然存在而将它们视为珍宝,这与国际捕鲸委员会务实的经济观点以及苏联的价值观相去甚远:法利·莫瓦特笔下的鲸鱼唤醒了人们修复自然、保护自然的意识。但是,社会主义者却认为鲸鱼是建设美好未来的原材料。对于苏联的计划而言,他们不仅需要鲸鱼活下来,还需要鲸鱼种群愈发壮大。20世纪捕鲸总数正向三百万头逼近。苏联捕鲸船队的捕鲸数占全球捕鲸总数的五分之一或者六分之一,但是苏联仍不满足,继续追捕海中幸存下来的鲸鱼。[93]“达尔尼·沃斯托克”号只能捕到几十头的长须鲸,而该船捕获的抹香鲸有半数都正处在妊娠期或哺乳期。[94]现如今,北太平洋海域的鲸肉产量只有该地区18世纪时产量的五分之一。[95]苏联希望通过搜刮美国市场捕鲸者的漏网之鱼来弥补捕鲸起步晚的事实,而这使得计划经济陷入了无鲸可捕的境地。

1970年,苏联国家计划委员会调低了北太平洋海域的年度捕鲸计划数。两年后,苏联同意了国际捕鲸委员会派遣观察员登上苏联船只,记录捕鲸活动。[96]在此之前这一提议已经搁置了十多年。苏联态度发生转变有诸多原因:也许是苏联国家计划委员会内部发生了巨大变化;也许是渔业部的官员作为观察员的角色登上日本捕鲸船可以获得报酬;也有可能是苏联认识到本国捕鲸业发展放缓的趋势不可避免,所以就将鲸鱼减少的罪责推给了外国资本主义者。也有可能单单就是苏联没有理由去阻止此趋势,因为现如今已然不可能完成持续增长的计划捕鲸目标了。1972年后,北太平洋捕鲸船队的捕鲸数大多情况下都与国际捕鲸委员会的限额持平。[97]

苏联捕鲸业行将就木。但是，对于那些极为珍视鲸鱼并将鲸鱼视为超然存在的人来说，捕鲸数量下降的速度还是太过缓慢了——他们认为国际捕鲸委员会制定的实用主义政策深受工业的束缚与腐化，同时忽视了杀死鲸鱼这么有灵性的生物严重违背基本“道德”，正如海洋生物学家维克多·谢弗所言，侵害了“动物生存和繁衍的基本权利”。[98]有不少新兴组织和志愿者为维护鲸鱼的权利而勇敢发声，从较为成熟的国际人道协会到鲸鱼保护组织“乔纳计划”都是其中的代表。这些组织都在为这种庞然大物进入美国濒危物种名单而努力。志愿者们在1970年国际捕鲸委员会召开的会议上播放了座头鲸的鲸歌，鲸歌证明了鲸鱼之间可以沟通交流，志愿者意图以此推动苏联将鲸鱼视为“海洋中人类的伙伴”。[99]

五年后，苏联捕鲸船的船员在海上听到了鲸歌之外的另一种歌声。那年夏天，由于阿拉斯加湾鲸鱼数量稀少，“达尔尼·沃斯托克”号放弃了在该海域捕鲸，转而向南航行至加利福尼亚海岸一带。1975年6月27日这天，当船员们正在甲板上剥取一头抹香鲸的脂肪时，他们隐隐听见有人在唱着英文歌，“我们是生活在海中的鲸鱼/为什么我们不能和谐相处?”但是，只有少数船员明白歌词的意思。当船员向船舷上缘望去时，他们中更少有人知晓为什么橡皮艇上那些弹着吉他、举着相机的人跟他们招手示意。尴尬的气氛持续了几分钟，那些橡皮艇上留着胡子身着潜水服的人哼起歌来，他们唱道“我们要在海上相亲相爱”，而满身鲜血的苏联船员也伴随着歌声跳起舞来。[100]

这些唱歌的人都是绿色和平组织的活动家。该组织设立的初衷是反对核武器的使用。但由于从法利·莫瓦特笔下知晓了人类残忍无道的捕鲸活动，并且联想到抹香鲸鲸油是核弹头不可或缺的润滑剂，他们转向拯救鲸鱼。[101]该组织的成员构成混杂——有摄影记者,有苏联罪犯,还有钻研易经的神秘主义者。其中有些人是持有生态整体主义观念的生态学家,其他人受到鲸鱼也应该享有权利这一观念的影响。在遇上“达尔尼·沃斯托克”号之前,他们已用一个月时间在“菲利斯·科马克”号上试图通过音乐或冥想来与灰鲸交流,该组织的负责人罗伯特·亨特回忆道,这一行为“把所有参与者都变成了迷恋鲸鱼的怪人”。

鲸鱼保护组织成员对鲸鱼的迷恋使他们的目标——扰乱捕鲸船队——在道德上越发紧迫。“达尔尼·沃斯托克”号捕鲸船散发出的气味以及鲜血从船舷上缘涌出的景象令人震惊。“我们意识到,”亨特写道,“这里有一头钢铁巨兽通过肛门进食,而我们眼睁睁看着世界上最后的鲸鱼于这个不体面的巨洞中消失。”[102]随着镜头的移动,捕鲸者不再鼓掌,绿色和平组织的志愿者们试图用他们的身体保护一群抹香鲸。接下来的场面陷入一片混乱,引擎的轰鸣声伴着人的尖叫声,鲸鱼喷出的鲜血如柱,血流不止。就这样“达尔尼·沃斯托克”号还是捕获了两头抹香鲸。绿色和平组织记录下了苏联捕鲸船用鱼叉炮刺入一头筋疲力尽的鲸鱼体内随后爆炸的画面,他们控诉苏联捕鲸船在爆炸时没有对那些志愿者进行疏散。多年以后,保罗·沃森回忆道,当他“将手放在鲸鱼身上时,他感受到了鲸鱼的体温以及自己身上的鲜血”。[103]

接下来的几年,借助五角大楼所提供的坐标,绿色和平组织继续在海上追寻苏联捕鲸船队——五角大楼认为“达尔尼·沃斯托克”号是监视的前哨。绿色和平组织将人类的血肉之躯置于鲸鱼与鱼叉之间,用摄影机记录下了苏联人与美国人捕鲸愿景的不同。[104]绿色和平组织在美国近海阻挡苏联人捕鲸所造成的道德污染,因为相比已经停止捕鲸活动的英国或美国,苏联看似逆历史潮流而行。资本主义捕鲸者在过去也捕杀了数百万计的鲸鱼,但现如今舆论的矛头指向了社会主义捕鲸者，对于他们的批评谴责掩盖了前者过去的斑斑劣迹。绿色和平组织的活动家也使美国人认识到，他们购买苏联鲸肉制成的宠物食品，使用日本产的抹香鲸鲸油作为变速器润滑剂，实际上也是隔空参与了捕鲸经济。反捕鲸组织开始一起抵制鲸鱼制品，试图通过让消费者和捕鲸者一样注意到鲸鱼的减少来拯救鲸鱼，而国际捕鲸委员会此前从未这样做过。

对鲸鱼制品制造商和苏联捕鲸者来说，国际活动家的谴责只会将舆论压力施加到国际捕鲸委员会身上，迫使委员会减少捕鲸配额或者禁止捕鲸，这使得苏联捕鲸活动从原来的为了超越市场陷入落后于市场的境地。“我们害怕来自……绿色和平组织的压力”，一位捕鲸者回忆道。海洋不再是社会主义英雄的舞台了。这是苏联停止捕鲸的另一个原因。到20世纪70年代末，在苏联国内，只有不到5%的脂肪来自鲸鱼。[105]《真理报》也更难于祝贺一支未能完成其计划的船队。1979年，苏联将它的最后一支捕鲸船队撤出了北太平洋。六年以后，国际捕鲸委员会通过了暂停国际工业捕鲸活动的决议。

依照启蒙运动的构想，世界的发展轨迹应该从落后蒙昧朝着先进发达进展。在白令海峡，资本主义者关于这一构思进行了多种尝试，建立了私有财产和市场参与制度。而苏联的共产主义者则试图通过集体生产实现救赎。然而，事实上这两种观点都不具有普适性。环保主义者口中的超验真理源于自然，自然是超越政治和文化影响的另一方天地。与自然和谐共生会让世界更加美好，人们也借此实现救赎。终止工业化的捕鲸活动似乎意味着这一愿景得以实现。在意识到自然环境和谐这一普遍真理后，全球的工业社会都做出了妥协，尽力减少人对自然的干预与破坏。

但对于白令人来说，这些设想同市场增长或者生产计划一样，并不接地气。在20世纪70年代的白令陆桥，虽然商品不断增长，计划仍在运行，但不再开展捕鲸活动对于当地人仍是奢望。不论是物质层面还是形而上的精神层面，鲸鱼仍然滋养着人们。阿拉斯加地区的因纽皮亚特人与尤皮克人每年捕杀十头或二十头弓头鲸。白令海峡的另一边，楚科奇地区的集体农庄仍在制订捕鲸计划，最后确定要捕杀数十头灰鲸。1972年，锡列尼基村举行盛大的庆典活动，庆祝捕获到了一头弓头鲸。对于反对捕鲸的活动家来说，白令人的捕鲸活动引发了诸多思考：当地人原始自然的捕鲸方式真的是天人和谐的吗？受到美国商业捕鲸和苏联集体主义捕鲸之殇的弓头鲸和灰鲸是否会被本地人以传统的方式毁灭？

外来者——大多数是美国人——在对于鲸鱼与人类之间关系这一问题上，由于意见的不一致而出现了两个阵营。一边是珍视鲸鱼以及其他所有生物的人们，他们认为鲸鱼是整个生态系统的一部分。从物种层面来说，鲸鱼对于整个海洋生态系统贡献良多，但任何一类个体都没有那么重要。因为它们属于一个大的平衡链条的一部分，人类的捕猎行为也属于这一链条中的一部分。这一观点将人类置于其他生命之中；人类可以捕猎，因为其他动物也捕猎。问题的关键在于，人类应该将捕鲸活动控制在一个合理的生物范围内。

另一边则是认为鲸鱼应享有其自身权利的活动家，在他们眼中鲸鱼和人类一样有自我意识与灵魂。虽然鲸鱼不属于任何国家，但鲸鱼需要各国的保护。环保主义者希望将一切生命体（至少是所有智慧生物）都置于人类设定的道德秩序下，赋予他们应有的权利。同时环保主义者还号召人们停止食用鲸肉。保罗·斯邦是绿色和平组织的活动家，同时也是一名鲸类学家，他总结道，尤皮克人与因纽皮亚特人应该停止捕鲸活动并且应该与鲸鱼像“邻居与朋友一样”相处，多多了解它们，与它们相亲相爱，“而不是把它们当成食物”。[106] 人类应当通过放弃捕鲸来体现对其他生物的尊重。现实中就不该有捕鲸活动的存在，不管捕鲸者是谁。

1977年，国际捕鲸委员会同意终止捕鲸活动，同时指出弓头鲸现存数量极少，即使是出于维持生计的目的而进行的捕鲸活动仍会使其陷入濒危状态。与斯邦的观点一样，国际捕鲸委员会指责因纽皮亚特人与尤皮克人所用的技术手段。委员会也并不相信因纽皮亚特人报告中提及的弓头鲸数量正在恢复的说法。因纽皮亚特捕鲸者哈里·布劳尔是19世纪捕鲸船船长兼商人查理·布劳尔的小儿子，他邀请生物学家来到巴罗评估弓头鲸数量。调查结果证实了因纽皮亚特人的说法。在美国国会议员和国际捕鲸委员会委员面前，阿拉斯加的捕鲸者通过翻译用因纽皮亚特语对他们说道，他们对鲸鱼既心怀敬畏，又得靠它们来维持生计。这里已经开展了一个世纪的市场捕鲸活动，当地人还是一直认为鲸鱼是有灵性的动物。他们是从鲸鱼王国游来主动献身的。对于捕鲸者来说，拒绝这份恩赐是无礼的，而且这么做也就意味着人们会饿死。

到底哪个更重要？是动物的权利还是人类的传统？在阿拉斯加和楚科奇地区，因纽皮亚特人、尤皮克人和楚科奇人赢得了捕鲸的特权，他们可以按照自己的方式对待鲸鱼，但是也要遵循一定的原则，比如不得使用规定以外的设备和技术手段开展捕鲸活动。每个社区每年的捕鲸数量都有限制。如果违反规定，那就意味着五年内丧失捕鲸特权。最初委员会分配的额度并不足以满足当地人的生存需要。对于弓头鲸为何会在捕鲸船旁游弋，它们就在捕鲸手所在位置的另一边观察这群人是否值得自己为之献身，委员会也只字未提。[107] 在白令陆桥，是由鲸鱼来评判捕鲸活动究竟道德与否。通过鲸鱼的行为，捕鲸者可以看出它们是否同意献身。但是，鲸鱼与国际捕鲸委员会没有任何交流。国际捕鲸委员会制定的法律和美国的《阿拉斯加土著居住权法》一样，同样都是由“西方人”制定的，罗杰・西鲁克指出，正是由于西方人的贪婪才使得“鲸鱼濒临灭绝”。[108]

四

生于20世纪80年代末的灰鲸不会经历其父母或者祖父母所经受过的磨难。当时，商业捕鲸活动已经终止；土著居民的捕鲸活动也受到了限制。白令陆桥每年每个社区也只零星地捕杀几头鲸鱼。死去的鲸鱼曾经的价值在于可以用作灯芯燃料，而今活着的鲸鱼带给人们的是启示与光明。在北太平洋，资本主义者与共产主义者对鲸鱼的大肆捕杀已走过了近一个半世纪，现如今这一浩劫终于结束了。这些海中巨兽挺了过来。

没能挺住的巨兽是苏联。距离苏联终止在各大洋的捕鲸活动短短十多年后，它在各国轰轰烈烈开展的苏联式社会主义实验便惨淡收场。苏联政权颤颤巍巍、风雨飘摇：首先是生产不足，生产效率低下；在政治上，苏联努力走群众路线，但最终却失去了群众的信任；苏联的工业不但没能助其实现社会主义，反而污染了水源、食物和空气。最终，奥列格・库瓦耶夫创作的小说有了对应的现实版：地理学家发现了矿区正向外排放毒物废水。尤里・雷特克乌不再歌颂电气化的成就，而在撰写故事，故事中的鲸鱼就是人类幻化而成的，捕鲸让大海“一片死寂”。[109]同市场增长的理念一样，苏联的计划也认为只有人类才能推动时代的进步。但市场发展的贡献仅仅是物质层面的；而宗教可以为任何追寻精神世界转变的人提供一种别样的、超越的救赎之道。计划经济原本应该通过经济发展来实现救赎，是超然的，不需要牺牲的，却使得理想中的乌托邦变得遥不可及，现实中苏联人民物质上没有多少选择，即使有这些选择也是毫无意义的，他们在政治上一直被同化，看看过去发生的集体化运动、整肃运动和战争，就知晓一二了。[110]为了推动时代更快发展，帮助人类完成灵魂的救赎，苏联的社会主义在一个代际就耗尽了自己。

在白令陆桥，苏联的社会主义实验向鲸鱼和其他生物展现了其与资本主义大致无异，二者改变世界的方式极为相似——两者都没有认识到鲸鱼是有其生长周期的，但对待海象时，他们却意识到了这点。在驯鹿的养殖上，美苏也不同：苏联的驯鹿和驯鹿牧民就与美国阿拉斯加的不大相同。在美国，官方记录下的20世纪美苏两国发展历史大相径庭。在美国记录的历史中，苏联的社会主义之所以衰落是因为它逆自然而行；而逆自然源于它没有市场；没有市场，自由就无从谈起。

苏联的解体给这段历史画上了一个句号，对人们应当如何分配他们的精力，怎样看待圈占土地，如何做出奉献等问题给出了最终的答案。当里根总统在1987年呼吁米哈伊尔·戈尔巴乔夫“拆除东德和西德之间的这堵墙”时，这一观点清晰明确——“摆在全世界面前的这一结论是铮铮事实，即自由带来繁荣。自由用亲善与和平取代了各国之间的宿怨。自由胜利了”。资本主义民主是一切政治斗争的自然归宿，因此具有普遍性。它信仰增长，认为应该抛开种种羁绊促进增长，然而这一信仰具有盲目性。全球现如今已然由市场所主导，而资本市场是躁动不安、伺机而动的。当某个地方或者某一群体内增长缓慢或者全无增长时，市场会主动抛弃他们。同时相比精神世界，市场更关心现实世界中欲望的满足。市场没有认识到生命是建立在死亡之上的，需要一个漫长的周期。

在梅奇格缅湾的洛里诺，捕鲸者正将他们的捕鲸船开赴白令海。一个世纪前，当地人对共产主义闻所未闻。三十年前伴随着苏联解体，苏联时代的印记也从当地人的生活中渐渐消失远去。在1991年（苏联解体的当年），“兹韦兹德尼”号停止了捕鲸活动，也不再将鲸鱼尸体带回岸边。[111]饲养狐狸的农场被关停。政府停发工人工资。由于发电厂缺乏燃料，电力供应中断。[112]人们只能在家中使用海豹油或鲸油灯照明。当地人只能试着从最后的捕鲸者那里收集其家族世代流传下来的传统技艺。1995年，在岸边捕杀鲸鱼并且将其分割这件事同在1895年一样具有重要意义。

在2015年，捕鲸这件事在白令陆桥仍然意义非凡。里根总统简单地将自由与兴旺繁荣画上了等号，但现实中，不论是在海岸边的沙滩上，还是在现如今外墙被漆成亮色、内部装饰着海象和北极熊壁画的老式苏联公寓楼中都并非如此。苏联之所以一夜巨变、轰然倒下，是因为它的生产关系和救赎方式在逻辑上已经不再适用。但资本主义的那一套也没有开始发挥作用。历史表明，资本主义在白令陆桥从来就行不通。资本主义构想着冲破一切阻碍，追求无尽增长和自由。它不管鲸鱼的死活，也不管鲸鱼在海洋中所起到的作用，这在现实中被证明是错误的。水质的好坏、海冰体积的增减，以及海中是否有头部覆盖藤壶的灰鲸出没，这些因素与生命的存在息息相关。一头鲸鱼主动献身，鲸鱼的死就换来了人类的生。捕鲸者们开始发动马力十足的雅马哈引擎，检查绳索，给枪支装填弹药。远处的鲸鱼正在喷射水柱。

尾声

物质的转换

一切坚固的东西都烟消云散了。

——卡尔·马克思,《共产党宣言》

秋末,白令陆桥的乌鸦成群结队,经过了北极地区夏季的滋养,它们肥壮结实、满身油光,小乌鸦已经长到了两英尺长,可以和它的父母一起加入其他同类的行列。在它们的羽翼之下,霜冻后的苔原呈现出深红色,每条河流和小溪旁边都是金黄色的垂柳,俯瞰下去是一个个黄色的圈环。沿着海岸望去,海洋的边上已经开始结冰,有泥浆的地方海水很浑浊,前一天还有暗淡的阳光照耀,一场暴风雪之后,第二天就突然进入了冬季。在这季节的轮换中,黑色的鸟儿聚集在一起,在空中形成墨色图案,然后消散于苍穹之中。

乌鸦虽然聚集成群,却不往南迁徙,它们不需要那样做。常见的渡鸦什么都吃,聪明机灵,不管是在北极,抑或是在沙漠、温带森林、长满庄稼的田野或者城市里都能生存。在北方,每棵溪谷的桦树上、每棵海岸边的黑云杉树上,都能找到它们的踪迹。它们用黑色的、溜溜转的眼睛审视着人类，它们并非出于无聊时的好奇，这种鸟很久前就学会了观察人类的举动，因为人类能够给它们带来食物。人们留下的一堆堆蒸熟的腐肉，架子上晾晒的鱼，矿工们丢下的一盒盒饼干，以及垃圾堆里的各种东西，都能成为它们的果腹之物。当冬天降临到这片土地之时，乌鸦就会飞到城镇里觅食。[1]我在北极度过的第一年里，当我为我的犬队切好鲑鱼肉时，开饭半个小时前乌鸦们就聚集等候在我这里了，它们发出或清脆或刺耳的唧唧啾啾之声，听到它们的声音，我就知道我要开始工作了。

由于乌鸦无处不在，楚科奇人、因纽皮亚特人和尤皮克人关于各自起源的故事中都有乌鸦的存在。它们时而是无赖恶棍的化身，时而又成了救世主。在这些故事中，它们会耍聪明，衔来泥土来掩埋人类，也会驱走烦扰着驯鹿的恶灵，还会杀死一头巨大的鲸鱼，用其尸体填充陆地。[2]波因特霍普流传着这样一个故事：一只乌鸦想得到一只皮球，这只皮球蕴含了所有滋养生命的太阳光，被一只热爱夜晚的游隼藏在了地下。这只乌鸦计划释放出所有的太阳光来为人类造就一个崭新的美好世界。[3]能量的释放能为人类社会带来巨大变化，这样的故事在人类还没有发明油灯和内燃机之前就存在了。

如何利用白令陆桥的自身变化和人类的规划去创造一个崭新的世界？漫长的20世纪已经过去，如今已经到了21世纪，历史仍然没有定论。比如说，楚科奇海下面到底埋藏着什么？是几百万加仑凝聚了太阳能的化石燃料，是一定时间、热量和压力作用下形成的石油，由于工业的发展，这些能源变得十分珍贵。20世纪的地质学家知道，在白令海下可能埋藏着如普拉德霍湾一样储量丰富的油田，但是人们既没有开采的技术支持，也没有市场需求。然而，在2005年荷兰皇家壳牌集团开始在楚科奇海和波弗特海区域购买开发权。十年后，一艘名为“极地先锋”的半潜式钻井船驶离了西雅图。沿途，壳牌集团看到了“一个将有新的港口、机场和永久性钻井装置的未来”，它们将“北极的阿拉斯加与世界其他区域相连接”。[4]白令陆桥似乎能够为工业发展提供最有力的燃料，于是环境保护者开始抗议了。比尔·麦吉本说：“壳牌已经让北极融化了，现在他们又在这片融化的水域中钻井。”[5]因纽皮亚特人生活之处遍地都是缓解漏油的装置和就业承诺。波因特霍普的市长史蒂文·奥美塔克告诉记者：“我们的祖先以前也曾有过这种对油的渴望。”[6]

从1848年来到白令陆桥的捕鲸者到1898年蜂拥而至的矿工，从被运到阿拉斯加的人工养殖的驯鹿到前往楚科奇的布尔什维克，从1948年冷战边界的出现到1979年苏联工厂式捕鲸的结束，每一次将外来者吸引至此的都是这种渴望，他们想做出一番改变。受到工业启蒙美好愿景的启发，他们来此是为了稳定的能量供给以及圈占土地。他们的到来使白令陆桥走入线性的、进步的时光轴里。到了20世纪，外来者对时间的想象有两种。一种是资本主义时间。商业将时间简单地划分为获取利润的周期，在这种模糊的愿景中总体的增长是促进世界发展的动力。而这种发展是不均衡的，它追随着消费潮流，有时村庄里的狐狸和海象是抢手货，而有时这些村落完全被市场所抛弃。另一种则是社会主义时间。社会主义想借用资本主义的工业手段来改变资本主义中不平等的问题，通过规划一个共同的进步来加速乌托邦的建设。苏联的计划就是加速发展的步伐，通过加快各个区域的生产来拯救所有民众。

然而，就像外来者的观念改变了白令陆桥一样，这些观念本身也发生了变化。在19世纪，鲸鱼们学会了躲避商业捕鲸者的追捕，捕鲸者们不仅要学会如何应对弓头鲸的狡黠，还需了解事情并不是如市场期许的那般，高效并不一定会增产。在冰冻的海面上，靠市场调节的资本主义和靠计划限制的社会主义都最终意识到海象数量的极限。气候的无常和狼群的出没，都使国家意图稳定驯鹿数量的计划成为泡影。于是人们在这里挖地三尺，寻找黄金和锡。苏联的捕鲸业本意是想拯救人类灵魂，结果和商业捕鲸者一样重视捕鲸数量，最后导致鲸鱼的减少。海岸上的生活和陆地上的生活完全不同，捕鱼和采矿中形成的人与自然的关系也截然不同。不论是市场经济还是计划经济，没有哪个在本质上更为理智，是否理智也是视具体情况而定的，比如狐狸与人的关系就和海象与人的关系不同，市场经济和计划经济没有哪个能够更好地将白令陆桥和这里的人们带入一个共同的、唯一的未来。[7]跨越空间，思想和物质融合在一起，形成了多样的资本主义和社会主义。苏联一直希望将所有事物和地区纳入其计划的时间轴中，而它对世界的影响比不稳定的资本主义对世界的影响消失得更快。

这使得市场成为白令海峡沿岸产生变化的主要动力，而各国也在试着管控市场的作用。这种进化仍然是不平衡的。在壳牌投入了六十亿美元，花费了数个月在这里进行油井勘测后，它发现楚科奇海底的石油储量太少了，不值得斥巨资进行开发。加之石油价格跌落，且北冰洋冰冷遥远、波涛汹涌，于是在2015年的秋天，“极地先锋”号驶离这里。一路向南返航。

2018年，我花了一个下午的时间在楚科奇海岸一个离普罗维杰尼亚不远的海湾观看人们宰杀一头灰鲸。那天的空气非常清新，海水是透亮的蓝色，那头鲸鱼曾经就在这片蓝色的水域生活。海鸥和乌鸦聚集在此，形成了黑白交织、不断变换的图案，它们伺机而动，准备抢食鲸鱼的肋骨肉和肠子。空气里现在闻起来有股柴油尾气和血腥的味道。一切都那么安静，那么理所应当。其中一个人手中拿着长刀，身体向后

图23：楚科奇人在处理灰鲸尸体

靠，他叼着一支香烟说道，这头鲸鱼是自己游到鱼叉上的，它自己选择死亡。当鲸肉和鲸脂被从鲸鱼身上切掉后，两辆苏联的卡车将鲸鱼尸体拖过鹅卵石状的岬角，与其他鲸鱼的骨头摆放在一起。

一年前，人们告诉了我同样的事情——圣劳伦斯岛上的一头弓头鲸选择死亡。这件事也间接地教会了我在格维钦苔原上捕猎驯鹿的原则。住在这里的人们从不会炫耀他们捕猎了多少动物，他们会将肉分发给那些没有食物的人。住在这里的人们不会冒犯那些以身体供养人类的生物。炫耀自己以这种方式获取能量、消费它们，此举并不浪漫。这也是一种政治主张。像所有政治一样，你来我往的政治是一种对时间的憧憬和期盼。鲸鱼或是驯鹿为人类奉献出自己是期待未来有一天现在的接受者，也就是猎手能够同样奉献出自己。这是一种互惠的伦理，它承认所有生命都在索取和给予中转换。商品经济却不是这样运作的。

在过去的二百多年中，这里的人们理解动物和地域的方式发生了改变。但即使在那时，白令人也在千年的历史中习惯了各种变化。[8]在外来者到来之前，这里的人们发明新的方式来安家筑巢，发展新的文化，如威廉·奥奎卢克所讲的，在灾难中汲取经验教训。外来者到来之后，白令人采取了一种“双重的生活方式：一种是白人的生活方式，还有另一种我们传统的爱斯基摩人的生活方式”，萨迪·布劳尔·尼科克如是说。[9]外来者希望所有人都生活在同一时间轴里。很多白令人却都生活在不止一个时间轴上，一个是受市场控制的时间轴，其他的时间轴中有驯鹿、鱼、海豹和几十种其他生物，还涉及不同的地域。

只要是按照一定的市场规律去生活就需要金钱的支撑。在圣劳伦斯岛的甘贝尔，在当地人的商店、邮局、学校和诊所等机构里劳动也是有薪水的。在外来旅行者来这里观看迁徙的沙丘鹤和其他鸟类的短暂时节里，当地人会把从祖先的“破烂堆”中挖出的海象牙雕刻品和手工艺品拿出来售卖。但是，大多数家庭并没有持续的收入，而这个村庄供暖和供电就需要每月花销两千美元。商店里空运过来的一罐番茄酱和一盒意大利面就要差不多二十美元，打猎也需要石油和子弹，这里没有足够多的家庭，也没有足够多的材料来支撑。2017年的夏天，鲸脂和新鲜鱼类收获颇丰，我游走于甘贝尔的一排排房屋之间，看见孩子们高兴地在四轮车后座玩耍，想起了20世纪70年代约瑟夫·塞农格克讲过的话。他说，外来者“一遍遍地”承诺说，“‘那一天’，生活会变得越来越好的”，我们也一遍遍地问，“差不多一个世纪已经过去了，‘那一天’何时来临？”[10]

仅需要在这里待上两天，外来者就能感受到甘贝尔或是任何白令其他地区的贫穷落后。第一天，你会认为这里的进步是事实，物质的增长虽然缓慢滞后，却是不可避免的大趋势：这里的人们都想找个工作，开始美好生活。在这种愿景中，白令人通常被批评变化甚微，速度太慢。第二天，外来者看到的是尤皮克人、因纽皮亚特人和楚科奇人从完美的、经久未变的过去中沉沦了，过去的日子没有硝烟和战火，自然与人的相处也颇为和谐。他们被说成偏离了原来的状态，而实际上这种状态从未存在过。这两种观点都是将白令人放在一个普遍历史的线性框架中来评价：若他们贫困潦倒，那只是暂时的；如果他们与弓头鲸建立市场关系，那么就不是真正意义上的关系，因为现代性会腐蚀传统。鲸鱼是不会将自己奉献给坐在汽船上的人的。

这两种观点都认为现代性将一切抹去，在国家和市场的关系所带来的新观念冲击下，白令人原有的价值观荡然无存，而实际上这些价值观一直存在着，有时还会与新观念进行对抗。即使在外来者的殖民统治之后，原始形式的劳动如捕杀鲸鱼和采集野果对白令人来讲都仍有意义。两种观点都忽略掉了一点，在约瑟夫·塞农格图克完成其大作的半个世纪后，传教士和官僚阶层做出的让本地生活自由且丰裕的保证仍然在牺牲一部分人的利益，或者起码是双标的。资本主义使一部分人通过偷窃他人财富来获取利润，实现自己的自由。它偷取的是人类劳动、鲸鱼肉体以及海底石油矿藏中的能量。并不是所有人都能成为偷窃者的，特别是在规定的时间内。白令人在很长时间之中都被掠夺，他们有理由认为外来者所承诺的美好未来永远不会到来。

在与甘贝尔隔海相望六十英里处，20世纪大部分时间所带来的改变没有影响到这里。尤瑞利克是由苏联军队在尤皮克村庄上建造的城镇，人们告诉我这是一个蓬勃发展、快乐幸福的地方。现在这里已经无人居住。这里的一切都有着被人遗弃、半途而废之感：一堆堆准备就绪要进入发电厂的煤炭；车库的门敞开着，等待着人来修理车辆；寓所的窗子坏掉了，从外面能够看到墙纸和高高的天花板。1988年，人们在庆祝了十月革命之后开始工作，这是一个建立在钢筋混凝土和军事实力上的文明，描绘了一幅社会主义胜利的宏大画卷。而三年后，这一切都没有了：苏联解体了，也不再需要尤瑞利克了。在与北极狐生命一样短暂的时间段里，人口都搬离了这里。三十年后，这里杂草丛生，建了一半的房子和废弃的建筑旁都长满了野草，甚至长到了下陷的屋顶上。废墟已经变成了土壤，尤瑞利克呈现出一种诡异之美，再次具有了生机。

这里比其他地方更能够看到白令陆桥人类社会的变迁。变化一直都有，无常莫测，其他生命体在变化中亦会起到作用。在自然的历史中，自然变迁构成了很重要的一部分，而自然的变化远非和谐一致，而是纷繁复杂的，包含了一个线性发展的故事，也包含了很多个循环往复发展的故事，彼此交叠。我们生活在不只一条时间线上，虽然我们现代人不太能接受这一观点。我们身边就能看到种种证据，世界是多重面相的。我们看到甘贝尔那个长满苔藓、衰败的军事站里，一边是古老的屠杀鲸鱼之地，一边却是一排崭新的整洁房屋。又或者，如我在科夫连季亚所见，那里的房屋是由苏联的混凝土搭就的，而房顶却是用海象皮制成的，如此新鲜，仿佛还能闻到海象的味道。

秋天，我们在河上撒网捕捞鲑鱼，海岸边的乌鸦发出阵阵鸣叫。当时我们在河上，我的手上满是鲑鱼的血污，房子的主人对我耐心地解释说，你还太年轻，不知道万物皆有终结之时。他告诉我，我可能是最后一代能以这样的方式看到这条河流并在这里捕鱼的人了。在海上，鲑鱼被拖网船大肆捕捞，数量锐减，且它们不喜温暖水域。20世纪刚刚过去，而在北极，变化却即将来临。这时，我已经爱上了这片稍不留神就会让我命丧于此的土地。而我所习以为常的现代生活方式，那种有着发动机和电灯的生活方式，正在侵蚀着这片土地。

我还记得眺望苔原时的感觉。太阳落山时，明亮的阳光透过远方青黛色山丘旁的云彩，形成一种颜色特殊的光。这一刻突然唤起了我对北方地区的千般回忆。一个寒冷的清晨，在帆布帐篷旁边升起的冉冉篝火，火堆里的黑云杉木噼啪作响，火花跳动，人们的呼气很快就成了白色烟雾。当鲸鱼被拖上岸，它们的嘴巴里发出恶臭的气味，有的刚刚死去，有的身体泛白，死了有一段时间了。中枪前，惊慌的驯鹿发出急促的呼吸声。弓头鲸黑色的皮生吃起来微脆，脂肪厚实而有弹性。当熊从柳树中露出头来，人们紧张时心脏怦怦乱跳。住在这里就意味着要向自然讨食。我曾在河里钓鱼以做餐饭，而这些鱼曾经也以驯鹿肉和莓子为食。我曾双手油滑，满是海象脂肪，我也会烹饪灰鲸，在一个夏季里能吃一周的灰鲸肉。这就是在白令陆桥生活必然会遇到的矛盾——人类为了自己存活，就必须取一些别的生物的性命。在因纽皮亚特人的传说中，当乌鸦从猎鹰手中抢回太阳时，它们将昼夜循环也带回到了大地和苍穹。看着这一切，乌鸦会觉得世间不能只有光或者永生，那样的世界会黯淡无趣。

在这种矛盾中人们没有退路。人是特定地域中的人，我们植根于土地，无法不改变它。活着就意味着存在于转化的链条之中。这不是我们可以选择的，我们只能踏上征程，但是去往哪里？在这种事情上，要走多远这个尺度很重要。外来者的到来也带来了新的尺度，他们将想象的时间长度划分成了一段一段或一个计划接一个计划，而欲望的尺度却不断膨胀。从一百头鲸鱼变成一千头，从一千头变为一万头。短期的大丰产会在未来某时给我们带来“应许之地”——明年？十年后？而另一边，人们把自己的生存和消费与其他生物的死亡相剥离。构想未来的一些方式比其他的方式需要更多的能量，工业文明就是这样，它对能量的要求很高。化石燃料使人类可以大量使用能源，不必受人力劳作之苦，使人类历史看似独立于其他的时间维度。它使生命的周期变化不再纠结于价值计算。如果是周期就有高峰和低谷，有生命，亦有死亡。而工业社会希望实现的是永不衰竭。永远增长的想法就仿佛认为我们人类社会永远在其盛年，饥饿并成长着，永不衰亡。这也使一种自由的新理念成为可能，能够摆脱造物主对我们的各种限制和动荡多变。

这种尝试的讽刺之处在于，它将人类与如海象、海豹、驯鹿以及其他小软体动物的生活变得更加动荡不安。白令人挺过了威廉·奥奎卢克口中的四次灾难，还可能会遇到第五次。希什马廖夫、基瓦利纳和洛里诺已经冒险蚀入大海，这次没有了海冰的阻挡来减缓风暴。与多灾多难的19世纪70年代一样，甘贝尔在2013年又遭受了饥荒。浮冰消退，捕猎海象的难度增大。政府对此的支持力度不够，甘贝尔设立了一个贝宝站点来组织募捐。2019年2月，北极地区的空气温度上升到冰点以上。在温暖气流的影响下，冰在深冬的黑暗中慢慢消融，迪奥米德群岛之间竟然出现了解冻的水面，而以前冰要等到6月才能解冻，那时捕鲸船方能在水面通过。在陆地上，随着气候逐渐变暖，黑云杉因其脚下的永冻层变松而无法生存。

并不是所有的生物都生存艰难，弓头鲸的幼崽肥硕结实，乌鸦也扩展了它们的领地，它们将人类石油开发所建的设备作为巢穴。对于北极的大多数生命而言，未来是前所未有的不确定。温暖周期与寒冷周期的交替更迭也在发生变化。如果不是三个温暖季节而是三十个温暖季节连一起，驯鹿群该何去何从？如果海象必须在海滩上产子，而非在浮动的海岸上，又该怎么办？如果海岸不再结冰，北极熊与灰熊相遇会怎样？它们的结合会产生新的物种，这个物种或许适应温暖的气候，或许什么气候都不适应。

我在白令陆桥住宿家庭的父亲是个格维钦印第安人，几年前的一次来访中他对我半开玩笑地说，一个世纪前，外来者——传教士、囊虫病、物种毁灭接踵而至——给他们本地人带来的是世界末日；而现在气候变化却将毁掉地球南部的世界。[11]一个没有寒冷的白令陆桥存在的地球之前是出现过的，当时也有大量的生命体存在，但是其中却没有智人。海冰虽然看上去距我们的生活较远，却能够减缓风暴，调节空气和水的全球流通，使气候变得稳定。正是这种稳定成就了人类的农业和工业理想，外来者又将这些理想带到白令陆桥，我们可以从白令陆桥的海洋、海岸和陆地看到这些理想的体现。如今20世纪的意识形态，是使地球上的人们都追求经济增长，并利用化石燃料来实现这一目标，这使得世界极不稳定。结果就是，如果白令陆桥的冰层持续融化，在21世纪，世界各地的人们都会感到大难临头。

历史学家在预测未来时往往三缄其口，但是白令陆桥的过往说明了两件事。其中一个是人类欲望和物质产出之间的不一致。人们只是塑造行为的诸多因素之一。另一个是大型石油公司，如果我们有着对能量的需求，它们在未来还是会继续开采石油。市场并不是外在因素，而是行为的集聚。第一，我们需要认清人类选择的极限；第二，我们需要认识到自己的力量。我们赖以生存的能量是由其他生命构成的，但能量同时也是我们人类靠劳动和思想产出的，在我们转变物质的同时，我们也意识到什么才是重要的。我们无法决定什么将消失，但是我们能够决定我们珍视的是什么，依照这一衡量尺度，我们孕育生命，从其他生物的死亡中汲取能量。三十年前，巴里·洛佩斯在甘贝尔写道："想象力一直在起着作用，它的目的在于让梦想成为现实。"[12]在全球化的今天，我们的梦想是什么？我们梦想着这样一种新的政治体制，在其中，人们并不贪图能量，也不执着于圈地，人们不会无视我们自己在这个生物大家庭中的地位，这或许将是一个新的开始。我们仍然对我们建造的世界充满热望。

致　谢

我学习讲述白令历史的这段岁月对我来说是上天赐予的礼物，但我也常常觉得对这份礼物受之有愧。白令陆桥接纳了我，我希望能借这本书，对它给予我的一切做出微不足道的回报。

希望我没有辜负斯坦利·恩约特利的教导，多亏了他所传授的智慧，我在北极的前几年里方能平安无事，往后如是。我还想对莫琳·维特雷克瓦说："我对您自始至终心怀感恩。"

在本书成书之前，尤里·斯莱兹肯以严肃且幽默的态度指导了我的写作。在指导我的多位导师之中，只有他从不认为我的写作疯狂、不切实际。布赖恩·迪莱丰富了我对美国历史的理解。瑞安·塔克·琼斯无论其身在太平洋何处，都随时为我提供帮助。阿列克谢·尤尔恰克教会了我从人类学家的视角看待问题。我要特别感谢约亨·赫尔贝克、凯特·布朗（一切坚固的东西真的都会融化！）、保罗·萨宾、霍莉·凯斯、罗伯特·塞尔夫、莎拉·贝斯基和伊桑·波洛克对本书手稿的细致阅读。还有很多人也都阅读了本书并发表了评论，他们是罗伯特·切斯特、丹尼尔·萨金特、约瑟夫·凯尔纳、艾伦·罗、克丽丝·凯西、埃丽卡·李、特希拉·萨森、约书亚·里德、亚历克西斯·佩里、亚娜·斯科波哥多夫、雅基·夏因、丽贝卡·内多斯托普、费兹·艾赫迈德、艾米莉·欧文斯、南希·雅各布斯、匿名读者以及“伯克利圈”、伯克利边疆写作组、布朗法律史工作坊和布朗现代欧洲工作组的成员。本书若有任何纰漏均属作者本人之责。

诸多档案管理员、同事和朋友的帮助让我的研究成为可能。最初是彼得·施魏策尔帮忙联系，使我在楚科奇从事研究工作。爱德华·兹多、根纳季、泽伦斯基、阿纳斯塔西娅·雅祖金娜、弗拉基米尔·比奇科夫、亚历克斯·维克耶拉格泰尔吉恩、科莉亚·埃蒂恩和弗拉基米尔·纳扎罗夫热情招待了我，并带我领略了自然奇观。在马加丹州，马克西姆·布罗德金、奥尔加·格杜尔多夫纳、柳德米拉·哈霍夫斯卡亚和安纳托利·希罗科夫帮助了我。艾琳娜·米凯洛夫娜让我过了一个符拉迪沃斯托克式的感恩节。在莫斯科，俄罗斯联邦国家档案馆和俄罗斯国家经济档案馆的档案管理员以及纪念馆的工作人员，在我询问一个已经成为苏联笑柄之地时，仍能保持职业素养，没有嘲笑我。新贝德福德捕鲸博物馆的马克·普罗克尼克是一位杰出的讲解员。在阿拉斯加，我欠了很多人情，其中有老安德斯·阿帕辛戈克和他的家人，苏·施泰纳切尔、埃迪·恩戈特、伊弗·坎贝尔、安妮·韦伊欧安娜、乔治·奥兰纳、珀西·纳约克普克和科里·宁格卢克。莉萨·艾兰娜给了我很棒的弓头鲸鲸肉。我感谢朱莉·雷蒙德-亚库比安、亨利·亨廷顿和劳拉·埃克斯梅德拉诺为我提供向导。我所有旅行调研的资金来源如下：布朗大学所罗门研究金、布朗大学环境与社会研究所、富布莱特-海斯博士论文海外研究金、贾维茨研究金、伯克利国际问题研究所和梅隆大学ACLS博士论文完成基金。

我的编辑阿兰·梅森使我的写作更上了一层楼，同时也纠正了我不好的写作习惯。在读研时，我就曾梦想出版这样一本著作，我的代理人唐·费尔让我美梦成真。赫尔穆特·史密斯比我更有先见之明。索非亚·波德维索斯卡在研究上协助了我。伊丽莎白·拉什是我的朋友和向导。莫莉·罗伊根据我并不清晰的想法绘制了地图。在热闹喧嚣的狗叫声中，我在五东诗社撰写了本书中批判性的章节。我的狗墨菲在我写作过程中一直陪伴着我。我完成了初稿的写作并经过多次修改，在这期间还骑行了几百英里的路程，若没有佩吉·奥唐纳的陪伴，我无法想象会是怎样。

若不是我的父母教导我热爱文字，留心我们生活的世界，允许我在十八岁时前往北极地区，就永远都不会有这本书。还有一个人，他帮我四处搬书，给我买了几箱歌海娜来喝，忍受我的缺席，从不让我觉得我的执着是一种负担：亚力克斯，我无法想象人生中没有你会是怎样。

资料来源注释

同其他历史一样，本书的形成是基于从古至今流传下来的各种知识碎片。我主要使用了三类资料来源，每种资料都解释了白令陆桥的前世今生。

第一种资料是白令当地人的历史。其中的一部分来自早期民族志和州纪事中对白令人的记载。其余部分则源自尤皮克人、因纽皮亚特人和楚科奇人的口口相传。概括地说，这些历史区分了一个较近的过去（约五个代际之前）和一个更久远、更神秘的时代。20世纪早期出生的人就这样描述了外来者到来之前和之后的生活。然而，在我来到白令陆桥之前，这一代人中的大多数都已经去世了，但他们将自己的经历写入了一些简编中，这些简编中的信息对我的研究至关重要，其中包括伊戈尔·克鲁普尼20世纪七八十年代所写下的关于楚科奇地区的作品，小欧内斯特·伯奇在20世纪60年代至90年代对于因纽皮亚特部族的记录，还有安德斯·阿帕辛戈克在20世纪80年代编纂的关于尤皮克人的口述历史。长期以来，读写文化对这类口头知识不屑一顾，认为它不能准确地记载过去。我和口述史学家一样，认为这包含了一种关于知识本身的辩论。白令陆桥的传统并非是单一且书面的，而是多元且相互支撑的，并对传统自身的留存至关重要。我的研究方法得益于这种实践，在这种实践中有许多声音，这些声音有时还是矛盾冲突的，听者听到这些不同的声音时（这里是读者），就会思考这些声音的不同，然后参与决定那种对未来有帮助，并将其传至后代。

本书使用的第二种资料便是沙皇俄国、美国和苏联的地方、区域和国家的历史记录，这些能够展示美苏两国的雄心以及遇到的麻烦。此外，我还使用了回忆录、书信和日记来了解外来者在白令陆桥生活的经历。对于一些问题，我利用了事件发生数十年后的回忆录来进行描述，同时也运用当代对此事的记载加以验证。比如，在写关于古拉格和苏联捕鲸的那段时，我既使用了苏联解体前对此事的记录，也用了解体后的记述，我所利用的这两个时期的历史记录是相符的。

最后，本书对白令陆桥的一些描述是基于科学材料，同时还有土著人的口头知识以及我的个人观察。由此可见，本书是一部利用了科学的历史，而非一部科学史。我写的这部历史中有鲸鱼的歌声、石头的形状以及其间的所有事物，如俯冲而过的斑鹰。若要讲好这个故事，就需要运用各种方法来解释为什么鲸鱼会唱歌，为什么石头会变幻形态，为什么斑鹰会从头顶俯冲而过。我在白令陆桥学到的是：任何有助于生存的工具都值得使用，不管它的来历如何。本着这种精神，本书利用了所有有助于历史撰写的工具，来将一个拥有多种语言之地的故事整合到一种语言中，同时把那些不讲人类语言的事物用人类的文字描述出来。

注　释

档案缩写

APRCA　阿拉斯加州费尔班克斯市阿拉斯加和极地地区收藏和档案馆
BL　加利福尼亚州伯克利市班克罗夫特图书馆
ChOKM　阿纳德尔楚科奇地方文化博物馆
GAChAO　阿纳德尔楚科奇自治区国家档案馆
GAMO　马加丹州马加丹地区国家档案馆
GAPK　符拉迪沃斯托克市滨海边疆区国家档案馆
GARF　莫斯科市俄罗斯联邦国家档案馆
GWBWL　康涅狄格州米斯蒂克市海港博物馆 G.W. 布伦特怀特图书馆
IWC　国际捕鲸委员会数字馆藏
MSA　莫斯科纪念协会档案馆
NARA AK　阿拉斯加州安克雷奇市国家档案和记录管理局
NARA MD　马里兰州马里兰大学国家档案和记录管理局
NARA DC　华盛顿特区国家档案和记录管理局
NARA CA　加利福尼亚州旧金山市国家档案和记录管理局
NHA　马萨诸塞州楠塔基特岛历史协会
NBWM　马萨诸塞州新贝德福德市捕鲸博物馆研究图书馆
PPL　罗得岛州普罗维登斯市普罗维登斯公共图书馆
RGAE　俄罗斯莫斯科市国家经济档案馆
RGIA DV　符拉迪沃斯托克市达尼戈东部俄罗斯国家历史档案馆
SI　华盛顿特区史密森学会档案馆
TsKhSDMO　马加丹州马加丹地区现代文件存储中心
UAA　阿拉斯加州安克雷奇市阿拉斯加大学档案和特别收藏
UAFOHP　阿拉斯加大学费尔班克斯分校口述历史项目

期刊缩略词

DAC　加利福尼亚州旧金山《加州阿尔塔日报》
Dk　苏联的船上报纸《远东捕鲸船》
GV　符拉迪沃斯托克《符拉迪沃斯托克报》
HG　夏威夷州火奴鲁鲁《夏威夷公报》
NN　阿拉斯加州诺姆《诺姆珍闻》
NTWN　阿拉斯加州诺姆《三周一次诺姆珍闻》
NYT　纽约《纽约时报》
Ook　莫斯科《狩猎和狩猎经济报》
PCA　夏威夷州火奴鲁鲁《太平洋商业广告报》
SCh　阿纳德尔《苏维埃楚科奇报》
SFC　加利福尼亚州旧金山《旧金山纪事报》
Ss　《苏联北部地区报》
TF　夏威夷州火奴鲁鲁《友谊报》
TP　夏威夷州火奴鲁鲁《波利尼西亚人报》
WP　华盛顿特区《华盛顿邮报》
WSL　马萨诸塞州新贝德福德《捕鲸者货运单》

序曲　北迁

1. 为了拼写简单，我忽略生活在楚科奇和圣劳伦斯岛上的西伯利亚尤皮克人和生活在阿拉斯加大陆上的尤皮克人之间的语言区别，并使用尤皮克 (而不是分别使用尤皮特和尤皮吉特) 作为复数。
2. G. E. Fogg, *The Biology of Polar Habitats* (Oxford: Oxford University Press, 1998), 27—29. 我对能量问题的见解主要来自 William Cronon, *Nature's Metropolis: Chicago and the Great West* (New York: W. W. Norton, 1991), chap. 4; Richard White, *The Organic Machine* (New York: Hill and Wang, 1995); and Ryan Tucker Jones, "The Environment," in *Pacific Histories: Ocean, Land, People*, ed. David Armitage and Alison Bashford (New York: Palgrave Macmillan, 2014), 121—142。
3. 沙漠除外；关于生物量差异，可参见 F. Stuart Chapin III, Pamela A. Matson, and Peter Vitousek, *Principles of Terrestrial Ecosystem Ecology* (New York: Springer, 2011), 175—180。
4. 19 世纪才开始以文字的形式记录这些历史习俗。关于这些事件的本质，可参见 Asatchaq and Tom Lowenstein, *The Things that Were Said of Them: Shaman Stories and Oral Histories of the Tikig˙aq People* (Berkeley: University of California Press, 1992), introduction, and B. Bodenhorn, "'People Who Are Like Our Books': Reading and Teaching on the North Slope of Alaska," *Arctic Anthropology* 34, no. 1 (January

1997): 117—134。

5. 从斯坦利·恩约特利传授给我有关土地方面的经验开始，我就把我想出来的点子归功于北极地区的土著教师。我想感谢这些人，他们是我获取主要知识的来源。Zoe Todd, “An Indigenous Feminist's Take on the Ontological Turn: ‘Ontology’ Is Just Another Word for Colonialism,” *Journal of Historical Sociology* 29, no. 1 (March 2016): 4—22。在更具学术氛围的工作中，与我的想法一致的，见Timothy Mitchell in *Rule of Experts: Egypt, Techno-Politics, Modernity* (Berkeley: University of California Press, 2002), 19—53；想法有重合之处的，见Linda Nash, “The Agency of Nature or the Nature of Agency,” *Environmental History* 10, no. 1 (January 2005): 67—69; 有关人类的嵌入性，见Tim Ingold, *The Perception of the Environment: Essays in Livelihood, Dwelling, and Skill* (London: Routledge, 2000)；详尽的本体论，见Jane Bennett, *Vibrant Matter: A Political Ecology of Things* (Durham, NC: Duke University Press, 2010)。
6. 有关“平衡”，可参见Emma Marris, *Rambunctious Garden: Saving Nature in a Post-Wild World* (New York: Bloomsbury, 2011)，相关争论，见*Conservation Biology* 28, no. 3 (June 2014)。
7. 转引自*The Earth Is Faster Now: Indigenous Observations of Arctic Environmental Change*, ed. Igor Krupnik and Dyanna Jolly (Fairbanks: ARCUS, 2002), 7。

第一章　鲸鱼的国度

1. Lloyd F. Lowry, “Foods and Feeding Ecology,” in *The Bowhead Whale*, ed. John J. Burns, J. Jerome Montague, and Cleveland J. Cowles (Lawrence, KS: Society for Marine Mammology, 1993), 203—238; Joe Roman et al., “Whales as Marine Ecosystem Engineers,” *Frontiers in Ecology and the Environment* 12, no. 7 (September 2014): 377—385; Craig R. Smith, “Bigger Is Better: The Role of Whales as Detritus in Marine Ecosystems,” in James A Estes et al., *Whales, Whaling, and Ocean Ecosystems* (Berkeley: University of California Press, 2006), 286—302; N. J. Niebauer and D. M. Schell, “Physical Environment of the Bering Sea Population,” in J. J. Burns et al., *The Bowhead Whale*, 23—43; Committee on the Bering Sea Ecosystem, *The Bering Sea Ecosystem* (Washington, DC: National Academy Press, 1996), 28—71. 关于这条鲸鱼身上所具有的品质，可参见Bennett, *Vibrant Matter*, 119—121。
2. Lowry, “Foods and Feeding Ecology,” 222—223.
3. D. A. Croll, R. Kudela, and B. R. Tershy, “Ecosystem Impact of the Decline of Large Whales in the North Pacific,” in Estes et al., *Whales, Whaling*, 202—214.
4. A. M. Springer et al., “Sequential Megafaunal Collapse in the North Pacific Ocean: An Ongoing Legacy of Industrial Whaling?” *Proceedings of the National Academy of*

Sciences of the United States of America 100, no. 21 (October 14, 2003): 12223—28 and A. Sinclair, S. Mduma, and J. S. Brashares, "Patterns of Predation in a Diverse Predator-Prey System," *Nature* 425 (September 18, 2003): 288—290.

5. 根据一项计算鲸鱼年龄的技术，得出这条鲸鱼的年龄在177岁至245岁之间；我使用的是平均值。John Craighead George et al., "Age and Growth Estimates of Bowhead Whales (Balaena mysticetus) via Aspartic Acid Racemization," *Canadian Journal of Zoology* 77 (1999): 571—580, and Amanda Leigh Haag, "Patented Harpoon Pins Down Whale Age," *Nature* 488 (June 19, 2007): doi: 10.1038/news070618-6。
6. Lewis Holmes, *The Arctic Whalemen, or Winter in the Arctic Ocean* (Boston: Thayer and Eldridge, 1861), 84. 托马斯·诺顿向霍尔姆斯讲述了"公民"号失事的经过，船上的航海日志已经丢失了。
7. Holmes, *Arctic Whalemen*, 119.
8. Tom Lowenstein, *Ancient Land, Sacred Whale: The Inuit Hunt and Its Rituals* (New York: Farrar, Straus, and Giroux, 1993), 116.
9. 参见Ann Fienup-Riordan, *Eskimo Essays: Yup'ik Lives and How We See Them* (New Brunswick, NJ: Rutgers University Press, 1990), 66—67; and Chie Sakakibara, "Kiavallakkikput Agviq (Into the Whaling Cycle): Cetaceousness and Climate Change Among the Iñupiat of Arctic Alaska," *Annals of the Association of American Geographers* 100, no. 4 (2010): 1003—1012。
10. Edith Turner, "American Eskimos Celebrate the Whale: Structural Dichotomies and Spirit Identities among the Iñupiat of Alaska," *TDR* 37, no. 1 (Spring 1993): 100.
11. Charles Campbell Hughes, "Translation of I. K. Voblov's 'Eskimo Ceremonies'," *Anthropological Papers of the University of Alaska* 7, no. 2 (1959): 78; and Anders Apassingok, Willis Walunga, and Edward Tennant, eds., *Sivuqam Nangaghnegha: Siivanllemta Ungipaqellghat / Lore of St. Lawrence Island: Echoes of Our Eskimo Elders*, vol. 1, *Gambell* (Unalakleet, AK: Bering Strait School District, 1985), 205—207, 223.
12. Asatchaq and Lowenstein, *Things that Were Said*, 116.
13. Anders Apassingok et al., eds., *Sivuqam Nangaghnegha: Siivanllemta Ungipaqellghat / Lore of St. Lawrence Island: Echoes of Our Eskimo Elders*, vol. 3, *Southwest Cape* (Unalakleet, AK: Bering Strait School District, 1989), 157.
14. Anders Apassingok et al., eds., *Sivuqam Nangaghnegha: Siivanllemta Ungipaqellghat / Lore of St. Lawrence Island: Echoes of Our Eskimo Elders*, vol. 2, *Savoonga* (Unalakleet, AK: Bering Strait School District, 1987), 145.
15. SI, Henry Bascom Collins Collection, Unprocessed Box 3, File: Collins 1930.00A, pp. 4—5. 仪式变化多样，由于其中有一些仪式不能公开举办，所以任一描述都可能是不完整的且具有地方特性。

16. Apassingok et al., *Southwest Cape*, 15. 亦可参见Igor Krupnik and Sergei Kan, "Prehistoric Eskimo Whaling in the Arctic: Slaughter of Calves or Fortuitous Ecology?" *Arctic Anthropology* 30, no. 1 (January 1993): 1—12。此处对捕鲸的描述，见Stoker and Krupnik, "Subsistence Whaling," in J. J. Burns et al., *The Bowhead Whale*, 579—629; James W. VanStone, *Point Hope: An Eskimo Village in Transition* (Seattle: University of Washington Press, 1962); Carol Zane Jolles, *Faith, Food, and Family in a Yupik Whaling Community* (Seattle: University of Washington Press, 2002); Ernest S. Burch, Jr., *The Iñupiaq Eskimo Nations of Northwest Alaska* (Fairbanks: University of Alaska Press, 1998)。
17. Peter Whitridge, "The Prehistory of Inuit and Yupik Whale Use," *Revista de Arqueologia Americana* 16 (1999): 108.
18. Lowenstein, *Ancient Land*, 160—161.
19. Apassingok et al., *Gambell*, 237.
20. Tom Lowenstein, *Ultimate Americans: Point Hope, Alaska, 1826—1909* (Fairbanks: University of Alaska Press, 2008), 3.
21. Semen Iena, 转引自Igor Krupnik and Michael Chlenov, *Yupik Transitions: Change and Survival at the Bering Strait, 1900—1960* (Fairbanks: University of Alaska Press, 2013), 211。亦可参见Apassingok et al., *Savoonga*, 125。
22. John Kelly, 转引自Lowenstein, *Ultimate Americans*, 3。
23. Lowenstein, *Ancient Land*, 84.
24. Sue E. Moore and Randall R. Reeves, "Distribution and Movement," in J. J. Burns et al., *The Bowhead Whale*, 313—386.
25. Stoker and Krupnik, "Subsistence Whaling," 592—594.
26. Alexander Starbuck, *A History of the American Whale Fishery from Its Earliest Inception until the Year 1876* (Waltham, MA: Self-published, 1878), 155—156n. 关于以鲸鱼为食，参见Nancy Shoemaker, "Whale Meat in American History," *Environmental History* 10, no. 2 (April 2005): 269—294。
27. "Plant Watering and Sulphering," *Evening Bulletin* (San Francisco), May 20, 1886; 无标题文章，*Atchison (KS) Daily Globe*, January 12, 1898; 有关其他用途的总结，见Zephaniah Pease and George Hough, *New Bedford, Massachusetts: Its History, Industry, Institutions and Attractions* (New Bedford, MA: New Bedford Board of Trade, 1889)。
28. David Moment, "The Business of Whaling in America in the 1850s," *Business History Review* 31, no. 3 (Autumn 1957): 263—264.
29. Lance E. Davis, Robert E. Gallman, and Karin Gleiter, *In Pursuit of Leviathan: Technology, Institutions, Productivity, and Profits in American Whaling, 1816—1906* (Chicago: University of Chicago Press, 1997), 521.
30. Herman Melville, *Moby-Dick* (Boston: C. H. Simonds, 1922), 36—37.
31. Jeremiah Reynolds, *Address, on the Subject of a Surveying and Exploring Expedition* (New

York: Harper and Brothers, 1836), 264.

32. John Quincy Adams, "President's Message," *Niles' Register*, Baltimore, MD, December 10, 1825.
33. Reynolds, *Address, on the Subject*, 196.
34. "On the Expediency of Authorizing an Exploring Expedition, by Vessels of the Navy, to the Pacific Ocean and South Seas," March 21, 1836, *American State Papers: Naval Affairs*, 4: 868.
35. Starbuck, *A History*, 3.
36. "On the Expediency," 867.
37. 关于鲸鱼分类学，参见D. Graham Burnett, *Trying Leviathan: The Nineteenth Century New York Court Case That Put the Whale on Trial and Challenged the Order of Nature* (Princeton, NJ: Princeton University Press, 2007)。
38. Edward S. Davoll, *The Captain's Specific Orders on the Commencement of a Whale Voyage to His Officers and Crew* (New Bedford, MA: Old Dartmouth Historical Sketch Number 81, 1981), 7.
39. NBWM, Logbook of the *Nimrod* (Ship), ODHS 946, p. 96.
40. 某种意义上来讲，虽然新贝德福德海员登记簿上记载了一些海员们出生地的信息，但是大多数航海日志中并没有把他们按种族分类列出来。想了解更多信息，可参见Margaret S. Creighton, *Rites and Passages: The Experience of American Whaling, 1830—1870* (New York: Cambridge University Press, 1995), 121—123; Nancy Shoemaker, *Native American Whalemen and the World: Indigenous Encounters and the Contingency of Race* (Chapel Hill: University of North Carolina Press, 2015), and W. Jeffery Bolster, *Black Jacks: African American Seamen in the Age of Sail* (Cambridge, MA: Harvard University Press, 1998)。
41. Joan Druett, ed., *"She Was a Sister Sailor": Mary Brewster's Whaling Journals 1845—1851* (Mystic, CT: Mystic Seaport Museum, 1992), 337. "Kanaka"指称土著太平洋岛民；关于这段历史，参见Gregory Rosenthal, *Beyond Hawai'i: Native Labor in the Pacific World* (Berkeley: University of California Press, 2018), chap. 3。
42. Walter Nobel Burns, *A Year with a Whaler* (New York: Outing Publishing, 1913), 12, 13.
43. John Jones diary, in *Stuart Frank, Meditations from Steerage: Two Whaling Journal Fragments* (Sharon, MA: Kendall Whaling Museum, 1991), 23—24.
44. NBWM, Logbook of the *Eliza F. Mason* (Ship), ODHS 995, p. 25.
45. Stuart M. Frank, *Jolly Sailors Bold: Ballads and Songs of the American Sailor* (East Windsor, NJ: Camsco Music, 2010), 340, 338.
46. 转引自Druett, *Sister Sailor*, 344。
47. Stuart M. Frank, *Ingenious Contrivances, Curiously Carved: Scrimshaw in the New Bedford Whaling Museum* (Boston: David Godine, 2012).

48. NBWM, Logbook of the *Lydia*, KWM 132, p. 59.
49. Holmes, *Arctic Whalemen*, 271—272.
50. NBWM, Logbook of the *Nimrod* (Ship), ODHS 946, p. 112.
51. *WSL*, January 9, 1849.
52. BL, Charles Melville Scammon Papers, P-K 206, vol. 1, pp. 102—103 and *WSL*, February 6, 1849.
53. *TP*, November 4, 1848. 到1849年，罗伊斯这一发现的报道出现在世界各地的海洋期刊上；参见John Bockstoce, *Whales, Ice, and Men* (Seattle: University of Washington Press, 1986), 24。
54. Lowenstein, *Ancient Land*, xix—xx; Hal Whitehead and Luke Rendell, *The Cultural Lives of Whales and Dolphins* (Chicago: University of Chicago Press, 2015), 83—84, 184—185.
55. Druett, *Sister Sailor*, 372.
56. Druett, *Sister Sailor*, 385—387. 关于1849年这一季，参见Bockstoce, *Whales, Ice, and Men*, 94—95。
57. Logbook of the *Ocmulgee*, July 25, 1849, 转引自Arthur C. Watson, *The Long Harpoon: A Collection of Whaling Anecdotes* (New Bedford, MA: Reynolds Printing, 1929), 49。
58. 平均产油率因使用的计算方式不同，结果也有所不同。这里的数据来自Harston H. Bodfish, *Chasing the Bowhead: As Told by Captain Harston H. Bodfish and Recorded for Him by Joseph C. Allen* (Cambridge, MA: Harvard University Press, 1936), 95; Charles M. Scammon, *The Marine Mammals of the North-Western Coast of North America* (San Francisco: John H. Carmany, 1874), 52; and Bockstoce, *Whales, Ice, and Men*, 95。
59. *WSL*, July 12, 1853; William Fish Williams, "The Voyage of the Florence, 1873—1874," in *One Whaling Family*, ed. Harold Williams (Boston: Houghton Mifflin, 1963), 370.
60. Davoll, *Captain's Specific Orders*, 8.
61. NBWM, Logbook of the *Saratoga* (Ship), KWM 181, p. 124.
62. W. N. Burns, *Year with a Whaler*, 60.
63. NBWM, Logbook of the *Saratoga* (Ship), KWM 181, p. 87.
64. PPL, B. F. Hohman Collection, *Cornelius Howland* (Ship) 1867—1870, folder 1.
65. NBWM, Logbook of the *Frances*, ODHS 994, p. 99.
66. David Wilkinson, *Whaling in Many Seas, and Cast Adrift in Siberia: With a Description of the Manners, Customs and Heathen Ceremonies of Various (Tchuktches) Tribes of North-Eastern Siberia* (London: Henry J. Drane, 1906), 113.
67. James F. Munger, *Two Years in the Pacific and Arctic Oceans and China* (Fairfield, WA: Ye Galleon Press, 1967), 66.

68. NBWM, Logbook of the *Frances*, ODHS 994, p. 97.
69. NBWM, Logbook of the *Roman 2nd* (Ship), KWM 176, p. 170.
70. Scammon, *Marine Mammals*, 58. 航海日志、捕鲸者回忆录和捕鲸者平时看的报纸《捕鲸者货运单》始终涉及鲸鱼,如他们捕捉到了多少桶或多少磅鲸须。
71. Ellsworth West, *Captain's Papers: A Log of Whaling and Other Sea Experiences* (Barre, MA: Barre Publishers, 1965), 13.
72. Eliza Azelia Williams, "The Voyage of the Florida, 1858—1861," in H. Williams, *One Whaling Family*, 77.
73. E. A. Williams, "Voyage of the Florida," 194.
74. West, *Captain's Papers*, 13.
75. Scammon, *Marine Mammals*, 42, 54; Charles H. Stevenson, "Fish Oils, Fats and Waxes," in *U.S. Fish Commission Report for 1902* (Washington, DC: Government Printing Office, 1903), 177—279, 189.
76. NBWM, Logbook of the *Saratoga*, KWM 180, p. 225.
77. Scammon, *Marine Mammals*, 294.
78. W. N. Burns, *Year with a Whaler*, 147.
79. West, *Captain's Papers*, 14.
80. H. Williams, *One Whaling Family*, 196.
81. NBWM, Logbook of the *Frances*, ODHS 994, p. 45.
82. W. N. Burns, *Year with a Whaler*, 203; W. F. Scoresby转引自Dick Russell, *Eye of the Whale: Epic Passage from Baja to Siberia* (New York: Simon & Schuster, 2001), 602。
83. Herbert L. Aldrich, *Arctic Alaska and Siberia, or, Eight Months with the Arctic Whalemen* (Chicago: Rand, McNally, 1889), 33. 亦可参见Wilkinson, *Whaling in Many Seas*, 113. 关于19世纪动物所遭受的苦难,参见Harriet Ritvo, *The Animal Estate: The English and Other Creatures in Victorian England* (Cambridge, MA: Harvard University Press, 1987); Janet M. Davis, *The Gospel of Kindness: Animal Welfare and the Making of Modern America* (New York: Oxford University Press, 2016)。
84. 例如,可参见Scammon, *Marine Mammals*, 25, 78; Henry Cheever, *The Whale and His Captors* (New York: Harper and Brothers, 1853), 135。
85. Scoresby, 转引自Russell, *Eye of the Whale*, 602。
86. Jones in Frank, *Meditations from Steerage*, 24.
87. Lowenstein, *Ultimate Americans*, 23.
88. 从17世纪楚科奇部分地区到19世纪中期阿拉斯加部分地区的贸易往来可以看出,土著居民与国外进行贸易的时期各不相同。关于19世纪的贸易往来,参见John R. Bockstoce, *Furs and Frontiers in the Far North: The Contest among Native and Foreign Nations for the Bering Strait Fur Trade* (New Haven, CT: Yale University Press, 2009)。关于楚科奇地区的早期贸易情况,参见N. N. Dikov, *Istoriia Chukotki s drevneishikh vremen do nashikh dnei* (Moscow: Mysl, 1989), pt. 1。

89. Frederick Beechey, *Narrative of a Voyage to the Pacific and Bering's Strait, to Cooperate with the Polar Expeditions; Performed by His Majesty's Ship "Blossom," .... in the Years 1825, 26, 27, 28* (London: Colburn and Bentley, 1831), 2: 284. *TP*, November 4, 1848, 直接引用了比奇的话。
90. Druett, *Sister Sailor*, 379.
91. Druett, *Sister Sailor*, 382.
92. "Letters About the Arctic No. VIII, At Sea Dec. 15 1852," *WSL*, June 28, 1853.
93. Druett, *Sister Sailor*, 380.
94. Druett, *Sister Sailor*, 373, 378.
95. Journal of Eliza Brock, May 25, 1854, voyage of the *Lexington* (Ship), NHA PMB #378.
96. *WSL*, December 24, 1850.
97. "Speech of Mr. Seward," *New York Daily Times*, July 31, 1852.
98. GWBWL, Logbook of the *Hibernia* (Ship), Log 82a, 1868—1869, pp. 55, 57, 58, 60. 博克斯托斯 (in Bockstoce, *Whales, Ice, and Men*, 101—102) 首次证实了鲸鱼逃脱行为导致商业捕鲸成功率下降这一模式。
99. NBWM, Logbook of the *William Baylies* (Steam bark), ODHS 955, p. 81.
100. *WSL*, November 25, 1851.
101. Wilkinson, *Whaling in Many Seas*, 106. 亦可参见 Bodfish, *Chasing the Bowhead*, 126, 94。
102. Arthur James Allen, *A Whaler and Trader in the Arctic: My Life with the Bowhead, 1895—1944* (Anchorage: Alaska Northwest Publishing Company, 1978), 98.
103. NBWM, Logbook of the *Saratoga* (Ship), KWM 180, pp. 192—193.
104. Frank, *Jolly Sailors Bold*, 339.
105. Holmes, *Arctic Whalemen*, 46.
106. Holmes, *Arctic Whalemen*, 137, 115.
107. Douglas A. Woodby and Daniel B. Botkin, "Stock Sizes Prior to Commercial Whaling," in J. J. Burns et al., *The Bowhead Whale*, 390—393.

第二章　鲸落的消逝

1. Spencer Apollonio, *Hierarchical Perspectives in Marine Complexities: Searching for Systems in the Gulf of Maine* (New York: Columbia University Press, 2002).
2. Bockstoce, *Whales, Ice, and Men*, 346.
3. NBWM, Logbook of the *Nassau* (Ship), ODHS 614, p. 81.
4. NBWM, Logbook of the *Saratoga* (Ship), KWM 180, p. 11.
5. Aldrich, *Arctic Alaska*, 49; "The Commerce in the Products of the Sea," S. Misc. Doc. No. 33, 42nd Cong., 2nd Sess. (1872), 33.

6. NBWM, Logbook of the *Nimrod* (Ship), ODHS 946, p. 105.
7. *PCA*, December 15, 1859.
8. M. E. Bowles, "Some Account of the Whale-Fishery of the N. West Coast and Kamschatka," *TP*, October 2, 1845.
9. Scammon, *Marine Mammals*, 215.
10. *TF*, October 15, 1850.
11. 正如瑞恩·琼斯所指出的，北太平洋是有关灭绝的当代理解的起源地，见 *Empire of Extinction: Russians and the North Pacific's Strange Beasts of the Sea, 1741—1867* (New York: Oxford University Press, 2014)。
12. W. N. Burns, *Year with a Whaler*, 70.
13. Melville, *Moby-Dick*, 433—434.
14. "Letter from the Arctic by a Foremast Hand," *PCA*, October 28, 1858.
15. N. V. Doroshenko, "Gladkie kity Okhotskogo moria (istoriia promysla, sovermennoe sostoianie)" in A.B. Yablokov and V.A. Zemsky, *Materilay sovetskogo kitoboinogo promysla (1949—1979)* (Moscow: Tsentr ekologicheskoi politiki Rossii, 2000), 32.
16. Aldrich, *Arctic Alaska*, 22—23.
17. Bodfish, *Chasing the Bowhead*, 33.
18. "We Left Not One Minute Too Soon," *PCA*, November 18, 1871.
19. "The Reasons Why the Arctic Fleet Was Abandoned," *WSL*, November 14, 1871.
20. Bodfish, *Chasing the Bowhead*, 90.
21. *WSL*, December 22, 1863.
22. NBWM, Logbook of the *Nimrod* (Ship), ODHS 946, p. 230—231.
23. 参见 Christopher Jones, *Routes of Power: Energy in Modern America* (Cambridge, MA: Harvard University Press, 2014), 109—115。
24. Pease and Hough, *New Bedford*, 25—26.
25. Starbuck, *A History*, 109—110.
26. Bockstoce, *Whales, Ice, and Men*, 205.
27. *Vanity Fair*, April 20, 1861, p. 186.
28. *WSL*, July 2, 1861.
29. *WSL*, January 14, 1879.
30. Pease and Hough, *New Bedford*, 32—35.
31. 分类广告，"Corsets and Skirts," *New York Daily News*, June 7, 1856; Valerie Steele, *The Corset: A Cultural History* (New Haven, CT: Yale University Press, 2001)。
32. Pease and Hough, *New Bedford*, 32.
33. Waldemar Bogoras [Vladimir Bogoraz], *The Chukchee* (1904—1909; repr., New York: Johnson Reprint Corp., 1971), 651.
34. Bogoras, *The Chukchee*, 651.

35. 俄国人与楚科奇人之间的战争涉及俄国人、尤卡吉尔人和科里亚克人携手对抗结盟的尤皮克人和楚科奇人。参见I. S. Vdovin, *Ocherki istorii i etnografii Chukchei* (Moscow and Leningrad: Nauka, 1965), 106—135, and Bogoras, *The Chukchee*, 682—697。
36. RGIA DV F. 702, Op. 1, D. 275, L. 1. "当地人"的翻译并不准确，原词从文化角度来看既意味着一种"外来文化"，从地理上来说又意味着这些人是"土著居民"。
37. O. V. Kotzebue, *A Voyage of Discovery into the South Sea and Beering's Straits, for the Purpose of Exploring a North-East Passage, Undertaken in the Years 1815—1818* (London: Longman, Hurst, Reese, Orme, and Brown, 1821), 1: 262.
38. Bockstoce, *Furs and Frontiers*, 16.
39. Bogoras, *The Chukchee*, 19.
40. Apassingok et al., *Gambell*, 213.
41. 19世纪50年代初期，与来自夏威夷的私人船只之间进行了贸易往来；参见Bockstoce, *Furs and Frontiers*, 267—273。
42. APRCA, Dorothea Leighton Collection, Box 1, Folder 3: Koyoyak, p. 17.
43. PPL, Captain B. F. Hohman Collection, Journal of the *Cornelius Howland* (Ship), 1868—1870, pp. 83—84. 想了解这些事件的详细信息，可参见Bockstoce, *Furs and Frontiers*, 277—280。
44. Edward William Nelson, *The Eskimo about Bering Strait: Extract from the Eighteenth Annual Report of the Bureau of American Ethnology* (Washington, DC: Government Printing Office, 1900), 299.
45. NBWM, Logbook of the *John Howland*, KWM 969, p. 268.
46. "Letter about the Arctic," *WSL*, July 4, 1853, and NBWM, Logbook of the *Frances*, ODHS 994, p. 52.
47. Bockstoce, *Furs and Frontiers*, 312—315.
48. Bogoras, *The Chukchee*, 711—712.
49. Wilkinson, *Whaling in Many Seas*, 279.
50. 关于估算以往弓头鲸的数量，参见Bockstoce, *Whales, Ice, and Men*, 346—347 and Woodby and Botkin, "Stock Sizes," 390—391 and 402—404。
51. *WSL*, December 31, 1872.
52. *WSL*, January 10, 1865.
53. APRCA, Dorothea Leighton Collection, Box 1, Folder 3.2: Koyoyak, pp. 100—102.
54. W. N. Burns, *Year with a Whaler*, 151. 有关捕鲸者之间酒类交易的政治观点，可参见Lowenstein, *Ultimate Americans*, chap. 6。
55. APRCA, Ernest S. Burch Jr. Papers, Series 5, Box 226, File H88-2A-1, Mamie Mary Beaver interview, p. 2.
56. Ernest Burch Jr, *Social Life in Northwest Alaska* (Fairbanks: University of Alaska

Press, 2006), 113—114; Igor Krupnik, *Pust govoriat nashi stariki: rasskazy aziatskikh eskimosov-iupik, 1975—1987* (Moscow: Institut Naslediia, 2000), 361; and Peter Schweitzer, "Spouse-exchange in North-eastern Siberia: On Kinship and Sexual Relations and Their Transformations," in Andre Gingrich, Siegfried Haas, Sylvia Haas, and Gabriele Paleczek, eds., *Kinship, Social Change and Evolution: Proceedings of a Symposium Held in Honour of Walter Dostal, Wiener Beiträge zur Ethnologie und Anthropologie 5* (Horn, Austria: Berger, 1989): 17—38.

57. 在《终极美国人》第九章中，洛温斯坦明确表示，强奸和交换配偶是完全不同的类别。
58. Ejnar Mikkelsen, *Conquering the Arctic Ice* (London: Heinemann, 1909), 310.
59. Bogoras, *The Chukchee*, 610.
60. Robert Strout, "Sketch of the Performance," GWBWL, Collection 210, vol. 2, p. 109.
61. 节选自1913年12月3日美国海岸警卫队缉私局"熊"号船的报告，NARA MD RG 48 CCF 1907—1936, File 6–6, p. 2。
62. Bockstoce, *Whales, Ice, and Men*, 277.
63. Druett, *Sister Sailor*, 186.
64. "Massacred Whalers," *SFC*, October 27, 1891.
65. Bogoras, *The Chukchee*, 41.
66. John W. Kelly, *English-Eskimo and Eskimo-English Vocabularies* (Washington, DC: U.S. Bureau of Education, 1890), 21. 这一时期难以推断出梅毒造成的全面影响有多严峻，但其影响似乎与斯蒂芬·哈克尔所描述的类似，见Stephen Hackel, *Children of Coyote, Missionaries of Saint Francis: Indian-Spanish Relations in Colonial California, 1769—1850* (Chapel Hill: University of North Carolina Press, 2005)。
67. RGIA DV F. 702, Op. 1, D. 127, L. 6. 亦可参见RGIA DV F. 702, Op. 1, D. 1401, L. 68。
68. Bogoras, *The Chukchee*, 297, 460.
69. Krupnik and Chlenov, *Yupik Transitions*, 25.
70. Burch Jr., *Iñupiaq Eskimo Nations*, 48—49. 这一时期饥荒对社区层面影响的详细信息，有关楚科奇及附近岛屿的，可参见Krupnik and Chlenov, *Yupik Transitions*，有关阿拉斯加海岸线大部分的，可参见Burch Jr., *Iñupiaq Eskimo Nations*。
71. APRCA, Dorothea Leighton Collection, Box 2, Folder 45, p. 6. In *Yuuyaraq: The Way of the Human Being* (Fairbanks: Alaska Native Knowledge Network, 1996)，哈罗德·拿破仑认为，酒是处理流行病带来的创伤性后果的一种方法。
72. APRCA, Ernest S. Burch Jr. Papers, Series 5, Box 226, Folder H88–2B–7, Tommy Lee (Ambler) interview, p. 15.
73. Mikkelsen, *Conquering the Arctic Ice*, 373.
74. *WSL*, April 8 1872. 亦可参见"Shipmaster," *TF*, March 1, 1872。
75. Patrick Henry Ray, "Ethnographic Sketch of the Natives of Point Barrow,"

Report of the International Polar Expedition to Point Barrow, Alaska, in Response to the Resolution of the House of Representatives of December 11, 1884, pt. III (Washington, DC: Government Printing Office, 1885), 37—60.

76. W. N. Burns, *Year with a Whaler*, 174.
77. *Hawaiian Star*, January 31, 1902. 阿加西是夏威夷的常客，在19世纪80年代中期的一次公开演讲中，他肯定谈及了鲸类动物命运这一话题。
78. “Scarcity of Whalebone,” *Hawaiian Star*, April 25, 1892.
79. “The Whaling Fleet: Interesting Statistics on the Trade,” *SFC*, November 10, 1889.
80. “For the Honorable Secretary of the Interior in Behalf of the Northern Alaska Eskimos,” Conrad Seim, p. 19, NARA CA RG 48, M430, Roll 9.
81. “Scarcity of Whalebone,” *San Francisco Call*, April 25, 1892.
82. PPL, Nicholson Whaling Log Collection, no. 674, Logbook of the *William Baylies*, 1887, p. 48; Logbook of the *William Baylies*, 1892, p. 362. 约翰 · A. 库克指出，到1900年为止，至少有三十艘捕鲸船出没在楚科奇海岸附近，参见John A. Cook, *Thar She Blows* (Boston: Chapman and Grimes, 1937), 147。
83. APRCA, Ernest S. Burch Jr. Papers, Series 5, Box 226, Files H88-2A-36, Harold Downey interview, p. 1.
84. Lowenstein, *Ultimate Americans*, 135—136, 110.
85. Bockstoce, *Furs and Frontiers*, 333.
86. Bockstoce, *Whales, Ice, and Men*, 201.
87. APRCA, Ernest S. Burch Jr. Papers, Series 5, Box 220, File: Kivalina, Clinton Swan interview, p. 42. 关于这一劳动力，可参见Mark S. Cassell, “Iñupiat Labor and Commercial Shore Whaling in Northern Alaska,” *The Pacific Northwest Quarterly* 91, no. 3 (2000): 115—123。
88. J. G. Ballinger Report 191, NARA MD RG 48, Central Classified File 1907—1936, File 6-6.
89. Lowenstein, *Ultimate Americans*, 83—84.
90. Edward Nelson, 转引自 Lowenstein, *Ultimate Americans*, 108。
91. RGIA DV F. 702, Op. 1, D. 313, L. 13, 69.
92. M. Vedenski, “O neobkhodimosti okhrany kitovogo i drugikh morskikh promyslov v nashikh severo-vostochnykh vodakh,” *Priamurskie vedomosti* 11 (1894): 11.
93. RGIA DV F. 702, Op. 1, D. 275, L. 1.
94. RGIA DV F. 702, Op. 1 D. 1401, L. 61.
95. RGIA DV F. 702, Op. 1, D. 275, L. 1.
96. RGIA DV F. 702, Op. 1, D. 313, L. 32.
97. RGIA DV F. 702, Op. 1, D. 275, L. 1.
98. Reynolds, *Address, on the Subject*, 67.
99. NBWM, Logbook of the *Eliza F. Mason* (Ship), ODHS 995, p. 51.

100. C. L. Hooper to the Secretary of the Interior, 1880; NARA CA RG 26, M–641, Roll 1.
101. W. N. Burns, *Year with a Whaler*, 165; Calvin Leighton Hooper, *Report of the Cruise of the U.S. Revenue Steamer Thomas Corwin in the Arctic Ocean, 1881* (Washington, DC: Government Printing Office, 1884), 41.
102. Harrison G. Otis, "Report of Special-Agent Otis upon the Illicit Traffic in Rum and Fire-arms," in "Letter from the Secretary of the Treasury," S. Exec. Doc. No. 132, 46th Cong., 2d Sess. (March 30, 1880), p. 46.
103. Doroshenko, "Gladkie," 33.
104. *Seal and Salmon Fisheries and General Resources of Alaska* (Washington, DC: U.S. Government Printing Office, 1898), III: 565.
105. Lonny Lundsten et al., "Time-Series Analysis of Six Whale-Fall Communities in Monterey Canyon, California, USA," *Deep-Sea Research Part I: Oceanographic Research Papers* 57, no. 12 (December 2010): 1573—1584; A. J. Pershing et al., "The Impact of Whaling on the Ocean Carbon Cycle: Why Bigger Was Better," *PLoS ONE*, August 26, 2010, doi: 10.1371/journal.pone.0012444.
106. "Editorial," *SFC*, August 15, 1899.
107. Charles Brower, *Fifty Years Below Zero: A Lifetime of Adventure in the Far North* (New York: Dodd, Mead, 1942), 242—243.
108. Harry Brower Sr. and Karen Brewster, eds., *The Whales, They Give Themselves* (Fairbanks: University of Alaska Press, 2005), 136, 160.

第三章 浮动的海岸

1. 对白令海生态系统和冰层的描述，来自 Shari Fox Gearheard et al., *The Meaning of Ice: People and Sea Ice in Three Arctic Communities* (Hanover, NH: University Press of New England, 2013); Lyudmila S. Bogoslovskaya and Igor Krupnik, eds., *Nashi ldy, snega i vetry: Narodnye i nauchnye znaniia o ledovykh landshaftakhi klimate Vostochnoi Chukotki* (Moscow: Russian Heritage Institute, 2013); E. Sakshaug, "Primary and Secondary Production in the Arctic Seas," in *The Organic Carbon Cycle in the Arctic Ocean*, ed. Rüdiger Stein and Robie Macdonald (Berlin: Sperger, 2004), 57—81; Alan M. Springer, C. Peter McRoy, and Mikhail V. Flint, "The Bering Sea Green Belt: Shelf-Edge Processes and Ecosystem Production," *Fisheries Oceanography* 4, no. 3—4 (September 1996): 205—223; Christopher A. North et al., "Deposit-feeder Diet in the Bering Sea: Potential Effects of Climatic Loss of *Sea Ice*-related Microalgeal Blooms," *Ecological Applications* 24, no. 6 (September 2014): 1525—1542; Clara Deal et al., "Large-scale Modeling of Primary Production and Ice Algal Biomass within Arctic *Sea Ice* in 1992," *Journal of Geophysical Research* 116 (July 2011): doi:

10.1029/2010JC006409。

2. APRCA, Dorothea C. Leighton Collection, Box 3, Folder: Paul Silook, pp. 72—73.
3. Bogoras, *The Chukchee*, 492.
4. Ekaterina Rubtsova, *Materialy po yazyku i folkloru eskimosov* (Chaplinskii dialect), Pt. 1 (Moscow: Izd-vo AN SSSR, 1954), 290—291.
5. Lyudmila Bogoslovskaya et al., *Maritime Hunting Culture of Chukotka: Traditions and Modern Practices* (Anchorage: National Park Service, 2016), 30.
6. Apassingok et al., *Gambell*, 133.
7. Bogoras, *The Chukchee*, 387, 405—406.
8. Waldemar Bogoras [Vladimir Bogoraz] , "*The Eskimo of Siberia*," in *Memoirs of the American Museum of Natural History: The Jesup North Pacific Expedition*, vol. 8, pt. III, *The Eskimo of Siberia*, ed. Franz Boaz (New York: Leiden, 1913), 446.
9. Magdaline Omiak, in *Ugiuvangmiut Quliapyuit / King Island Tales: Eskimo History and Legends from Bering Strait*, Lawrence D. Kaplan and Margaret Yocom, eds. (Fairbanks: University of Alaska Press, 1988), 51.
10. Bogoras, *The Chukchee*, 315—316; S. Ia. Serov, "Guardians and Spirit Masters of Siberia," in *Crossroads of Continents: Cultures of Siberia and Alaska*, ed. William Fitzhugh and Aron Crowell (Washington, DC: Smithsonian Institution Press, 1988), 245.
11. Aron L. Crowell and Estelle Oozevaseuk, "The St. Lawrence Island Famine and Epidemic, 1878—1880: A Yupik Narrative in Cultural and Historical Context," *Arctic Anthropology* 43, no. 1 (2006): 1—19.
12. Nikolay Galgawyi, 转引自 Bogoslovskaya et al., *Maritime Hunting Culture*, 24。
13. W. N. Burns, *Year with a Whaler*, 193.
14. NBWM, Logbook of the Trident (Bark), KWM 192, p. 56.
15. Charles Madsen, *Arctic Trader* (New York: Dodd, Mead, 1957), 205—206.
16. PPL, Nicholson Whaling Log Collection 181, *Cornelius Howland*, p. 270, and William Fish Williams, "The Destruction of the Whaling Fleet in the Arctic Ocean 1871," in H. Williams, ed., *One Whaling Family*, 226.
17. Scammon, *Marine Mammals*, 178—179. 亦可参见 Madsen, *Arctic Trader*, 198, and W. F. Williams, "Destruction of the Whaling Fleet," 227。
18. Wilkinson, *Whaling in Many Seas*, 94.
19. Hooper, *Report of the Cruise*, 46.
20. Bodfish, *Chasing the Bowhead*, 21; W. F. Williams, "Destruction of the Whaling Fleet," 226; PPL, Nicholson Whaling Log Collection 181, *Cornelius Howland*, p. 295.
21. Hooper, *Report of the Cruise*, 46, and W. F. Williams, "Destruction of the Whaling Fleet," 226—227.
22. Howard A. Clark, "The Pacific Walrus Fishery," in George Brown Goode ed. *The Fisheries and Fishery Industries of the United States, vol. 2, sec. 5*, ed. George Brown Goode

(Washington, DC: Government Printing Office, 1887), 316.

23. H. A. Clark, "Pacific Walrus Fishery," 316.
24. John Muir, *The Cruise of the Corwin* (Boston: Houghton Mifflin, 1917), 142—143.
25. PPL, Nicholson Whaling Log Collection 599, *Sea Breeze*, p. 77.
26. PPL, Nicholson Whaling Log Collection 181, *Cornelius Howland*, p. 297.
27. H. A. Clark, "Pacific Walrus Fishery," 315.
28. John R. Bockstoce and Daniel B. Botkin, "The Harvest of Pacific Walruses by the Pelagic Whaling Industry, 1848—1914," *Arctic and Alpine Research* 14, no. 3 (August 1982): 183—188, and Francis Fay, Brendan P. Kelly, and John L. Sease, "Managing the Exploitation of Pacific Walruses: A Tragedy of Delayed Response and Poor Communication," *Marine Mammal Science* 5, no. 1 (January 1989): 1—16.
29. APRCA, Dorothea C. Leighton Collection, Box 1, Folder 3, p. 37.
30. Harry DeWindt, *Through the Gold Fields of Alaska to Bering Strait* (London: Chatto and Windus, 1899), 191; Aurel Krause and Arthur Krause, *To the Chukchi Peninsula and to the Tlingit Indians 1881/1882: Journals and Letters by Aurel and Arthur Krause* (Fairbanks: University of Alaska Press 1993), 58.
31. Krupnik and Chlenov, *Yupik Transitions*, 24—25.
32. 1800年至1890年间，楚科奇地区的人口下降了50%左右；同期阿拉斯加西北部地区的人口大约从五千减少到一千；可参见Krupnik and Chlenov, *Yupik Transitions*, 36—37; Burch, *Iñupiaq Eskimo Nations*, 325。
33. Bogoras, "Eskimo of Siberia," 433—434.
34. APRCA, Dorothea C. Leighton Collection, Box 1, Folder 3, pp. 35—36.
35. Crowell and Oozevaseuk, "St. Lawrence Island Famine," 11—12.
36. Bogoras, *The Chukchee*, 492, 731.
37. Patrick Henry Ray, *Report of the International Polar Expedition to Point Barrow, Alaska* (Washington, DC: Government Printing Office, 1885), 48.
38. Bogoras, *The Chukchee*, 731.
39. *WSL*, April 9, 1872.
40. John Murdoch, "Natural History," in P. H. Ray, *Report of the International*, 98.
41. Ebenezer Nye, *Republican Standard* (New Bedford, MA), August 2, 1879.
42. "The Poor Whalers," *SFC*, November 24, 1883.
43. 关于这一动态，可参见Arthur McElvoy, *The Fisherman's Problem: Ecology and Law in the California Fisheries, 1850—1980* (Cambridge, UK: Cambridge University Press, 1986), and Cronon, *Nature's Metropolis*, chap. 4。
44. *WSL*, February 6, 1849.
45. Bogoras, *The Chukchee*, 535, 581; Aldrich, *Arctic Alaska*, 50; Krupnik and Chlenov, *Yupik Transitions*, 86—87.
46. RGIA DV F. 702, Op. 1, D. 313, L. 3.

47. A. H. Leighton and D. C. Leighton, "Eskimo Recollections of Their Life Experiences," *Northwest Anthropological Research Notes* 17, nos. 1/3 (1983), 159.
48. Bockstoce, *Furs and Frontiers*, 322.
49. APRCA, Ernest S. Burch Jr. Papers, Series 5, Box 227, File H88-2D-1, Robert Cleveland interview, April 9, 1965, p. 6.
50. Lowenstein, *Ultimate Americans*, 94.
51. Bogoras, *The Chukchee*, 23.
52. Asatchaq and Lowenstein, *Things that Were Said*, 169.
53. Bogoras, *The Chukchee*, 62.
54. Bockstoce, *Furs and Frontiers*, 342; William Benjamin Jones, *Argonauts of Siberia: A Diary of a Prospector* (Philadelphia: Dorrance, 1927), 113—114, 119.
55. 关于在彼得大帝之前的一些扩张行径，请参见Yuri Slezkine, *Arctic Mirrors: Russia and the Small Peoples of the North* (Ithaca, NY: Cornell University Press, 1994), 11—41, 80—129。关于毛皮方面的信息，参见Janet Martin, *Treasure of the Land of Darkness: The Fur Trade and Its Significance for Medieval Russia* (Cambridge, UK: Cambridge University Press, 1986)。
56. Waldemar Jochelson, *The Koryak* (New York: American Museum of Natural History, 1913), 802, 803.
57. Veniamin, Arkhiepiskop Irkutskii i Nerchinskii, *Zhiznennye voprosy pravoslavnoi missii v Sibiri* (St. Petersburg: Kotomka, 1885), 7. 关于毛皮政策，参见RGIA DV F. 702, Op. 1, D. 1401, L. 80。关于狩猎法，参见N. F. Reimers and F. R. Shtilmark, *Osobo okhraniaemye prirodnye territorii* (Moscow: Mysl, 1978), 24—26。
58. M. V. Nechkina, ed., *"Russkaia Pravda" P.I. Pestelia i sochineniia, ei predshestvviushchie* (Moscow: Gosudarstvennoe izdatelstvo politicheskoi literatury, 1958), 142.关于西伯利亚的描述，参见Mark Bassin, "Inventing Siberia: Visions of the Russian East in the Early Nineteenth Century," *American Historical Review* 96, no. 3 (1991): 763—794。
59. RGIA DV F. 702, Op. 1, D. 313, L. 3.
60. RGIA DV F. 702, Op. 1, D. 1401, L. 68; RGIA DV F. 702, Op. 1, D. 275, L. 20; Slezkine, *Arctic Mirrors*, 107.
61. RGIA DV F. 702, Op. 1, D. 313, L. 3.
62. A. A. Resin, *Ocherki inorodtsev russkago poberezhia Tikhago Okeana* (St. Petersburg: A. C. Suvorovna, 1888), 68.
63. RGIA DV F. 702, Op. 1, D. 1401, L. 1.
64. K. P. Pobedenotsev, *Pisma Pobedonostseva k Aleksandru III, tom I* (Moscow: Novaia Moskva, 1925), 84.
65. RGIA DV F. 702, Op. 1, D. 127, L. 2; RGIA DV F. 702, Op. 1, D. 275, L. 1.
66. *Papers Relating to the Bering Sea Fisheries* (Washington, DC: U.S. Government Printing

Office, 1887), 103.

67. *Harrison Thornton, Among the Eskimos of Wales, Alaska 1890—1893* (Baltimore: Johns Hopkins Press, 1931), 3, 232.
68. "Treaty with Russia (To Accompany Bill H. R. No. 1096)" H. Report No. 37, 40th Cong., 2nd Sess. (May 18, 1868), pp. 1: 12—13.
69. G. W. Bailey, 转引自 Bockstoce, *Furs and Frontiers*, 327。
70. Otis, "Report of Special-Agent Otis," 46.
71. Kathleen Lopp Smith and Verbeck Smith, eds., *Ice Window: Letters from a Bering Strait Village, 1892—1902* (Fairbanks: University of Alaska Press, 2001), 139.
72. Smith and Smith, *Ice Window*, 55.
73. APRCA, Saint Lawrence Island Journals Microfilm, Vol 1: William Doty, p. 25.
74. APRCA, Ernest S. Burch Jr. Papers, Series 3, Box 74, file "California Yearly Meeting of Friends," Journal of Friends Mission Journal, November 27, 1899.
75. APRCA, Ernest S. Burch Jr. Papers, Series 3, Box 74, file "California Yearly Meeting of Friends," Journal of Friends Mission, March 23, 1901; March 24, 1901, and Summary of Traditions Broken in 1900—1901.
76. Martha Hadley, *The Alaskan Diary of a Pioneer Quaker Missionary* (Mount Dora, FL: Self-published, 1969), 183.
77. Sheldon Jackson to W. Harris, January 11, 1904, NARA CA RG 48, M–430, Roll 10.
78. George Thornton Emmons, *Condition and Needs of the Natives of Alaska*, S. Doc. No. 106, 58th Cong., 3d Sess. (1905), p. 8.
79. William Oquilluk, *People of Kauwerak: Legends of the Northern Eskimo*, 2nd ed. (Anchorage: Alaska Pacific University Press, 1981), 125—127.
80. Sheldon Jackson, 转引自 Lowenstein, *Ultimate Americans*, 37。杰克逊目睹了奥奎卢克叙述的同一事件，这在我看来是一个有根据的猜测。
81. APRCA, Ernest S. Burch Jr. Papers, Series 3, Box 74, file "California Yearly Meeting of Friends," Journal of Carrie Samms, October 13, 1897. 亦可参见T. L. Brevig, *Apaurak in Alaska: Social Pioneering among the Eskimos*, trans. and ed. J. Walter Johnshoy (Philadelphia: Dorrance, 1944)。
82. RGIA DV F. 702, Op. 1, D. 313, L. 3.
83. RGIA DV F. 702, Op. 1, D. 1401, L. 1.
84. Smith and Smith, *Ice Window*, 152.
85. Lowenstein, *Ultimate Americans*, 120.
86. RGIA DV F. 702, Op. 1, D. 720, L. 9; NN, July 5, 1905.
87. RGIA DV F. 702, Op. 2, D. 229, L. 300; Bogoras, *The Chukchee*, 62—63.
88. E. C. Pielou, *A Naturalist's Guide to the Arctic* (Chicago: University of Chicago Press, 1994), 272, 284—286; A. Angerbjorn, M. Tannerfeldt, and S. Erlinge, "Predator-prey Relationships: Arctic Foxes and Lemmings," *Journal of Animal Ecology* 68

(1999): 34—49.

89. Smith and Smith, *Ice Window*, 215.
90. Hadley, Alaskan Diary, 87.
91. Miners to Secretary of the Interior, July 11, 1899, NARA CA RG 48, M–430, Roll 6.
92. Sheldon Jackson to W. T. Harris, December 6, 1899, NARA CA RG 48, M–430, Roll 6.
93. Alfred Brooks, *Blazing Alaska's Trails* (Fairbanks: University of Alaska Press, 1953), 74.
94. George Bird Grinnell, *A Brief History of the Boone and Crockett Club* (New York: Forest and Stream, 1910), 4.
95. Henry Fairfield Osborn, "Preservation of the Wild Animals of North America," in *American Big Game in its Haunts: The Book of the Boone and Crockett Club*, ed. George Bird Grinnell (New York: Forest and Stream, 1904), 349—373, 356—357.
96. Theodore Roosevelt, "Opening Address by the President," in *Major Problems in American Environmental History*, ed. Carolyn Merchant (Boston: Houghton Mifflin, 2005), 321. 关于效率，参见Samuel Hays, *Conservation and the Gospel of Efficiency: The Progressive Conservation Movement, 1890—1920* (Cambridge, MA: Harvard University Press, 1959)。
97. Osborne, "Preservation," 352.
98. M. Grant, "The Vanished Game of Yesterday," in *Hunting Trails on Three Continents: A Book of the Boone and Crockett Club*, ed. George Bird Grinnell, Kermit Roosevelt, W. Redmond Cross, and Prentiss N. Gray (New York: Windward House, 1933), 2.
99. Madison Grant to Andrew J. Stone, 转引自March 11, 1902, James Trefethen, *Crusade for Wildlife: Highlights of Conservation in Progress* (Harrisburg, PA: Stackpole, 1961), 139。关于循序渐进的环保措施，参见Douglas Brinkley, *The Wilderness Warrior: Theodore Roosevelt and the Crusade for America* (New York: HarperCollins, 2009) and Ian Tyrrell, *Crisis of the Wasteful Nation: Empire and Conservation in Theodore Roosevelt's America* (Chicago: University of Chicago Press, 2015)。环保主义者和当地人之间产生冲突是很常见的事情，参见Karl Jacoby, *Crimes against Nature: Squatters, Poachers, Thieves and the Hidden History of American Conservation* (Berkeley: University of California Press, 2001)，以及Theodore Catton, *Inhabited Wilderness: Indians, Eskimos, and National Parks in Alaska* (Albuquerque: University of New Mexico Press, 1997)。
100. 35 Cong. Rec., H3840—47 (April 8, 1902). 关于《狩猎法》，可参见Ken Ross, *Pioneering Conservation in Alaska* (Boulder: University Press of Colorado, 2006), 116—134，以及Donald Craig Mitchell, *Sold American: The Story of Alaska Natives and their Land, 1867—1959* (Hanover, NH: University Press of New England, 1997), 150—192。
101. *Eskimo Bulletin* V (May 1902), 3.

102. "Alaska Indians Starving," *NYT*, October 8, 1903.
103. Senate Subcommittee of Committee on Territories, Conditions in Alaska, S. Rep. No. 282, 58th Cong., 2d Sess. (1904), pt. 2, p. 149 and pt. 1, p. 29.
104. John Backland October 9, 1914, NARA MD RG 22, Reports 1869—1937, Entry 91.
105. Report of the Bear, 1911, NARA MD RG 48, CCF 1907—1936, File 6–12.
106. RGIA DV F. 702, Op.1, D. 127, L. 2.
107. RGIA DV F. 702, Op.1, D. 275, L. 24.
108. RGIA DV F. 702, Op.1, D. 127, L. 2.
109. John Bockstoce, *White Fox and Icy Seas in the Western Arctic: The Fur Trade, Transportation, and Change in the Early Twentieth Century* (New Haven, CT: Yale University Press, 2018), 110—111.
110. Krupnik and Chlenov, *Yupik Transitions*, 94—103, quote from 96.
111. William R. Hunt, *Arctic Passage* (New York: Scribner, 1975), 267.
112. RGIA DV F. 702, Op. 1, D. 313, L. 69.
113. RGIA DV F. 702, Op. 2, D. 206, L. 344.
114. RGIA DV F. 702, Op. 2, D. 229, L. 300—301.
115. Anastasia Yarzutkina, "Trade on the Icy Coasts: The Management of American Traders in the Settlements of Chukotka Native Inhabitants," *Terra Sebus: Acta Musei Sabasiensis*, Special Issue: Russian Studies from Early Middle Ages to the Present Day (2014): 361—384.
116. Madsen, *Arctic Trader*, 188.
117. Olaf Swenson, *Northwest of the World: Forty Years Trading and Hunting in Northern Siberia* (New York: Dodd, Mead, 1944), 95; "Walrus Catch Largest Known," *Los Angeles Times*, October 1, 1915.
118. Madsen, *Arctic Trader*, 215.
119. Igor Krupnik, *Pust govoriat*, 24. 这一时期的记录不太完整；据尤皮克人回忆，一直到1920年左右海象数量都是呈下降趋势。James Brooks, "The Pacific Walrus and Its Importance to *The Eskimo* Economy," *Transactions of the North American Wildlife Conference* 18 (1953): 503—510. 俄国报道称，美国猎杀了成千上万头海象。RGIA DV F. 702, Op. 2, D. 229, L. 278.
120. RGIA DV F. 702, Op. 7, D. 85, L. 141.
121. RGIA DV F. 702, Op. 1, D. 1401, L.61.
122. RGIA DV F. 702, Op. 7, D. 85, L. 141.
123. GARF F. 3977, Op. 1, D. 811, L. 125; GAPK F. 633, Op. 4, D. 85, L. 41.
124. E. Jones to Secretary of Commerce, January 16, 1914; S. Hall Young to the New York Zoological Society, January 12 1914; and A. W. Evans to Secretary of the Interior, July 30, 1913; all in NARA MD RG 22: Wildlife Service Reports 1869—

1937, Entry 91.

125. RGIA DV F. 702, Op. 1, D. 275, L. 16; RGIA DV F. 702, Op. 2, D. 229, L. 282; Madsen, *Arctic Trader*, 97.
126. GAPK F. 633, Op. 4, D. 85, L. 42.
127. GARF F. 3977, Op. 1, D. 811, L. 125; Joseph Bernard, "Local Walrus Protection in Northeast Siberia," *Journal of Mammalogy* 4, no. 4 (November 1923): 224—227, 227.
128. James Ashton, *Ice-Bound: A Traveler's Adventures in the Siberian Arctic* (New York: Putnam, 1928), 127—128.
129. Swenson, *Northwest of the World*, 9—11.
130. ChOKM, Tikhon Semushkin Collection, "Predvaritelnye materialy po administrativno-upravlencheskoi strukture na Chukotke, sovremennomu sovetskomu stroitelstvu i perspektivam," p. 34.

第四章　行走的海冰

1. The Macaulay Collection, Cornell University Library, recordings no. ML120323, ML120370, and ML129690.
2. Vivian Senungetuk and Paul Tiulana, *A Place for Winter: Paul Tiulana's Story* (Anchorage: Ciri Foundation, 1987), 21; Macaulay Library recordings no. ML128122 and ML128121.
3. Senungetuk and Tiulana, *Place for Winter*, 21.
4. Hajo Eicken, "From the Microscopic, to the Macroscopic, to the Regional Scale: Growth, Microstructure and Properties of *Sea Ice*," in *Sea Ice: An Introduction to its Physics, Chemistry, Biology and Geology*, ed. David Thomas and Gerhard Dieckmann (Oxford, UK: Blackwell Science, 2003), 22—81.
5. Senungetuk and Tiulana, *Place for Winter*, 15.
6. Gerhard Dieckmann and Hartmut Hellmer, "The Importance of *Sea Ice*: An Overview," in Thomas and Dieckmann, *Sea Ice*, 1—21.
7. N. A. Zhikharev, ed., *Pervyi revkom Chukotki 1919—1920: Sbornik dokumentov i materialov* (Magadanskoe knizhnoe izdatelstvo 1957), 38, 20.
8. Zhikharev, ed. *Pervyi revkom*, 33.
9. RGIA DV F. R–2336, Op. 1, D. 17, L. 11; Zhikharev, *Pervyi revkom*, 24. 关于楚科奇地区的革命，参见N. N. Dikov, *Ocherki istorii Chukotki s drevneishikh vremen do nashikh dnei* (Novosibirsk: Nauka, Sib. Otd-nie, 1974), 146—164; N. A. Zhikharev, *Ocherki istorii Severo-Vostoka RSFSR, 1917—1953* (Magadan: Magadanskoe knizhnoe izdatelstvo, 1961), 37—69。
10. 苏共第十届党代表大会，转引自Slezkine, *Arctic Mirrors*, 144。关于苏共委员会，可参见*Arctic Mirrors*, chaps. 5 and 6。

11. Vladimir Bogoraz, "Podgotovitelnye mery k organizatsii malykh narodnostei," *Sovetskaia Aziia* 3 (1925): 48.
12. V. Lenin, *Polnoe sobranie sochinenii* (Moscow: Politizdat, 1958—1965), 41: 245—246.
13. *KPSS v rezoliutsiiakh i resheniiakh sezdov, konferentsii I plenumov TsK, vol. 2, 1917—1922* (Moscow: Izdat.pol. lit., 1983), 367.
14. B. I. Mukhachev, *Borba za vlast sovetov na Chukotke (1919—1923): Sbornik dokumentov i materialov* (Magadan: Magadanskoe Knizhnoe Izdatelstvo, 1967), 124.
15. Mukhachev, *Borba za vlast*, 133.
16. RGIA DV F. R–2413, Op. 4, D. 1798, L. 52.
17. APRCA, Oscar Brown Papers, Box 1, pp. 20—24.
18. P. G. Smidovich, introduction to N. Galkin, *V zemle polunochnogo solntsa* (Moscow: Molodaia gvardiia, 1929), 6.
19. RGIA DV F. R–2333, Op. 1, D. 128, L.372. 亦可参见RGIA DV F. R–623, Op. 1, D.36, L. 1。
20. Mukhachev, *Borba za vlast*, 104.
21. GARF F. 3977, Op. 1, D. 881, L. 126.
22. RGIA DV F. R–4559, Op. 1, D. 1, L. 117 and 118.
23. GARF F. 3977, Op. 1, D. 11, L. 19.
24. GARF F. 3977, Op. 1, D. 811, L. 129b.
25. GAPK F. 633, Op. 5, D. 43, L. 6, 6.
26. RGIA DV F. R–2413, Op. 4, D. 629, L. 5.
27. RGIA DV F. R–2413, Op. 4, D. 629, L. 5.
28. Leighton and Leighton, "Eskimo Recollections," 59.
29. Swenson, *Northwest*, 172—174.
30. GARF F. 3977, Op. 1, D. 11, L. 17.
31. Roger Silook, in *Gifts from the Ancestors: Ancient Ivories of Bering Strait*, ed. William W. Fitzhugh, Julia Hollowell and Aron L. Crowell (Princeton: Princeton University Press, 2009), 217.
32. Simon Paneak, *In a Hungry Country: Essays by Simon Paneak*, ed. J. M. Campbell (Fairbanks: University of Alaska Press, 2004), 34.
33. Leighton and Leighton, "Eskimo Recollections," 252.
34. Leighton and Leighton, "Eskimo Recollections," 80—81.
35. 纳帕克，也被称为佛罗伦斯·努波克，是一位才华横溢的艺术家。参见Suzi Jones, ed., *Eskimo Drawings* (Anchorage: Anchorage Museum of Art, 2003), 137—156。
36. Leighton and Leighton, "Eskimo Recollections," 165. 引用的是另一位甘贝尔居民科内克的话。

37. APRCA Charles Lucier Collection, 方框3，文件3–18, Jack Tiepelman, p. 1。
38. Leighton and Leighton, "Eskimo Recollections," 158.
39. Oquilluk, *People of Kauwerak*, 131; Brevig, *Apaurak in Alaska*, 158. 我了解到整个北极地区的人们都表达了这个观点。
40. Oquilluk, *People of Kauwerak*, 128.
41. Asatchaq and Lowenstein, *Things that Were Said*, 193—195.
42. *Report of the Commissioner of Educatio, 1925* (Washington, DC: Government Printing Office, 1925), 28.
43. 甘贝尔镇的教师，转引自 Charles C. Hughes, *An Eskimo Village in the Modern World* (Ithaca, NY: Cornell University Press, 1962), 190。
44. Riggs to the Secretary of Agriculture, November 11, 1919, p. 11; NARA MDRG 126, CCF 1907—1951, File 9–1–33.
45. Memo to Education Department Employees, August 25, 1920, NARA MD RG 48, CCF 1907—1936, File 6–13. 关于这一主题的经典著作，见 Louis Warren, *The Hunter's Game: Poachers and Conservationists in Twentieth-century America* (New Haven, CT: Yale University Press, 1997)。
46. Bockstoce, *White Fox*, 19.
47. Frank Williams to E. W. Nelson, December 21, 1921, NARA MD RG 22, Entry 162.
48. Frank Dufresne, 转引自 Mitchell, *Sold American*, 187。
49. Chief of Bureau to Frank Dufresne, February 7, 1923, NARA MD RG 22, Entry 162.
50. H. Liebes & Co. to Department of Fisheries, September 22, 1923, NARA MDRG 22, Entry 162.
51. Apassingok et al., *Savoonga*, 175.
52. F. G. Ashbrook, *Blue Fox Farming in Alaska* (Washington, DC: Department of Agriculture, 1925), 16.
53. Ashbrook, *Blue Fox Farming*, 1. 大部分农场都在阿拉斯加的群岛上，参见 Sarah Isto, *The Fur Farms of Alaska: Two Centuries of History and a Forgotten Stampede* (Fairbanks: University of Alaska Press, 2014)。
54. Wilfred Osgood, *Silver Fox Farming* (Washington, DC: Government Printing Office, 1908), 45.
55. Adam Leavitt Qapqan, UAFOHP, Project Jukebox, IHLC Tape 00058, Section 5.
56. Isto, *Fur Farms of Alaska*, 70.
57. Bockstoce, *White Fox*, 212—213.
58. Bogoslovskaya et al., *Maritime Hunting Culture*, 27.
59. GARF F. 3977, Op. 1, D. 809, L. 17.
60. ChOKM, Matlu, *Avtobiografiia (Rasskaz Matliu)* , Coll. N. 5357.

61. Anatolii Skachko, "Problemy severa," *Ss* no. 1 (1930): 15—37, 33.
62. RGIA DV F. R–2413, Op. 4, D. 974, L. 109.
63. RGIA DV F. R–2413, Op. 4, D. 629, L. 107.
64. GARF F. 3977, Op. 1, D. 11, L. 40.
65. Krupnik and Chlenov, *Yupik Transitions*, 230—232.
66. Krupnik, *Pust govoriat*, 267.
67. B. M. Lapin, *Tikhookeanskii dnevnik* (Moscow: Federatsiia, 1929), 36.
68. L. N. Khakhovskaia, "Shamany i sovetskaia vlast na Chukotke," *Voprosy istrorii* no. 4 (2013): 113—128, 121.
69. L. S. Bogoslovskaya, V. S. Krivoshchekov, and I. Krupnik, eds., *Tropoiu Bogoraza: Nauchnye i literaturnye materialy* (Moscow: Russian Heritage InstituteGEOS, 2008), photo 1–41.
70. Anders Apassingok, personal communication, July 2017.
71. Krupnik and Chlenov, *Yupik Transitions*, 113—114.
72. Peter Schweitzer and Evgeniy Golovko, "The 'Priests' of East Cape: A Religious Movement on the Chukchi Peninsula during the 1920s and 1930s," *Etudes/Inuit/Studies* 31, no. 1—2 (2007): 39—58.
73. ChOKM, Tikhon Semushkin Collection, "Predvaritelnye materialy," 34. 关于这一事件的描述，亦可参见Krupnik and Chlenov, *Yupik Transitions*。
74. 海象收获记录来自Igor Krupnik and Ludmila Bogoslovskaya, *Ecosystem Variability and Anthropogenic Hunting Pressure in the Bering Strait Area* (Washington, DC: Smithsonian Institution, 1998), 109。亦可参见Francis H. Fay and C. Edward Bowlby, *The Harvest of Pacific Walrus, 1931—1989* (Anchorage: U.S. Fish and Wildlife Technical Report, 1994), 20。本节中所有狐狸的数字来自GARF F. 3977, Op. 1, D. 819, L. 15—17。
75. GARF F. 3977, Op. 1, D. 11, L. 40.
76. RGIA DV F. R–2413, Op. 4, D. 974, L. 115v.
77. RGIA DV F. R–2413, Op. 4, D. 974, L. 108, 115b.
78. GARF F. A–310, Op. 18, D. 329, L. 51; GAMO F. P–12, Op. 1, D. 14, L. 8; GARF F. 3977, Op. 1, D. 423, L. 13; RGIA DV F. R–2413, Op. 4, D. 974, L. 128.
79. Yuri Rytkheu, *Reborn to a Full Life* (Moscow: Novosti Press, 1977), 52.
80. Norman Whittaker to Clifford C. Presnall, January 22, 1945, NARA MD RG 22, Entry P–285.
81. Vladimir Tiyato in Krupnik, *Pust govoriat*, 143—144.
82. William Ig˙g˙iag˙ruk Hensley, *Fifty Miles from Tomorrow: A Memoir of Alaska and the Real People* (New York: Farrar, Straus and Giroux, 2009), 67.
83. Rytkheu, *Reborn*, 55.
84. Margaret Seeganna, in Kaplan and Yocom, *Ugiuvangmiut Quliapyuit*, 25.
85. 烟雾信号转引自Dorothy Jean Ray, *Eskimo Art: Tradition and Innovation in North Alaska*

(Seattle: University of Washington Press, 1977), 55; Don Foster to Peter Mayne, June 23, 1949, NARA AK RG 75, Decimal File 997.4。

86. John L. Buckley, *The Pacific Walrus: A Review of Current Knowledge and Suggested Management Needs* (Washington, DC: Government Printing Office, 1958), 2. 关于第二次世界大战的开支，参见Stephen Haycox, *Alaska: An American Colony* (Seattle: University of Washington Press, 2002), 257—272。
87. Albert Heinrich to Clifford Presnall, March 20, 1945, NARA MD RG 22, Entry P–285; J. Murie to FWS Director, January 28, 1945, NARA MD RG 22, Entry P–285.
88. "Protection of Walruses in Alaska," H. Report No. 883, 77th Cong., 1st Sess. (June 28, 1941), p. 2.
89. Brooks, "Pacific Walrus and Its Importance," 506.
90. Clifford Presnall to Norman Wittaker, January 4, 1945. NARA MD RG 22, Entry P–285.
91. GARF F. R–5664, Op. 46, D. 1137, L. 2.
92. GAMO F. P–22, Op. 1, D. 122, L. 4, 81.
93. GAMO F. P–22, Op. 1, D. 213, L. 71.
94. 许可证的副本，见NARA AK RG 75, Mission Correspondence 1935—1968。
95. Krupnik and Chlenov, *Yupik Transitions*, 250.
96. Krupnik, *Pust govoriat*, 499.
97. "Alaska: America's Greatest Wealth of Untapped Resources," 1947, NARA MD RG 48, CCF 1937—1953, p. 10.关于土著人参与第二次世界大战，参见Holly Guise, "World War Two and the First Peoples of the Last Frontier: Alaska Native Voices, Indigenous Equilibrium Theory, and Wartime Alaska 1942—1945" (PhD diss., Yale University, 2018)。
98. APRCA, Ernest S. Burch Jr. Papers, Series 3, Box 74, File: Henry Geist, p. 9.
99. Michael Krauss, "Crossroads? A Twentieth-Century History of Contacts across the Bering Strait," in *Anthropology of the North Pacific Rim*, ed. William W. Fitzhugh and Valerie Chaussonnet (Washington, DC: Smithsonian Institution Press, 1994), 365—379.
100. A. Day to Office of Indian Affairs, November 30, 1944, NARA DC RG 75, CCF 1940—1957.
101. C. Sullivan to Claude Hirst, September 17, 1936, NARA AK RG 75, Alaska Reindeer Service Administrative Correspondence 1934—1953.
102. B. Lafortune to Claude Hirst, August 18, 1939, NARA AK RG 75, Alaska Reindeer Service Administrative Correspondence 1934—1953. 亦可参见F. A. Zeusler to Claude Hirst, August 19, 1936。
103. John Buckles to Durward Allen, December 1, 1953, NARA MD RG 22, Entry

P–285; 无标题报告，无作者和页码，1946; NARA MD RG 22, Entry 246。

104. Hensley, *Fifty Miles*, 76, 78, 72—73.
105. Joan Naviyuk Kane, *A Few Lines in the Manifest* (Philadelphia: Albion Books, 2018), 20.
106. Senungetuk and Tiulana, *Place for Winter*, 38—40.
107. Yuri Rytkheu, *Liudi nashego berega* (Leningrad: Molodaia gvardiia, 1953), 2.
108. GAMO F. P–22, Op. 1, D. 659, L. 9. 关于未建成的建筑和城市，参见Nicolai Ssorin-Chaikov, *The Social Life of the State in Subarctic Siberia* (Stanford, CA: Stanford University Press, 2003)。
109. Yuri Rytkheu, *From Nomad Tent to University* (Moscow: Novosti Press, 1981), 26.
110. Krupnik and Chlenov, *Yupik Transitions*, 271; Tobias Holzlehner, "Engineering Socialism: A History of Village Relocations in Chukotka, Russia," in *Engineering Earth: The Impacts of Megaengineering Projects*, ed. S. D. Brunn (Dordrecht, Netherlands: Springer, 2011), 1957—1973.
111. Rytkheu, *Reborn*, 70.
112. Nina Akuken, 转引自 Krupnik and Chlenov, *Yupik Transitions*, 274—275。
113. Krupnik, *Pust govoriat*, 218.
114. E. E. Selitrennik, "Nekotorye voprosy kolkhoznogo stroitelstva v Chukot-skom natsionalnom okruge," *Sovetskaia etnografiia* no. 1 (1965): 13—27, 16.
115. Krupnik and Chlenov, *Yupik Transitions*, 282—283.
116. GAChAO R–23, Op. 1, D. 51, L.61.
117. GARF F. A–310, Op. 18, D. 191, L. 10.
118. GAMO F. P–12, Op. 1, D. 84, L. 107.
119. Rytkheu, From Nomad Tent, 20.
120. Mikhail M. Bronshtein, "Uelen Hunters and Artists," *Études/Inuit/Studies* 31, No. 1—2 (2007): 83—101.
121. Francis H. Fay, *Pacific Walrus Investigations on St. Lawrence Island, Alaska* (Anchorage: Alaska Cooperative Wildlife Unit, 1958), 4.
122. Albert Reed to General Commissioner for Indian Affairs, August 12, 1947, NARA AK RG 75, Juneau Area Office 1933—1963, File 920.
123. Bogoslovskaya et al., *Maritime Hunting Culture*, 87.
124. Francis H. Fay, "Ecology and Biology of the Pacific Walrus, *Odobenus Rosmarus Divergens Illiger*," *North American Fauna* LXXIV (1982): 171—172; G. C. Ray, J. McCormick-Ray, P. Berg, and H. E. Epstein, "Pacific Walrus: Benthic Bioturbator of Beringia," *Journal of Experimental Marine Biology and Ecology* no. 330 (2006): 403—419.
125. S. E. Kleinenberg, "Ob okrane morzha," *Priroda* no. 7 (July 1957), trans. D. E. Sergeant, *Fisheries Research Board of Canada Translation Series No. 199* (Montreal:

Fisheries Research Board, 1959), 5.
126. RGAE F. 544, Op. 1, D. 32, L. 13.
127. RGAE F. 544, Op. 1, D. 32, L. 13.
128. RGAE F. 544, Op. 1, D. 60, L. 3.
129. 该组织于1956年更名为国际自然保护联盟。
130. RGAE F. 544, Op. 1, D. 32, L. 1. 关于国际关系，参见Douglas Weiner, *A Little Corner of Freedom: Russian Nature Protection from Stalin to Gorbachev* (Berkeley: University of California Press, 1999), 261—282。
131. Kleinenberg, "Ob okrane," 5.
132. Kleinenberg, "Ob okrane," 5.
133. Krupnik and Bogoslovskaya, *Ecosystem Variability*, 109.
134. 这一论点与早期环境史相悖，早期环境史强调共产主义比资本主义更具破坏性。例如参见Murray Feshbach, *Ecological Disaster: Cleaning Up the Hidden Legacy of the Soviet Regime* (New York: Twentieth Century Fund Press, 1995); Paul Josephson, *The Conquest of the Russian Arctic* (Cambridge, MA: Harvard University Press, 2014)。更多细微差别的描述，参见Andy Bruno, *The Nature of Soviet Power: An Arctic Environmental History* (New York: Cambridge University Press, 2016); Stephen Brain, *Song of the Forest: Russian Forestry and Stalinist Environmentalism 1905—1953* (Pittsburgh: University of Pittsburgh Press, 2011)，以及Alan Roe, "Into Soviet Nature: Tourism, Environmental Protection, and the Formation of Soviet National Parks, 1950s— 1990s" (PhD diss., Georgetown University, 2016)。
135. 佚名，转引自Anna Kerttula, *Antler on the Sea: The Yupik and Chukchi of the Russian Far East* (Ithaca, NY: Cornell University Press, 2000), 139; Fay and Bowlby, *Harvest of Pacific Walrus*, 3。
136. Fay, Kelly, and Stease, "Managing the Exploitation," 5.

第五章　变动的苔原

1. Pielou, *Naturalist's Guide*, 86—98.
2. Valerius Geist, *Deer of the World: Their Evolution, Behavior, and Ecology* (Mechanicsburg, PA: Stackpole, 1998), 315—336; B. C. Forbes and T. Kumpula, "The Ecological Role and Geography of Reindeer (*Rangifer tarandus*) in Northern Eurasia," *Geography Compass* no. 3 (2009): 1356—1380. 梦游的驯鹿是作者个人的观察。
3. Valerius Geist, "Of Reindeer and Man, Human and Neanderthal," *Rangifer* 23, Special Issue no. 14 (2003): 57—63. Vladimir Pitulko, "Ancient Humans in Eurasian Arctic Ecosystems: Environmental Dynamics and Changing Subsistence," *World Archeology* 30, no. 3 (1999): 421—436.
4. Ernest Burch Jr., *Caribou Herds of Northwest Alaska, 1850—2000* (Fairbanks:

University of Alaska Press, 2012), 148.

5. Leonid Baskin, "Reindeer Husbandry / Hunting in Russia in the Past, Present and Future," *Polar Research* 19, no. 1 (2000): 23—29. Igor Krupnik, *Arctic Adaptations: Native Whalers and Reindeer Herders of Northern Eurasia*, trans. Marcia Levenson (Hanover, NH: University Press of New England, 1993), 166—168.
6. Marcy Norton, "The Chicken or the Iegue: Human-Animal Relationships and the Columbian Exchange," *American Historical Review* 120, no. 1 (February 2015): 28—60；以及Tim Ingold, "From Trust to Domination: An Alternative History of Human-Animal Relations," in *Animals and Human Society: Changing Perspectives*, ed. Aubrey Manning and James Serpell (London: Routledge, 2002), 1—22。
7. Krupnik, *Arctic Adaptations*, 161.
8. Bogoras, *The Chukchee*, 71—73, 84.
9. 关于牧民的转变，参见I. Gurvich, "Sosedskaia obshchina i proizvodstvennye obedineniia malykh narodov Severa," in *Obshchestvennyi stroi u narodov Severnoi Sibiri*, ed. I. Gurvich and B. Dolgikh (Moscow: Nauka, 1970), 384—417，以及I. S. Vdovin, "Istoricheskie osobennosti formirovaniia obshchestvennogo razdeleniia truda u narodov Severo-Vostoka Sibiri," in *Sotsialnaia istoriia narodov Azii* (Leningrad: Nauka, 1975), 143—157。
10. 本段摘自Krupnik, *Arctic Adaptations*, chaps. 4 and 5; I. S. Vdovin, *Ocherki istorii*, 15—22; Bogoras, *The Chukchee*, 73—90。在1600年的时候，人口大概在二千人左右，到了19世纪末，人口稳定增长至近九千人。
11. L. M. Baskin, *Severnyi olen: Upravlenie povedeniem i populiatsiiami olenevodstvo okhota* (Moscow: KMK, 2009), 182—188.
12. Bogoras, *The Chukchee*, 44—45.
13. Bogoras, *The Chukchee*, 371 (引用), 322—323, 643。
14. Eigil Reimers, "Wild Reindeer in Norway—Population Ecology, Management, and Harvest," *Rangifer Report*, no. 11 (2006): 39.
15. APRCA, Ernest S. Burch Jr. Papers, Series 3, Box 124, File "Western Arctic Herd Sequence," 无页码。
16. 关于因纽皮亚特人狩猎的描述，摘自APRCA, Charles V. Lucier Collection, Box 3, Folder: Buckland Ethnographic Notes, 3—4; Burch, *Iñupiaq Eskimo Nations*。关于驯鹿迁徙的提法，来自Burch, *Caribou Herds*, 67—91。
17. APRCA, Ernest S. Burch Jr. Papers, Series 3, Box 75, File: 1965 A-Series, Regina Walton Interview, pp. 50—51; Burch, *Iñupiaq Eskimo Nations*, 45.
18. Burch, *Caribou Herds*, 119.
19. APRCA, Charles V. Lucier Collection, Box 3, Folder: Buckland Ethnographic Notes 3—4 and APRCA, Ernest S. Burch Jr. Papers, Series 5, Box 227, Folder H88-2B-9, p. 23.

20. Edwin S. Hall Jr., *The Eskimo Storyteller: Folktales from Noatak, Alaska* (Knoxville: University of Tennessee Press, 1975), 78—79, 211; APRCA, Charles V.
21. Christopher Tingook, in APRCA, Ernest S. Burch Jr. Papers, Series 3, Box 124, "Western Arctic Herd Sequence," 无页码。寻找约翰·富兰克林的探险队在19世纪50年代购买了驯鹿，西联电报探险队在19世纪60年代末购买了驯鹿，国际极地年探险队的船员在19世纪80年代也购买了驯鹿。参见Bockstoce, *Furs and Frontiers*, 144—146; Burch, *Caribou Herds*, 120—121。
22. Burch, *Iñupiaq Eskimo Nations*, 107.
23. Henry Dall, *Alaska and Its Resources* (Boston: Lee and Shepard, 1897), 147; Nelson, *The Eskimo about Bering Strait*, 229; Charles Townsend, "Notes on the Natural History and Ethnology of Northern Alaska," in M. A. Healy, *Report of the Cruise of the Revenue Marine Steamer Corwin in the Arctic Ocean in the Year 1885* (Washington, DC: Government Printing Office, 1887), 87; John Murdoch, *Ethnological Results of the Point Barrow Expedition* (1892; repr. Washington, DC: Smithsonian Institution Press, 1988), 267—268。
24. Burch, *Caribou Herds*, chaps. 4 and 5; Burch, *Iñupiaq Eskimo Nations*, 47, 374. 关于动物种群动态和生态压力如何导致对欧洲商品和理念的依赖的研究有着丰富的历史记录，如参见Richard White, *The Roots of Dependency: Subsistence, Environment and Social Change among the Choctaws, Pawnees, and Navajos* (Lincoln: University of Nebraska Press, 1988); Marsha Weisiger, *Dreaming of Sheep in Navajo Country* (Seattle: University of Washington Press, 2011)，以及Hackel, *Children of Coyote*。
25. APRCA, Ernest S. Burch Jr. Papers, Series 3, Box 97, Serial File on Caribou Data, Entry 105, 79, 14；以及File: Seward Peninsula, Interview with Gideon Barr, p. 1。
26. Linda Ellanna and George Sherrod, *From Hunters to Herders: The Transformation of Earth, Society and Heaven among the Iñupiat of Beringia* (Anchorage: National Park Service, 2004), 45.
27. 总结自Oquilluk, *People of Kauwerak*。第三次灾难可能是坦博拉火山爆发的结果；Lisa Navraq Ellanna, personal communication, July 2017。
28. APRCA, Ernest S. Burch Jr. Papers, Series 3, Box 124, "Northeast Coast: Caribou, Informant: Simon Paneak," 无页码。
29. W. N. Burns, *Year with a Whaler*, 149.
30. 这是霍勒斯·格里利的观点，这个观点比大多数观点都更加苛刻 (*New York Daily Tribune*, April 11, 1867)。即使对阿拉斯加的支持者来说，也无法忽视缺少农业发展潜力的问题；参见Charles Sumner, *Speech of Hon. Charles Sumner of Massachusetts on the Cession of Russian America to the United States* (Washington, DC: Congressional Globe Office, 1867), 33。
31. M. A. Healy, "Destitution among the Alaska Eskimo," *Report of the Federal Security Agency: Office of Education* (Washington, DC: Government Printing Office, 1906), 1:

1097.

32. W. E. Nelson, *Report upon Natural History Collections Made in Alaska between the Years 1877 and 1881* (Washington, DC: U.S. Army Signal Service, 1887), 285.
33. Paul Niedieck, *Cruises in the Bering Sea*, trans. R. A. Ploetz (New York: Scribner, 1909), 115. 土著狩猎在多大程度上导致了驯鹿的减少还没有定论，这也是围绕"生态印第安"的长期争论的一部分。关于爱斯基摩人过度狩猎的争论，见Richard Stern et al., *Eskimos, Reindeer and Land*, Bulletin 59, December 1980 (Fairbanks: Agricultural and Forestry Experiment Station, School of Agriculture and Land Resources Management, University of Alaska Fairbanks, 1980), 14。伯奇认为，在狩猎中过度使用步枪是造成驯鹿数量骤减的主要原因。考虑到19世纪末期北极地区的放牧者数量有所减少，我认为是狩猎加剧了气候压力。在这个意义上，北美驯鹿在大平原上与野牛的处境相似，尽管它们的栖息地没有遭到破坏，没有人类前来定居，也远离工业市场；参见Andrew C. Isenberg, *The Destruction of the Bison: An Environmental History, 1750—1920* (New York: Cambridge University Press, 2000)，以及Theodore Binnema, *Common and Contested Ground: A Human and Environmental History of the Northwestern Plains* (Toronto: University of Toronto Press, 2004), chaps. 1 and 2。
34. Healy, "Destitution," 1097.
35. Sheldon Jackson, *Introduction of Domestic Reindeer into Alaska: Preliminary Report of the General Agent of Education for Alaska to the Commissioner of Education* (Washington, DC: Government Printing Office, 1891), 4—5.
36. 关于杰克逊，参见Roxanne Willis, *Alaska's Place in the West: From the Last Frontier to the Last Great Wilderness* (Lawrence, KS: University Press of Kansas, 2010), 24—25，以及Stephen W. Haycox, "Sheldon Jackson in Historical Perspective: Alaska Native Schools and Mission Contracts, 1885—1894," *Pacific Historian* 26 (1984): 18—28。
37. Sheldon Jackson, "Education in Alaska," S. Exec. Doc. No. 85, 49th Cong., 1st Sess. (1886), p. 30.
38. S. Jackson, *Introduction of Domestic Reindeer*, 9.
39. S. Jackson, *Introduction of Domestic Reindeer*, 7.
40. Townsend, "Notes on the Natural History," 88.
41. Helen Hunt Jackson, *A Century of Dishonor* (Boston: Roberts Brothers, 1881), 1.
42. Sheldon Jackson, *Preliminary Report of the General Agent for Alaska* (Washington: Government Printing Office, 1890), 10.
43. Townsend in S. Jackson, *Report on Introduction of Domestic Reindeer into Alaska with Maps and Illustrations*, Sen. Doc. No. 22, 52nd Cong., 2d Sess. (1893), 34.
44. 一些人类学家认为，在苏厄德半岛，驯鹿群的数量虽有所减少，但也没有到生存困难或者被迫移民的程度；参见Dean Olson, *Alaska Reindeer Herdsmen: A Study of Native Management in Transition* (Fairbanks: University of Alaska, Institute of Social

Economic and Government Research, 1969), 20，以及 Dorothy Jean Ray, *The Eskimos of Bering Strait, 1650—1898* (Seattle: University of Washington Press, 1975), 112—113。

45. Sheldon Jackson, *Report on Introduction of Domestic Reindeer into Alaska 1894* (Washington, DC: Government Printing Office, 1895), 58.
46. RGIA DV F. 702, Op. 1, D. 682, L. 13; S. A. Buturlin, *Otchet upolnomochennago Ministerstva vnutrennykh del po snabzheniiu prodovolstvem v 1905 godu, Kolymskago i Okhotskago kraia* (St. Petersburg: Tipografaia Ministerstva vnutrennikh del, 1907), 70—72; RGIA DV F. 702, Op. 3, D. 160, L. 13.
47. Baron Gerhard Maydell, *Reisen und forschungen im Jakutskischen gebiet Ostsibiriens in den jahren 1861—1871* (St. Petersburg: Buchdruckerei der K. Akademie der wissenschaften, 1893—1896); Bogoras, *The Chukchee*, 73, 706—708.
48. RGIA DV F. 702, Op. 3, D. 414, L. 87.
49. RGIA DV F.702, Op.1, D.682, L.3, 4, 5a; RGIA DV F.702, Op.3, D.414, L.89.
50. RGIA DV F. 702, Op. 1, D. 682, L. 93. 截至1911年，只有一所学校不在阿纳德尔和马尔科沃的行政及贸易中心办学，其学生多为哥萨克人。
51. RGIA DV F. 702, Op. 3, D. 160, L. 13—14, 引用：40。
52. RGIA DV F.702, Op.1, D.682, L.45, 62; RGIA DV F.702, Op.3, D.160, L.33.
53. RGIA DV F. 702, Op. 1, D. 682, L. 25. 坏死杆菌病是蹄子的细菌感染，是欧亚大陆东北部驯鹿中最常见的疾病，在温暖潮湿的条件下，细菌容易繁殖。受伤的蹄子也更容易感染。参见K. Handeland, M. Moye, B. Borgsjo, H. Bondal, K. Isaksen, and J.S. Agerholm, "Digital Necrobasillosis in Norwegian Wild Tundra Reindeer (*Rangifer tarandus tarandus*)" *Journal of Comparative Pathology* 143, no. 1 (July 2010): 29—38。关于减少，参见RGIA DV F. 702, Op. 3, D. 563, L. 147—148; Krupnik, *Arctic Adaptations*, 173—175。
54. Bogoras, *The Chukchee*, 347.
55. Vladimir Bogoraz, 转引自 Yuri Slezkine, *Arctic Mirrors*, 148。 关于博戈拉兹的生活概况，参见Sergei Kan, "'My Old Friend in a Dead-end of Empiricism and Skepticism' : Bogoras, Boas, and the Politics of Soviet Anthropology of the Late 1920s—Early 1930s," *Histories of Anthropology Annual* 2, no. 1 (2006): 33—68。
56. RGIA DV F. R–2411, Op. 1, D. 66, L. 195.
57. GARF F. 3977, Op. 1, D. 225, L. 188.
58. T. Semushkin, *Chukotka, in Izbrannye proizvedeniia v dvukh tomakh, t. 2* (Moscow: Khudozhestvennaia literatura moskva 1970), 210.
59. Semushkin, *Chukotka*, 144.
60. Semushkin, *Chukotka*, 37, 36.
61. V. S. Flerov, ed., *Revkomy Severo-vostoka SSSR (1922—1928 gg.) Sbornik dokumentov i materialov* (Magadan: Magadansokoe knizhnoe izdatelstovo, 1973), 196.

62. GARF F. A–310, Op. 18, D. 88, L. 42.
63. Galkin, *V zemle polunochnogo*, 160.
64. RGIA DV F. R–4315, Op. 1, D. 32, L. 11.
65. RGIA DV F. R–623, Op. 1, D. 36, L. 8.
66. Slezkine, *Arctic Mirrors*, 239.
67. Semushkin, *Chukotka*, 36.
68. Flerov, ed. *Revkomy Severo-vostoka*, 196—197.
69. 驯鹿数量的统计存在出入，这些数字都是估算。加鲁索夫统计的数据较为平均：1926—1927年家养驯鹿总数共55.6万头，见I. S. Garusov, *Sotsialisticheskoe pereustroistvo selskogo i promyslovogo khoziaistva Chukotki 1917—1952* (Magadan: Magadanskoe knizhnoe izdatelstvo, 1981), 81。
70. GARF F. 3977, Op. 1, D. 716, L. 24.
71. GAMO F.91, Op.1, D.2, L.94.
72. "Herders of Reindeer," *WP*, July 1, 1894. 亦可参见Willis, *Alaska's Place in the West*, 31。
73. Stern et al., *Eskimos, Reindeer and Land*, 25—26.
74. Frank Churchill, *Reports on the Condition of Education and School Service and the Management of Reindeer Service in the District of Alaska* (Washington, DC: Government Printing Office, 1906), 37, 36, 39.
75. Walter Shields, Report Superintendent N.W. District, June 30, 1915, pp.10—11, NARA DC RG 75, General Correspondence 1915—1916, Entry 806.
76. Churchill, *Condition of Education*, 46.
77. 关于马卡伊克塔克，参见Department of the Interior, *Report on the Work of the Bureau of Education for the Natives of Alaska, 1914—1915* (Washington, DC: Government Printing Office, 1917), 72—85; Ellanna and Sherrod, *From Hunters to Herders*, chap. 3。关于土著人的所有权，参见U.S. Bureau of Education, *Report on Work of the Bureau of Education for the Natives of Alaska 1913—1914* (Washington, DC: Government Printing Office, 1917), 7。
78. Bureau of Education, *Report on the Work of the Bureau ... 1914—1915*, 8.
79. Carl Lomen, *Fifty Years in Alaska* (New York: D. McKay Co, 1954), 148.
80. Ellanna and Sherrod, *From Hunters to Herders*, 54—55.
81. Bureau of Education, *Report on the Work of the Bureau ... 1914—1915*, 52.
82. NARA AK RG 75, Alaska Reindeer Service Historical Files, File: History-general, 1933—1945, "Quotations," p. 32.
83. APRCA, Fosma and Sidney Rood Papers, Box 2, Erik Nylin Annual Report from Wales 1922—1923.
84. Hunt, *Arctic Passage*, 219; "Reindeer to Help the Meat Supply," Newspaper clipping, June 15, 1914, NARA MD RG 48, CCF 1907—1936, file: 6–2/6–4; Lewis Laylin

to Hon. James Wickersham, March 12, 1913, NARA AK RG 75, Alaska Reindeer Service Historical Files, File: History-general, 1933—1945.

85. Report of the Governor of Alaska, *Reports of the Department of the Interior*, vol. 2 (Washington DC: Government Printing Office, 1918), 519.
86. NARA AK RG 75, Alaska Reindeer Service Historical Files, File: History-general, 1933—1945, "Quotations," p. 32.
87. Unalakleet Teacher Wellman, Annual Report 1922—1923, NARA AK RG 75, Alaska Reindeer Service Historical Files, File: History-general, 1933—1945.
88. Olson, *Alaska Reindeer Herdsmen*, 14.
89. John B. Burnham, *The Rim of Mystery: A Hunter's Wanderings in Unknown Siberian Asia* (New York: Putnam, 1929), 281.
90. I. Druri, "Kak byl sozdan pervyi olenesovkhoz na Chukotke," *Kraevedcheskie zapiski* XVI (Magadan, 1989), 9.
91. RGIA DV F R-2413, Op.4, D. 967, L. 13.
92. A. Skachko, "Ocherednye zadachi sovetskoi raboy sredi malykh narodov Severa," *Ss*, no. 2 (1931) 5—29, 20.
93. Kan, "'My Old Friend'," ; Slezkine, *Arctic Mirrors*, 189.
94. GARF F. A-310, Op. 18, D. 88, L. 44; RGIA DV F. R-4315, Op. 1, D. 32, L. 3, 10.
95. GARF F. 3977, Op. 1, D. 225, L. 5.
96. Semushkin, *Chukotka*, 299.
97. D. I. Raizman, "Shaman byl protiv," in Bogoslovskaya et al., *Tropoiu Bogoraza*, 95—101, 100.
98. GARF F. A-310, Op. 18, D. 88, L. 43.
99. 转引自 L.N. Khakhovskaia, "Shamany i sovetskaia vlast na Chukotke" *Voprosy Istorii* 4 (2013): 112—127, 117。
100. Isaac Andre Seymour Hadwen and Lawrence Palmer, *Reindeer in Alaska* (Washington DC: Government Printing Office, 1922), 69.
101. Lawrence Palmer, *Raising Reindeer in Alaska* (Washington, DC: USDA Miscellaneous Publication No. 207, 1934), 23—31.
102. Hadwen and Palmer, *Reindeer in Alaska*, 4.
103. NARA AK RG 75, Alaska Reindeer Service Historical Files, File: History-general, 1933—1945, "Quotations," p. 13.
104. Stern et al., *Eskimos, Reindeer and Land*, 26.
105. Carl Lomen, 1931 testimony in *The Eskimo* 11, no. 4 (October 1994), 1.
106. Reindeer Committee Report of 1931, in *United States v. Lomen & Co.*, April 17, 1931, NARA DC RG 75, CCF 1907—1939.
107. Ellanna and Sherrod, *From Hunters to Herders*, 60—61.
108. Survey of the Alaska Reindeer Service, 1931—1933, p.2, NARA AK RG 75,

Alaska Reindeer Service Historical Files, File: Reports 1933.

109. C. L. Andrews, Protest against Action of Investigators in Reindeer Survey, p. 7, NARA MD RG 126, CCF 1907—1951, File 9-1-33.

110. Kenneth R. Philip, "The New Deal and Alaskan Natives, 1936—1945," in *An Alaska Anthology: Interpreting the Past*, ed. Stephen W. Haycox and Mary Childer Mangusso (Seattle: University of Washington Press, 1996), 267—286.

111. House of Representatives, "Alaska Legislation: Hearing before the Committee on the Territories," 75th Cong., 1st. Sess. (June 15 and 22, 1937), 2.

112. J. Sidney Rood, *Narrative Re*: *Alaska Reindeer Herds for Calendar Year 1942*, *with Supplementary Data* (Nome: U.S. Bureau of Indian Affairs Alaska, 1943), 151.

113. Gideon Barr, 转引自 Ellanna and Sherrod, *From Hunters to Herders*, 48。

114. Rood, *Narrative Re: Alaska Reindeer*, 151.

第六章 气候的变化

1. J. Olofsson, S. Stark and L. Oksanen, "Reindeer Influence on Ecosystem Process in the Tundra," *Oikos* 105, no. 2 (May 2004): 386—396; Johan Olofsson et al., "Effects of Summer Grazing by Reindeer on Composition of Vegetation, Productivity, and Nitrogen Cycling," *Ecography* 24, no. 1 (February 2001): 13—24; Heidi Kitti, B. C. Forbes and Jari Oksanen, "Long- and Short-term Effects of Reindeer Grazing on Tundra Wetland Vegetation," *Polar Biology* 32, no. 2 (February 2009): 253—261; Forbes and Kumpula, "The Ecological Role and Geography of Reindeer," 1356—1380.

2. Krupnik, *Arctic Adaptations*, 143—147; Anne Gunn, "Voles, Lemmings and Caribou—Population Cycles Revisited?" *Rangifer* 23, Special Issue no. 14 (2003): 105—111; J. Putkonen and G. Roe, "Rain-on-snow Events Impact Soil Temperatures and Affect Ungulate Survival," *Geophysical Research Letters* 30, no. 4 (February 2003), DOI: 10.1029/2002GL016326; Baskin, "Reindeer Husbandry," 23—29. 关于北极人口周期的经典著作，见 Christian Vibe, "Arctic Animals in Relation to Climatic Fluctuations," *Meddelelser om Grønland* 170, no. 5 (1967)。

3. Liv Solveig Vors and Mark Stephen Boyce, "Global Declines of Caribou and Reindeer," *Global Change Biology* 15, no. 11 (November 2009): 2626—2633.

4. Vibe, "Arctic Animals," 163—179; Krupnik, *Arctic Adaptations*, 143—148.

5. 关于集体化问题，参见 Yuri Slezkine, *The House of Government: A Saga of the Russian Revolution* (Princeton: Princeton University Press, 2017), chap. 12，以及 Stephen Kotkin, *Stalin: Waiting for Hitler* (New York: Penguin, 2017), chap. 2。

6. Katarina Clark, *The Soviet Novel: History as Ritual* (Bloomington: University of Indiana Press, 1981), 10—17; Jochen Hellbeck, *Revolution on My Mind: Writing a Diary*

under Stalin (Cambridge, MA: Harvard University Press, 2006), introduction. “漫漫征途”一词摘自Slezkine, *Arctic Mirrors*, 292。

7. RGIA DV F. R–2413, Op. 4, D. 974, L. 66.
8. RGIA DV F. R–2413, Op. 4, D. 629, L. 93.
9. Dikov, *Istoriia Chukotki*, 211; Garusov, *Sotsialisticheskoe*, 130—132. 这种屠杀在整个苏联很常见，参见Bruno, *The Nature of Soviet Power*, chap. 4。
10. TsKhSDMO F. 22, Op. 1, D. 2, L. 35.
11. Stalin，转引自Viktor Grigorevich Vasilev, *M. T. Kiriushina and N. A. Menshikov, Dva goda v tundre* (Leningrad: Izd-vo Glavsevmorputi, 1935), 3。
12. Dikov, Istoriia, 212—213.
13. RGAE F. 9570, Op. 2, D. 3483, L. 31.
14. Iatgyrgin interview in Z. G. Omrytkheut, “Ekho Berezovskogo vosstaniia: Ochevidtsy o sobytiiakh 1940 i 1949 gg,” in Bogoslovskaya et al., *Tropoiu Bogoraza*, 91—92. 弗拉迪斯拉夫·努瓦诺认为，杀手是楚科奇地区的一个科里亚克难民——个人通信，2014年5月。
15. Iatgyrgin in Omrytkheut, “Ekho Berezovskogo,” 91.
16. Garusov, *Sotsialisticheskoe*, 131. 上述陈述来自加鲁索夫。
17. RGAE F. 9570, Op. 2, D. 3483, L. 17, 14, 15, 64.
18. GAChAO F. R–16, Op. 1, D. 13, L. 34—41.
19. Raizman, “Shaman byl protiv,” 95—96, quote from 100.
20. 楚科奇地区家养驯鹿每十年的平均数来自Patty Gray, “Chukotkan Reindeer Husbandry in the Twentieth Century,” in *Cultivating Arctic Landscapes: Knowing and Managing Animals in the Circumpolar North*, ed. David Anderson and Mark Nutall (New York: Berghahn Books, 2004), 143。
21. K. R. Wood and J. E. Overland, “Early 20th Century Arctic Warming in Retrospect,” *International Journal of Climatology* 30, no. 9 (July 2010): 1269—1279.
22. 早期，狼的数量可能一直在增长。1928年，苏联政府发布赏金捕狼。参见GAChAO F. R–2, Op. 1, D. 2, L. 19。
23. 关于“惯例”一词被用来描述狼群捕猎，参见L. David Mech and Rolf O. Peterson, “Wolf-Prey Relations” in *Wolves: Behavior, Ecology, and Conservation*, ed. L. David Mech and Luigi Boitani (Chicago: University of Chicago Press, 2003), 131—157。关于狼的心理变化，参见L. David Mech, “Possible Use of Foresight, Understanding, and Planning by Wolves Hunting Muskoxen,” *Arctic* 60, no. 2 (June 2007): 145—149。本段其余部分摘自Mech and Boitani, ed., *Wolves: Behavior, Ecology, and Conservation*, 1—34, 66—103, 161—192; Marco Musiani et al., “Differentiation of Tundra/Taiga and Boreal Coniferous Forest Wolves: Genetics, Coat Color, and Association with Migratory Caribou,” *Molecular Ecology* 16, no. 19 (October 2007): 4149—4170；以及Gary Marvin, *Wolf* (London: Reaktion Books,

2012), 11—34。

24. A. T. Bergerud, Stuart N. Luttich, and Lodewijk Camps, *The Return of the Caribou to Ungava* (Montreal: McGill-Queens University Press, 2008), 10; Layne G. Adams et al., "Population Dynamics and Harvest Characteristics of Wolves in the Central Brooks Range, Alaska," *Wildlife Monographs* 170, no. 1 (2008): 1—18.
25. Burch, *Caribou Herds*, 53.
26. APRCA, Fosma and Sidney Rood Papers, Box 1, J. Sidney Rood, "Alaska Reindeer Notes," p. 1.
27. Reindeer Supervisor, May 1925, NARA AK RG 75, Alaska Reindeer Service Historical Files, File: History-general, 1933—1945. 在1909年只有关于狼的零星报道，但在1925年后，人们对狼的关注与日俱增。
28. 关于驯鹿场狼群问题的简要声明，1940年5月18日，NARA DC RG 75, BIA CCF 1940—1957, File: 43179。
29. National Research Council, *Wolves, Bears and Their Prey in Alaska* (Washington, DC: National Academy Press, 1997), 49.
30. Sidney Rood, Message to Association of Bering Unit Herds, April 8, 1943, NARA AK RG 75, Alaska Reindeer Service Historical Files, File: History-general, 1933—1945.
31. 关于外来者对狼的看法，参见K. S. Robisch, *Wolves and the Wolf Myth in American Literature* (Reno, NV: University of Nevada Press, 2009)，以及Jon Coleman, *Vicious: Wolves and Men in America* (New Haven, CT: Yale University Press, 2006)。
32. Report from Wainwright, AK, July 9, 1936, NARA AK RG 75, Reindeer Service Decimal Correspondence, File: Predators, 1936—1937.
33. G. Collins to S. Rood, March 24, 1937, NARA AK RG 75, Reindeer Service Decimal Correspondence, File: Predators, 1936—1937.
34. Jennifer McLerran, *A New Deal for Native Art: Indian Arts and Federal Policy, 1933—1943* (Tuscon, AZ: University of Arizona Press, 2009), 107.
35. Russell Annabel, "Reindeer Round-Up," NARA AK RG 75, Reindeer Service Decimal Correspondence, File: General Correspondence 1901—1945.
36. Noatak Teacher to Mr. Glenn Briggs, January 25, 1937, NARA AK RG 75, Reindeer Service Decimal Correspondence, File: Predators, 1936—1937.
37. Ross, *Pioneering Conservation*; Donald McKnight, *The History of Predator Control in Alaska* (Juneau: Alaska Department of Fish and Game, 1970), 3, 6—8. 这些数字包括了整个阿拉斯加。
38. Press Release, Fish and Wildlife Service, December 1, 1941, NARA MD RG 126, CCF 1907—1951; Sidney Rood to Major Dale Gaffney, January 21, 1941, NARA AK RG 75, Reindeer Service Decimal Correspondence, File: Predators, 1940—1941.
39. APRCA, Ernest S. Burch Jr. Papers, Series 5, Box 220, File: Kivalina, Jimmy and

Hannah Hawley interview, p. 35; 亦可参见Hall, *Eskimo Storyteller*, 167—168, 296—298。

40. Paneak, *In a Hungry Country*, 88, 89.
41. Gubser, *Nunamiut Eskimos*, 266—267.
42. Dan Karmun, UAFOHP Project Jukebox, Tape H2000–102–05, Section 4.亦可参见NARA AK RG 75, Hollingsworth to Area Director Juneau, January 12, 1951, Alaska Reindeer Service Decimal Correspondence, File: Reindeer byproducts, misc. 1951。
43. Krupnik, *Arctic Adaptations*, 157—158.
44. Clifford Weyiouanna, UAFOHP Project Jukebox, Tape H2000–102–22, Section 2.
45. 有关狼与生态系统调控的关系存在争论；有关概述，参见Emma Marris, "Rethinking Predators: Legend of the Wolf," *Nature* 507 (March 13, 2014): 158—160。
46. Bogoras, *The Chukchee*, 323.
47. Mukhachev, *Borba za vlast*, 64—65.
48. GARF F. A–310, Op. 18, D. 88, L. 86. 灭狼在俄罗斯有着悠久的传统，同时狼对人类的攻击显然比在北美更为普遍；参见Will N. Graves, *Wolves in Russia: Anxiety through the Ages* (Calgary, AB: Detselig, 2007)，以及Ian Helfant, *That Savage Gaze: Wolves in the Nineteenth-Century Russian Imagination* (New York: Academic Studies Press, 2018)。M. P.巴甫洛夫认为，俄罗斯灭狼的决心至少可以追溯到19世纪中期，见*Volk* (Moscow: Agropomizdat, 1990), 9—10。
49. Druri, "Kak byl sozdan," 7; P. S. Zhigunov, ed., *Reindeer Husbandry*, trans. Israel Program for Scientific Translations (Springfield, VA: U.S. Department of Commerce, 1968), 177. 巴斯金认为（"Reindeer Husbandry", 25), 苏联北方的科学家在发展驯鹿科学的时候依赖于当地知识。
50. F. Ia. Gulchak, *Reindeer Breeding*, trans. Canadian Wildlife Service (Ottawa: Department of the Secretary of State, Bureau for Translations, 1967), 26.
51. Druri, *Olenevodstvo* (Moskva: Izdatelstvo selkhoz literatury, zhurnalov i plakatov, 1955, 1963), 39. 亦可参见Baskin, *Severnyi olen*。
52. GARF F. A–310, Op. 18, D. 369, L. 10.
53. *SCh*, February 5, 1944.
54. GARF F. A–310, Op. 18, D. 369, L. 3.
55. GAMO F. P–22, Op. 1, D. 180, L. 1, 2.
56. Omrytkheut, "Ekho Berezovskogo," 91—94; Vladislav Nuvano, "Tragediia vselakh Berezovo i Vaegi 1940 i 1949gg," in Bogoslovskaya et al., *Tropoiu Bogoraza*, 85—90; Nuvano, personal communication May 2014.
57. B. M. Andronov, "Kollektivizatsiia po-Chukotski" in Bogoslovskaya et al., *Tropoiu Bogoraza*, 103 (引用), 106. 安德罗诺夫是MGB (另一种内部警察) 的高级安全官员，并暗示鲁尔提尔库特是安全部门的线人。

58. 楚科奇的党员人数不足楚科奇地区总人口的20%，参见Patty Gray, *The Predicament of Chukotka's Indigenous Movement: Post-Soviet Activism in the Russian Far North* (Cambridge, UK: Cambridge University Press, 2005), 97。
59. Victor Keul' kut, *Pust stoit moroz* (Moscow: Molodaia gvadiia, 1958), 44.
60. Tikhon Semushkin, *Alitet Goes to the Hills* (Moscow: Foreign Language Publishing House, 1952), 12, 13.
61. V. G. Kuznetsova, 转引自E. A. Davydova, "'Dobrovolnaia smert' i 'novaiazhizn' v amguemenskoi tundre (Chukotka): Stremlenie ukhoda v mir mertvykh Tymenenentyna," *Vestnik arkheologii, antrpologii i enografii* 4, no. 31 (2015): 131—132。完整案例见本文。
62. GARF F. A–310, Op. 18, D. 682, L. 25.
63. RGAE F. 8390, Op. 1, D. 2385, L. 36.
64. Zhigunov, *Reindeer Husbandry*, 187.
65. 例如参见Zhigunov, *Reindeer Husbandry*; Gulchak, *Reindeer Breeding*; Druri, *Olenevodstvo*; E. K. Borozdin and V. A. Zabrodin, *Severnoe olenevodstvo* (Moscow: Kolos, 1979)。亦可参见RGAE F. 8390, Op. 1, Del, 2385, L. 35—39。
66. GARF F. A–310, Op. 18, D. 682, L. 48.
67. Zhigunov, *Reindeer Husbandry*, 324. 亦可参见V. M. Sdobnikov, "Borba skhishchnikamiin," in *Severnoe olenevodstvo*, ed. P. S. Zhigunov (Moscow: Ogiz-Selhozgiz, 1948), 361。
68. Gray, "Chukotkan Reindeer Husbandry," 143. 格雷指出，楚科奇地区是从苏联集体农庄迁移到国营农场的一个实验区。卡罗琳·汉弗莱认为，国营农场是一种更先进的社会主义生产方式，见Caroline Humphrey, *Marx Went Away—But Karl Stayed Behind* (Ann Arbor: University of Michigan Press, 1998), 93。
69. GAChAO F. R–20, Op. 1, D. 43, L. 6.
70. Zhigunov, *Reindeer Husbandry*, 82; V. Kozlov, "Khoziaistvo idet v goru," in *30 let Chukoskogo natsionalnogo okruga* (Magadan: Magadanskoe Knizhnoe Izdatelstvo, 1960), 65—69.
71. GAChAO F. R–23, Op. 1, D. 51, L. 35.
72. GARF F. A–310, Op. 18, D. 682, L. 30.
73. Zhigunov, *Reindeer Husbandry*, 85.
74. Gulchak, *Reindeer Breeding*, 260—261.
75. GAChAO F. R–2, Op. 1, D. 37, L. 88—90.
76. GARF F. A–310, Op. 18, D. 682, L. 28. 关于专家，参见Slezkine, *Arctic Mirrors*, 350—352。
77. Baskin, "Reindeer Husbandry," 27; Igor Krupnik, "Reindeer Pastoralism in Modern Siberia: Research and Survival during the Time of the Crash," *Polar Research* 19, no. 1 (2000): 49—56.
78. Gulchak, *Reindeer Breeding*, 191.

79. V. Ustinov, *Olenevodstvo na Chukotke* (Magadan: Magadanskoe Knizhnoe Izdatelstvo, 1956), 18, 93.
80. APRCA, Ernest S. Burch Jr. Papers, Series 5, Box 228, File: NANA, Selawik, p. 25; Gubser, *Nunamiut Eskimos*, 151.
81. Stern et al., *Eskimos, Reindeer and Land*, 64—68.
82. Gray, "Chukotkan Reindeer Husbandry," 143.
83. David R. Klein and Vladimir Kuzyakin, "Distribution and Status of Wild Reindeer in the Soviet Union," *Journal of Wildlife Management* 46, no. 3 (July 1982): 728—733; David R. Klein, "Conflicts between Domestic Reindeer and their Wild Counterparts: A Review of Eurasian and North American Experience," *Arctic* 33, no. 4 (December 1980): 739—756.
84. Tom Gray, UAFOHP, Project Jukebox, Tape H2000-102-17, Section 11. 亦可参见APRCA, Ernest S. Burch Jr. Papers, Series 3, Box 75, File 1965B, p. 106。
85. Clifford Weyiouanna, UAFOHP, Project Jukebox, Tape H2000-102-22, Section 6.
86. V. N. Andreev, *Dikii severnyi olen v SSSR* (Moscow: Sovetskaia Rossiia, 1975), 71.
87. Sdobnikov, "Borba s khishchnikamiin," 361.
88. Olaus Murie，转引自Ross, *Pioneering Conservation*, 287。亦可参见Adolph Murie, *The Wolves of Mount McKinley* (Washington, DC: National Park Service, 1944)。
89. Graves, *Wolves in Russia*, 59; Marvin, *Wolf*, 144—146; Ken Ross, *Environmental Conflict in Alaska* (Boulder: University of Colorado Press, 2000), 49—75.
90. K. P. Filonov, *Dinamika chislennosti kopytnykh zhivotnykh i zapovednost. Okhotovedenie.* (Moscow: TsNIL Glavokhota RSFSR and Lesnaia promyshlennost, 1977), 88—89. 亦可参见Wiener, *A Little Corner of Freedom*, 374—397。苏联关于捕杀狼的辩论的例子，参见O. Gusev, "Protiv idealizatsii prirody," *Ook* 11 (1978): 25—27; S. S. Shvarts, *Dialog o prirode* (Sverdlovsk: Sredne-uralskoe knizhnoe izdatelstvo, 1977); A. Borodin, "Usilit borbu s volkami," *Ook* 7 (1979): 4—5; G. S. Priklonskii, "Rezko sokratit chislennost" *Ook* 8 (1978): 6; A. S. Rykovskii, "Volk — vrag seroznyi," *Ook* 7 (1978): 8—9; Y. Rysnov, "Ne boites polnostiu unichtozhit volkov," *Ook* 9 (1978): 10; and V. Khramova, "Borba s volkami v viatskikh lesakh," *Ook* 12 (1974): 44。
91. McKnight, *History of Predator Control*, 8; Ross, *Environmental Conflict*, 49— 77; D. I. Bibikov, *Volk: Proiskhozhdenie, sistematika, morfologiia, ekologiia* (Moscow: Akademia nauk, 1985), 562—571; Coleman, *Vicious*, chap. 9.
92. Monte Hummel and Justina Ray, *Caribou and the North: A Shared Future* (Toronto: Dundurn Press, 2008), 85.
93. Jim Dau, "Managing Reindeer and Wildlife on Alaska's Seward Peninsula," *Polar Research* 19, no. 1 (2000): 75—82; C. Healy, ed., *Caribou Management Report of Survey-Inventory Activities 1 July 1998—30 June 2000* (Juneau: Alaska Department of Fish and Game Project 3.0, 2001).

94. Gray, "Chukotkan Reindeer Husbandry," 143.
95. Igor Krupnik, "Reindeer Pastoralism." 扎多林的这段话见第50页。
96. Kyle Joly et al., "Linkages between Large-scale Climate Patterns and the Dynamics of Arctic Caribou Populations," *Ecography* 34, no. 2 (April 2011): 345—352; D. E. Russel1, A. Gunn, S. Kutz, "Migratory Tundra Caribou and Wild Reindeer," *Arctic Report Card 2018*, http://www.arctic.noaa.gov/Report-Card.

第七章 不安的地球

1. Pielou, *Naturalist's Guide*, 47—61.
2. R. W. Boyle, *Gold: History and Genesis of Deposits* (New York: Van Nostrand Reinhold, 1987). 关于苏厄德半岛，参见C. L. Sainsbury, *Geology, Ore Deposits and Mineral Potential of the Seward Peninsula, Alaska*, U.S. Bureau of Mines Open-File Report 73—75, 1975。关于楚科奇，参见A. V. Volkov and A. A. Sidorov, *Unikalnyi zolotorudnyi raion Chukotki* (Magadan: DVO RAN 2001)。
3. Jack London, "In a Far Country," in *Klondike Tales* (New York: Modern Library, 2001), 24.
4. 参见Richard White, *Organic Machine*；我很感激这位作者，他让我对河流有了更深刻的理解。
5. Jacob Ahwinona, "Reflections on My Life," in *Communities of Memory: Personal Histories and Reflections on the History, Culture, and Life in Nome and the Surrounding Area* (Nome, AK: George Sabo, 1997), 17—18.
6. Julie Raymond-Yakoubian and Vernae Angnaboogok, "Cosmological Changes: Shifts in Human-Fish Relationships in Alaska's Bering Strait Region," in Tuomas Räsänen and Tania Syrjämaa, *Shared Lives of Humans and Animals: Animal Agency in the Global North* (New York: Routledge, 2017), 106—107.
7. APRCA, Hazel Lindberg Collection, Box 3, Series 1, Folder 52: Jafet Lindeberg, p. 7. 在1866—1867年，丹尼尔·利比发现了黄金存在的证据；1897年，在奥米拉克山区经营一个小型银矿的约翰·德克斯特的建议下，开始在梅尔辛溪进行勘探。利比在苏厄德半岛召开了第一次矿工会议。参见Terrence Cole, *Nome: City of the Golden Beaches* (Anchorage: Alaska Geographic Society, 1984), 11—24。
8. Jeff Kunkel, with assistance from Irene Anderson, *The Two Eskimo Boys Meet the Three Lucky Swedes*, commissioned by the elders and board of the Sitnasuak Native Corporation (Anchorage: Glacier House, 2002), 11. 在这个故事的另一个版本中，玛丽·安蒂萨尔卢克向林德伯格展示了黄金，见Charles Forselles, *Count of Alaska: A Stirring Saga of the Great Alaskan Gold Rush: A Biography* (Anchorage: Alaskakrafts, 1993), 13。
9. APRCA, Hazel Lindberg Collection, Box 3, Series 1, Folder 52: Jafet Lindeberg,

pp. 7—8.

10. Ahwinona, “Reflections,” 17—18.
11. APRCA, Hazel Lindberg Collection, Box 3, Series 1, Folder 52: Jafet Lindeberg, pp. 7—8.
12. Kunkel, *Two Eskimo Boys*, 13.
13. M. Clark, *Roadhouse Tales, or, Nome in 1900* (Girard, KS: Appeal Publishing, 1902), 14.
14. 参见Katherine Morse, *The Nature of Gold: An Environmental History of the Klondike Gold Rush* (Seattle: University of Washington Press, 2010), 16—39。关于金本位制，参见Catherine R. Schenk, “The Global Gold Market and the International Monetary System,” in *The Global Gold Market and the International Monetary System from the Late 19th Century to the Present: Actors, Networks, Power*, ed. Sandra Bott (New York: Palgrave Macmillan, 2013), 17—38。
15. Andrew Carnegie, *The Gospel of Wealth* (New York: The Century Co., 1901), 94.
16. 关于这一时期的概况，参见Richard White, *The Republic for Which It Stands* (New York: Oxford University Press, 2017), 831—854; 关于资本主义，参见David Montgomery, *Citizen Worker: The Experience of Workers in the United States with Democracy and the Free Market during the Nineteenth Century* (Cambridge, MA: Harvard University Press, 1993)。
17. Edwin B. Sherzer, *Nome Gold: Two Years of the Last Great Gold Rush in American History, 1900—1902*, ed. Kenneth Kutz (Darien, CT: Gold Fever Pub, 1991), 27. 亦可参见M. Clark, *Roadhouse Tales*, 95; London, “In a Far Country,” 24。
18. 我在这里的分析来自White, *Republic for Which*, 237—239。
19. Sherzer, *Nome Gold*, 27.
20. M. Clark, *Roadhouse Tales*, 95. 在政治上，许多淘金者支持民粹主义的观点，参见Charles Postel, *The Populist Vision* (New York: Oxford University Press, 2007); Robert Johnston, *The Radical Middle Class: Populist Democracy and the Question of Capitalism in Progressive-Era Portland, Oregon* (Princeton, NJ: Princeton University Press, 2003)。
21. Joseph Grinnell, *Gold Hunting in Alaska*, ed. Elizabeth Grinnell (Elgin, IL: David C. Cook, 1901), 90, 13. 关于自由的想法，参见Paula Mitchell Marks, *Precious Dust: The American Gold Rush Era, 1848—1900* (New York: William Morrow, 1994), 372—373，以及Morse, *Nature of Gold*, 117—125。
22. M. Clark, *Roadhouse Tales*, 95.
23. M. Clark, *Roadhouse Tales*, 95.
24. *NN*, January 1, 1900. 由于无法确定是谁先找到了黄金，报纸刊登了这个故事的多个版本。
25. Rex Beach, “The Looting of Alaska,” *Appleton's Booklovers' Magazine*, January-May 1906: 7.
26. Grinnell, *Gold Hunting*, 89.

27. “At Least ＄400, 000,” *Nome News*, October 9, 1899.
28. Jeff Kunkel, ed., *Alaska Gold: Life on the New Frontier, 1989—1906, Letters and Photographs of the McDaniel Brothers* (San Francisco: California Historical Society, 1997), 87.
29. APRCA, Memoirs and Reminiscences Collection, Box 3, Daniel Libby to H. R. Mac Iver, October 25, 1899, p. 4.
30. “More Rosy Tales of the Golden Sands on Beaches at Cape Nome,” *SFC*, September 12, 1899.
31. James H. Ducker, “Gold Rushers North: A Census Study of the Yukon and Alaska Gold Rushes, 1896—1900,” in Haycox and Mangusso, *Alaska Anthology*, 206—221.
32. Sherzer, *Nome Gold*, 25.
33. L. H. French, *Nome Nuggets: Some of the Experiences of a Party of Gold Seekers in Northwestern Alaska in 1900* (New York: Montross, Clarke and Emmons, 1901), 34.
34. Edward S. Harrison, *Nome and the Seward Peninsula: History, Description, Biographies* (Seattle: Metropolitan Press, 1905), 58.
35. Kunkel, *Alaska Gold*, 141.
36. Captain of the Steamer *Perry* to the Secretary of the Treasury, June 23, 1900, NARA AK RG 26, M-641, Roll 8. 亦可参见Lieutenant Jarvis to the Secretary of the Treasury, September 5, 1899, NARA AK RG 26, M-641, Roll 8。
37. E. S. Harrison, *Nome and the Seward Peninsula*, 53.
38. Sherzer, *Nome Gold*, 45; M. Clark, *Roadhouse Tales*, 36; Lanier McKee, *The Land of Nome: A Narrative Sketch of the Rush to Our Bering Sea Gold-Fields, the Country, Its Mines and Its People, and the History of a Great Conspiracy 1900—1901* (New York: Grafton Press, 1902), 32.
39. 矿工们注意到苏厄德半岛几乎没有驯鹿种群，见McKee, *Land of Nome*, 97; M. Clark, *Roadhouse Tales*, 155。
40. M. Clark, *Roadhouse Tales*, 89.
41. “Chloroformed and Robbed of ＄1, 300,” *Nome Chronicle*, November 17, 1900; “Knock Out Drop Was Employed,” *Nome Chronicle*, September 29, 1900; “Stole Muther's Safe,” *Nome Gold* Digger, November 1, 1899.
42. Sherzer, *Nome Gold*, 38; 有些人误以为留在越冬地点的食物是免费的，参见Senate Subcommittee of Committee on Territories, *Conditions in Alaska*, pt. 2, p. 159; E. S. Harrison, *Nome and the Seward Peninsula*, 31。
43. APRCA, Ernest S. Burch Jr. Papers, Series 3, Box 74, file “California Yearly Meeting of Friends,” Martha Hadley Report.
44. *Nome Daily News*, August 2, 1900.
45. Kunkel, *Two Eskimo Boys*, 17, 22—25.

46. 转引自 Mitchell, *Sold American*, 144。
47. *NN*, November 12, 1904. 有关石英溪的历史，参见 Mitchell, *Sold American*, 146—148。
48. *NN*, August 12 1903.
49. Ellanna and Sherrod, *From Hunters to Herders*, 54.
50. APRCA, Memoirs and Reminiscences Collection, Box 3, Folder 53: Manuscript by Daniel Libby, p. 4.
51. Ahwinona, "Reflections," 18. 亦可参见 Kunkel, *Two Eskimo Boys*, 19—20。
52. Cole, *Nome*, 79—90.
53. Case 102, NARA AK RG 21, M-1969, Roll 4.
54. Ed Wilson to President Theodore Roosevelt, October 4, 1901, NARA MD RG 126, Office of Territories Classified Files 1907—1951, File 9—120. 这封信有近五十名矿工的签名。
55. Senate Subcommittee of Committee on Territories, *Conditions in Alaska*, pt. 2, 176.
56. M. Clark, *Roadhouse Tales*, 13.
57. Grinnell, *Gold Hunting*, 12.
58. 参见 Sherzer, *Nome Gold*, 42—43；亦可参见 APRCA, William J. Woleben Papers, Transcript of Diary 1900, p. 4，以及 Grinnell, *Gold Hunting*, 96。诺姆镇男女比例变化与其他经历淘金热的小镇相似，参见 Susan Lee Johnson, *Roaring Camp: The Social World of the California Gold Rush* (New York: W. W. Norton, 2000), chaps. 2 and 3。
59. Sherzer, *Nome Gold*, 37.
60. Grinnell, *Gold Hunting*, 88.
61. APRCA, William J. Woleben Papers, Transcript of Diary 1900, p. 21.
62. Otto Halla, "The Story of the Nome Gold Fields," *Mining and Scientific Press,* March 1, 1902, p. 116.
63. K. I. Bogdanovich, *Ocherki Chukotskogo poluostrova* (St. Petersburg: A. S. Suvorin, 1901), 19.
64. 这来自二手描述，见 Jane Woodworth Bruner, "The Czar's Concessionaires: The East Siberian Syndicate of London; A History of Russian Treachery and Brutality," *Overland Monthly* 44, no. 4 (October 1904): 411—422, 414—415。
65. Bogdanovich, *Ocherki Chukotskogo*, 34.
66. Ivan Korzukhin, *Chto nam delat s Chukotskim poluostrovom?* (St. Petersburg: A. S. Suvorin, 1909), 27—28.
67. 关于沙皇时期采矿法的概述，参见 Michael Melancon, *The Lena Goldfields: Massacre and the Crisis of the Late Tsarist State* (College Station, TX: Texas A&M University Press, 2006), 28—32, 40—46。
68. V. Vonliarliarskii, *Chukotskii poluostrov: ekspeditsiia V. M. Vonliarliarskogo i otkrytie novogo zolotonosnogo raiona bliz ust'ia r. Anadyria, 1900—1912 gg.* (St. Petersburg: K. I. Lingard,

1913), 21—26.

69. Anonymous, *Zabytaia okraina* (St. Petersburg: A. S. Suvorin, 1902): 60—62. (我认为托马斯·欧文将伊万诺夫视为作者是正确的);"Chukchi Gold: American Enterprise and Russian Xenophobia in the Northeastern Siberia Company," *Pacific Historical Review* 77, no. 1 (February 2008): 49—85。
70. Korzukhin, *Chto nam delat*, 27—28.
71. RGIA DV F.702, Op. 7, D. 85, L. 141.
72. Vonliarliarskii, *Chukotskii poluostrov*, 14.
73. Owen, "Chukchi Gold," 60—65.
74. Ivan A. Korzukhin, *Chukotskii poluostrov* (St. Petersburg: Yakor, 1907), 3—4. 这些旅行的其他版本,见W. B. Jones, *Argonauts of Siberia*, 70—71,以及Lucile McDonald, "John Rosene's Alaska Activities, Part I," *The Sea Chest: Journal of the Puget Sound Maritime Historical Society 10* (March 1977): 107—121, 114。麦克唐纳的文章逐字逐句地引用了罗森遗失的回忆录中的内容。
75. Swenson, *Northwest of the World*, 8, 13.
76. Lucile McDonald, "John Rosene's Alaska Activities, Part II," *The Sea Chest: Journal of the Puget Sound Maritime Historical Society 10* (June 1977): 131—141, 138. 亦可参见RGIA DV F. 1370, Op. 1, D. 4, L. 119。
77. McDonald, "John Rosene's ... Part II," 138; Swenson, *Northwest of the World*, 17—18.
78. Konstantin N. Tulchinskii, "Iz puteshestviia k Beringovomu prolivu," *Izvestiia Imperatorskogo Russkogo geografi cheskogo obshchestva 42, vypusk 2—3* (1906): 521—579. 对其报告的分析,见RGIA DV F. 1370, Op. 1, D. 4, L. 131—144。
79. N. Tulchinskii,转引自Vdovin, *Ocherki istorii*, 261。
80. RGIA DV F. 702, Op. 2, D. 324, L. 8.
81. RGIA DV F. 1005, Op. 1, D. 220, L. 7.
82. RGIA DV F. 1008, Op. 1, D. 16, L. 31. 多数矿工在沙俄社会中属于农民阶级。来自不同社会阶级的矿工只占少数。其他关于他们出身的信息几乎没有。
83. RGIA DV F. 1008, Op. 1, D. 16, L. 117.
84. RGIA DV F. 1008, Op. 1, D. 16, L. 27—28. 由于楚科奇地区的记录被焚毁,被捕人数难以确定。
85. Preston Jones, *Empire's Edge: American Society in Nome, Alaska 1898—1934* (Fairbanks: University of Alaska Press, 2007), 87. 在露丝玛丽·麦克道尔记忆中,1906年至1913年其父亲的朋友曾经组织一支勘探队在楚科奇地区勘探矿藏,结果这些人全部被放逐,见APRCA, Ruthmary McDowell Papers, Box 1, Folder 32, p. 1。
86. RGIA DV F. 702, Op. 2, D. 324, L. 34—36. 亦可参见RGIA DV F. 702, Op. 2, D.285, L. 9—15。
87. RGIA DV F. 1005, Op. 1, D. 220, L. 114, 84. 一俄里大约是三分之二英里。
88. RGIA DV F. 702, Op. 3, D. 563, L. 147—148.

89. RGIA DV F. 1005, Op. 1, D. 220, L. 84 (quote), 8, 7.
90. RGIA DV F. 1008, Op. 1, D. 16, L. 117. 少数当地官员十分同情矿工；l. 31。
91. APRCA, Reed Family Collection, Subseries 3, Box 14, Leonard Smith, "History of Dredges in Nome Placer Fields," 无页码。
92. Alfred H. Brooks, "Placer Mining in Alaska," in *Contributions to Economic Geology 1903*, ed. S. F. Emmons and C. W. Hayes (Washington, DC: Government Printing Office, 1904), 43—59; Halla, "Story of the *Nome Gold* Fields," 116.
93. E. S. Harrison, *Nome and the Seward Peninsula*, 69.
94. Brooks, "Placer Mining in Alaska," 53.
95. E. S. Harrison, *Nome and the Seward Peninsula*, 271.
96. Cole, *Nome*, 99.
97. McKee, *Land of Nome*, 28.
98. S. Hall Young, *Alaska Days with John Muir* (New York: Fleming H. Revell, 1915), 210—211; John Muir, *Our National Parks* (1902; repr. Madison: University of Wisconsin Press, 1981), 12.
99. McKee, *Land of Nome*, 105.
100. Leighton and Leighton, "Eskimo Recollections," 58.
101. Ellanna and Sherrod, *From Hunters to Herders*, 55—57. 亦可参见 Senate Subcommittee to Committee on Territories, *Conditions in Alaska*, 107, 203; Mikkelsen, *Conquering the Arctic Ice*, 377; DeWindt, *Through the Gold Fields*, 32—33。
102. APRCA, Smith, "History of Dredges," 无页码。国内企业合并这一趋势盛行，参见 Richard White, *Railroaded: The Transcontinentals and the Making of Modern America* (W. W. Norton & Company, 2011); Charles Perrow, *Organizing America: Wealth, Power, and the Origins of Corporate Capitalism* (Princeton, NJ: Princeton University Press, 2002)；以及 Olivier Zunz, *Making America Corporate, 1870—1920* (Chicago: University of Chicago Press, 1990)。
103. Alfred Brooks, "The Development of the Mining Industry," United States Geological Survey Bulletin No. 328 (Washington, DC: Government Printing Office, 1909), 31. 亦可参见 Theodore Chapin, "Placer Mining on the Seward Peninsula," United States Geological Survey Bulletin No. 592 (Washington, DC: Government Printing Office, 1914), 385。
104. APRCA, June Metcalfe Northwest Alaska Collection, Box 1, Series 1, Folder 17: Arthur Olsen Diary, 1906—1907, pp. 10—13, 31.
105. *Report of the Mine Inspector for the Territory of Alaska to the Secretary of the Interior for the Fiscal Year Ended June 30, 1914* (Washington: Government Printing Office, 1914), 10—12.
106. 国际矿工联合会是工人国际组织下属的官方组织中最激进的一个。关于罢工，可参见 P. Jones, *Empire's Edge*, 58, 72—74, 82。

107. "Labor Ticket Will Be in the Field," *NTWN*, March 8, 1906; "Radical Change Is Wanted By People," *NTWN*, March 20, 1906; *NTWN*, April 4, 1906; 以及 *NN*, November 5, 1908。
108. Joseph Sullivan, "Sourdough Radicalism: Labor and Socialism in Alaska, 1905—1920," in Haycox and Mangusso, *Alaska Anthology*, 222—237. 更多详细内容，参见 Thomas Andrews, *Killing for Coal: America's Deadliest Labor War* (Cambridge, MA: Harvard University Press 2010)，以 及 Mark T. Wyman, *Hard Rock Epic: Western Miners and the Industrial Revolution, 1860—1910* (Berkeley: University of California Press, 1979)。
109. "Preamble and Platform, Socialist Party of Alaska, 1914," 转 引 自 Sullivan, "Sourdough Radicalism," 224。
110. Reports of John Creighton, reproduced in James Thomas Gay, "Some Observations of Eastern Siberia, 1922," Slavonic and East European Review 54, no. 2 (April 1976): 248—261, 251.
111. Nome Industrial Worker, December 13, 1915. 阿拉斯加地区社会主义者的命运同美国其他地区的社会主义者命运相似，参见 Eric Foner, "Why Is There No Socialism in the United States?" *History Workshop*, no. 17 (Spring 1984): 59—80。
112. UAA, Wilson W. Brine Papers, Box 1, File: letters 1923, Letter of June 28, 1923. 亦可参见 *NN*, June 19, 1920。
113. 转引自 Siegfried G. Schoppe and Michel Vale, "Changes in the Function of Gold within the Soviet Foreign Trade System Since 1945—1946," *Soviet and Eastern European Foreign Trade* 15, no. 3 (Fall 1979): 60—95, esp. 61。
114. RGAE, F. 2324, Op. 16, D. 43, L. 74. 苏联关于贸易与货币的争论，参见 Oscar Sanchez-Sivony, *Red Globalization: The Political Economy of the Soviet Cold War from Stalin to Khrushchev* (New York: Cambridge University Press, 2014), 33—37; Alec Nove, *An Economic History of the U.S.S.R.* (London: Penguin, 1989), 147—153; R. A. Belousov, *Ekonomicheskaia istoriia Rossii XX vek* (Moscow: Izdat, 2000), 2: 371—377。
115. 此处斯大林的观点经过英译后收录于 Michal Reiman, *The Birth of Stalinism: The U.S.S.R. on the Eve of the "Second Revolution"* (Bloomington: Indiana University Press, 1987), 128—133。
116. I. L. Iamzin and V. P. Voshchinin, *Uchenie o kolonizatsii i pereseleniiakh* (Moscow: Gosizdat, 1926), 222.
117. RGIA DV F. R-2333, Op. 1, D. 128, L. 375.
118. S. Sukhovii, "Kamchatskie bogatstva i ovladenie imi gosudarstvom," *Ekonomicheskaia zhizn Dalnego Vostoka*, no. 1 (1923): 15—17.
119. A. I. Kaltan, "Otchet po obsledovaniiu Chukotskogo poluostrova 1930/1931 g.," reprinted in Bogoslovskaya et al., *Tropoiu Bogoraza*, 330，以及 V. T. Pereladov, "Otkrytie pervoi promyshlennoi rossypi zolota na Chukotke," in Bogoslovskaya

et al., *Tropoiu Bogoraza*, 283。

120. Niobe Thompson, *Settlers on the Edge: Identity and Modernization on Russia's Arctic Frontier* (Vancouver: University of British Columbia Press, 2008), 4—5.
121. RGIA DV F. R-2350, Op. 1, D. 26, L. 23. 在远东地区这样的私人采矿活动十分常见，参见A. I. Shirokov, *Gosudarstvennaia politika na Severo-Vostoke Rossii v 1920—1950-kh gg.: Opyt i uroki istorii* (Tomsk: Izdvo Tom., 2009), chap. 2。这一时期，尽管国家对当地的矿工给予了让步，但是所有开采的黄金必须上交国家，见RGIA DV F. R-2333, Op. 1, D. 256, L.1—2。
122. RGIA DV F. R-2333, Op. 1, D. 128, L. 376.
123. "All Nome Attends Yuba Launching," *NN*, June 2, 1923.
124. P. Jones, *Empire's Edge*, 95.
125. Alfred Brooks et al., "Mineral Resources of Alaska, Report on Progress of Investigations in 1914," United States Geological Survey Bulletin No. 622 (Washington, DC: Government Printing Office, 1915), 69; Alfred Brooks et al., "Mineral Resources of Alaska, Report on Progress of Investigations in 1919," United States Geological Survey Bulletin No. 714-A (Washington, DC: Government Printing Office, 1921), 10.
126. APRCA, Janet Virginia Lee Papers, Box 4: Photographs, and APRCA, Smith, "History of Dredges," 无页码。
127. J. B. Mertie, Jr., "Placer Mining on Seward Peninsula," United States Geological Survey Bulletin No. 662 (Washington, DC: Government Printing Office, 1917): 455.
128. 对于生态环境的影响，参见Erwin E. Van Nieuwenhuyse and Jacqueline D. LaPerriere, "Effects of Placer Gold Mining on Primary Production in Subarctic Streams of Alaska," *Journal of the American Water Resources Council* 22, no. 1 (February 1986): 91—99; A. M. Miller and R. J. Piorkowski, "Macroinvertebrate Assemblages in Streams of Interior Alaska Following Alluvial Gold Mining," *River Research and Applications* 20, no. 6 (November 2004): 719—731; James B. Reynolds, Rodney C. Simmons, and Alan R. Burkholder, "Effects of Placer Mining Discharge on Health and Food of Arctic Grayling," *Journal of the American Water Resources Association* 25, no. 3 (June 1989): 625—635; 以及David M. Bjerklie and Jacqueline D. LaPerriere, "Gold-Mining Effects on Stream Hydrology and Water Quality, Circle Quadrangle, Alaska," *Journal of the American Water Resources Association* 21, no. 2 (April 1985): 235—242。

第八章　救赎的元素

1. Bogoras, *The Chukchee*, 285, 14.
2. 关于概况，可参见Mats Ingulstad, Espen Storli, and Andrew Perchard, "The Path of Civilization Is Paved with Tin Cans," in *Tin and Global Capitalism, 1850—2000: A*

History of the "Devil's Metal," ed. Mats Ingulstad, Espen Storli and Andrew Perchard (New York: Routledge, 2014), 1—21，以及 Ernest Hedges, *Tin and Its Alloys* (London: Royal Society of Chemistry, 1985)。

3. John McCannon, *Red Arctic: Polar Exploration and the Myth of the North in the Soviet Union 1932—1939* (New York: Oxford University Press, 1998), 61— 70, 119—127.
4. 奥托·施密特的序言，见 Lazar Brontman, *On the Top of the World: The Soviet Expedition to the North Pole, 1937* (London: Victor Gollancz, 1938), xi—xiii。
5. Ivan Papanin, *Life on an Ice Floe*, trans. Helen Black (New York: Messner, 1939), 36. 关于新的报道，见 Karen Petrone, *Life Has Become More Joyous, Comrades: Celebrations in the Time of Stalin* (Bloomington: University of Indiana Press, 2000), chap. 3。
6. 此处转引自 McCannon, *Red Arctic*, 84。
7. M. I. Rokhlin, *Chukotskoe olovo* (Magadan: Magadanskoe knizhnoe izdatelstvo, 1959), 引自 59, 20, 21 及 51。
8. 此处的讲话转引自 N. N. Dikov, *Istoriia Chukotki*, 199。
9. RGAE F. 9570, Op. 2, D. 3483, L. 6.
10. Rokhlin, *Chukotskoe olovo*, 58.
11. Volkov and Sidorov, *Unikalnye zolotorudnye*, 7.
12. McCannon, *Red Arctic*, 57—59.
13. RGAE F. 9570, Op. 2, D.3483, L. 59.
14. Frederick C. Fearing, "Alaska Tin Deposits," *Engineering and Mining Journal* 110, no. 4 (July 24, 1920): 154—158, 154.
15. Brooks et al., "Mineral Resources of Alaska ... 1914," 88 (引用)，373。
16. Fearing, "Alaska Tin," 155. 奥斯卡·布朗记述了更多这一时期开采金矿的危险：APRCA, Oscar Brown Papers, Box 1, pp. 40—41。
17. "Threatened Tin Famine," *Wall Street Journal*, June 2, 1917.
18. Fearing, "Alaska Tin," 158.
19. APRCA, Reed Family Papers, Series: Irving Mckenny, Subseries: Land and Mineral Survey Records, Box 13, File: Seward Peninsula — General, "Report on Conditions on the Seward Peninsula in 1929," 无页码。
20. David Kennedy, *Freedom from Fear: The American People in Depression and Fear, 1929—1945* (New York: Oxford University Press, 1999), 164. 此部分内容引自肯尼迪上述作品的第一章、第二章与第六章。
21. Rex Beach, *Cosmopolitan magazine*, 1936, 转引自 Kim Heacox, *John Muir and the Ice that Started a Fire: How a Visionary and the Glaciers of Alaska Changed America* (Guilford, CT: Lyons Press, 2014), 198—199。
22. J. A. Nadeau to Roosevelt, May 29, 1935, NARA MD RG 126, CCF 1907—1951, File: 9-1-16. 20世纪30年代这一时期的许多信件都参考了雷克斯· 比奇的文章，见 *Cosmopolitan*。

23. Harry Slattery to Mr. Bachelder, August 3, 1936, NARA MD RG 48, CCF 1907—1936, File: 9–1–4 General.
24. Letter to Harold Ickes, January 25, 1934, NARA MD RG 48, CCF 1907—1936, File 1–270, Alaska General 1933.
25. Henry Anderson, "The Little Landers' Land Colonies: A Unique Agricultural Experiment in California," *Agricultural History* 5, no. 4 (October 1931): 142. 亦可参见 Willis, *Alaska's Place in the West*, 48—70。
26. "Alaska Reviving Placer Mining," *WP*, December 14, 1930. 亦 可 参 见 "Alaska Missed by Depression," *Los Angeles Times*, December 14, 1933; "Boom Sighted for Alaska," *Los Angeles Times*, October 8, 1936.
27. Charlotte Cameron, *A Cheechako in Alaska and Yukon* (London: T. Fisher Unwin, 1920), 264.亦可参见 Alfred Brooks et al., "Mineral Resources of Alaska, Report on Progress of Investigations in 1916," United States Geological Survey Bulletin No.662 (Washington, DC: Government Printing Office, 1918), 451，以及 APRCA, Reed Family Papers, Series: Irving Mckenny, Subseries: Land and Mineral Survey Records, Box 11, File: Correspondence—B. D. Stewart, 1929—1938 and Box 13, File: Seward Peninsula—General。
28. APRCA, Oscar Brown Papers, Box 1, pp. 39—40.
29. *Nome Daily Nugget*, December 1, 1936.
30. 达尔斯特罗伊是苏联古拉格系统（劳改营）中最大的一个；参见 David Nordlander, "Capital of the Gulag: Magadan in the Early Stalin Era, 1929—1941," (PhD diss., University of North Carolina, 1997), 136。
31. 史蒂文·巴恩斯认为，在劳改营必须严肃看待救赎的理想状态这一概念；参见 *Death and Redemption: The Gulag and the Shaping of Soviet Society* (Princeton, NJ: Princeton University Press, 2011), 57—68. 关于这一导向，亦可参见 Oleg Khlevniuk, *The History of the Gulag: From Collectivization to the Great Terror*, trans. Vadim A Staklo, ed. David Nordlander (New Haven, CT: Yale University Press, 2004)，以及 Lynne Viola, *The Unknown Gulag: The Lost World of Stalin's Special Settlements* (New York: Oxford University Press, 2007)。杰弗里·哈代认为，劳动教养与社会救赎是全球大趋势中的一部分：*The Gulag after Stalin: Redefining Punishment in Khrushchev's Soviet Union, 1953—1964* (Ithaca, NY: Cornell University Press, 2016)。我认同巴恩斯对待工作的态度，强调纯粹的政治压迫或经济需要。有关例子，可参见 Galina Ivanova, *Istoriia GULAGa, 1918—1958: sotsialno-ekonomicheskii ipolitico-pravovoi aspekty* (Moscow: Nauka, 2006)，以及 Anne Applebaum, *Gulag: A History* (New York: Doubled ay, 2003)。
32. *Belomor*, 一本颂扬强迫劳动的书，转引自 Barnes, *Death and Redemption*, 14。
33. GAMO F. R–23, Op. 1, D.1, L. 168.
34. Nordlander, "Capital of the Gulag," 72—73；关于苏联政策中的大萧条时代，参见 Sanchez-Sibony, *Red Globalization*, chapter 1。

35. 1932年至1953年间，在科雷马劳改营待过的人数接近一百万。参见A. I. Shirokov, *Gosudarstvennaia politika*, 203—204, 326; I. D. Batsaev and A. G. Kozlov, *Dalstroi i Sevvostlag OGPU-NKVD CCCR v tsifrakh I dokumentakh* (Magadan: RAN DVO, 2002), 1: 6, 1: 15; V. G. Zeliak, *Piat metallov Dalstroia: Istoriia gornodobyvaiushchei promyshlennosti Severo-Vostoka v 30-kh—50-kh gg. XX v.* (Magadan: Ministerstvo obrazovaniia i nauki RF, 2004), 293； 以 及Nordlander, "Capital of the Gulag," 312—313。
36. 科雷马劳改营中的死亡人数很难统计；参见Khlevniuk, *History of the Gulag*, 320—323。据巴察耶夫和科兹洛夫 (*Dalstroi i Sevvostlag* 1：6) 估测，1951年前科雷马劳改营的死亡人数有十三万。这一数字并不包括大屠杀中的死亡人数，在1937—1939年间，约有一万甚至更多的人被射杀；参见Khlevniuk, *History of the Gulag*, 170—171。
37. Sergei Larkov and Fedor Romanenko, *"Vragi naroda" za poliarnym krugom* (Moscow: Paulson, 2010), 21—162. 关于政治肃清运动中的劳改营，参见Shirokov, *Gosudarstvennaia politika*, 190—200。
38. I. D. Batsaev, *Ocherki istorii magadanskoi oblasti nachalo 20kh—seredina 60kh gg XX* (Magadan: RAN DVO, 2007), 59，以及Shirokov, *Gosudarstvennaia politika*, chap. 3。
39. RGAE F. 9570, Op. 2, D. 3483, L. 6.
40. 黄金产量的增长的确放缓了，参见Batsaev, *Ocherki istorii magadanskoi oblasti*, 64。
41. 转引自Alexandr Kozlov, "Pervyi director," *Politicheskaia agitatsiia*, nos. 17—18 (September 1988): 27—32。
42. Chaunskii Raisovet, 11 January 1942, in *Sovety severo-vostoka SSSR (1941—1961 gg.): sbornik dokumentov i materialov*, chast 2, ed. A. I. Krushanov (Magadan: Magadanskoe knizhnoe izdatelstvo, 1982), 55—56. 楚科奇地区早期的矿藏开采信息，参见Shirokov, *Gosudarstvennaia politika*, 243，以及Zeliak, *Piat metallov*, 81。
43. V. Iu. Iankovskii, *Dolgoe vozvrashchenie: Avtobiograficheskaia povest* (Iaroslavl: Verkhne-Volzh. kn. izd-vo, 1991), 55.
44. Iankovskii, *Dolgoe vozvrashchenie*, 4—5.
45. MSA, F. 1, Op. 2, D.2701: Petr Lisov Papers, L. 33.
46. Michael Solomon, *Magadan* (New York: Vertex, 1971), 85.
47. 尽管作者提及的故事不能被完全证实，但是在20世纪40年代末，大众对有关"朱尔玛"号囚犯运输船的故事已经耳熟能详，历史学家对这些故事也进行了记录。马丁・布林格认为，1934年时"朱尔玛"号运输船并未涉足北冰洋，因为该船当时还不属于达尔斯特罗伊劳改营；参见*Stalin's Slave Ships: Kolyma, the Gulag Fleet, and the Role of the West* (Westport, CT: Praeger, 2003), 65—74。
48. MSA, F. 1, Op. 2, D.2701: Petr Lisov Papers, L. 47; GARF F. 9414, Op. 1d, D.197, L. 2; 以及GARF F. 9414, Op. 1d, D.161, L. 4。
49. Iankovskii, *Dolgoe vozvrashchenie*, 57, 59.

50. GAMO F. R–23, Op. 1, D.1145, L. 45（引用）, 48; GARF F. 9401, Op. 2, D.235, L.243。
51. Iankovskii, *Dolgoe vozvrashchenie*, 74, 57, 59（引用）。
52. I. I. Pavlov, *Poteriannye pokoleniia* (Moscow: SPb., 2005), 87.
53. Iankovskii, *Dolgoe vozvrashchenie*, 66.
54. Zeliak, *Piat metallov*, 213—214.
55. V. F. Grebenkin, "Raduga vo mgle," *Petlia: Vospominaniia, ocherki, dokumenty*, ed. Iu. M. Beledin (Volgograd, 1992), 242; John Lerner, *Proshchai, Rossiia!: Memuary "amerikanskogo shpiona,"* trans. I. Dashinskogo (Kfar Habad: Yad HaChamisha Press, 2006), 334—335.
56. GAMO F. R–23, Op. 1, D.5501, L. 19—22, 1.
57. GARF F. 8131, Op. 37, D.4477, L. 9.
58. MSA, F. 2, Op. 1, D.263: Alexandr Eremin Papers, L. 61.
59. MSA, F. 1, Op. 2, D.2701: Petr Lisov Papers, L. 33. 劳改营中犯人营养不良的情况随着时间与地点的变化而变化，但总体上到20世纪50年代营中的供给情况已有所好转。
60. Iankovskii, *Dolgoe vozvrashchenie*, 56, 64.
61. I. T. Tvardovskii, *Rodina i chuzhbina: Kniga zhizni* (Smolensk: Posokh: Rusich, 1996), 265. 亦可参见MSA, F. 2, Op. 1, D.263: Alexandr Eremin Papers, l. 54。楚科奇劳改营中的死亡人数不详。
62. Raizman, "Shaman byl protiv," 101; GAMO F. R–23, Op. 1, D.5210, Ll. 12—13.
63. MSA, F. 1, Op. 2, D.2701: Petr Lisov Papers, l. 35.
64. MSA, F. 2, Op. 1, D.263: Alexandr Eremin Papers, l. 50; Dalan (V. S. Iakovlev), *Zhizn i sudba moia: Roman-esse* (Iakutsk: Bichik, 2003), 158; A. A. Zorokhovich, "Imet silu pomnit: Rasskazy tekh, kto proshel ad repressii," *Moskva rabochii* (1991): 199—219, 210. 我并未发现逃犯抵达阿拉斯加的相关记录。
65. Iankovskii, *Dolgoe vozvrashchenie*, 65.
66. MSA, F. 2, Op. 1, D.263: Alexandr Eremin Papers, l. 50.
67. John Thoburn, "Increasing Developing Countries' Gains from Tin Mining," in Ingulstad et al., *Tin and Global Capitalism*, 221—239, 225.
68. Zeliak, *Piat metallov*, 291, 295.
69. MSA, F. 1, Op. 2, D.2701: Petr Lisov Papers, l. 35.
70. MSA, F. 2, Op. 1, D.263: Alexandr Eremin Papers, l. 56.
71. Tvardovskii, *Rodina i chuzhbina*, 265—266.
72. Iankovskii, *Dolgoe vozvrashchenie*, 82, 102.
73. Dikov, *Istoriia Chukotki*, 291.
74. *Soviet News*, February 12, 1962.
75. GARF F. A–259, Op. 42, D.8340, L. 7, 14.
76. GARF F. A–259, Op. 42, D.8339, L. 50, 10.

77. 转引自Thompson, *Settlers on the Edge*, 47。关于楚科奇地区的总体情况，参见Thompson, *Settlers on the Edge*, 46—50; A. I. Ivanov, *Lgoty dlya rabotnikov severa* (Moscow: Yuridicheskaya Literature, 1991); 以及L. N. Popov-Cherkasov, *Lgoty i preimushchestva roabochim i sluzhshashim* (Moscow: Yuridicheskaya Literature, 1981)。
78. RGAE F. 8390, Op. 1, D.2790, L. 13.
79. Thompson, *Settlers on the Edge*, 4—5.
80. S. I. Balabanov interview with Yuri Slezkine，转引自*Arctic Mirrors*, 339。
81. 乌克兰采矿工程师，转引自Thompson, *Settlers on the Edge*, 64。
82. Yuri Rytkheu, *Sovremennye legendy* (Leningrad: Sovetskii pisatel, 1980), 213. 亦可参见Semushkin, *Chukotka; Rytkheu, A Dream in Polar Fog*, trans. I. Yazhbin (New York: Archipelago Books, 2005)。
83. Semushkin, *Alitet Goes to the Hills*, 12.
84. Oleg Kuvaev, *Territoriia* (Moscow: Izdatelstvo Ast, 2016), 182. 关于库瓦耶夫小说各种版本的讨论，参见V. V. Ivanov, *Kuvaevskaia romanistika: Romany O. Kuvaeva "Territoriia i 'Pravila begstva': Istoriia sozdaniia, dukhovnoe i khudozhestvennoe svoeobrazie"* (Magadan: Kordis, 2001)。汤普森讨论了信息资源提供者对于库瓦耶夫的重要性，见*Settlers on the Edge*, 68—70。
85. 有许多采矿主题的小说，包括 G. G. Volkov, *Bilibina: Dokum. Povest o pervoi Kolymskoi ekspeditsii 1928—1929 gg.* (Magadan: Kn. izd-vo, 1978), Volkov, *Zolotaia Kolyma: Povest khudozhnik M.Cherkasov* (Magadan: Knizhnoe izd., 1984)，以及E. K. Ustiev, *U istokov zolotoi reki* (Moscow: Mysl, 1977)。地质学家的回忆录也开始涌现，参见G. B. Zhilinskii, *Sledy na zemle* (Magadan, Magadanskoe kn. izdatelstvo, 1975)，以及N. I. Chemodanov, *V dvukh shagakh ot Severnogo poliusa. Zapiski geologa* (Magadan: Magadanskoe kn. izdatelstvo 1968)。
86. *SCh* January 27, 1961.
87. GAChAO, F. R-130, Op. 1, D.54, L. 18. 该文件中包含多份报告和多条减少采矿工伤的措施。
88. Dikov, *Istoriia Chukotki*, 336—339; A. A. Siderov, "Zoloto Chukotkii" (1999)，作者持有手稿原件。
89. Quinn Slobodian, *Globalists: The End of Empire and the Birth of Neoliberalism* (Cambridge, MA: Harvard University Press, 2018), chap. 7; Andy Bruno, *Nature of Soviet Power*, chap. 5.
90. GAChAO, F. R-143, Op. 1, D. 4, L. 38, 2—3. 关于自然保护，参见Weiner, *Little Corner of Freedom*。
91. Joseph Senungetuk, *Give or Take a Century: An Eskimo Chronicle* (San Francisco: Indian Historian Press, 1971), 108.
92. "Alaska: Our Northern Outpost," Armed Forces Talk 218: 7, NARA MD RG 126, Office of Territories CF, 1907—1951, File: 9-1-22.

93. “Supporting Materials for Alaska Development Administration Legislation,” p. 9, NARA MD RG 126, Office of Territories CF, 1907—1951, File: 9-1-60; “Our Last Frontiers: How Veterans and Others Can Share Them,” Department of the Interior Pamphlet, NARA MD RG 126, Office of Territories CF, 1907—1951, File: 9-1-22.
94. “Northwestern Alaska: A Report on the Economic Opportunities of the Second Judicial Division, 1949,” p. 2, NARA MD RG 126, Office of Territories CF, 1907—1951, File 9-1-60.
95. James Oliver Curwood, *The Alaskan: A Novel of the North* (New York: Grosset and Dunlap, 1922), 42, 12.
96. Senungetuk, *Give or Take a Century*, 106.
97. House of Representatives, “Alaska Statehood Hearings,” 83rd Cong., 1st Sess. (April 1953), 80—86.
98. Hensley, *Fifty Miles*, 111, 124.
99. 关于采矿的影响，参见Lorne E. Doig, Stephanie T. Schiffer, and Tarsten Liber, “Reconstructing the Ecological Impacts of Eight Decades of Mining, Metallurgical, and Municipal Activities on a Small Boreal Lake in Northern Canada,” *Integrated Environmental Assessment and Management* 11, no. 3 (July 2015): 490—501; K. Kidd, M. Clayden, and T. Jardine, “Bioaccumulation and Biomagnification of Mercury through Food Webs,” in *Environmental Chemistry and Toxicology of Mercury*, ed. Guanglian Liu, Yong Cai, and Nelson O’Driscoll (Hoboken NJ: Wiley, 2011); R. Eisler, “Arsenic Hazards to Humans, Plants, and Animals from Gold Mining,” *Review of Environmental Contamination and Toxicology* 180 (2004): 133—165; D.B. Donato et al., “A Critical Review of the Effects of Gold Cyanide-Bearing Tailing Solutions on Wildlife,” *Environment International* 33, no. 7 (October 2007): 974—984; 以及R. Eisler, “Mercury Hazards from Gold Mining to Humans, Plants, and Animals,” *Review of Environmental Contamination and Toxicology* 181 (2004): 139—198。
100. A. A. Siderov, *Ot Dalstroia SSSR do kriminalnogo kapitalizma* (Magadan: DVO RAN, 2006).
101. Hensley, *Fifty Miles*, 174.
102. Raymond-Yakoubian and Angnabookgok, “Cosmological Changes,” 107—109.
103. Ahwinona, “Reflections,” 19.
104. A. Vykvyragtyrgyrgyn, personal communication, August 2018.

第九章　热量的价值

1. Mary Nerini, “A Review of Gray Whale Feeding Ecology,” in *The Gray Whale: Eschrichtius Robustus*, ed. Mary Lou Jones, Steven L. Swartz, and Stephen

Leatherwood (Orlando, FL: Academic Press, 1984), 423—450；以及Mary Lou Jones and Steven L. Swartz, “Gray Whale: Eschrichtius robustus” in *Encyclopedia of Marine Mammals*, ed. William F. Perrin, Bernd Wursig, and J. G. M. Thewissen (London: Academic Press, 2009), 503—511。

2. T. A. Jefferson, M. A. Webber, and R. L. Pitman, eds., *Marine Mammals of the World: A Comprehensive Guide to Their Identification* (Amsterdam: Elsevier, 2008), 47—50和59—65; P. K. Yochem and S. Leatherwood, “Blue Whale Balaenoptera musculus (Linnaeus, 1758)” in *Handbook of Marine Mammals, Vol. 3: The Sirenians and Baleen Whales*, ed. S. H. Ridgway and R. Harrison (London: Academic Press, 1985), 193—240; Whitehead and Rendell, *Cultural Lives*, 92—95。
3. Phyllis J. Stabeno et al., “Physical Forcing of Ecosystem Dynamics on the Bering Sea Shelf,” in *The Sea: Volume 14B: The Global Coastal Ocean*, ed. Allan R. Robinson and Kenneth Brink (Cambridge, MA: Harvard University Press, 2006), 1177—1212; Bodil A. Bluhm and Rolf Gradinger, “Regional Variability in Food Availability for Arctic *Marine Mammals*,” *Ecological Applications* 18, issue sp2 (March 2008): S77—S96; J. J. Walsh and C. P. McRoy, “Ecosystem Analysis in the Southeastern Bering Sea,” *Continental Shelf Research* 5 (1986): 259—288; N. C. Stenseth et al. “Ecological Effects of Climate Fluctuations,” *Science* 297, no. 5585 (August 23, 2002): 1292—1296.
4. K. R. Johnson and C. H. Nelson, “Side-scan Sonar Assessment of Gray Whale Feeding in the Bering Sea,” *Science* 225, no. 4667 (September 14, 1984): 1150—1152.关于他们所理解的环境概念下的灰鲸，参见Joe Roman et al., “Whales as Marine Ecosystem Engineers”; Croll, Kudela, and Tershy, “Ecosystem Impact”; 以及P. Kareiva, C. Yuan-Farrell, and C. O’Connor, “Whales Are Big and It Matters,” in Estes et al., *Whales, Whaling*, 202—214和379—387。
5. GAPK F. 633, Op. 4, D. 85, L. 35—37.
6. 关于灰鲸性情凶猛的内容，参见Krupnik, *Pust govoriat*, 159, 168, 174—175，以及Scammon, *Marine Mammals*, 29。关于阿拉斯加和楚科奇地区的狩猎，见William M. Marquette and Howard W. Braham, “Gray Whale Distribution and Catch by Alaskan Eskimos: A Replacement for The Bowhead Whale?” *Arctic* 35, no. 3 (September 1982): 386—394; Igor Krupnik, “The Bowhead vs. the Gray Whale in Chukotkan Aboriginal Whaling,” *Arctic* 40, no. 1 (March 1987): 16—32。
7. Serge Dedina, *Saving the Gray Whale: People, Politics, and Conservation in Baja California* (Tucson, AZ: University of Arizona Press, 2000), 21.
8. RGIA DV F. R–2413, Op. 4, D. 39, L. 165. 关于饥饿：GARF F. 3977, Op. 1, D. 811, L. 68b以及RGIA DV. F R–2413, Op. 4, D. 1798, L. 12。
9. GAPK F. 633, Op. 7, D. 19, L. 53—70.
10. GARF F. 3977, Op. 1, D. 423, L. 79.

11. 这些年份的捕获总量数据仍不完整；参见Krupnik, “The Bowhead vs. the Gray Whale,” 23—25。
12. GARF F. 3977, Op. 1, D. 11, L. 19.
13. GAPK F. 633, Op. 5, D. 3, L. 57—61. 亦可参见GAPK F. 633, Op. 7, D. 19, L. 20— 21; F. 633, Op. 5, D. 3, L. 39—45。
14. GARF F. 3977, Op. 1, D. 423, L. 79; GAPK F. 633, Op. 5, D. 3, L. 72. 远东渔业主管马莫诺夫驳斥了这些报道，他认为捕杀鲸鱼需要耗费很多工作并且鲸鱼尸体也已经物尽其用；L. 73。
15. RGIA DV F. R–2413, Op. 4, D. 39, L. 165.
16. RGIA DV F. R–2413, Op. 4, D. 39, L. 165; GAPK F. 633, Op. 7, D. 19, L. 54.
17. GAPK F. 633, Op. 5, D. 3, L. 72. 亦可参见GAPK F. 633, Op. 7, D. 19, L. 71—72。
18. GAPK F. 633, Op. 7, D. 19, L. 71.
19. Kurkpatrick Dorsey, *Whales and Nations: Environmental Diplomacy on the High Seas* (Seattle: University of Washington Press, 2014), 21—22.
20. Dorsey, *Whales and Nations*, 291—292. 20世纪有关捕鲸的文学作品越来越多，包括 Dorsey, Whales and Nations, *D. Graham Burnett's The Sounding of the Whale: Science and Cetaceans in the Twentieth Century* (Chicago: University of Chicago Press, 2012), Frank Zelko, *Make it a Green Peace!: The Rise of Countercultural Environmentalism* (New York: OxfordUniversity Press, 2013), Jun Morikawa, *Whaling in Japan: Power, Politics, and Diplomacy* (New York: Columbia University Press, 2009)， 以 及Jason Colby, *Orca: How We Came to Know and Love the Ocean's Greatest Predator* (New York: Oxford University Press, 2018)。当时文学作品的主旋律是赞扬男性精英(大部分是白人)；但也有反例，如 Joshua Reid, *The Sea is My Country: The Maritime World of the Makahs* (New Haven, CT: Yale University Press, 2015)。
21. 该封信并未注明日期，Leonard Carmichael to Robert Murphy, SI RU 7165, Box 23, Folder 6。
22. Dorsey, *Whales and Nations*, 40—45.
23. “The Value of Whales to Science,” SI RU 7170, Box 10, Folder: “Information—Whale Press Releases.”
24. Robert Philips to Wilbur Carr, September 19, 1930, NARA MD RG 59, Department of State Decimal File 1930—1939, File 562.8F1. 关于鲸脂的经济性，见Mark Cioc, *The Game of Conservation: International Treaties to Protect the World's Migratory Animals* (Athens: Ohio University Press, 2009), 132—133。
25. Cioc, *Game of Conservation*, 128.
26. 《捕鲸管制公约》，日内瓦，1931。
27. Jolles, *Faith, Food, and Family*, 314—316.
28. Estelle Oozevaseuk, 转引自 Fitzhugh et al., *Gifts from the Ancestors*, 206。
29. APRCA, Otto W. Geist Collection, Series 5, Box 9, Folder 40: Paul Silook Diary

1935 (?), p. 7.

30. Oleg Einetegin, in Krupnik, *Pust govoriat*, 172.
31. ChOKM, Matlu, *Avtobiografiia (Rasskaz Matliu)* , Coll. N. 5357.
32. RGIA DV F. R-2413, Op. 4, D. 974, L. 115v.
33. Katerina Sergeeva, "V Urelikskom natssovete (Bukhta Provideniia)," *Ss* 1 (1935): 95—101, 97.
34. Andrei Kukilgin, in Krupnik, *Pust govoriat*, 266—267.
35. Petr Teregkaq, 转引自 Bogoslovskaya et al., *Maritime Hunting Culture*, 104。
36. GARF F. 3977, Op. 1, D. 423, L. 79.
37. Krupnik and Bogoslovskaya, *Ecosystem Variability*, 109—110. 这一时期的物种级别数据不详；据N. B.施纳肯伯格估测，1923年至1932年间被杀死的鲸鱼中，灰鲸占了四成，见 "Kitovyi promysel na Chukotke," *Tikhookeanskaya zvezda* 259 (1933): 3。
38. GARF F. 3977, Op. 1, D. 819, L. 70, 但类似的计划文件在档案室有很多。
39. GARF F. 5446, Op. 18, D. 3404, L. 3.
40. GAPK F. 633, Op. 5, D. 43, L. 27.
41. GARF F. 3977, Op. 1, D. 819, L. 37.
42. GARF F. 3977, Op. 1, D. 11, L. 40.
43. GAPK F. 633, Op. 5, D. 43, L. 28.
44. 根据儒略历，10月25日是俄国革命的周年纪念日。Viacheslav Ivanitskii, *Zhil otvazhnyi kapitan* (Vladivostok: Dalnevostochnoe knizhnoe izdatelstvo, 1990), 88—94.
45. B. A. Zenkovich, *Vokrug sveta za kitami* (Moscow: Gosudarstvennoe izdatelstvo geograficheskoi literatury, 1954), 47.
46. 参见A. A. Berzin, "The Truth about Soviet Whaling," trans. Yulia Ivashchenko, *Marine Fisheries Review* 70, no. 2 (2008): 4—59, 9—10; GAPK F. 1196, Op. 1, D. 227, L. 91—92。
47. GAPK F. 1196, Op. 1, D. 227, L. 10—14.
48. GAPK F 1196, Op. 1, D. 212, L. 5. 捕鲸总数的数据来自Y. V. Ivashchenko, P. J. Clapham, and R. L. Brownell Jr., "Soviet Catches of Whales in the North Pacific: Revised Totals," *Journal of Cetacean Research and Management* 13, no. 1 (2013): 59—71。
49. Zenkovich, *Vokrug sveta*, 130—132.
50. GAPK F. 1196, Op. 1, D. 221, L. 12.
51. Berzin, "The Truth about Soviet Whaling," 10.
52. GAPK F. 1196, Op. 1, D. 227, L. 27.
53. GAPK F. 1196, Op. 1, D. 1, L. 18, 19—20; Berzin, "Truth about Soviet Whaling," 10—12.
54. GAPK F. 1196, Op. 1, D. 212, L. 1.
55. GAPK F. 633, Op. 5, D. 43, L. 28.
56. 例如参见GAPK. F. 1196, Op. 1, D. 226, L. 12—15; GAPK F. 1196, Op. 1, D. 4,

L. 2–7。但是，每年的报告中都有这样的统计，并且这些统计数据的篇幅长达数十页。

57. 计划数字来自GAPK F. 1196, Op. 1, D. 3, L. 64b—65；收获总数，见Ivashchenko et. al., “Soviet Catches,” 63。伊瓦先科与克拉潘已经完成了苏联捕鲸总量的统计工作。
58. GAPK F. 1196, Op. 1, D. 207, L. 64, 32—33; GAPK F. 1196, Op. 1, D. 4, L. 116.
59. GAPK F. 1196, Op. 1, D. 3, L. 65, 64b.
60. GAPK F. 1196, Op. 1, D. 1, L. 9b.
61. Ivanitskii, *Zhil otvazhnyi kapitan*, 129.
62. GAPK F. 1196, Op. 1, D. 9, L. 269.
63. RGAE F. 8202, Op. 3, D. 1132, L. 108.
64. Ryuji Suzuki, John Buck, and Peter Tyack, “Informational Entropy of Humpback Whale Songs,” *Journal of the Acoustical Society of America* 119 No. 3 (March 2006): 1849—1866; Whitehead and Rendell, *Cultural Lives*, 84—97.
65. Marilyn Dahlheim, H. Dean Fisher, and James Schempp, “Sound Production by the Gray Whale and Ambient Noise Levels in Laguna San Ignacio, Baja California Sur, Mexico,” in M. L. Jones, et al., *The Gray Whale*, 511—541.
66. T. M. Schultz et al., “Individual Vocal Production in a Sperm Whale (Physeter macrocephalus) Social Unit,” *Marine Mammal Science* 27, no. 1 (January 2011): 148—166，以及Whitehead and Rendell, *Cultural Lives*, 146—158。
67. Dorsey, *Whales and Nations*, 291—292.
68. 有关国际捕鲸会议的讨论，见SI RU 7165, Box 3, Folder 6, “London—International Whaling Commission 1937”; SI RU 7165 Box 5, Folder 5, “London—International Whaling Conference, 1938”; SI RU 7156, Box 5, Folder 2, “London—International Whaling Conference 1939— U.S. Delegation Correspondence”。
69. Dorsey, *Whales and Nations*, 291—292. 完整的讨论信息，参见Dorsey, *Whales and Nations*, chap. 2; Burnett, *Sounding of the Whale*, 330—336。
70. 捕鲸数字来自R. C. Rocha Jr., P. J. Clapham, and Y. V. Ivashchenko, “Emptying the Oceans: A Summary of Industrial Whaling Catches in the 20th Century,” *Marine Fisheries Review* 76, no. 4 (2014): 37—48。
71. “ICW 1938 /19/fifth session,” SI RU 7165 Box 5, Folder 5, p. 2.
72. GARF F. 5446, Op. 24a, D. 614, L. 3—4.
73. GARF F. 5446, Op. 24a, D. 614, L. 11.
74. Dorsey, *Whales and Nations*, 97.
75. M. A. Lagen to Chas. E. Jackson, April 13, 1942, SI RU 7165 Box 6, Folder 4. 美国在1941年还利用挪威捕鲸加工船秘密捕杀抹香鲸；参见Dorsey, *Whales and Nations*, 97。
76. “The Future of Whaling,” 1945, p. 4, NARA MD RG 43, Entry 242.

77. 关于第二次世界大战战时与战后的食物危机问题，参见Wendy Goldman and Donald Filtzer, eds., *Hunger and War: Food Provisioning in the Soviet Union during World War II* (Bloomington: Indiana University Press, 2015)。
78. GAChAO F. R–23, Op. 1, D. 7, L. 36.
79. RGAE F. 8202, Op. 3, D. 1166, L. 35—36，引用：104。
80. GAChAO F. R–23, Op. 1, D. 7, L. 13, 36（引用）, 37. GAMO F. P–22, Op. 1, D. 94, L. 185—187。
81. GAMO F. P–22, Op. 1, D. 94, L. 177.
82. GAChAO F. R–23, Op. 1, D. 7, L. 13.
83. Ankaun, in *Naukan i naukantsy: rasskazy naukanskikh eskimosov*, V. Le-onova, ed. (Vladivostok: Dalpress, 2014), 20.
84. Krupnik "The Bowhead," 26—27.
85. GAChAO F. R–23, Op. 1, D. 7, L. 19—20; Krupnik and Bogoslovskaya, *Ecosystem Variability*, 109—110.
86. GAMO F. P–22, Op. 1, D. 94, L. 182, 186.
87. "Leviathan's Decline and Fall," NARA MD RG 43, Entry 242.
88. 转引自Walter LaFeber, *The Clash: U.S.-Japanese Relations Throughout History* (New York: Norton, 1997), 260。
89. "Draft Comments for US Delegation, November 9, 1945," NARA MD RG 43, Entry 242.
90. "Address of the Honorable C. Girard Davidson, November 26 1946," NARA MD RG 43, Entry 246.
91. Kellogg to Secretary of State, undated, NARA MD RG 43, Entry 242.
92. "Sanctuaries as a Conservation Measure," November 1945, NARA MD RG 43, Entry 242.
93. 1946年12月2日在华盛顿通过的《国际捕鲸管制公约》第1页。
94. 关于外交，见Burnett, *Sounding of the Whale*, chaps. 4 and 5，以及Dorsey, *Whales and Nations*, chap. 3。一蓝鲸单位提出的时间早于国际捕鲸委员会的成立时间，它最初用于调节石油生产；参见Johan N. Tonnessen and Arne Odd Johnsen, *The History of Modern Whaling* (Berkeley: The University of California Press, 1982), 313—314。

第十章 觉醒的物种

1. W. K. Dewar et al., "Does the Marine Biosphere Mix the Ocean?" *Journal of Marine Research* 64 (2006): 541—551; J. Roman and J. J. McCarthy, "The Whale Pump: Marine Mammals Enhance Primary Productivity in a Coastal Basin," *PLoS ONE* (October 11, 2010): DOI: 10.1371/journal.pone.0013255; Roman et al., "Marine

Ecosystem Engineers."

2. 赫鲁晓夫的讲话，转引自Ronald Grigor Suny, *The Soviet Experiment: Russia, the USSR, and the Successor States* (New York: Oxford University Press, 1998), 407。
3. GARF F. A–262, Op. 5, D. 8259, L. 1.
4. 有关苏联在南极地区的捕鲸活动，参见Y. Ivashchenko, P. Clapham, and R. Brownell, "Soviet Illegal Whaling: The Devil and the Details," *Marine Fisheries Review* 73, no. 3 (2011): 1—19，以及Y. Ivashchenko and P. Clapham, "A Whale of a Deception," *Marine Fisheries Review* 71, no. 1 (2009): 44—52。
5. Y. Sergeev, "Dolgii put k mechte," in *Antarktika za kormoi ... o kitoboiakh dalnevostochnikakh*, ed. V. P. Shcherbatiuk (Vladivostok: Izdatelstvo Morskogo gosudarstvennogo universiteta imeni admirala G.I. Nevel-skogo, 2013), 62—168, 62, 69—70.
6. Valentina Voronova, "Kitoboi Yuri Sergeev," *Zolotoi Rog*, no. 38 (May 20, 2010), 22.
7. Anna Berdichevskaia, "Proshchai, Antarkitka, i prosti," *Iug*, November 30, 2006.
8. GAPK F. 666, Op. 1, D. 990, Ll. 98—116; GAPK F. 666, Op. 1, D. 983, Ll. 3—14; "Skolko zhe mozhno zhdat," *Dk*, December 1, 1967; First Mate P. Panov, "Eto kasaetsia vsekh," *Dk*, January 12, 1968; "Poleznaia vstrecha," *Dk*, January 26, 1968; "Sudovoi Mekhanik," *Dk*, October 22, 1967; Berzin, "Truth about Soviet Whaling," 3—4; Vladimir Verevkin, "Gorzhus, chto byl kitoboem," *GV*, September 19, 2008; Berdichevskaia, "Proshchai, Antarkitka, i prosti". 以下关于工业化捕鲸活动的信息，来自北太平洋捕鲸船队与在南极洲开展作业的捕鲸船的航海日志。
9. Zenkovich, *Vokrug sveta*, 73.
10. Sergeev, "Dolgii put k mechte," 103.
11. Berzin, "Truth about Soviet Whaling," 30—31. 亦可参见Iosif Benenson, *Kitoboi i kitoboitsy*，无页码，2011。作者持有原作手稿。
12. Sergeev, "Dolgii put k mechte," 106.
13. A. Solyanik, *Cruising in the Antarctic: An Account of the Seventh Cruise of the SLAVA Whaling Flotilla* (Moscow: Foreign Languages Publishing House, 1956), 58—59, 57.
14. GAChAO F. R–23, Op. 1, D. 51, L. 178.
15. N. N. Sushkina, *Na puti vulkany, kity, ldy* (Moscow: Gosudarstvennoe izdatelstvo geograficheskoi literatury, 1962), 99.
16. Andrei Kukilgin, in Krupnik, *Pust govoriat*, 159.
17. GAChAO F. R–23, Op. 1, D. 51, L. 179.
18. GAChAO F. R–23, Op. 1, D. 23, L. 44.
19. GAChAO F. R–23, Op. 1, D. 51, L. 178 (关于超额完成计划) , 14, 152.
20. Napaun, in Krupnik, *Pust govoriat*, 164。
21. Eduard Zdor, personal communication, May 2014; GAChAO F. R–23, Op. 1, D. 51, L. 179.

22. 例如参见“Vypolnenie plana po pererabotke syrtsa i vypuska produktsii za 1964 god (*Dalnii Vostok*),”作者拥有这一文件；GAPK F. 666, Op. 1, D. 1001, Ll. 38—46; “Svedeniia o vypolnenii plana po vyrabotke produktsii k/f Vladivostok za 1968 god,”作者持有这一文件；GAPK F. 66, Op. 1, D. 1033, Ll. 9—25。这些年度报告有很多，每次航行都会记录下数百页的报告。
23. 关于计划内容，参见Ivashchenko et al., “Soviet Illegal Whaling,” 4—6，以及I. F.Golovlev, “Ekho ‘Misterii o kitakh’,” in Yablokov and Zemsky, 16。
24. IWC Verbatim Record 1958, Tenth Meeting Document XIII, p. 2.
25. IWC Verbatim Record 1963, 15/17, p. 68.
26. 1959年国际捕鲸委员会会议文字稿，SI, RU 7165, Box 32, Folder 5。
27. John McHugh to Remington Kellogg, December 10, 1962, SI RU 7165, Box 27, Folder 1.
28. Scott Gordon, “Economics and the Conservation Question,” *Journal of Law and Economics* 1 (October 1958): 110—21, esp. 111. 伯内特也将麦克休的观点与戈登和西里亚西・旺特鲁普二人的观点相联系，可参见Burnett, *Sounding of the Whale*, 511—512。
29. Dorsey, *Whales and Nations*, 194, 235.
30. Rocha et al., “Emptying the Oceans,” 40. 此处的数据，时间截至1969年，并且作者已经将苏联捕鲸数从全球捕鲸总数中扣除。
31. 在北太平洋，“索维茨卡亚・罗西娅”号的捕鲸活动开展的时间跨度是1962年至1965年，“符拉迪沃斯托克”号开展捕鲸活动的时间跨度是1963年至1978年，而“达尔尼・沃斯托克”号是1963年至1973年和1978年至1979年，“斯拉瓦”号是1966年至1969年。“阿留申”号于1967年退役。
32. GAPK F. 1196, Op. 1, D. 9, Ll. 55—56.
33. Y. Ivashchenko, P. Clapham, and R. Brownell, “Scientific Reports of Soviet Whaling Expeditions in the North Pacific, 1955—1978,” *Publications, Agencies and Staff of the U.S. Department of Commerce*, Paper 127 (2006), 6. 阿尔弗雷德・别尔津将尚处于保密状态的这些文档从TINRO档案馆偷偷拿了出来。
34. GARF F. A-262, Op. 5, D. 8259, L.8.
35. Ivashchenko et al., “Scientific Reports,” 10.
36. Berzin, “Truth about Soviet Whaling,” 6.
37. GARF F. A-262, Op. 5, D. 8259, L. 21.
38. GAPK F. 666, Op. 1, D. 1001, L. 7, 15.
39. GAPK F. 666, Op. 1, D. 991, L. 55; GAPK F. 1196, Op. 1, D. 9, L. 269.
40. Berzin, “Truth about Soviet Whaling,” 52. 苏联的确尝试过在南极洲捕获磷虾。
41. V. I. Lenin, *How to Organize Competition* (Moscow: Progress Publishers, 1964), 408. 有关战后劳动，参见Donald Filtzer, *Soviet Workers and Late Stalinism: Labour and the Restoration of the Stalinist System after World War II* (New York: Cambridge University

Press, 2002); 有关意识形态的消散，参见Alexei Yurchak, *Everything Was Forever, Until It Was No More: The Last Soviet Generation* (Princeton, NJ: Princeton University Press, 2006)。

42. GAPK F. 666, Op. 1, D. 991, L. 42.
43. "V Bazovom komitete," *Dk*, January 12, 1968.
44. GAPK F. 666, Op. 1, D. 982, L. 66.
45. Solyanik, *Cruising in the Antarctic*, 60.
46. Sergeev, "Dolgii put k mechte," 131.
47. "Krepkii splav," *Pravda*, October 24, 1964; B. Revenko and E. Maslov, "O razhdelshchikakh kitov," in Shcherbatiuk ed, *Antarktika za kormoi*, 362—364, 363.
48. GAPK F. 666, Op. 1, D. 990, L. 118.
49. GAPK F. 666, Op. 1, D. 991, L. 42.
50. Sergeev, "Dolgii put k mechte," 131. 有关薪酬，参见Ivashchenko et al., "Soviet Illegal Whaling," 4。
51. *Dk*, September 28, 1967; Verevkin, "Gorzhus, chto byl kitoboem."
52. "Kratkie novosti," *Pravda*, January 15, 1961; "Bagatstva okeana—Rodine," *Pravda*, October 24, 1963; "Zolotoi kashalot," *Pravda*, January 16, 1967; "Bogatye ulovy," *Pravda*, April 2, 1965.
53. "V dalekoi Antarktike," *Pravda*, May 5, 1955.
54. "Krepkii splav," *Pravda*, October 24, 1964; A. Oliv, "Antarkticheskii promysel vchera i segodnaia" in Shcherbatiuk, *Antarktika za kormoi*, 364—365.
55. Aaron Hale-Dorrell, *Corn Crusade: Khrushchev's Farming Revolution in the Post-Stalin Soviet Union* (New York: Oxford University Press, 2019).
56. Voronova, "Kitoboi Yuri Sergeev," 22.
57. Benenson, *Kitoboi i kitoboitsy*; A. G. Tomilin, "O golose kitoobraznykh i vozmozhnosti ego ispolzovaniia dlia ratsionalizatsii promysla morskikh mlekopitaiushchikh," *Rybnoe khoziaistvo* no. 6 (June 1954): 57—58.
58. G. Veinger, "Nezvanyi gost," *Dk*, May 9, 1968; 引自 GAPK F. 666, Op. 1, D. 983, L. 10。
59. Berzin, "Truth about Soviet Whaling," 47.
60. Zenkovich, *Vokrug sveta*, 159— 161; 亦可参见Berzin, "Truth about Soviet Whaling."。
61. Berdichevskaia, "Proshchai, Antarkitka, i prosti."
62. Ivashchenko et al., "Scientific Reports," 8. 关于废物，参见Golovlev, "Ekho 'Misterii o kitakh,' " 20—21; Berzin, "Truth about Soviet Whaling," 15—25; E. I. Chernyi, "Neskolko shtrikhov k portretu sovetskogo kitoboinogo pormysla," in Yablokov and Zemsky, *Materialy sovetskogo kitoboinogo promysla*, 26; 以及N. V. Doroshenko, "Sovetskii promysel bliuvalov, serykh i gladkikh (grenland skikh i iuzhnykh iaponskikh) kitov v Severnoi Patsifike v 1961—1979 gg," 亦见*Materialy sovetskogo*

kitoboinogo promysla, 96—103。

63. Sergeev, "Dolgii put k mechte," 131.
64. 将鲸鱼尸体当作船只间防撞物的例子，见GAPK F. 1196, Op. 1, D. 9, L. 47。
65. Voronova, "Kitoboi Yuri Sergeev," 22; Berzin, "Truth about Soviet Whaling," 26.
66. 参见Ivashchenko, et al., "Soviet Illegal Whaling," 19。
67. Sergeev, "Dolgii put k mechte," 133.
68. Berzin, "Truth about Soviet Whaling," 54; Golovlev, "Ekho 'Misterii o kitakh,' " 15—18. E. I. Chernyi, "Neskolko shtrikhov," 28.
69. Ivashchenko et al., "Soviet Illegal Whaling," 17.
70. Ivashchenko et al., "Soviet Catches," 63.
71. Golovlev, "Ekho 'Misterii o kitakh,' " 14—15.
72. IWC Verbatim Record 1959, Eleventh Meeting, Document XIV, p. 25.
73. IWC Verbatim Record 1958, Tenth Meeting, Document XIII, p. 83.
74. A. A. Vakhov, *Fontany na gorizonte* (Khabarovsk: Khabarovskoe knizhnoe izdatelstvo, 1963), 141. 这一系列中的第一部*Tragediia kapitana Ligova* (Magadan: Oblastnoe knizhnoe izdatelstvo, 1955)，以及第二部*Shtorm neutikhaet* (Magadan: Magadanskoe knizhnoe izdatelstvo, 1957)。亦可参见Petr Sazhin, *Novella Kapitan Kiribeev* (Moscow: Khudozhestvennaia literatura, 1974)。
75. "Minutes of the Scientific Committee Meeting, May 30 1952," SI RU 7165, Box 14, Folder 1.
76. "Statement of the Delegation of the Soviet Union," February 10, 1967. SI RU 7165 Box 28, Folder 1. 与捕鲸相关的内部政策的沟通通道仍旧是关闭的，或者正如E. I.切尔尼所推测的那样，沟通的通道已经完全被破坏了。
77. GARF F. A-262, Op. 5, D. 8259, L. 7.
78. 例如参见David N. Pellow, *Resisting Global Toxics: Transnational Movements for Environmental Justice* (Cambridge, MA: MIT Press, 2007)。
79. 参见Bruno, *Nature of Soviet Power*, chap. 5。
80. Scott McVay, "Can Leviathan Endure so Wide a Chase?" *Ecologist* 1, no. 16 (October 1971): 5—9.
81. *Flipper*, 1963年上映的电影，后来被改编成电视连续剧，1973年被改编成电影*The Day of the Dolphin*。
82. Zelko, *Make it a Green Peace*, 185—189，以及Burnett, *Sounding of the Whale*, chap. 6。
83. Farley Mowat, *A Whale for the Killing* (1972; repr. Vancouver: Douglas and McIntyre, 2012), 39.
84. Paul Ehrlich, "Eco-Catastrophe!" *Ramparts* (September 1969): 24—28, 28.
85. 此处的内容多次和部分引自Hal Rothman, *The Greening of a Nation?: Environmental Politics in the United States Since 1945* (Fort Worth, TX: Harcourt Brace College Publishers, 1998); Adam Rome, *The Genius of Earth Day: How a 1970 Teach-in*

Unexpectedly Made the First Green Generation (New York: Hill and Wang, 2010); Zelko, *Make it a Green Peace; and Paul Sabin, The Bet: Paul Ehrlich, Julian Simon, and Our Gamble over the Earth's Future* (New Haven, CT: Yale University Press, 2013)。

86. Kenneth E. Boulding, "The Economics of the Coming Spaceship Earth," in *Environmental Quality in a Growing Economy: Essays from the Sixth RFF Forum*, ed. Henry Jarrett (Baltimore: Johns Hopkins University Press, 1966), 9.
87. 约翰 · 克莱普尔的话，转引自 Adam Rome, *Genius of Earth Day*, 176。
88. Ehrlich, "Eco-Catastrophe!" 28.
89. John Claypool转引自 Adam Rome, *Genius of Earth Day*, 178。
90. Edmund Muskie, *Congressional Record—Senate*, vol. 120, pt. 9 (April 23, 1974): 11324—11327. 与穆斯基的分歧，可参见Rome, *Genius of Earth Day*, 135—137，以及Sabin, *The Bet*。
91. Rachel Carson, *Silent Spring* (1962; repr. New York: Houghton Mifflin, 2002), 57. 有关生态学及生态学的普及，可参见Donald Worster, *Nature's Economy: A History of Ecological Ideas* (Cambridge, UK: Cambridge University Press, 1994)，以及Sharon Kingsland, *Evolution of American Ecology 1890—2000* (Baltimore: Johns Hopkins University Press, 2005)。
92. Peter Morgane, "The Whale Brain: The Anatomical Basis of Intelligence," in *Mind in the Waters: A Book to Celebrate the Consciousness of Whales and Dolphins*, comp. Joan McIntyre (New York: Scribner, 1974), 93.
93. Rocha et al., "Emptying the Oceans," 42—45.
94. Ivashchenko et al., "Scientific Reports," 20—22.
95. Bete Pfister and Douglas Demaster, "Changes in Marine Mammal Biomass in the Bering Sea/Aleutian Islands Region before and after the Period of Commercial Whaling," in Estes et al., *Whales, Whaling*, 116—133.
96. IWC Verbatim Record 1971, Meeting 23, pp. 25—27.
97. Ivashchenko et al., "Soviet Catches," 64—70.
98. Victor Scheffer, "The Case for a World Moratorium on Whaling," in McIntyre, *Mind in the Waters*, 230.
99. McVay, "Can Leviathan Endure?," 6—7, 9.
100. Robert Hunter, *Warriors of the Rainbow: A Chronicle of the Greenpeace Movement 1971—1979* (Amsterdam: Greenpeace International, 1979), 192.
101. Rex Weyler, *Song of the Whale* (Garden City, NY: Anchor/Doubleday 1986), 114—119.
102. Hunter, *Warriors of the Rainbow*, 177, 207.
103. Paul Watson, "What I Learned the Day a Dying Whale Spared My Life," *The Guardian*, January 9, 2013.
104. Zelko, *Make it a Green Peace*, 285—286.

105. Viktor Serdiuk, “Poslednii kitoboi,” in Shcherbatiuk, *Antarktika za kormoi*, 201—204.
106. Paul Spong, “In Search of a Bowhead Policy,” *Greenpeace Chronicles* (November 1978), 2.
107. George Noongwook et al., “Traditional Knowledge of The Bowhead Whale (Balaena mysticetus) around St. Lawrence Island, Alaska,” *Arctic* 60, no. 1 (March 2007): 47—54.
108. Roger Silook, 转引自Milton Freeman, *Inuit, Whaling, and Sustainability* (London: Altamira Press, 1998), 171。
109. Yuri Rytkheu, “When the Whales Leave,” *Soviet Literature* 12 (1977): 3—73.
110. 关于苏联的解体，可参见Slezkine, *The House of Government*, chap. 33，以及Joseph Kellner, “The End of History: Radical Responses to the Soviet Collapse,” (PhD diss.: University of California Berkeley, 2018)。
111. 妮娜・沃夫纳于2000年接受了苏・施泰纳赫的采访，作者持有访谈的副本。
112. 谢尔盖・维科夫谢夫于2000年接受了苏・施泰纳赫的采访，作者持有访谈的副本。

尾声　物质的转换

1. William Boarman and Bernd Heinrich, “Corvus corax: Common Raven,” in *The Birds of North America*, no. 476, ed. Alan Poole and Frank Gill (American Ornithologists' Union, 1999): 1—32，以及个人观察。
2. 例如参见Kira Van Deusen, *Raven and Rock: Storytelling in Chukotka* (Seattle: University of Washington Press, 1999), 21—23和102—104; Hall, *Eskimo Storyteller*, 93—95, 347—348, 447—449；以及Lowenstein, *Ancient Land*, 3—6, 65—66。
3. Lowenstein, *Ancient Land*, 65—70.
4. McKenzie Funk, “The Wreck of the Kulluck,” *NYT*, December 30, 2014.
5. 350.org, “Bill McKibben Responds to White House Decision on Arctic Drilling,” press release, May 11, 2015, https://350.org/press-release/bill-mckibben-responds-to-white-house-decision-on-arctic-drilling/.
6. William Yardley and Erik Olsen, “Arctic Village Is Torn by Plan for Oil Drilling,” *NYT*, October 11, 2011.
7. 这一观点与苏联历史上的主要论调背道而驰，参见Martin Malia, *The Soviet Tragedy: A History of Socialism in Russia 1917—1991* (New York: Free Press, 1994)，以及Stephen Kotkin, *Magnetic Mountain: Stalinism as Civilization* (Berkeley: University of California Press, 1995)。他们二人认为，苏联的实验注定失败是因为它缺乏市场因素。苏联的多部环境史更加印证了这一观点，参见Douglas Weiner, *Little Corner of Freedom*，以及Paul Josephson, *Conquest of the Russian Arctic*。有关社会主义

和资本主义的发展也有类似的结果，见John McNeill, *Something New under the Sun: An Environmental History of the Twentieth Century* (New York: W. W. Norton, 2000)。类似的观点，参见Dipesh Chakrabarty, "The Climate of History: Four Theses," *Critical Inquiry* 35, no. 2 (Winter 2009): 197—222。对两种制度都进行了批判，见Kate Brown, *Plutopia: Nuclear Families, Atomic Cities, and the Great Soviet and American Plutonium Disasters* (New York: Oxford University Press, 2013)。

8. B. Bodenhorn, "It's Traditional to Change: A Case Study of Strategic DecisionMaking," *Cambridge Anthropology* 22, no. 1 (2001): 24—51.
9. Sadie Brower Neakok, 转引自 Brower and Brewster, *The Whales, They Give Themselves*, 172。
10. Senungetuk, *Give or Take a Century*, 163.
11. 亦可参见Kyle Powys Whyte, "Indigenous Science (Fiction) for the Anthropocene: Ancestral Dystopias and Fantasies of Climate Change Crises," *Environment and Planning E: Nature and Space* 1, no. 1—2 (March — June 2018): 224—242。
12. Barry Lopez, *Arctic Dreams* (New York: Vintage, 1986), 414.